高等职业教育专业教材

畜产品加工技术

刘秀玲　王中华　主编

中国轻工业出版社

图书在版编目（CIP）数据

畜产品加工技术/刘秀玲，王中华主编．—北京：中国轻工业出版社，2025.8

ISBN 978-7-5019-9940-8

Ⅰ.①畜…　Ⅱ.①刘…　②王…　Ⅲ.①畜产品—食品—加工—高等职业教育—教材　Ⅳ.①TS251

中国版本图书馆 CIP 数据核字（2014）第 227158 号

责任编辑：张　靓　　责任终审：滕炎福　　封面设计：锋尚设计
版式设计：王超男　　责任校对：吴大鹏　　责任监印：张　可

出版发行：中国轻工业出版社（北京鲁谷东街 5 号，邮编：100040）
印　　刷：三河市万龙印装有限公司
经　　销：各地新华书店
版　　次：2025 年 8 月第 1 版第 9 次印刷
开　　本：720×1000　1/16　印张：21.25
字　　数：476 千字
书　　号：ISBN 978-7-5019-9940-8　　定价：42.00 元
邮购电话：010-85119873
发行电话：010-85119832　010-85119912
网　　址：http://www.chlip.com.cn
Email：club@chlip.com.cn

251278J2C109ZBW

本书编写人员

主　编　刘秀玲　（商丘职业技术学院）

王中华　（商丘职业技术学院）

副主编　王莹莹　（郑州科技学院）

胡二坤　（河南职业技术学院）

岳晓禹　（河南牧业经济学院）

参　编　（按姓氏笔画排序）

王荷香　（河南农业职业学院）

刘长春　（河南农业职业学院）

李俊华　（河南农业职业学院）

连慧香　（信阳农林学院）

杨玉红　（鹤壁职业技术学院）

赵勇敢　（漯河医学高等专科学院）

前 言

《畜产品加工技术》是动物科学、农产品加工、食品加工、生物等专业的主干专业课程之一，全书在理论知识适度、必需和够用的基础上，结合畜产品生产工艺和技术的最新发展动态，紧密围绕国家技能鉴定考核标准的应知、应会内容，重点选择与畜产品加工相关的知识，介绍了目前较新的畜产品加工工艺、畜产品加工装备以及在畜产品加工过程中出现的新问题及对策，帮助学生将理论知识与生产实际紧密结合起来，以培养学生实践操作和应用技能。

近年来，畜产品加工技术与很多学科相互渗透，并在实际应用中不断地创新和发展，为了与行业发展接轨，本书在编写过程中引入了行业最新技术，较好地体现了技术的先进性；在阐述基本理论的同时，重点突出了高职高专教育以实践、实训教学和技能培养为主导地位的特点，强化了实践、实训方面的内容，达到了精练、实用、够用的目的。根据高职高专教育改革的实际需要，本书内容包括肉品加工、乳品加工、蛋品加工等三个教学模块和十个实训任务，重点讲述了畜产品基础知识、畜产品贮藏、加工基本原理、生产加工工艺、加工装备和质量控制等内容。本书适合作为高职高专院校动物科学、食品加工或农产品加工等专业师生的教学参考书，也可供相关行业企业的技术人员参考或作为技术、岗位培训用书。

本书在编写过程中得到了兄弟院校领导和老师的大力支持，同时还参考了许多文献资料以及网上资料，难以一一鸣谢作者，在图书出版之际，编者在此一并表示最衷心的感谢！

尽管我们在编写过程中做出了许多努力，但由于编者水平和能力有限，书中错误之处仍然在所难免，敬请同行专家和广大读者批评指正！

编者

目 录

模块一 肉品加工技术

模块二　乳品加工技术

模块三　蛋品加工技术

模块四 实训指导

模块一　肉品加工技术

根据研究的对象和目的不同，肉的概念可作不同解释。从生物学观点出发，研究其组织学构造和功能，把肉理解为“肌”，即肌肉组织，它包括骨骼肌、平滑肌和心肌。而在肉品工业生产中，从商品学观点出发，研究其加工利用价值，把肉理解为胴体（carcass），即家畜屠宰后除去血液、头、蹄、尾、毛（或皮）、内脏后剩下的肉尸，俗称“白条肉”。它包括有肌肉组织、脂肪组织、结缔组织、骨组织及神经、血管、腺体、淋巴结等。在肉品工业生产中，把刚屠宰后不久体温还没有完全散失的肉称为热鲜肉。经过一段时间的冷处理，使肉保持低温（0～4℃）而不冻结的状态称为冷却肉（chilled meat）；而经低温冻结后（－15～－23℃）称为冷冻肉（frozen meat）。肉制品加工是运用物理或化学的方法，配以适当的辅料和添加剂，对原料肉进行工艺处理的过程，这个过程最终所得的产品称为肉制品。该模块的设置，目的是让学生深入了解肉品科学的基本概念，肉品贮藏加工的基本原理及技术，各类肉品加工生产技术，并通过实践教学，培养学生的实践动手能力。

项目一 畜禽的屠宰与肉的贮藏保鲜

知识目标

1. 屠宰畜禽的选择与饲养管理；
2. 宰前检疫的程序、方法和宰前检疫后的处理；
3. 宰后检验的基本方法、检验技术和宰后检验的处理；
4. 畜禽的屠宰技术和宰后的分割与包装技术；
5. 肉的冷藏与解冻技术。

技能目标

1. 了解肉用畜禽种类及品种；
2. 能正确选择屠宰的畜禽并会把握屠宰适期；
3. 熟练掌握宰前检疫的程序、方法和宰前检疫后的处理措施；
4. 熟练掌握畜禽屠宰前的饲养管理和宰后检验技术；
5. 熟练掌握畜禽屠宰、分割、包装和保鲜技术。

任务一 畜禽的屠宰加工

一、 猪的屠宰技术

根据《GB/T 17236—2008 生猪屠宰操作规程》规定，从致昏开始，猪的全部屠宰过程不得超过45min。从放血到摘取内脏，不得超过30min，从编号到复检、加盖检验印章，不得超过15min。

（一） 淋浴

淋浴水温在夏季以20℃为宜，冬季以25℃为宜，温度不宜过低或过高，否则，反而可给肉的质量带来不良影响；水流不应过急，应从不同角度、不同方向设置喷头，以保证体表冲洗完全；淋浴时间以能使猪体表面污物洗净为度，不宜过长。

（二）致昏

应用物理的（如机械的、电击的）或化学的（吸入 CO_2）方法，使猪在宰杀前短时间内处于昏迷状态，谓之致昏，也称击晕。致昏的目的是使屠畜失去知觉，减少痛苦和挣扎。致昏的方法有许多种，选用时以操作简便、安全，既符合卫生要求，又保证肉品质量为原则。常用的方法有以下几种。

1. 电麻法

电麻法是目前广泛使用的一种致昏法。电麻时电流通过屠畜脑部造成实验性癫痫状态，屠畜心跳加剧，故能得到良好的放血效果。

电麻时使用的电麻器，有人工控制电麻器和自动控制电麻器两种类型。为了使导电良好，有的电麻器需蘸取盐水。不论哪种电麻器，均应掌握好电流、电压、频率及作用部位和时间的长短。电麻过深会引起屠畜心脏麻痹，造成死亡或放血不全；电麻不足则达不到麻痹知觉神经的目的，会引起屠畜剧烈挣扎。

猪用人工电麻器的电压一般为 70 ~ 90V，电流为 0.5 ~ 1.0A，电麻时间 1 ~ 3s，盐水浓度 5%。自动电麻器电压不超过 90V，电流应不大于 1.5A，电麻时间 1 ~ 2s。

2. 二氧化碳麻醉法

二氧化碳麻醉法是使屠畜通过含有 65% ~ 75% CO_2（由干冰发生）的密闭室或隧道，经过 15s。CO_2麻醉使猪在安静状态下，不知不觉的进入昏迷，因此肌糖原消耗少，可使屠畜完全失去知觉，达到麻醉维持 2 ~ 3min 的目的。

本法的优点是操作安全，生产效率高；呼吸维持较久，心跳不受影响，放血良好；宰后肉的 pH 较电麻法低而稳定，利于肉的保存；肌肉、器官出血少。缺点是工作人员不能进入麻醉室，CO_2浓度过高时也能使屠畜死亡。

（三）刺杀放血

将致昏后的猪后腿吊在滑轮上经滑车吊至悬空轨道，运至放血处进行刺杀放血。在致昏后应立即放血（不得超过 30s），以免引起肌肉出血。放血方法有以下几种。

1. 切断颈部血管法

切断颈动脉和颈静脉是目前广泛采用的比较理想的一种放血方法，既能保证放血良好，操作起来又简便、安全。宰杀时操作人员手抓住猪前脚，另一手握刀，刀尖向上，刀锋向前，对准第一肋骨咽喉正中偏右 0.5 ~ 1cm 处向心脏方向刺入，再侧刀下拖切断颈动脉和颈静脉，不得刺破心脏。刺杀放血刀口长度约 5cm，沥血时间不得少于 5min。

2. 空心刀放血法

所用工具是一种具有抽气装置的特制“空心刀”。放血时，将刀插入事先在颈部沿气管做好的皮肤切口，经过第一对肋骨中间直向心脏插入，血液即通过刀刃孔隙、刀柄腔道沿橡皮管流入容器内。用空心刀放血可以获得可供食用或医疗用的血液，从而提高其利用价值。空心刀放血虽刺伤心脏，但因有真空抽气装置，故放血仍良好。

（四）脱毛或剥皮

1. 浸烫脱毛

（1）浸烫　放血后的猪体经沥血后，由悬空轨道上卸入烫毛池内进行浸烫，使毛孔扩张便于煺毛。浸烫水温应根据猪的品种、年龄大小和不同季节而定。控制水温在60～63℃，浸烫时间为3～6min。不得使猪体沉底、烫老。浸烫水至少每班更换一次。如果采用连续进水、出水的方式烫毛，更符合卫生要求。

（2）脱毛　脱毛分机械脱毛和人工脱毛。

① 机械脱毛：多为滚筒式脱毛机。脱毛机与浸烫池相连，猪浸烫完毕即由捞耙或传送带自动送进脱毛机，机内喷淋水温应掌握在30℃左右，要求不断肋骨，不伤皮下脂肪。每台机器每次可放入3～4头，每小时可脱毛200头左右，脱下的毛及皮屑通过孔道运出车间。脱毛后的猪体自动放入清水池内清洗。同时由人工将未脱净的部位如耳根、大腿内侧及其他未脱掉的毛刮去。

② 人工脱毛：小型肉联厂和屠宰场无脱毛机设备时，可进行人工脱毛。先用卷铁刮去耳和尾部毛，再刮头和四肢的毛，然后刮背部和腹部的毛。各地刮法不尽一致，以方便、刮净为宜。

除浸烫脱毛外，还有采用吊挂烫毛隧道的，即从刺杀放血到烫毛都吊挂进行，猪体不脱钩。目前采用的有竖式热水喷淋、蒸汽烫洗和蒸汽热水脱毛处理三种方式。烫毛时使吊挂状态的屠体进入隧道，以62～63℃热水喷淋或蒸汽烫洗达到烫毛的目的。既保证屠体干净，又免除脱钩操作的麻烦，从而提高了流水线的速度。

2. 剥皮

剥皮有机械剥皮和人工剥皮。

（1）机械剥皮　按剥皮机性能，预剥一面或二面，确定预剥面积。剥皮按以下程序操作：

挑腹皮：从颈部起沿腹部正中线切开皮层至肛门处。

剥前腿：挑开前腿腿档皮，剥至脖头骨脑顶处。

剥后腿：挑开后腿腿档皮，剥至肛门两侧。

剥臀皮：先从后臀部皮层尖端处割开一小块皮，用手拉紧，顺序下刀，再将两侧臀部皮和尾根皮剥下。

剥腹皮：左右两侧分别剥。剥右侧时，一手拉紧、拉平后档肚皮，按顺序剥下后腿皮、腹皮和前腿皮；剥左侧时，一手拉紧脖头皮，按顺序剥下脖头皮、前腿皮、腹皮和后腿皮。

夹皮：将预剥开的大面猪皮拉平、绷紧，放入剥皮机卡口、夹紧。

开剥皮机：水冲淋与剥皮同步进行，按皮层厚度掌握进刀深度，不得划破皮面，少带肥膘。

（2）人工剥皮　将屠体放在操作台上，按顺序挑腹皮、剥臀皮、剥腹皮、剥脊背皮。剥皮时不得划破皮面，少带肥膘。

在整个剥皮操作过程中，应防止污物、毛皮、脏手及工作服沾污胴体。

（五）开膛及净膛

1. 雕圈

刀刺入肛门外围，雕成圆圈，掏开大肠头垂直放入骨盆内。应使雕圈少带肉，肠头脱离括约肌，不得割破直肠。

2. 挑胸、剖腹

自放血口沿胸部正中挑开胸骨，沿腹部正中线自上而下剖腹，将生殖器从脂肪中拉出，连同输尿管全部割除，不得刺伤内脏。放血口、挑胸口、剖腹口应连成一线，不得出现三角肉。

3. 拉直肠、割膀胱

一手抓住直肠，另一手持刀，将肠系膜及韧带割断，再将膀胱和输尿管割除，不得刺破直肠。

4. 取肠、胃（肚）

一手抓住肠系膜及胃部大弯头处，另一手持刀在靠近肾脏处将系膜组织和肠、胃共同割离猪体，并割断韧带及食道，不得刺破肠、胃、胆囊。

5. 取心、肝、肺

一手抓住肝，另一手持刀，割开两边隔膜，取横膈膜肌脚备检。左手顺势将肝下揿，右手持刀将连接胸腔和颈部的韧带割断，并割断食管和气管，取出心、肝、肺，不得使其破损。

6. 冲洗胸、腹腔

取出内脏后，应及时用足够压力的净水冲洗胸腔和腹腔，洗净腔内淤血、浮毛、污物，并摘除两侧肾上腺。

（六）去头蹄、劈半

1. 去头蹄

从寰枕关节处卸下猪头；从腕关节处去掉前蹄；从跗关节处去掉后蹄；从尾根部平切去尾。操作中注意切口整齐，避免出现骨屑。

2. 劈半

劈半就是沿脊柱将胴体劈成两半。可采用手工劈半或电锯劈半。由于猪皮下脂肪较厚，手工劈半或手工电锯劈半时应“描脊”，即先沿脊柱切开皮肤及皮下软组织，然后再用刀或锯将脊柱对称地劈为两半。采用桥式电锯劈半时，应使轨道、锯片、引进槽成直线，不得锯偏。劈半后的片猪肉还应立即摘除肾脏（腰子)，撕断腹腔板油，冲洗血污、浮毛、锯肉末。

（七）胴体整修、复验

整修就是清除胴体表面的各种污物，修割掉胴体上的病变组织、损伤组织及游离物组织，摘除有碍食肉卫生的组织器官，以及对胴体不平整的切面进行必要的修削整形，使胴体具有完好的商品形象。修整分湿修和干修。

1. 湿修

湿修时，使用有一定压力的净水冲刷胴体，将附着在胴体表面的浮毛、血、粪等污物尽量冲洗干净，特别应注意颈端部和已劈开的脊柱。严禁用抹布擦洗胴体，因为它是许多胴体被同类污染物污染的来源，尤其是易被微生物污染而使胴体的卫生质量下降。

2. 干修

干修时，将附于胴体表面的碎屑和余水除去，整修腹部，修割乳头、放血刀口、割除槽头、护心油、暗伤、脓疮、伤斑和遗漏病变腺体。

修整好的胴体要达到无血、无粪、无毛、无污物。修割下来的肉块和废弃物，分别收集于容器内，严禁乱扔。整修后的片猪肉应进行复验，合格后加盖检验印章，计量分级。

（八）整理副产品

1. 分离心、肝、肺

切除肝膈韧带和肺门结缔组织、摘除胆囊时，不得使其损伤、不得残留；猪心上不得带护心油、横膈膜；猪肝上不得带水泡；猪肺上允许保留 5cm 肺管。

2. 分离脾、胃（肚）

将胃底端脂肪割除，切断与十二指肠连接处和肝胃韧带。剥开网油，从网膜上割除脾脏，少带油脂。翻胃清洗时，一手抓住胃尖冲洗胃部污物，用刀在胃大弯处戳开约 10cm 小口，再用洗胃机或长流水将胃翻转冲洗干净。

3. 扯大肠

摆正大肠，从结肠末端将花油撕至离盲肠与小肠连接处 15～20cm，割断，打结。不得使盲肠破损，残留油脂过多。翻洗大肠时，一手抓住肠的一端，另一手自上而下挤出粪污，并将肠子翻出一小部分，用一手二指撑开肠口，另一手向大肠内灌水，使肠水下坠，自动翻转。经清洗、整理的大肠不得带粪污，不得断肠。

4. 扯小肠

将小肠从割离胃的断面拉出，一手抓住花油，另一手将小肠末梢挂于操作台边，自上而下排除粪污，操作时不得扯断、扯乱。扯出的小肠应及时采用机械或人工方法清除肠内污物。

5. 摘胰脏

从肠系膜中将胰脏摘下，胰脏上应少带油脂。

（九）皮张、鬃毛整理

1. 皮张整理

刮去血污及皮肌、脂肪后，及时送往皮张加工车间（厂）做进一步加工，不得堆放或日晒，以免变质或老化。

2. 鬃毛的整理

猪鬃即猪的颈部和脊背部的刚毛。猪鬃刚韧而富于弹性，具有天然的鳞片状纤维，能吸附油漆，为工业和军需用刷主要的原料。搞好猪鬃的整理，做到无肉皮、无灰渣，初步捆把，以利于进一步分类加工。

二、牛的屠宰技术

（一）致昏

1. 刺昏法

用匕首迅速、准确地刺入牛的枕骨与第一颈椎之间，破坏延脑和脊髓的联系，造成瘫痪。既防止屠畜挣扎难于刺杀放血，又减轻刺杀放血时屠畜的痛感。本法的优点是操作简便，易于掌握。缺点是刺得过深时，伤及呼吸中枢或血管运动中枢，可使呼吸立即停止或血压下降，影响放血效果，有时出现早死。

2. 电麻法

牛用单接触杆式电麻器，一般电压不超过200V，电流强度为1~1.5A，电麻时间为7~30s；双接触杆式电麻器的电压一般为70V，电流强度为0.5~1.4A，电麻时间为2~3s。

（二）刺杀放血

牛被击昏后，应立即进行宰杀放血。宰杀方法有倒挂式宰杀和地滚式宰杀两种。

1. 倒挂式宰杀法

用钢绳系牢处于昏迷状态牛的右后脚，用提升机提起并转挂到轨道滑轮钩上，滑轮沿轨道前进，将牛运往放血池，进行戳刀放血。在距离胸骨前15~20cm的颈部，以大约15°角斜刺20~30cm深，切断颈部大血管，并将刀口扩大，立即将刀抽出，使血尽快流出。戳刀时力求稳妥、准确、迅速。

2. 地滚式宰杀法

先选好位置，4个人配合，用绳把牛拌倒，顺势把牛头扭向牛背，捆牢四蹄，松开牛头，即行下刀。放血后，要待牛完全失去知觉才可剥皮。

（三）剥皮、去内脏

1. 倒挂式宰杀法的剥皮、去内脏

（1）割牛头、剥头皮　牛被宰杀放净血后，将牛头从颈椎第一关节前割下。有的地方先剥头皮，后割牛头。剥头皮时，从牛角根到牛嘴角为一直线，用刀挑开，把皮剥下。同时割下牛耳，取出牛舌，保留唇、鼻。然后，由卫生检验人员对其进行检验。

（2）剥前蹄、截前蹄　沿蹄甲下方中线把皮挑开，然后分左右把蹄皮剥离（不割掉）。最后从蹄骨上关节处把牛蹄截下。

（3）剥后蹄、截后蹄　在高轨操作台上的工人同时剥、截后蹄，剥蹄方法同前蹄，但应使蹄骨上部胫骨端的大筋露出，以便着钩吊挂。

（4）做脘口、剥臀皮　由两人操作，先从剥开的后蹄皮继续深入到臀部两侧及腋下附近，将皮剥离，然后用刀把脘口（直肠）周围的肌肉划开，使脘口缩入腔内。

（5）剥腹、胸、肩部皮　腹、胸、肩各部都由两人分左右操作。先从腹部中线把皮挑开，顺序把皮剥离。至此，已完成除腰背部以外的剥皮工作。若是公牛，还要将其生殖器（牛鞭）割下。

（6）机器拉皮　牛的四肢、臀部、胸、腹、前颈等部位的皮剥完后，将吊挂的牛体顺轨道推到拉皮机前，牛背向机器，将两只前肘交叉叠好，以钢丝绳套紧，绳的另一端扣在桩脚的铁齿上。再将剥好的两只前腿皮用链条一端拴牢，另一端挂在拉皮机的挂钩上，开动机器，牛皮受到向上的拉力，就被慢慢拉下。拉皮时，操作人员应以刀相辅，做到皮张完整，无破裂，皮上不带膘肉。

（7）摘取内脏　摘取内脏包括剥离食道、气管、锯胸骨、开腔（剖腹）等工序。沿颈部中线用刀划开，将食管和气管剥离，用电锯由胸骨正中锯开。出腔时将腹部纵向剖开，取出肚（胃）、肠、脾、食管、膀胱、脘口等，再划开横膈肌，取出心脏、肝脏、胆囊、肺脏和气管。摘取内脏时，要注意下刀轻巧，不能划破肠、肛、膀胱、胆囊，以免污染肉体。对取出的脏器，要由卫生检验人员检验。

（8）取肾脏、截牛尾　肾脏在牛的腔内腰部，被脂肪包裹，划开脏器膜即可取下。截牛尾时，由于牛尾巴已在拉皮时一起拉下，只需在尾根部关节用刀截下即可。

2. 地滚式宰杀法的剥皮、去内脏

剥皮时，先将放血刀口扩大到两耳根附近，并把牛摆成仰卧姿式，先剥四蹄，再从胸、腹中线用刀把牛皮挑开，由左侧开始，剥至牛背，翻转牛体，再剥右侧。同时剥离食道、气管，最后开腔摘取内脏。

（四）劈半、修整

劈半是用电锯沿后部盆骨正中把牛体从盆骨、腰椎、胸椎、颈椎正中锯成左

右两片。牛胴体较大，一般再分别从腰部第 12～13 肋骨之间横向截断，使整个牛体被分成四大部分，即四分体。

修整一般在劈半后进行，主要是把肉体上的毛、血、零星皮块、粪便等污物和肉上的伤痕、斑点、脓疡及放血刀口周围的血污修割干净，然后对整个牛体进行全面刷洗。

（五） 牛下水整理

牛下水称牛杂碎，有的地方称“下货”或牛杂。下水除头、蹄外，还包括心脏、肝脏、肺脏、肚（胃）、肾脏、肠等。有人把头肉、心脏、肝脏、肾脏归为一类，称硬货；肠、肚、肺脏、脾脏为一类，称软货。

1. 牛头、 牛尾

（1）牛头　牛头有两种整理方法，一种是鲜剔，一种是熟拆。鲜剔，是把宰后的牛头，剔去骨骼，取出头部的肌肉。其中包括里外嘴巴肉、耳根肉、脑后肉、舌下肌肉等。同时修割取下腮腺（俗称花胰子）和颌下腺体（俗称脑胰）。熟拆，是先把剥完皮的牛头颅骨（即脑盖骨，包括双角）砍开，取出牛脑，再顺面部中线劈成两半，并把上颌骨用斧头砸碎，便于拆取眼睛。刷洗后放锅里煮到五成熟，即可拆骨取肉。熟拆头肉，不带牛舌，可带牛眼及上颌的口腔肌肉（即上堂肌肉，也叫翘舌），同时把有关腺体割去。熟拆肉，由于肉已煮成半熟，因此，吃法上有一定的局限。

（2）牛尾　牛尾约有 9～12 个骨节，根部肉多而肥，梢部肉少而瘦，根部两侧肉内外都附着脂肪层，肌肉丰满。整理牛尾时，要把根部底面的疏松组织修割干净。

2. 牛肚

牛胃共分四个部分，即瘤胃、网胃、瓣胃和皱胃。通常将瘤胃和网胃合称为肚。在整理牛肚时，必须把肚毛刮净。方法是，把牛肚在 60～65℃的热水中浸烫，烫到能用手抹下肚毛时，即可取出，然后，铺在案板上，用钝刀将肚毛刮掉，再用清水洗净，最后把肚面的脂肪用刀割取或用手撕下。

3. 牛百叶

牛百叶即牛的瓣胃，呈扁圆形，内壁由层层排列的大小叶瓣所组成。整理百叶时，将每个叶瓣用水冲洗干净，然后撕下表面的脂肪。

4. 牛三袋葫芦

牛三袋葫芦即牛的皱胃，它由大、中、小三个袋状物所组成，故称“三袋葫芦”。整理时，要把三袋用力划开，刮去胃黏膜，冲洗干净，同时，还要去掉外表面的脂肪。

5. 牛脘口

牛脘口即牛的直肠，形状圆直，表面有很多脂肪包裹，内壁为粉红色的皱形黏膜。截取后，全段长 20～25cm，用刀割开，纵面宽 5～8cm，厚约 1cm。整理时要反复冲洗干净，去净表面脂肪。

6. 牛肥肠

牛肥肠即是除了直肠和小肠以外的肠。肥肠在脂肪和很多系膜的维护下，盘旋呈圆形，故又称“盘肠”。整理时，要先顺着盘旋的方向，用手把脂肪撕下，然后用较细的圆头刀把肠体顺序剖开洗净。如遇有脂肪稀薄的肥肠，可以直接剖开冲洗，不必摘取脂肪。

7. 肺脏

牛肺脏位于胸腔，分左右两叶，膨大而轻。整理时要把气管剖开洗净，摘除和心脏连接处污染的杂物。

8. 心、肝、脾、肾等脏器

整理时只需修割病变部位和清净血污即可。

（六）皮张整理

对刚刚剥下的生皮要抽出尾巴，刮去血污及皮肌、脂肪，及时送往皮张加工车间作进一步加工，不得堆放或日晒，以免变质或老化。

三、羊的屠宰技术

（一）淋浴

一般在屠宰车间前部设淋浴器，冲洗羊体表面污物。冬季水温接近羊的体温，夏季不低于20℃。

（二）击晕

羊的麻电器与猪的手持式麻电器相似，前端形如镰刀状为鼻电极，后端为脑电极。麻电时，手持麻电器将前端扣在羊的鼻唇部，后端按在耳眼之间的延脑区即可。手工屠宰法不进行击晕过程，而是提升吊挂后直接刺杀。

（三）宰杀放血

屠宰时将羊固定在宰羊的槽形凳上，或者固定在距地面30cm的木板或石板上，宰羊者左手把住羊嘴唇向后拉直，右手持尖刀，刀刃朝向颈椎沿下颌角附近刺透颈部，刀刃向颈椎剖去，以割断颈动脉，将羊后躯稍稍抬高，并轻压胸腔，使血尽量排尽。

现代化屠宰方法将羊只挂到吊轨上，利用大砍刀在靠近颈前部横刀切断三管（食管、气管和血管），俗称大抹脖，缺点是食管和气管内容物或黏液容易流出，污染肉体和血液。

（四）去头、蹄

去头是从枕髁和第一颈椎间（枕环关节）切断；去蹄是前肢从腕关节处切断，后肢是从跗关节处切断。

（五）剥皮

羊头蹄去掉后，趁热剥皮。将腹皮沿正中线剥开及沿四肢内侧将四肢皮剥开，然后用手工或机械将背部皮从尾根部向前扯开与肉尸分离。

1. 手工剥皮

有两种方法，一是拳剥法，先将头、腿皮用刀割开，然后一手拉紧皮边，一手握拳捶肉，边捶边拉，很快把皮剥完。另一种方法是将羊体悬挂于木架上，先用刀剥开头部和四肢皮肤，然后将羊皮从头部向下拉至角、耳处至颈、胸，退下前腿皮，再继续拉拆至后躯，退下后腿皮，抽掉尾骨。

2. 机械剥皮

分立式和卧式两种，使用剥皮机之前应先行手工预剥。

立式剥皮操作方法：预剥完的羊体运行至剥皮机旁，操作人员一手用铁链将尾皮套住（山羊套两腿皮），另一手将铁环挂在运行的剥皮机挂钩上，随着剥皮机转动，将羊皮徐徐拽下。

卧式剥皮操作方法：预剥完的羊体运至剥皮机旁，将预剥的皮用压皮装置压住，再将套着羊体两前腿的链钩挂在运转的拉链上，拉皮链运转而将皮剥下。

（六）开膛

1. 剖腹取内脏

将屠体倒挂起来，用刀割开颈部肌肉分离气管和食管，并将食管打结，以防在剖腹时胃内容物流出。然后用刀经腹中线剖开腹腔。左手伸进骨盆腔拉动直肠，右手用刀沿肛门周围一圈环切，并将直肠端打结后顺势取下膀胱。然后取出靠近胸腔的脾脏，找到食管并打结后将胃肠全部取出，再用刀砍开胸骨，取出心、肝、肺和气管。

2. 劈半

劈半前，先将背部用刀从上到下分开，称作描脊或划背。然后用电锯或砍刀沿脊柱正中将胴体劈为两半。

（七）胴体整理

切除头、蹄取出内脏的全胴体，应保留带骨的尾、胸腺、横隔肌、肾脏和肾脏周围的脂肪（板油）和骨盆中的脂肪，公羊应保留睾丸。然后对胴体进行检查，修刮残毛、血污、淤斑及伤痕等，保证胴体整洁卫生，符合商品要求。

（八）检验、盖印、称重、出厂

在整个屠宰加工过程中，要进行宰后兽医检验，分设头部、内脏、胴体等不同检验点，经检验确认合格者，盖以“兽医验讫”的合格印章并开具检验合格证。然后经过电子秤称重、入库、冷藏或出厂。

四、兔的屠宰技术

（一）致昏

致昏的方法，目前兔肉加工企业已广泛采用电麻法。电麻器有转盘式或长柄钳子式。一般采用电压 70V、电流 0.75A、电麻时间 2 ~ 4s。通电部位为两侧耳根稍后电麻不得过深，否则会造成放血不良，使兔肉质量降低。

（二）放血

现代化兔肉加工企业多采用机械转盘刀割头放血，这种方法可减轻劳动强度，提高工效，并防止兔毛飞扬，兔血四溅。有的兔肉加工企业采用将兔体倒挂后切断颈部动、静脉血管放血法，这也是一种比较好的方法。沥血时间不得少于 2min，以保证放血充分。

（三）剥皮

兔在剥皮前需用冷水湿裆，以免兔毛飞扬。但不要喷湿挂钩和被固定的兔爪，以免污染胴体。宰杀速度要与剥皮速度相协调，宰杀后应尽快剥皮，剥皮过晚不但不易剥离，而且容易撕破皮肤或皮张带肉。做到手不沾肉，肉不沾毛。剥皮过程中，接触毛皮的手和工具，未经消毒或冲洗不得接触肉体。

1. 手工剥皮

从左后肢跗关节处平行挑开至右后肢跗关节处，不要挑破腿部肌肉。再从跗关节处挑破腿皮，剥至尾根处，用力不要太猛，防止撕破腿部肌肉。从跗关节上方 1 ~ 1.5cm 处截断左、右肢上的皮，再割断腹部皮下腺体和结缔组织，将皮扒至前肢处。剥离前肢腿皮，从腕关节稍上方 1cm 处截断前肢。剥离头皮后，从第一颈椎处去头，从第二尾椎处去尾。

2. 机械剥皮

现代化兔肉加工企业多采用机械剥皮。有些厂家则采用半机械化剥皮，即先用手工操作，将已宰杀的兔体后脚挂在铁钩上，从后肢膝关节处平行挑开，剥至尾根部，再双手紧握兔皮的腹背部剥至前腿处（防止挑破腿部肌肉和撕裂胸腹部肌肉），然后把尾部的皮夹入剥皮机进行剥离。

（四）截肢、去尾

在腕关节稍上方截断前肢，从跗关节稍上方截断后肢，从第一尾椎处去掉兔尾。这一工序有些厂家采用机械进行，既长短一致，又没有碎骨，也不沾飞毛。手工操作时应注意四肢都截整齐，切忌长短不一。

（五）开膛与净膛

开膛力求深浅适度，避免割破胃、肠而造成胴体污染。用刀自骨盆腔开始，从腹线正中剖开腹腔，取下大小肠和膀胱。在取大肠时，应以手指按住腹壁及肾脏，以免脂肪与肾脏连同大小肠一并扯下。然后再割开横膈膜，以手指伸入胸腔抓住气管，将心、肺、肝、胃取出。

（六）胴体的修整

1. 擦血

用洁净海绵或毛巾擦去颈部血水，用“T”字形擦血架擦去体腔内残留的血水。有条件的厂家用真空泵吸出血水最为理想，可避免胴体受到污染。

2. 修割

家兔的胴体一般只干修不湿修，否则体表难以形成肉膜，不耐保藏。修整加工时胴体应单层摆放，不得积压，最多不得超过 2 层。

（1）修除残余内脏、生殖器官，耻骨附近的腺体和结缔组织；修除血脖肉、胸腺和胸腹腔内的大血管；修除体表各部位明显的结缔组织；从骨盆处挤出后腿大血管内残存血水。

（2）修割背部、臀部及腿部外侧等主要部位的外伤，但不得超过两处，每处面积不超过 $1cm^2$。其他部位外伤也应修割掉，其面积可适当放宽。

（3）修割暴露在胴体表的脂肪，特别是背部的两条脂肪，以防贮存过程中脂肪氧化变质。

五、家禽屠宰技术

（一）致昏

致昏方法很多，但目前多采用电麻致昏法。常用的有以下三种。

1. 电麻钳

电麻钳呈“Y”形，在叉的两边各有一电极。当电麻钳接触家禽头部时，电流即通过大脑而达到致昏的目的。

2. 电麻板

电麻板的构成是在悬空轨道的一段（该段轨道与前后轨道断离）接有一电板，而在该段轨道的下方，设有一瓦棱状导电板。当家禽倒挂在轨道上传送，其喙或头部触及导电板时，即可形成通路，从而达到致昏目的。

以上两种电麻方法多采用单相交流电，在 0.65～1.0A，80～105V 的条件下，电麻时间为 2～4s。

3. 电晕槽

水槽中设有一个沉浸式的电棒，屠宰线的脚扣上设有另一个电棒，屠禽上架后当头经过下面的水槽时，电流即通过整只禽体使其昏迷。

电晕条件：电压 35～50V，电流 0.5A 以下；时间（禽只通过电晕槽时间）：鸡为 8s 以下，鸭为 10s 左右。电晕时间要适当，以在 60s 内能自动苏醒为宜，电晕后马上将禽从挂钩上取下。过大的电压、电流会引起锁骨断裂，心脏破坏，心脏停止跳动，放血不良等。

（二） 刺杀与放血

家禽的刺杀，要求保证放血充分的前提下，尽可能地保持胴体完整，减少放血处的污染，以利于保藏。常用的刺杀放血方法有如下几种。

1. 颈动脉颅面分支放血法

该方法是在家禽左耳垂的后方切断颈动脉颅面分支，其切口在鸡约为1.5cm，鸭鹅约2.5cm，沥血时间应在2min以上。本法操作简便，放血充分，也便于机械化操作，而且开口较小，能保证胴体较好的完整性，污染面也不大，故目前大多采用这种放血方法。

2. 口腔放血法

用一手打开口腔，另一手持一细长尖刀，在上腭裂后约第二颈椎处，切断任意一侧颈总静脉与桥静脉连接处。抽刀时，顺势将刀刺入上腭裂至延脑，以促使家禽死亡，并可使竖毛肌松弛而有利于脱毛。用本法给鸭放血时，应将鸭舌扭转拉出口腔，夹于口角，以利血流畅通并避免呛血。沥血时间应在3min以上。本法放血效果良好，能保证胴体外表的完整。但是操作较复杂，不易掌握，稍有不慎，易造成放血不良，有时也容易造成口腔及颅腔的污染，不利于禽肉的保藏。

3. 三管切断法

在禽的喉部，横切一刀，在切断动、静脉的同时，也切断了气管与食管，即所谓的三管切断法。本法操作简便，放血较快，但因切口过大，不但有碍商品外观，而且容易造成污染，影响产品的耐藏性。

（三） 煺毛

目前机械化屠宰加工肉用仔鸡时，浸烫水温为（60±1）℃，而农民散养的土种鸡月龄较大，浸烫水温为61~63℃，鸭、鹅的浸烫水温为62~65℃。浸烫水温必须严格控制，水温过高会烫破皮肤，使脂肪熔化，水温过低则羽毛不易脱离。浸烫时间一般控制在1~2min，主要根据家禽的品种、年龄和季节而定。机械煺毛后尚需用人工将残毛（尤其是小毛）拔除干净。

（四） 净膛

按去除内脏的程度不同，有三种净膛形式。

1. 全净膛

从胸骨末端至肛门中线切开腹壁或从右胸下肋骨处开口，除肺和肾脏保留外，将其余脏器全部取出，同时去除嗉囊。

2. 半净膛

由肛门周围分离泄殖腔，并于扩大的开口处将全部肠管拉出，其他脏器仍留于体腔内。

3. 不净膛

即脱毛后的光禽不做任何净膛处理，全部脏器都保留在体腔内。

（五）胴体修整

1. 湿修

湿修时，最好使用有一定压力的净水冲刷，将附着在胴体表面的羽毛、血、粪等污物尽量冲洗干净。全自动生产线是用洗禽机进行清洗，清洗效果很好。半自动生产线是将净膛后的胴体放在清水池中清洗，采用这种湿修方法时，要注意勤换池水，以免造成胴体被水中的微生物污染。

2. 干修

干修就是用刀、剪将胴体上的病变组织、机械损伤组织、游离的脂肪等割掉，并将残毛拔掉，最后用剪刀从跗关节处将后肢剪下。修整好的胴体要达到无血、无粪、无羽毛、无污物、无病变组织和损伤组织。外观要平整，具有良好的商品外观。

（六）内脏整理

摘出的内脏经检验后，立即送往内脏整理间进行整理加工，不得积压。如果为全净膛，分离出心和肝脏，收集在专门的容器内。分离出肌胃，在专门的地点剖开，清除掉内容物，撕掉角质膜，将肌胃与角质膜分开收集。腺胃和肠收集在一起。

（七）羽毛整理

浸烫煺下的羽毛，应及时收集，在专门场地上摊开晾晒，不得堆积；待晾晒干后送作进一步加工。

任务二　肉的分割与包装

肉的分割是按不同国家、不同地区的分割标准将胴体进行分割，以便进一步加工或直接供给消费者。分割肉是指宰后经兽医卫生检验合格的胴体，按分割标准及不同部位肉的组织结构分割成不同规格的肉块，经冷却、包装后的加工肉。

一、猪肉的分割

我国猪肉分割通常将半胴体分为肩、背、腹、臀、腿几大部分（如图 1－1 所示）。

1. 肩颈肉

肩颈肉俗称前槽、夹心。前端从第 1 颈椎，后端从第 4～5 胸椎或第 5～6 根肋骨间，与背线成直角切断。下端如做火腿则从肘关节切断，并剔除椎骨、肩胛骨、臂骨、胸骨和肋骨。

2. 背腰肉

背腰肉俗称外脊、大排、硬肋、横排。前面去掉肩颈部，后面去掉臀腿部，

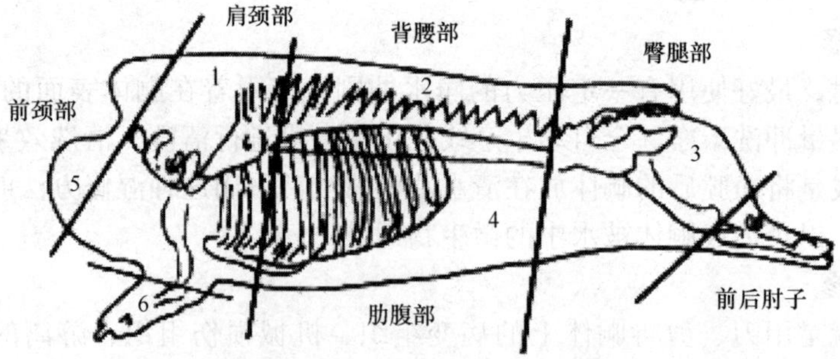

图 1－1 我国猪胴体部位分割图

1—肩颈肉 2—背腰肉 3—臀腿肉 4—肋腹肉 5—前颈肉 6—肘子肉

余下的中段肉体从脊椎骨下 4～6cm 处平行切开，上部即为背腰部。

3. 臀腿肉

臀腿肉俗称后腿、后丘。从最后腰椎与荐椎结合部和背线成直线垂直切断，下端则根据不同用途进行分割：如作分割肉、鲜肉出售，从膝关节切断，剔除腰椎、荐椎骨、股骨、去尾；如作火腿则保留小腿后蹄。

4. 肋腹肉

肋腹肉俗称软肋、五花肉。与背腰部分离，切去奶脯即是。

5. 前颈肉

前颈肉俗称脖子、血脖。从第 1～2 颈椎处，或 3～4 颈椎处切断。

6. 前臂和小腿肉

前臂和小腿肉俗称肘子、蹄髈。前臂上从肘关节下从腕关节切断，小腿上从膝关节下从跗关节切断。

二、牛、羊肉的分割

（一）我国牛肉分割方法（试行）

将标准的牛胴体二分体首先分割成臀腿肉、腹部肉、腰部肉、胸部肉、肋部肉、肩颈肉、前腿肉、后腿肉共八个部分。在此基础上再进一步分割成牛柳、西冷、眼肉、上脑、胸肉、腱子肉、腰肉、臀肉、膝圆、大米龙、小米龙、腹肉、嫩肩肉 13 块不同的肉块（如图 1－2 所示）。

1. 牛柳

牛柳又称里脊，即腰大肌。分割时先剥去肾脂肪，沿耻骨前下方将里脊剔出，然后由里脊头向里脊尾逐个剥离腰横突，取下完整的里脊。

2. 西冷

西冷又称外脊，主要是背最长肌。分割时首先沿最后腰椎切下，然后沿眼肌

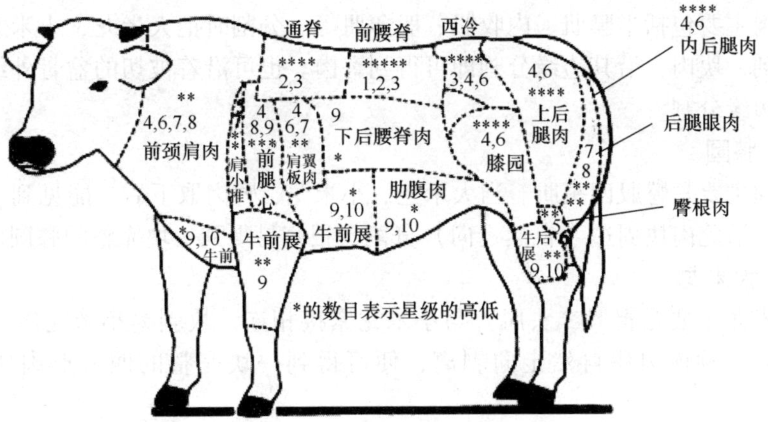

图 1－2　牛胴体详细分割图

1—牛柳　2—菲力　3—牛排、腰脊牛排、西冷　4—烤肉块　5—小牛排
6—火锅片　7—卡卤焙烤肉　8—寿喜烧　9—红烧肉块　10—薄肉片

腹壁侧（离眼肌 5～8cm）切下。再在第 12～13 胸肋处切断胸椎，逐个剥离胸、腰椎。

3. 眼肉

眼肉主要包括背阔肌、肋最长肌、肋间肌等。其一端与外脊相连，另一端在第 5～6 胸椎处，分割时先剥离胸椎，抽出筋腱，在眼肌腹侧距离为 8～10cm 处切下。

4. 上脑

上脑主要包括背最长肌、斜方肌等。其一端与眼肉相连，另一端在最后颈椎处。分割时剥离胸椎，去除筋腱，在眼肌腹侧距离为 6～8cm 处切下。

5. 嫩肩肉

嫩肩肉主要是三角肌。分割时循眼肉横切面的前端继续向前分割，可得一圆锥形的肉块，便是嫩肩肉。

6. 胸肉

胸肉主要包括胸升肌和胸横肌等。在剑状软骨处，随胸肉的自然走向剥离，修去部分脂肪即成一块完整的胸肉。

7. 腱子肉

腱子分为前、后两部分，主要是前肢肉和后肢肉。前牛腱从尺骨端下刀，剥离骨头，后牛腱从胫骨上端下切，剥离骨头取下。

8. 腰肉

腰肉主要包括臀中肌、臀深肌、股阔筋膜张肌。在臀肉、大米龙、小米龙、膝圆取出后，剩下的一块肉便是腰肉。

9. 臀肉

臀肉主要包括半膜肌、内收肌、股薄肌等。分割时把大米龙、小米龙剥离后便可见到一块肉，沿其边缘分割即可得到臀肉。也可沿着被切的盆骨外缘，再沿本肉块边缘分割。

10. 膝圆

膝圆主要是臀股四头肌。当大米龙、小米龙、臀肉取下后，能见到一块长圆形肉块，沿此肉块周边（自然走向）分割，很容易得到一块完整的膝圆肉。

11. 大米龙

大米龙主要是臀股二头肌。与小米龙紧接相连，故剥离小米龙后大米龙就完全暴露，顺该肉块自然走向剥离，便可得到一块完整的四方形肉块即为大米龙。

12. 小米龙

小米龙主要是半腱肌，位于臀部。当牛后腱子取下后，小米龙肉块处于最明显的位置。分割时可按小米龙肉块的自然走向剥离。

13. 腹肉

腹肉主要包括肋间内肌、肋间外肌等，也即肋排，分无骨肋排和带骨肋排。一般包括 4 ~7 根肋骨。

（二） 羊肉的分割

羊胴体可被分割成腿部肉、腰部肉、腹部肉、胸部肉、肋部肉、前腿肉、颈部肉、肩部肉。在部位肉的基础上再进一步分割成零售肉块。羊胴体部位分割见图 1 –3。

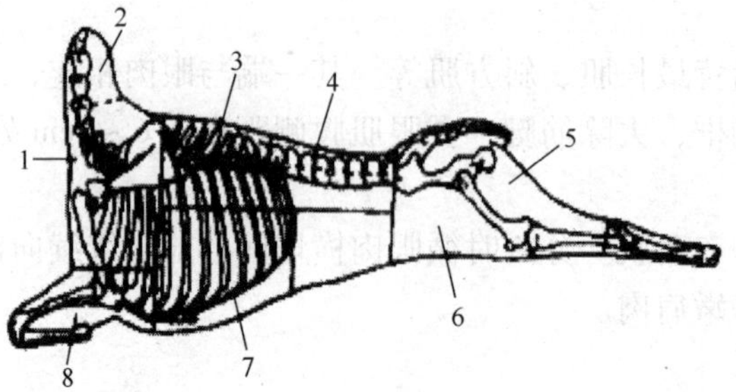

图 1 –3 羊胴体的分割图

1—肩部肉 2—颈部肉 3—肋部肉 4—腰部肉 5—腿部肉 6—腹部肉 7—胸部肉 8—前腿肉

三、 禽肉分割

禽胴体分割的方法有三种：平台分割、悬挂分割、按片分割。前两种适于鸡，后一种适于鹅、鸭。通常鹅分割为头、颈、爪、胸、腿等 8 件；躯干部分成

4块（1号胸肉、2号胸肉、1号腿肉和2号腿肉）。鸭肉分割为6件；躯干部分为2块（1号鸭肉、2号鸭肉）。日本对肉鸡分割分很细，分为主品种、副品种及二次品种3大类共30种。我国大体上分为腿部、胸部、翅爪及脏器类。

四、分割肉的包装

肉在常温下的货架期只有半天，冷藏鲜肉2～3d，充气包装生鲜肉14d，真空包装生鲜肉约30d，真空包装加工肉约40d，冷冻肉则在4个月以上。目前，分割肉越来越受到消费者的喜爱，因此分割肉的包装也日益引起加工者的重视。

（一）分割鲜肉的包装

分割鲜肉的包装材料透明度要高，便于消费者看清生肉的本色。其透氧率较高，以保持氧合肌红蛋白的鲜红颜色；透水率（水蒸气透过率）要低，防止生肉表面的水分散失，造成色素浓缩，肉色发暗，肌肉发干收缩；薄膜的抗湿强度高，柔韧性好，无毒性，并具有足够的耐寒性。但为控制微生物的繁殖，也可用阻隔性高（透氧率低）的包装材料。

为了维护肉色鲜红，薄膜的透氧率至少要大于5000mL/（m^2·24h·0.1MPa·23℃）。如此高的透氧率，使得鲜肉货架期只有2～3d。真空包装材料的透氧率应小于40mL/（m^2·24h·0.1MPa·23℃），这虽然可使货架期延长到30d，但肉的颜色则呈还原状态的暗紫色。一般真空包装复合材料为乙烯醋酸乙烯共聚物（EVA）/聚偏二氯乙烯（PVDC）/EVA，聚丙烯（PP）/PVDC/PP，尼龙/低密度聚乙烯（LDPE），尼龙/Surlgn（离子型树脂）。

充气包装是以混合气体充入透气率低的包装材料中，以达到维持肉颜色鲜红，控制微生物生长的目的。另一种充气包装是将鲜肉用透气性好但透水率低的高密度聚乙烯（HDPE）/EVA包装后，放在密闭的箱子里，再充入混合气体，以达到延长鲜肉货架期、保持鲜肉良好颜色的目的。

（二）冷冻分割肉的包装

冷冻分割肉的包装采用可封性复合材料（至少含有一层以上的铝箔基材）。代表性的复合材料有：聚酯薄膜（PET）/聚乙烯（PE）/铝箔（Al）/PE，玻璃纸（MT）/PE/Al/PE。冷冻的肉类坚硬，包装材料中间夹层使用聚乙烯能够改善复合材料的耐破强度。目前，国内大多数厂家考虑经济问题更多的采用塑料薄膜。

任务三 肉的冷藏与解冻

一、肉的低温保藏

低温保藏是现代肉类贮藏的最好方法之一，它不会引起肉的组织结构和性质发生根本变化，却能抑制微生物的生命活动，延缓由组织酶、氧以及热和光的作用而产生的化学的和生物化学的过程，可以较长时间保持肉的品质。在众多贮藏方法中低温冷藏是应用最广泛、效果最好、最经济的方法，被认为是目前肉类贮藏的最佳方法之一。

（一）低温保藏的原理

微生物的生长繁殖和肉中固有酶的活动常是导致肉类腐败的主要原因。低温可以抑制微生物的生命活动和酶的活性，从而达到贮藏保鲜的目的。由于其方法易行，冷藏量大，安全卫生并能保持肉的颜色和状态，因而被广泛采用。

1. 低温对微生物的作用

任何微生物都具有正常生长繁殖的温度范围，温度越低，它们的活动能力就越弱，故降低温度能减缓微生物生长和繁殖的速度。当温度降到微生物最低生长点时，其生长和繁殖被抑制或出现死亡。一般微生物的最低生长温度在0℃以上，但许多嗜冷菌的最低生长温度低于0℃，如霉菌、酵母菌在-8℃低温条件下仍可看到孢子发芽，-10℃低温下才被抑制。

低温导致微生物活力减弱和致死的原因主要有两方面：一是由于微生物的新陈代谢受到破坏，二是细胞结构的破坏，两者是相互关联的。正常情况下，微生物细胞内各种生化反应总是相互协调一致的。温度越低，失调程度越大，从而破坏了微生物细胞内的正常新陈代谢，以致它们的生活机能受到抑制甚至达到完全终止的程度。

2. 低温对酶的作用

酶是有机体组织中的一种特殊蛋白质，负有生物催化剂的作用。酶的活性与温度有密切关系。肉类中大多数酶的适宜活动温度在37~40℃。温度每下降10℃，酶活性就会减少1/2~1/3。酶对低温的感受性不像高温那样敏感，当温度达到80~90℃时，几乎所有酶都失活。然而极低的温度条件对酶活性的作用也仅是部分抑制，而不是完全停止。例如脂肪酶在-35℃尚不失去活性。由此可以理解在低温下贮藏的肉类，有一定的贮藏期限。

（二）肉的冷却

1. 冷却肉的概念

刚屠宰的畜禽，肌肉的温度通常在38~41℃，这种尚未失去生前体温的肉称热鲜肉。在0℃条件下将热鲜肉冷却到深层温度0~4℃时，称为冷却肉。肉类的冷却就是将屠宰后的胴体，吊挂在冷却室内，使其冷却到最厚处的深层温度达到0~4℃的过程。

2. 冷却的目的

冷却概念在上面已有所涉及。刚屠宰的肉由于温度约37℃，同时由于肉的

“后熟”作用，在肝糖分解时还要产生一定的热量，使肉体湿度处于上升的趋势，这种温度再结合其表面潮湿，最适宜于微生物的生长和繁殖，对于肉的保藏是极为不利的。

肉类冷却的直接目的在于，迅速排除肉体内部的含热量，降低肉体深层的温度，延缓微生物对肉的渗入和在其表面上的发展。实现这一目的，不仅在于温度的降低，还在于表面上形成一层干膜，延长肉的保藏期，并且能够减缓肉体内部水分的蒸发。

此外，冷却也是冻结的准备过程，对于整胴体或半胴体的冻结，由于肉层厚度较厚，若用一次冻结（即不经过冷却，直接冻结），常是表面迅速冻结，而内层的热量不易散发，从而使肉的深层产生“变黑”等不良现象，影响成品质量。同时一次冻结，因温度差过大，肉体表面水分的蒸发压力相应增大，引起水分的大量蒸发，从而影响肉体的重量和质量变化，除小块肉及副产品之外，一般均先冷却，然后再行冻结。当然在国内一些肉类加工企业中，也有采用不经过冷却进行一次冻结的方法。

3. **冷却条件及方法**

（1）冷却条件的选择

① 空气温度的选择：肉类在冷却过程中，虽然其冰点为 -1℃左右，但它却能冷到 -6 ~ -10℃，使肉体短时间内处于冰点及过冷温度之间的条件下，不致发生冻结。从冷却曲线可以看出，肉体热量大量导出，是在冷却的开始阶段，因此冷却间在未进料前，应先降至 -4℃左右，这样等进料结束后，可以使库温维持在0℃左右，而不会过高，随后的整个冷却过程中，维持在 -1 ~ 0℃。如温度过低有引起冻结的可能，温度高则会延缓冷却速度。

② 空气相对湿度的选择：水分是助长微生物活动的因素之一，因此空气湿度越大，微生物活动能力越强，尤其是霉菌。过高的湿度无法使肉体表面形成一层良好的干燥膜。湿度太低，重量损耗太多，所以选择空气相对湿度时应从多方面综合考虑。

在整个冷却过程中，初始阶段冷却介质与冷却物体间的湿差越大，则冷却速度越快，表面水分的蒸发量在开始的1/4 时间内，约占总干缩量的1/2。因此，空气相对湿度也可分两阶段：在前一阶段（约开始的1/4 时间），以维持在95%以上为宜，即相对湿度越高越好，以尽量减少水分蒸发，由于时间较短（约6 ~ 8h），微生物不至于大量繁殖；在后一阶段（约占3/4 时间），则维持在90% ~ 95%，在临近结束时则在90%左右。这样既能使胴体表面尽快地结成干燥膜，而又不会过分干缩。

③ 空气流动速度的选择：由于空气的热容量很小，不及水的1/4，因此对热量的接受能力很弱。同时因其热导率小，故在空气中冷却速度缓慢。所以在其他参数不变的情况下，只有增加空气流速来达到冷却速度的目的。静止空气放热系

数为 12.54～33.44kJ/（m^2·h·℃）。空气流速为 2m/s，则放热系数可增加到 52.25kJ/（m^2·h·℃）。但过强的空气流速，会大大增加肉表面干缩和耗电量，冷却速度却增加不大。因此在冷却过程中以不超过 2m/s 为合适，一般采用 0.5m/s 左右，或每小时 10～15 个冷库容积。

（2）冷却方法　冷却方法有空气冷却、水冷却、冰冷却和真空冷却等。我国主要采用空气冷却法。

进肉之前，冷却间温度降至 -4℃左右。进行冷却时，把经过冷晾的胴体沿吊轨推入冷却间，胴体间距保持 3～5cm，以利于空气循环和较快散热，当胴体最厚部位中心温度达到 0～4℃时，冷却过程即可完成。冷却操作时要注意以下几点。

① 胴体要经过修整，检验和分级；

② 冷却间符合卫生要求；

③ 吊轨间的胴体按“品”字形排列；

④ 不同等级的肉，要根据其肥度和重量的不同，分别吊挂在不同位置。肥重的胴体应挂在靠近冷源和风口处。薄而轻的胴体挂在距排风口的远处；

⑤ 进肉速度快，并应一次完成进肉；

⑥ 冷却过程中尽量减少人员进出冷却间，保持冷却条件稳定，减少微生物污染；

⑦ 在冷却间按每立方米平均 1W 的功率安装紫外线灯，每昼夜连续或间隔照射 5h；

⑧ 冷却终温的检查　胴体最厚部位中心温度达到 0～4℃，即达到冷却终点。

一般冷却条件下，牛半片胴体的冷却时间为 48h，猪半片胴体为 24h 左右，羊胴体约为 18h。

4. 冷却肉的贮藏

经过冷却的肉类，一般在 -1～1℃的冷藏间（或排酸库），一方面可以完成肉的成熟（或排酸），另一方面达到短期贮藏的目的。冷藏期间温度要保持相对稳定，以不超出上述范围为宜。进肉或出肉时温度不得超过 3℃，相对湿度保持在 90% 左右，空气流速保持自然循环。冷却肉的贮藏期见表 1-1。

表 1-1　冷却肉的贮藏条件和贮藏期

品名	温度/℃	相对湿度/%	贮藏期/d
牛肉	-1.5～0	90	28～35
小牛肉	-1～0	90	7～21
羊肉	-1～0	85～90	7～14
猪肉	-1.5～0	85～90	7～14
全净膛鸡	0	85～90	7～11
腊肉	-3～0	85～90	30
腌猪肉	-1～0	85～90	120～180

冷却肉在贮藏期间常见变化有干耗、表面发黏和长霉、变色、变软等。在良好卫生条件下，屠宰的畜肉初始微生物总数为10^{10} cfu/cm^2，其中1%～10%以在0～4℃下生长。

肉在贮藏期间发黏和长霉是常见的现象，先在表面形成块状灰色菌落，呈半透明，然后逐渐扩大成片状，表面发黏，有异味。防止或延缓肉表面长霉发黏的主要措施是尽量减少胴体最初污染程度和防止冷藏间温度升高。

5. 冷却肉冷藏期间的变化

冷藏条件下的肉，由于水分没有结冰，微生物和酶的活动还在进行，所以易发生干耗，表面发黏、发霉、变色等，甚至产生不愉快的气味。

（1）干耗　处于冷却终点温度的肉（0～4℃），其物理、化学变化并没有终止，其中以水分蒸发而导致干耗最为突出。干耗的程度受冷藏室温度、相对湿度、空气流速的影响。高温，低湿度，高空气流速会增加肉的干耗。

（2）发黏、发霉　这是肉在冷藏过程中，微生物在肉表面生长繁殖的结果，这与肉表面的污染程度和相对湿度有关。微生物污染越严重，温度越高，肉表面越易发黏、发霉。

（3）颜色变化　肉在冷藏中色泽会不断地变化，若贮藏不当，牛、羊、猪肉会出现变褐、变绿、变黄、发荧光等。鱼肉产生绿变，脂肪会黄变。这些变化有的是在微生物和酶的作用下引起的，有的是本身氧化的结果。色泽的变化是品质下降的表现。

（4）串味　肉与有强烈气味的食品存放在一起，会使肉串味。

（5）成熟　冷藏过程中可使肌肉中的化学变化缓慢进行，而达到成熟，目前肉的成熟一般采用低温成熟法即冷藏与成熟同时进行，在0～2℃，相对湿度86%～92%，空气流速为0.15～0.5m/s，成熟时间视肉的品种而异，牛肉大约需三周。

（6）冷收缩　主要是在牛、羊肉上发生，它是屠杀后在短时间进行快速冷却时肌肉产生强烈收缩。这种肉在成熟时不能充分软化。研究表明，冷收缩多发生在宰杀后10h，肉温降到8℃以下时出现。

（三）肉的冷冻

1. 冻结的目的

肉的冻结温度通常为－20～－18℃，在这样的低温下水分结冰，有效地抑制了微生物的生长发育和肉中各种化学反应，使肉更耐贮藏，其贮藏期为冷却肉的5～50倍。

肉中的水分部分或全部变冰的过程称作肉的冻结。冷却肉由于贮藏温度在肉的冰点以上，微生物和酶的活动只受到部分抑制，冷藏期短。当肉在0℃以下冷藏时，随着冻藏温度的降低，温度降到－10℃以下时，冻肉则相当于中等水分食品。大多数细菌在此A_w下不能生长繁殖。当温度下降到

-30℃时，肉的 A_w 在 0.75 以下，霉菌和酵母的活力受到抑制（表 1-2）。所以冻藏能有效地延长保藏期，防止肉品质量下降，在肉类加工中得以广泛应用。

表 1-2 低温与肉 A_w 之间的关系

温度/℃	肌肉（含水 75%）中冻结水百分比/%	A_w
0	0	0.993
-1	2	0.990
-2	50	0.981
-3	64	0.971
-4	71	0.962
-5	80	0.953
-10	83	0.907
-20	88	0.823
-30	89	0.746

2. 冻结率

从物理化学角度看，肉是充满组织液的蛋白质胶体系统，其初始冰点比纯水的冰点低（如表 1-3 所示）。因此食品要降到 0℃以下才产生冰晶，此冰晶出现的温度即谓冰结点。随着温度继续降低，水分的冻结量逐渐增多，要使食品内水分全部冻结，温度要降到 -60℃。这样低的温度工艺上一般不使用，只要绝大部分水冻结，就能达到贮藏的要求。一般是 -30 ~ -18℃。

表 1-3 几种肉类食品的含水量和初始冰点

品种	含水量/%	初始冰点/℃
牛肉	71.6	-1.7 ~ -0.6
猪肉	60	-2.8
鸡肉	74	-1.5
鱼肉	70 ~ 85	-1.1

一般冷库的贮藏温度为 -25 ~ -18℃，食品的冻结温度亦大体降到此温度。食品内水分的冻结率即冻结率的近似值为：

冻结率（%）=1 - 食品的冻结点/食品的冻结终温

如食品冻结点是 -1℃，降到 -5℃时冻结率是 80%。降到 -18℃时冻结率为 94.5%。即全部水分的 94.5% 已冻结。

大部分食品，在 -10 ~ -5℃温度范围内几乎 80% 水分结成冰，此温度范围称为最大冰晶形成区。对保证冻肉的品质来说这是最重要的温度区间。

3. 冻结速度

冻结速度对冻肉的质量影响很大。常用冻结时间和单位时间内形成冰层的厚度表示冻结速度。

（1）用冻结时间表示　食品中心温度通过最大冰结晶生成带所需时间在30min之内者，称快速冻结，在30min之外者为缓慢冻结。之所以定为30min因在这样的冻结速度下冰晶对肉质的影响最小。

（2）用单位时间内形成冰层的厚度表示　因为产品的形状和大小差异很大，如牛胴体和鹌鹑胴体，比较其冻结时间没有实际意义。通常，把冻结速度表示为由肉品表面向热中心形成冰的平均速度。实践上，平均冻结速度可表示为肉块表面各热中心形成的冰层厚度与冻结时间之比。国际制冷协会规定，冻结时间是品温从表面达到0℃开始，到中心温度达到－10℃所需的时间。冻层厚度和冻结时间单位分别用“cm”和“h”表示，则冻结速度（v）为：

$$v\ (\text{cm/h}) = \text{冰层厚度}/\text{冻结时间}$$

冻结速度为5～10cm/h以上者，称为超快速冻结，用液氮或液态CO_2冻结小块物品属于超快速冻结；5～10cm/h为快速冻结。用平板式冻结机或流化床冻结机可实现快速冻结；1～5cm/h为中速冻结，常见于大部分鼓风冻结装置；1cm/h以下为慢速冻结，纸箱装肉品在鼓风冻结期间多处在缓慢冻结状态。

（3）冻结速度对肉品质的影响

① 缓慢冻结：瘦肉中冰形成过程研究表明，冻结过程越快，所形成的冰晶越小。在肉冻结期间，冰晶首先沿肌纤维之间形成和生长，这是因为肌细胞外液的冰点比肌细胞的内液的冰点较高。缓慢冻结时，冰晶在肌细胞之间形成和生长，从而使肌细胞外液浓度增加。由于渗透压的作用，肌细胞会失去水分进而发生脱水收缩，结果，在收缩细胞之间形成相对少而大的冰晶。

② 快速冻结：快速冻结时，肉的热量散失很快，使得肌细胞来不及脱水便在细胞内形成了冰晶。换句话说，肉内冰层推进速度大于水蒸气速度。结果在肌细胞内外形成了大量的小冰晶。

冰晶在肉中的分布和大小是很重要的。缓慢冻结的肉类因为水分不能返回到其原来的位置，在解冻时会失去较多的肉汁，而快速冻结的肉类不会产生这样的问题，所以冻肉的质量高。此外，冰晶的形状有针状、棒状等不规则形状，冰晶大小从100～800μm不等。如果肉块较厚，冻肉的表层和深层所形成的冰晶不同，表层形成的冰晶体积小数量多，深层形成的冰晶少而大。

4. 冷冻方法

（1）静止空气冷冻法　空气是传导的媒介，家庭冰箱的冷冻室均以静止空气冻结的方法进行冷冻，肉冻结很慢。静止空气冻结的温度范围为－30～－10℃。

（2）板式冷冻　该冷冻方法热传导的媒介是空气和金属板。肉品装盘或直接与冷冻室中的金属板架接触。板式冷冻室温度通常为 -30 ~ -10℃，一般适用于薄片的肉品，如肉排、肉片、以及肉饼等的冷冻。冻结速率比静止空气法稍快。

（3）冷风式速冻法　工业生产中最普遍使用的，将冷冻后的肉贮藏于一定的温度、湿度的低温库中，在尽量保持肉品质量的前提下贮藏一定的时间，就是冻藏。冻藏条件的好坏直接关系到冷藏肉的质量和贮藏期长短。方法是在冷冻室或隧道装有风扇以供应快速流动的冷空气急速冷冻，热转移的媒介是空气。此法热的转移速率比静止空气要增加很多，且冻结速率也显著。但空气流速增加了冷冻成本以及未包装肉品的冻伤。冷风式速冻条件一般为空气流速在 760m/min，温度在 -30℃。

（4）流体浸渍和喷雾　流体浸渍和喷雾是商业上用来冷冻禽肉最普遍的方法，一些其他肉类和鱼类也利用此法冷冻。此法热量转移迅速，稍慢于风冷或速冻，供冷冻用的流体必须无毒性，成本低，且具有低黏性，低冻结点以及高热传导性特点。一般常用液态氮、食盐溶液、甘油、甘油醇和丙烯醇等。

5. 冻藏条件与冻藏期限

（1）温度　从理论上讲，冻藏温度越低，肉品质量保持得就越好，保存期限也就越长，但成本也随之增大。对肉而言，-18℃是比较经济合理的冻藏温度。近年来，水产品的冻藏温度有下降的趋势，原因是，水产品的组织纤维细嫩，蛋白质易变性，脂肪中不饱和脂肪酸含量高，易发生氧化。冷库中温度的稳定也很重要，温度的波动应控制在 ±2℃范围内，否则会促进小冰晶消失和大冰晶长大，加剧冰晶对肉的机械损伤作用。

（2）湿度　在 -18℃的低温下，温度对微生物的生长繁殖影响很微小，从减少肉品干耗考虑，空气湿度越大越好，一般控制在相对湿度 95% ~98%。

（3）空气流动速度　在空气自然对流情况下，流速为 0.05 ~0.15m/s，空气流动性差，温、湿度分布不均匀，但肉的干耗少。多用于无包装的肉食品。在强制对流的冷藏库中，空气流速一般控制在 0.2 ~0.3m/s，最大不能超过 0.5m/s，其特点是温、湿度分布均匀，肉品干耗大。对于冷藏酮体而言，一般没有包装，冷藏库多用空气自然对流方法，如要用冷风机强制对流，要避免冷风机吹出的空气正对胴体。

（4）冻藏期限　冷冻肉的贮藏温度与贮藏期关系见表 1-4。在相同贮藏温度下，不同肉品的贮藏期大体上有如下规律：畜肉的冷冻贮藏期大于水产品；畜肉中牛肉贮藏期最长，羊肉次之，猪肉最短；水产品中，脂肪少的鱼贮藏期大于脂肪多的鱼。虾、蟹则介于二者之间。

表 1-4 冻结肉类的贮藏条件和时间

类别	冰冻点/℃	温度/℃	相对湿度/%	期限/月
牛肉	-1.7	-23 ~ -18	90 ~ 95	9 ~ 12
猪肉	-1.7	-23 ~ -18	90 ~ 95	4 ~ 6
羊肉	-1.7	-23 ~ -18	90 ~ 95	8 ~ 10
子牛肉	-1.7	-23 ~ -18	90 ~ 95	8 ~ 10
兔	—	-23 ~ -18	90 ~ 95	6 ~ 8
禽类	—	-23 ~ -18	90 ~ 95	3 ~ 8

6. 肉的解冻

肉的解冻是将冻结肉类恢复到冻前的新鲜状态。解冻过程实质上是冻结肉中形成的冰结晶还原融解成水的过程，所以可视为冻结的逆过程。在实际工作中，解冻的方法应根据具体条件选择，原则是既要缩短时间又要保证质量。

（1）空气解冻法　将冻肉移放在解冻间，靠空气介质与冻肉进行热交换来实现解冻的方法。一般在 0 ~ 5℃ 空气中解冻称缓慢解冻，在 15 ~ 20℃ 空气中解冻称快速解冻。肉装入解冻间后温度先控制在 0℃，以保持肉解冻的一致性，装满后再升温到 15 ~ 20℃，相对湿度为 70% ~ 80%，经 20 ~ 30h 即解冻。

（2）水解冻　把冻肉浸在水中解冻，由于水比空气传热性能好，解冻时间可缩短，并且由于肉类表面有水分浸润，可使重量增加。但肉中的某些可溶性物质在解冻过程中将部分失去，同时容易受到微生物的污染，故对半胴体的肉类不太适用，主要用于带包装冻结肉类的解冻。

水解冻的方式可分静水解冻和流水解冻或喷淋解冻。对肉类来说，一般采用较低温度的流水缓慢解冻为宜，在水温高的情况下，可采用加碎冰的方法进行低温缓慢解冻。

（3）蒸汽解冻法　将冻肉悬挂在解冻间，向室内通入水蒸气，当蒸汽凝结于肉表面时，则将解冻室的温度由 4.5℃ 降低至 1℃，并停止通入水蒸气。此方法，肉表面干燥，能控制肉汁流失使其较好地渗入组织中，一般约经 16h，即可使半胴体的冻肉完全解冻。

冻的方法。一般在 0 ~ 5℃ 空气中解冻称缓慢解冻，在 15 ~ 20℃ 空气中解冻称快速解冻。肉装入解冻间后温度先控制在 0℃，以保持肉解冻的一致性，装满后再升温到 15 ~ 20℃，相对湿度为 70% ~ 80%，经 20 ~ 30h 即解冻。

二、肉的辐射保藏

（一）辐射保藏的原理

肉类辐射保藏是利用放射性核素发生的 γ 射线或利用电子加速器产生的电子束或 X 射线，在一定剂量范围内辐照肉，杀灭其中的微生物及其他腐败细菌，或抑制肉品中某些生物活性物质和生理过程，从而达到保藏的目的。

（二）辐射剂量和辐射杀菌类型

1. 辐射剂量及其单位

射线与物质发生作用的程度常用剂量表达。照射量 X 的国际单位是库（仑）每千克（C/kg），以前曾使用伦琴（R）。

$$R = 2.58 \times 10^{-4} C/kg$$

以前常用单位为拉德（rad），1975 年国际辐射单位和测量委员会建议吸收剂量专用单位拉德改为戈瑞作为吸收剂量的国际单位。1Gy 就是 1kg 物质吸收 1J（焦耳）的能量。其换算关系为：

$$1rad = 10^{-2}Gy$$

$$1Gy = 100rad$$

FAO 对不同食品的照射剂量规定如表 1－5 所示。

表 1－5　对不同食品的照射剂量

食　品	主要目的	达到的手段	剂量/ $\times 10^4$ Gy
肉、禽、鱼及其他易腐食品	不用低温，长期安全贮藏	能杀死腐败菌、病原菌及肉毒梭菌	4～6
肉、禽、鱼及其他易腐食品	在 3℃以下延长贮藏期	减少嗜冷菌数	0.05～1.0
冻肉、鸡肉、鸡蛋及其他易污染细菌的食品	防止食品中毒	杀灭沙门氏细菌	0.3～1.0
肉及其他有病原寄生虫的食品	防止食品媒介的寄生虫	杀灭旋毛虫、牛肉绦虫等	0.01～0.03
香辛料、辅料	减少细菌污染	降低菌数	1～3

2. 辐射杀菌类型

食品上应用的辐射杀菌按剂量大小和所要求目标可分为三类。

（1）辐射阿氏杀菌　所使用的辐射剂量可以使食品中微生物减少到零或有限个数，用这种辐射处理后，食品可在任何条件下贮存。肉中以肉毒杆菌为对象菌，剂量应达 40～60kGy。如罐装腊肉照射 45kGy，室温可贮藏 2 年，但会出现辐射副作用。

（2）辐射巴氏杀菌　使用的辐射量以在食品中检测不出特定的无芽孢病菌

为准。畜产品中以沙门菌为目标，剂量范围为 5 ~ 10kGy。既能延长保存期，副作用又小。在冰蛋、冻肉上应用最成功。

（3）辐射耐贮杀菌　以假单孢杆菌为目标，目的是减少腐败菌的数目，延长冷冻或冷却条件下食品的货架寿命。一般剂量在 5kGy 以下。产品感官状况几乎不发生变化。

3. **肉的辐射保藏工艺**

辐射的工艺流程如图 1 –4 所示。

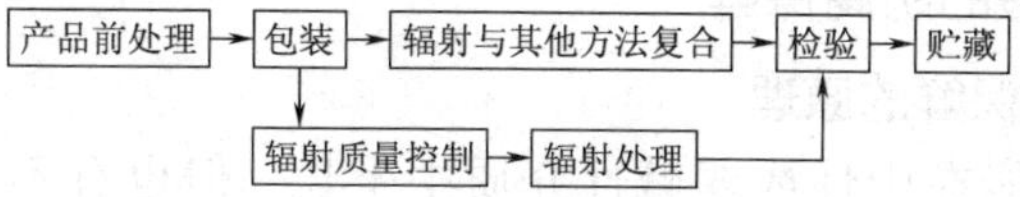

图 1 –4　辐射的工艺流程

（1）前处理　辐射前对肉品进行挑选和品质检查。要求：质量合格，初始菌量低。为减少辐射过程中某些成分的微量损失，有时增加微量添加剂，如添加抗氧化剂，可减少维生素 C 的损失。

（2）包装　包装是肉品辐射保鲜的重要环节。辐射灭菌是一次性的，因而要求包装能够防止辐射食品的二次污染。同时还要求隔绝外界空气与肉品接触，以防止贮运、销售过程中脂肪氧化酸败，肌红蛋白氧化变色等缺点。包装材料一般选用高分子塑料，在实践中常选用复合塑料膜，如聚乙烯、尼龙复合薄膜。包装方法常采用真空包装、真空充气包装、真空去氧包装等。

（3）辐射　常用辐射源有 ^{60}Co，^{137}Cs 和电子加速器三种。^{60}Co 辐射源释放的 γ 射线穿透力强，设备较简单，因而多用于肉食品辐射。辐射条件根据辐射肉食品的要求决定。

（4）辐射质量控制　这是确保辐射工艺完成不可缺少的措施。

① 根据肉食品保鲜目的、D_{10} 剂量、初始菌量等确定最佳灭菌保鲜的剂量；

② 选用准确性高的剂量仪，测定辐射箱各点的剂量，从而计算其辐射均匀度（$U = D_{max}/D_{min}$），要求均匀度 U 越小越好，但也要保证有一定的辐射产品数量；

③ 为了提高辐射效率，而又不增大 U，在设计辐射箱传动装置时考虑 180° 转向、上下换位以及辐射箱在辐射场传动过程中尽可能地靠近辐射源；

④ 制定严格的辐射操作程序，以确保每一肉食品包装都能受到一定剂量的辐照。

（5）辐射对肉品质的影响　辐射对肉品质有不利影响。如产生的硫化氢、碳酰化物和醛类物质，使肉品产生辐射味；辐射能在肉品中产生鲜红色且较为稳定的色素，同时也会产生高铁肌红蛋白和硫化肌红蛋白等不利于肉品色泽的色素；辐射使部分蛋白质发生变性，肌肉保水力降低。对胶原蛋白有嫩化作用，可提高肉品的嫩度，但提高肉品嫩度所要求的辐射剂量太高，使肉品产生辐射变性而变得不能食用。

（6）辐射肉品的卫生安全性　放射线处理后食品的安全性，根据大量的动物试验结果表明辐射在保藏食品方面是一种安全、卫生、经济有效的新手段。其安全性体现在以下两方面：①辐射食品无残留放射性和诱导放射性；②辐射不产生毒性物质和致突变物。

三、肉的其他保鲜方法

（一）有机酸的防腐保鲜

1. 有机酸防腐保鲜的原理

大多数细菌只能在中性或弱碱性介质中生长，但也有不少细菌却是耐酸性的。各种细菌耐酸性差异很大。一般细菌能在 pH 为 4.5～10 的范围内生长。有机酸的防腐作用机理是使菌体蛋白质变性；干扰细胞膜；干扰遗传机理；干扰细胞内部酶的活力等。但酵母和霉菌比细菌耐酸性强，许多酵母和霉菌在 pH 低达 1.5 时仍能生长。

2. 有机酸防腐保鲜的方法

（1）苯甲酸　苯甲酸是一种酸性防腐剂，在 pH 低于 4.5 时防腐效力好。在 pH5.5 以上时对很多霉菌和酵母没有效果，苯甲酸一般在 0.05% 浓度时有防腐作用，而苯甲酸钠则需 0.07%～0.1%，它们在食品中允许使用量不超过 0.1%。

（2）山梨酸　山梨酸对霉菌、酵母和好气性菌均有抑制作用，一般在 pH5～6 以下范围内使用效果较好。用 2.5% 的山梨酸溶液浸泡或喷雾鲜肉，可有效地延长保存期。在香肠加工时可用 0.25% 的山梨酸剂量直接加入肉馅，或用 2.5% 的山梨酸溶液浸泡肠衣均可达到有效的防腐防霉效果。熟鸡腿肉在 10% 山梨酸钾溶液中浸 30s 后，于 4℃条件下贮藏可达 20d，比对照组贮藏期延长 1 倍。我国规定的罐头食品中山梨酸的最大添加量为 0.5g/kg。

（二）抗氧化保鲜

氧化是导致肉类品质变劣的重要因素之一，特别是对一些含有大量不饱和脂肪酸的鱼类尤为重要。氧化除使肉发生酸败外，还会引起肉褪色、维生素破坏，降低肉的品质和营养价值，甚至产生有害物质，引起食物中毒。在肉品保藏中为了延缓或阻止氧化作用，常添加一些化学制品（天然或人工合成的），这些化学制品就称为抗氧化剂。

目前我国肉品生产中使用较多的抗氧化剂有丁基羟基茴香醚（BHA）、二丁基羟基甲苯（BHT）、没食子酸丙酯（PG）和抗坏血酸（维生素 C）及其盐类、抗坏血酸基棕榈酸酯、异构抗坏血酸及生育酚。本品可用于大多数肉制品如腊肉、火腿、灌肠、肉脯、肉干、肉松等。其抗氧化作用 BHT 效果最好。BHT 最大使用量为 0.2g/kg。

复习思考题

1. 畜禽宰前选择有何原则及具体要求？
2. 畜禽宰前为什么要休息、禁食、饮水？有何具体要求？
3. 畜禽宰前电击昏有何好处？电压、电流及电昏时间有何要求？
4. 影响畜禽放血的因素有哪些？放血不良对制品会产生何种影响？
5. 试述我国猪肉、牛羊肉、禽肉的分割方法。
6. 分割肉加工对包装有何具体要求？
7. 简述低温保藏的原理。
8. 何谓肉的冷却？简述肉冷却条件的选择。
9. 冷冻方法及冷冻肉的贮藏对原料肉品质的影响？
10. 冷冻肉的解冻方法及其优缺点？
11. 简述真空包装的作用及其对包装材料的要求。

项目二 肉的品质评定

知识目标

1. 肉的形态、结构和化学成分；
2. 影响肉化学成分的因素；
3. 肉的食用品质及物理性状；
4. 尸僵的概念和发生的原因；
5. 不同动物尸僵开始和持续的时间以及尸僵肉的特征；
6. 肉成熟的概念和肉成熟的基本机制。

技能目标

1. 了解肉的概念、形态结构和化学成分；
2. 掌握影响肉化学成分和肌肉颜色变化的因素；
3. 了解影响肉风味和嫩度的因素并掌握控制肉风味和嫩度的技术；
4. 了解尸僵的概念和发生的原因并掌握尸僵肉的特征；
5. 了解成熟肉的概念和肉成熟的基本机制并掌握成熟肉的特征。

任务一 肉的化学成分

肉的化学组成主要是指肌肉组织中的各种化学物质，包括有水分、蛋白质、脂类、碳水化合物、含氮浸出物及少量的矿物质和维生素等（如表1-6所示）。

表1-6 畜禽肉的化学组成

名称	含量/%					热量/(J/kg)
	水分	蛋白质	脂肪	碳水化合物	灰分	
牛 肉	72.91	20.07	6.48	0.25	0.92	6186.4
羊 肉	75.17	16.35	7.98	0.31	1.92	5893.8
肥猪肉	47.40	14.54	37.34	—	0.72	13731.3
瘦猪肉	72.55	20.08	6.63	—	1.10	4869.7
马 肉	75.90	20.10	2.20	1.33	0.95	4305.4
鹿 肉	78.00	19.50	2.25	—	1.20	5358.8
兔 肉	73.47	24.25	1.91	0.16	1.52	4890.6
鸡 肉	71.80	19.50	7.80	0.42	0.96	6353.6
鸭 肉	71.24	23.73	2.65	2.33	1.19	5099.6
骆驼肉	76.14	20.75	2.21	—	0.90	3093.2

一、水分

水是肉中含量最多的成分，不同组织水分含量差异很大，其中肌肉含水量约70%~80%，皮肤为60%~70%，骨骼为12%~15%。畜禽越肥，水分的含量越少，老年动物比幼年动物含量少。肉中水分含量多少及存在状态影响肉的加工质量及贮藏性。肉中水分存在形式大致可分为结合水、不易流动水、自由水三种。

1. 结合水

肉中结合水的含量，大约占水分总量的5%。通常在蛋白质等分子周围，借助分子表面分布的极性基团与水分子之间的静电引力而形成的一薄层水分。结合水与自由水的性质不同，它的蒸汽压极度低，冰点约为-40℃，不能作为其他物质的溶剂，不易受肌肉蛋白质结构或电荷的影响，甚至在施加外力条件下，也不能改变其与蛋白质分子紧密结合的状态。通常这部分水分分布在肌肉的细胞内部。

2. 不易流动水

约占总水分的80%。指存在于纤丝、肌原纤维及膜之间的一部分水分。这些水分能溶解盐及溶质，并可在-1.5~0℃稍下结冰。不易流动水易受蛋白质结构和电荷变化的影响，肉的保水性能主要取决于此类水的保持能力。

3. 自由水

指能自由流动的水，存在于细胞外间隙中能够自由流动的水，约占水分总量的15%。

二、蛋白质

肌肉中除水分外主要成分是蛋白质，占18%~20%，占肉中固形物的80%，依其构成位置和在盐溶液中溶解度可分成以下三种，即：肌原纤维蛋白质、肌浆蛋白质、基质蛋白质。

1. 肌原纤维蛋白质

肌原纤维是肌肉收缩的单位，由丝状的蛋白质凝胶所构成。肌原纤维蛋白质的含量随肌肉活动而增加，并因静止或萎缩而减少。而且，肌原纤维中的蛋白质与肉的某些重要品质特性（如嫩度）密切相关。肌原纤维蛋白质占肌肉蛋白质总量的40%~60%，它主要包括肌球蛋白、肌动蛋白、肌动球蛋白和调节性结构蛋白质如表1-7所示。

表1-7　肌原纤维蛋白质的种类和含量

名称	含量/%	名称	含量/%	名称	含量/%
肌球蛋白	45	C-蛋白	2	55000u蛋白	<1
肌动蛋白	20	M-蛋白	2	F-蛋白	<1
肌动球蛋白	5	α-肌动蛋白素	2	I-蛋白	<1
肌原蛋白	5	β-肌动蛋白素	<1	filament	<1
联结蛋白（titan）	6	γ-肌动蛋白素	<1	肌间蛋白	<1
N-line	3	肌酸激酶	<1	vimentin	<1
				synemin	<1

2. 肌浆中的蛋白质

肌浆是浸透于肌原纤维内外的液体，含有机物与无机物，一般占肉中蛋白质含量的20%~30%。通常将磨碎的肌肉压榨便可挤出肌浆。它包括肌溶蛋白、肌红蛋白、肌球蛋白X和肌粒中的蛋白质等。这些蛋白质易溶于水或低离子强度的中性盐溶液，是肉中最易提取的蛋白质。故称之为肌肉的可溶性蛋白质。这里重点叙述与肉及其制品的色泽有直接关系的肌红蛋白。

肌红蛋白是一种复合性的色素蛋白质，是肌肉呈现红色的主要成分。肌红蛋白由一条肽链的珠蛋白和一分子亚铁血色素结合而成。肌红蛋白有多种衍生物，如呈鲜红色的氧合肌红蛋白、呈褐色的高铁肌红蛋白、呈鲜亮红色的 NO 肌红蛋白等。肌红蛋白的含量，因动物的种类、年龄、肌肉的部位而不同。

肌肉中肌浆酶蛋白的含量见表 1－8。

表 1－8 肌肉中肌浆酶蛋白的含量

肌浆酶	含量/（mg/g）	肌浆酶	含量/（mg/g）
磷酸化酶	2	磷酸甘油激酶	0.8
淀粉－1，6－糖苷酶	0.1	磷酸甘油醛脱氢酶	11
葡萄糖磷酸变位酶	0.6	磷酸甘油变位酶	0.8
葡萄糖磷酸异构酶	0.8	烯醇化酶	2.4
果糖磷酸激酶	0.35	丙酮酸激酶	3.2
缩醛酶（二磷酸果糖酶）	6.5	乳酸脱氢酶	3.2
磷酸丙糖异构酶	2	肌酸激酶	5
甘油－3－磷酸脱氢酶	0.3	一磷酸腺苷激酶	0.4

3. 基质蛋白质

基质蛋白质亦称间质蛋白质，是指肌肉组织磨碎之后在高浓度的中性溶液中充分抽提之后的残渣部分。基质蛋白质是构成肌内膜、肌束膜和腱的主要成分，包括胶原蛋白、弹性蛋白、网状蛋白及黏蛋白等，存在于结缔组织的纤维及基质中，它们均属于硬蛋白类（表 1－9）。

表 1－9 结缔组织蛋白质的含量 单位：%

成分	白色结缔组织	黄色结缔组织
蛋白质	35	40
其中：		
胶原蛋白	30	7.5
弹性蛋白	2.5	32
黏蛋白	1.5	0.5
可溶性蛋白	0.2	0.6
脂类	1	1.1

三、脂肪

脂肪对肉的食用品质影响甚大，肌肉内脂肪的多少直接影响肉的多汁性和嫩度。动物的脂肪可分为蓄积脂肪和组织脂肪两大类，蓄积脂肪包括皮下脂肪、肾周围脂肪、大网膜脂肪及肌间脂肪等；组织脂肪为脏器内的脂肪。动物性脂肪主要成分是甘油三酯（三脂肪酸甘油酯），约占90%，还有少量的磷脂和固醇脂。肉类脂肪有20多种脂肪酸。其中饱和脂肪酸以硬脂酸和软脂酸居多；不饱和脂肪酸以油酸居多，其次是亚油酸。磷脂以及胆固醇所构成的脂肪酸酯类是能量来源之一，也是构成细胞的特殊成分，它对肉类制品质量、颜色、气味具有重要作用。不同动物脂肪的脂肪酸组成不一致，相对来说鸡脂肪和猪脂肪含不饱和脂肪酸较多，牛脂肪和羊脂肪中含不饱和脂肪酸较少（表1－10）。

表1－10　不同动物脂肪的脂肪酸组成

脂肪	硬脂酸含量/%	油酸含量/%	棕榈酸含量/%	亚油酸含量/%	熔点/℃
牛脂肪	41.7	33	18.5	2	40～50
羊脂肪	34.7	31	23.2	7.3	40～48
猪脂肪	18.4	40	26.2	10.3	33～38
鸡脂肪	8	52	18	17	28～38

四、浸出物

浸出物是指除蛋白质、盐类、维生素外能溶于水的浸出性物质，包括含氮浸出物和无氮浸出物。

1. 含氮浸出物

含氮浸出物为非蛋白质的含氮物质，如游离氨基酸、磷酸肌酸、核苷酸类（ATP、ADP、AMP、IMP）及肌苷、尿素等。这些物质左右肉的风味、为香气的主要来源，如ATP除供给肌肉收缩的能量外，逐级降解为肌苷酸是肉香的主要成分，磷酸肌酸分解成肌酸，肌酸在酸性条件下加热则为肌酐，可增强熟肉的风味。

2. 无氮浸出物

无氮浸出物为不含氮的可浸出的有机化合物，包括有糖类化合物和有机酸。糖类又称碳水化合物。因由C、H、O三种元素组成，氢氧之比恰为2:1，与水相同。但有若干例外，如去氧核糖（$C_2H_{10}O_4$），鼠李糖（$C_6H_{12}O_5$），并非按氢2氧1比例组成。又如乳酸按氢2氧1比例组成，但无糖的特性，属于有机酸。

无氮浸出物主要是糖原、葡萄糖、麦芽糖、核糖、糊精，有机酸主要是乳酸及少量的甲酸、乙酸、丁酸、延胡索酸等。

糖原主要存在于肝脏和肌肉中，肌肉中含0.3%～0.8%，肝中含2%～8%，马肉肌糖原含2%以上。宰前动物消瘦，疲劳及病态，则肉中糖原贮备少。肌糖原含量多少，对肉的pH、保水性、颜色等均有影响，并且影响肉的保藏性。

五、矿物质

矿物质是指一些无机盐类和元素，含量占1.5%左右。这些无机盐在肉中有的以游离状态存在，如镁、钙离子；有的以螯合状态存在，如肌红蛋白中含铁，核蛋白中含磷。肉中尚含有微量的锰、铜、锌、镍等。肉中主要矿物质含量如表1－11所示。

表1－11 肉中主要矿物质含量 单位：mg/100g

矿物质	钙	镁	锌	钠	钾	铁	磷	氯
含量	2.6～8.2	14～31.8	1.2～8.3	36～85	451～297	1.5～5.5	10～21.3	34～91
平均	4	21.1	4.2	38.5	395	2.7	20.1	51.4

六、维生素

肉中维生素主要有维生素A、维生素B_1、维生素B_2、维生素PP、叶酸、维生素C、维生素D等。其中脂溶性维生素较少，但水溶性B族维生素含量丰富。猪肉中维生素B_1的含量比其他肉类要多得多，而牛肉中叶酸的含量则又比猪肉和羊肉高。此外，动物的肝脏，几乎各种维生素含量都很高。肉中主要维生素含量如表1－12所示。

表1－12 肉中主要维生素含量 单位：mg/100g

畜肉	维生素A	维生素B_1	维生素B_2	维生素PP	泛酸	生物素	叶酸	维生素B_6	维生素B_{12}	维生素D
牛肉	微量	0.07	0.2	5	0.4	3	10	0.3	2	微量
小牛肉	微量	0.1	0.25	7	0.6	5	5	0.3		微量
猪肉	微量	1	0.2	5	0.6	4	3	0.5	2	微量
羊肉	微量	0.15	0.25	5	0.5	3	3	0.4	2	微量

哺乳动物骨骼肌的化学组成如表1－13所示。

表 1－13　　哺乳动物骨骼肌的化学组成　　单位：%

化学物质	含量/%	化学物质	含量/%
水分（65～80）	75	脂类（1.5～13.0）	3
蛋白质（16～20）	18.5	中性脂类（0.5～1.5）	1.5
肌原纤维蛋白	9.5	磷脂	1
肌球蛋白	5	脑苷酯类	0.5
肌动蛋白	2	胆固醇	0.5
原肌球蛋白	0.8	非蛋白含氮物	1.5
肌原蛋白	0.8	肌酸与磷酸肌酸	0.5
M－蛋白	0.4	核苷酸类（ATP、ADP 等）	0.3
C－蛋白	0.2	游离氨基酸	
α－肌动蛋白素	0.2	肽（鹅肌肽、肌肽等）	0.3
β－肌动蛋白素	0.1	其他物质（IMP、NAD、NADP、尿素等）	0.1
肌浆蛋白	6	碳水化合物（0.5～1.5）	1
可溶性肌浆蛋白和酶类	5.5	糖原（0.5～1.3）	0.8
肌红蛋白	0.3	葡萄糖	0.1
血红蛋白	0.1	代谢中间产物（乳酸等）	0.1
细胞色素和呈味蛋白	0.1	无机成分	1
基质蛋白	3	钾	0.3
胶原蛋白网状蛋白	1.5	总磷	0.2
弹性蛋白	0.1	硫	0.2
其他不可溶蛋白	1.4	氯	0.1
		钠	0.1
		其他（包括镁、钙、铁、铜、锌、锰等）	0.1

七、 影响肉化学成分的因素

1. 动物的种类

动物种类对肉化学组成的影响是显而易见的，但这种影响的程度还受多种内在和外界因素的影响。表 1－14 列出了不同种类的成年动物其背最长肌的化学成分。由表可见，这四种动物肌肉的水分、总氮两及可溶性磷比较接近，而其他成分有显著差别。

表1-14　成年家畜背最长肌的化学成分

项目	动物种类			
	家兔	羊	猪	牛
水分（除出脂肪）/%	77	77	76.7	76.8
肌肉间脂肪含量/%	2	7.9	2.9	3.4
肌肉间脂肪碘值/（gI/100g）	-	54	57	57
总氮含量（除去脂肪）/%	3.4	3.6	3.7	3.6
总可溶性磷含量/%	0.2	0.18	0.2	0.18
肌红蛋白含量/%	0.2	0.25	0.06	0.5
胺类、三甲胺及其他成分含量/%	-	-	-	-

2. 性别

性别的不同主要影响到肉的质地和风味，对肉的化学组成也有影响。未经去势的公畜肉质地粗糙，比较坚硬，具有特殊的性臭味，此外，公畜的肌肉脂肪含量低于母畜或去势畜。因此，作为加工用的原料，应选用经过肥育的去势家畜，未经阉割的公畜和老母猪等不宜用作加工的原料。不同性别的牛肉背最长肌的化学成分见表1-15。

表1-15　不同性别的牛肉背最长肌的化学成分

化学成分	肌肉组织中的含量/%		
	不去势公牛	去势公牛	母牛
蛋白质	21.7	22.1	22.2
脂肪	1.1	2.5	3.4
水分	75.9	74.3	73.2

3. 畜龄

肌肉的化学组成随着畜龄的增加会发生变化，一般说来，除水分下降外，别的成分含量均为增加。幼年动物肌肉的水分含量高，缺乏风味，除特殊情况（如烤乳猪）外，一般不用作加工原料。为获得优质的原料肉，肉用畜禽都有一个合适的屠宰月龄（或日龄）。不同月龄对牛肉背最长肌化学组成的影响列于表1-16。

表 1－16　不同畜龄之牛肉背最长肌的化学成分

项　目	10 头牛的平均数		
	5 个月	6 个月	7 个月
肌肉脂肪含量/%	2.85	3.28	3.96
肌肉脂肪碘值/（gI/100g）	57.4	55.8	55.5
水分/%	76.7	76.4	75.9
肌红蛋白含量/%	0.03	0.038	0.044
总氮含量/%	3.71	3.74	3.87

4. 营养状况

动物营养状况会直接影响其生长发育，从而影响到肌肉的化学组成。不同肥育程度的肉中其肌肉的化学组成就有较大的差别，营养的好坏对肌肉脂肪的含量影响最为明显，营养状况好的家畜，其肌肉内会沉积大量脂肪，使肉的横切面呈现大理石状，其风味和质地均佳。反之，营养贫乏，则肌内脂肪含量低，肉质差，见表 1－17 和表 1－18。

表 1－17　营养状况和畜龄对猪背最长肌成分的影响

项目 指标	营养状况			
	良好		差	
	16 周	26 周	16 周	26 周
肌肉脂肪含量/%	2.27	4.51	0.68	0.02
肌肉脂肪碘值/（gI/100g）	62.96	59.2	95.4	66.8
水分/%	74.37	71.78	78.09	73.74

表 1－18　肥育程度对牛肉化学成分的影响

牛肉	占净肉的比例/%				占去脂净肉的比例/%		
	蛋白质	脂肪	水分	灰分	蛋白质	水分	灰分
肥育良好	19.2	18.3	61.6	0.9	23.5	75.5	1
肥育一般	20	10.7	68.3	1	22.4	76.5	1.1
肥育不良	21.1	3.8	74.1	1.1	21.9	76.9	1.2

5. 解剖部位

肉的化学组成除受动物的种类、品种、畜龄、性别、营养状况等因素影响外，同一动物不同部位的肉其组成也有很大差异，见表 1－19。

表 1-19　不同部位肉的化学组成　单位:%

种类	部位	水分	粗脂肪	粗蛋白	灰分
牛 肉	颈 部	65	16	18.6	0.9
	软 肋	61	18	19.9	0.9
	背 部	57	25	16.7	0.8
	肋 部	59	23	17.6	0.8
	后腿部	69	11	19.5	1
	臀 部	55	28	16.2	0.8
小牛肉	背 部	70	5	19	1.3
	后腿部	68	12	19.1	1
	肩 部	70	10	19.4	1
猪 肉	后腿部	53	31	15.2	0.8
	背 部	58	25	16.4	0.9
	臀 部	49	37	13.5	0.7
	肋 部	53	32	14.6	0.8
羊 肉	胸 部	48	37	12.8	–
	后腿部	64	18	18	0.9
	背 部	65	16	18.6	–
	肋 部	52	32	14.9	0.8
	肩 部	58	25	15.6	0.8

任务二　肉的物理性质

肉的食用品质及物理性状主要指肉的色泽、气味、嫩度、肉的保水性、肉的pH、体积质量、比热容、肉的冰点等。这些性质在肉的加工贮藏中直接影响肉品的质量。

一、 肉的食用品质

（一） 色泽

肉的颜色对肉的营养价值并无多大影响，但在某种程度上影响食欲和商品价值。如果是微生物引起的色泽变化则影响肉的卫生质量。

1. 形成肉色的物质

肉的颜色本质上是由肌红蛋白（Mb）和血红蛋白（Hb）产生的。肌红蛋白为肉自身的色素蛋白，肉色的深浅与其含量多少有关。血红蛋白存在于血液中，对肉颜色的影响视放血是否充分而定。在肉中血液残留多则血红蛋白含量亦多，肉色深。放血充分肉色正常，放血不充分或不放血（冷宰）的肉色深且暗。

2. 肌红蛋白的变化

肌红蛋白本身为紫红色，与氧结合可生成氧合肌红蛋白，为鲜红色，是新鲜肉的象征；肌红蛋白和氧合肌红蛋白均可以被氧化生成高铁肌红蛋白，呈褐色，使肉色变暗；肌红蛋白与亚硝酸盐反应可生成亚硝基肌红蛋白，呈亮红色，是腌肉加热后的典型色泽。

3. 影响肌肉颜色变化的因素

（1）环境中的氧含量　环境中氧的含量决定了肌红蛋白是形成 MbO_2 还是 MMb，从而直接影响到肉的颜色。

（2）湿度　环境中湿度大，则氧化得慢，因在肉表面有水汽层，影响氧的扩散。如果湿度低并空气流速快，则加速高铁肌红蛋白的形成，使肉色变褐快。如牛肉在8℃冷藏时，相对湿度为70%，2d 变褐；相对湿度为100%，4d 变褐。

（3）温度　环境温度高促进氧化，温度低则氧化得慢。如牛肉3～5℃贮藏9d 变褐，0℃时贮藏18d 才变褐。因此为了防止肉变褐氧化，尽可能在低温下贮藏。

（4）pH　动物在宰前糖原消耗过多，尸僵后肉的极限 pH 高，易出现生理异常肉，牛肉出现 DFD 肉，这种肉颜色较正常肉深暗。而猪则易因 PSE 肉，使肉色变得苍白。

（5）微生物　肉贮藏时污染微生物会使肉表面颜色改变。污染细菌，分解蛋白质使肉色污浊；污染霉菌则在肉表面形成白色、红色、绿色、黑色等色斑或发出荧光。

影响肉色的因素见表1－20。

表1－20　影响肉色的因素

因素	影响
肌红蛋白含量	含量越多，颜色越深
品种、解剖位置	牛、羊肉色颜色较深，猪次之，禽腿肉为红色，而胸肉为浅白色
年龄	年龄越大，肌肉 Mb 含量越高，肉色越深
运动	运动量大的肌肉 Mb 含量高，肉色深
pH	终 pH＞6.0，不利于氧合 Mb 形成，肉色黑暗
肌红蛋白的化学状态	氧合 Mb 呈鲜红色，高铁 Mb 呈褐色

续表

因素	影响
细菌繁殖	促进高铁 Mb 形成，肉色变暗
电刺激	有利于改善牛、羊的肉色
宰后处理	迅速冷却有利肉保持鲜红颜色
	放置时间加长，温度升高均促进 Mb 氧化，肉色变深
腌制（亚硝基形成）	生成亮红色的亚硝基肌红蛋白，加热后形成粉红色的亚硝基血色原

（二）肉的风味

肉的风味又称味质，指的是生鲜肉的气味和加热后肉制品的香气和滋味。它是肉中固有成分经过复杂的生物化学变化，产生各种有机化合物所致。其特点是成分复杂多样，含量甚微，用一般方法很难测定，除少数成分外，多数无营养价值，不稳定，加热易破坏和挥发。呈味性能与其分子结构有关，呈味物质均具有各种发香基团。如羟基—OH，羧基—COOH，醛基—CHO 等。

1. 气味

气味是肉中具有挥发性的物质，随气流进入鼻腔，刺激嗅觉细胞通过神经传导反应到大脑嗅区而产生的一种刺激感。愉快感为香味，厌恶感为异味、臭味。影响肉气味的因素有动物种类、性别、饲料等对肉的气味有很大影响。生鲜肉散发出一种肉腥味，羊肉有膻味，狗肉有腥味，特别是晚去势或未去势的公猪、公牛及母羊的肉有特殊的性气味，在发情期宰杀的动物肉散发出令人厌恶的气味。

肉在冷藏时，由于微生物繁殖，在肉表面形成菌落成为黏液，而后产生明显的不良气味。长时间的冷藏，脂肪自动氧化，解冻肉汁流失，肉质变软使肉的风味降低。

肉在不良环境贮藏和在带有挥发性物质葱、鱼、药物等混合贮藏，会吸收外来异味。

2. 滋味

滋味是由溶于水的可溶性呈味物质，刺激人的舌面味觉细胞—味蕾，通过神经传导到大脑而反映出味感。舌面分布的味蕾，可感觉出不同的味道，而肉香味是靠舌的全面感觉。

肉的鲜味成分，来源于核苷酸、氨基酸、酰胺、肽、有机酸、糖类、脂肪等前体物质，见表 1 – 21。如把牛肉中风味的前体物质用水提取后，剩下溶于水的肌纤维部分，几乎不存在有香味物质。另外在脂肪中人为的加入一些物质如葡萄糖、肌苷酸、含有无机盐的氨基酸（谷氨酸、甘氨酸、丙氨酸、丝氨酸、异亮氨酸），在水中加热后，结果生成和肉一样的风味，从而证明这些物质为肉风味的前体。

表 1－21　肉的滋味物质

滋味	化合物
甜	葡萄糖、果糖、核糖、甘氨酸、丝氨酸、脯氨酸、羟脯氨酸
咸	无机盐、谷氨酸钠、天冬氨酸钠
酸	天冬氨酸、谷氨酸、组氨酸、天冬酰胺、琥珀酸、乳酸、二氢吡咯羧酸、磷酸
苦	肌酸、肌酐酸、次黄嘌呤、鹅肌肽、肌肽、其他肽类、组氨酸、精氨酸、甲硫氨酸、缬氨酸、亮氨酸、异亮氨酸、苯丙氨酸、色氨酸、酪氨酸
鲜	MSG、5′－IMP、5′－GMP，其他肽类

产生途径如下。

（1）脂质氧化　脂质氧化是产生风味物质的主要途径，不同种类风味的差异也主要是由于脂质氧化产物不同所致。肉在烹调时的脂肪氧化（加热氧化）原理与常温脂肪氧化相似，但加热氧化由于热能的存在使其产物与常温氧化大不相同。总的来说，常温氧化产生酸败味，而加热氧化产生风味物质。

（2）硫胺素降解　肉在烹调过程中有大量的物质发生降解，其中硫胺素（维生素 B_1）降解所产生的 H_2S（硫化氢）对肉的风味，尤其是牛肉味的生成至关重要。H_2S 本身是一种呈味物质，更重要的是它可以与呋喃酮等杂环化合物反应生成含硫杂环化合物，赋予肉强烈的香味，其中 2－甲基－3－呋喃硫醇被认为是肉中最重要的芳香物质。

（3）腌肉风味　亚硝酸盐是腌肉的主要特色成分，它除了有发色作用外，对腌肉的风味也有重要影响。亚硝酸盐（抗氧化剂）抑制了脂肪的氧化，所以腌肉体现了肉的基本滋味和香味，减少了脂肪氧化所产生的具有种类特色的风味以及过热味（WOF）。影响肉风味的因素见表 1－22。

表 1－22　影响肉风味的因素

因素	影响
年龄	年龄愈大，风味愈浓
物种	物种间风味差异很大，主要由脂肪酸组成上差异造成物种间除风味外还有特征性异味，如羊膻味、猪味、鱼腥味等
脂肪	风味的主要来源之一
氧化	氧化加速脂肪产生酸败味，随温度增加而加速
饲料	饲料中鱼粉腥味、牧草味，均可带入肉中
性别	未去势公猪，因性激素缘故，有强烈异味，公羊膻腥味较重，牛肉风味受性别影响较小
腌制	抑制脂肪氧化，有利于保持肉的原味
细菌繁殖	产生腐败味

（三）肉的嫩度

1. 嫩度的概念

我们通常所谓肉嫩或老实质上是对肌肉各种蛋白质结构特性的总体概括，它直接与肌肉蛋白质的结构及某些因素作用下蛋白质发生变性、凝集或分解有关。肉的嫩度总结起来包括以下四方面的含义。

（1）肉对舌或颊的柔软性　即当舌头与颊接触肉时产生的触觉反应。肉的柔软性变动很大，从软乎乎的感觉到木质化的结实程度。

（2）肉对牙齿压力的抵抗性　即牙齿插入肉中所需的力。有些肉硬得难以咬动，而有的柔软得几乎对牙齿无抵抗性。

（3）咬断肌纤维的难易程度　指牙齿切断肌纤维的能力，首先要咬破肌外膜和肌束，因此这与结缔组织的含量和性质密切有关。

（4）嚼碎程度　用咀嚼后肉渣剩余的多少以及咀嚼后到下咽时所需的时间来衡量。

2. 影响肌肉嫩度的因素

影响肌肉嫩度的实质主要是结缔组织的含量与性质及肌原纤维蛋白的化学结构状态。它们受一系列的因素影响而变化，从而导致肉嫩度的变化。影响肌肉嫩度的宰前因素也很多，主要有如下几项。

（1）畜龄　一般说来，幼龄家畜的肉比老龄家畜嫩，但前者的结缔组织含量反而高于后者。其原因在于幼龄家畜肌肉中胶原蛋白的交联程度低，易受加热作用而裂解。而成年动物的胶原蛋白的交联程度高，不易受热和酸、碱等的影响。如肌肉加热时胶原蛋白的溶解度，犊牛为19%～24%，2岁阉公牛为7%～8%，而老龄牛仅为2%～3%，并且对酸解的敏感性也降低。

（2）肌肉的解剖学位置　牛的腰大肌最嫩，胸头肌最老，据测定腰大肌中羟脯氨酸含量也比半腱肌少得多。经常使用的肌肉，如半膜肌和股二头股，比不经常使用的肉（腰大肌）的弹性蛋白含量多。同一肌肉的不同部位嫩度也不同，猪背最长肌的外侧比内侧部分要嫩。牛的半膜肌从近端到远端嫩度逐降。

（3）营养状况　凡营养良好的家畜，肌肉脂肪含量高，大理石纹丰富，肉的嫩度好。肌肉脂肪有冲淡结缔组织的作用，而消瘦动物的肌肉脂肪含量低，肉质老。

（4）尸僵和成熟　宰后尸僵发生时，肉的硬度会大大增加。因此肉的硬度又有固有硬度和尸僵硬度之分，前者为刚宰后和成熟时的硬度，而后者为尸僵发生时的硬度。肌肉发生异常尸僵时，如冷收缩和解冻僵直。肌肉发生强烈收缩，从而使硬度达到最大。一般肌肉收缩时短缩度达到40%时，肉的硬度最大，而超过40%反而变为柔软，这是由于肌动蛋白的细丝过度插入而引起Z线断裂所致，这种现象称为“超收缩”。僵直解除后，随着成熟的进行，硬度降低，嫩度随之提高，这是由于成熟期间尸僵硬度逐渐消失，Z 线易于断裂之故。

(5) 加热处理　加热对肌肉嫩度有双重效应，它既可以使肉变嫩，又可使其变硬，这取决于加热的温度和时间。加热可引起肌肉蛋白质变性，从而发生凝固、凝集和短缩现象。当温度在 65 ~ 75℃时，肌肉纤维的长度会收缩 25% ~ 30%，从而使肉的嫩度降低，但另一方面，肌肉中的结缔组织在 60 ~ 65℃会发生短缩，而超过这一温度会逐渐转变为明胶，从而使肉的嫩度得到改善。结缔组织中的弹性蛋白对热不敏感，所以有些肉虽然经过很长时间的煮制但仍很老，这与肌肉中弹性蛋白的含量高有关。

影响肉嫩度的因素见表 1 – 23。

表 1 – 23　影响肉嫩度的因素

因素	影响
年龄	年龄愈大，肉亦愈老
运动	一般运动多的肉较老
性别	公畜肉一般较母畜和腌畜肉老
大理石纹	与肉的嫩度有一定程度的正相关
成熟（Aging）	改善嫩度
品种	不同品种的畜禽肉在嫩度上有一定差异
电刺激	可改善嫩度
成熟（Conditioning）	尽管和 aging 一样均指成熟，而有特指将肉放在 10 ~ 15℃环境中解僵，这样可以防止冷收缩
肌肉	肌肉不同，嫩度差异很大，源于其中的结缔组织的量和质不同所致
僵直	动物宰后将发生死后僵直，此时肉的嫩度下降，僵直过后，成熟肉的嫩度得到恢复
解冻僵直	导致嫩度下降，损失大量水分

3. 肉的嫩化技术

(1) 电刺激　近十几年来对宰后用电直接刺激胴体以改善肉的嫩度进行了广泛的研究，尤其对于羊肉和牛肉，电刺激提高肉嫩度的机制尚未充分明了，主要是加速肌肉的代谢，从而缩短尸僵的持续期并降低尸僵的程度，此外，电刺激可以避免羊胴体和牛胴体产生冷收缩。

(2) 酶法　利用蛋白酶类可以嫩化肉，常用的酶为植物蛋白酶，主要有木瓜蛋白酶、菠萝蛋白酶和无花果蛋白酶，商业上使用的嫩肉粉多为木瓜蛋白酶。酶对肉的嫩化作用主要是对蛋白质的裂解所致，所以使用时应控制酸的浓度和作用时间，如酶解过度，则食肉会失去应有的质地并产生不良的味道。

(3) 醋渍法　将肉在酸性溶液中浸泡可以改善肉的嫩度，据试验，溶液 pH 介于 4.1 ~ 4.6 时嫩化效果最佳，用酸性红酒或醋来浸泡肉较为常见，它不但可以改善嫩度，还可以增加肉的风味。

(4) 压力法 给肉施加高压可以破坏肉的肌纤维中亚细胞结构，使大量 Ca^{2+} 释放，同时也释放组织蛋白酶，使得蛋白水解活性增强，一些结构蛋白质被水解，从而导致肉的嫩化。

(5) 碱嫩化法 用肉质量的0.4% ~1.2%的碳酸氢钠或碳酸钠溶液对牛肉进行注射或浸泡腌制处理，可以显著提高pH和保水能力，降低烹饪损失，改善熟肉制品的色泽，使结缔组织的热变性提高，而使肌原纤维蛋白对热变性有较大的抗性，所以肉的嫩度提高。

(四) 肉的保水性

1. 保水性的概念

肉的保水性即持水性、系水性，指肉在压榨、加热、切碎搅拌等外界因素的作用下，保持原有水分和添加水分的能力。肉的保水性是一项重要的肉质性状，这种特性对肉品加工的质量和产品的数量都有很大影响。

2. 保水性的理化基础

肌肉中的水是以结合水、不易流动水和自由水三种形式存在的。其中不易流动水主要存在于细胞内、肌原纤维及膜之间，度量肌肉的保水性主要指的是这部分水，它取决于肌原纤维蛋白质的网状结构及蛋白质所带的静电荷的多少。蛋白质处于膨胀胶体状态时，网状空间大，保水性就高，反之处于紧缩状态时，网状空间小，保水性就低。

3. 影响保水性的因素

(1) pH对保水性的影响 pH对保水性的影响实质是蛋白质分子的静电荷效应。蛋白质分子所带的净电荷对蛋白质的保水性具有两方面的意义，其一，净电荷是蛋白质分子吸引水的强有力的中心；其二，由于净电荷使蛋白质分子间具有静电斥力，因而可以使其结构松弛，增加保水效果。对肉来讲，净电荷如果增加，保水性就得以提高，净电荷减少，则保水性降低。

添加酸或碱来调节肌肉的pH，并借加压方法测定其保水性能时可知，保水性随pH的高低而发生变化。当pH在5.0左右时，保水性最低。保水性最低时的pH几乎与肌动球蛋白的等电点一致。如果稍稍改变pH，就可引起保水性的很大变化。任何影响肉pH变化的因素或处理方法均可影响肉的保水性，尤以猪肉为甚。在肉制品加工中常用添加磷酸盐的方法来调节pH至5.8以上，以提高肉的保水性。

(2) 动物因素 畜禽种类、年龄、性别、饲养条件、肌肉部位及屠宰前后处理等，对肉保水性都有影响。兔肉的保水性最佳，依次为牛肉、猪肉、鸡肉、马肉。就年龄和性别而论，去势牛 > 成年牛 > 母牛 > 幼龄 > 老龄，成年牛随体重增加而保水性降低。

(3) 尸僵和成熟 当pH降至5.4~5.5，达到了肌原纤维的主要蛋白质肌球蛋白的等电点，即使没有蛋白质的变性，其保水性也会降低。此外，由于 ATP 的丧失和肌动球蛋白的形成，使肌球蛋白和肌动蛋白间有效空隙大为减少。这种结构的变化，则使其保水性也大为降低。而蛋白质的某种程度的变性，也是动物死后不可避免的结果。肌浆蛋白质在高温、低 pH 的作用下沉淀到肌原纤维蛋白质之上，进一步影响了后者的保水性。

僵直期后（约 1～2d），肉的水合性徐徐升高，而僵直逐渐解除。一种原因是由于蛋白质分子分解成较小的单位，从而引起肌肉纤维渗透压增高所致；另一种原因可能是引起蛋白质净电荷（实效电荷）增加及主要价键分裂的结果。使蛋白质结构疏松，并有助于蛋白质水合离子的形成，因而肉的保水性增加。

（4）无机盐　一定浓度食盐具有增加肉保水能力的作用。这主要是因为食盐能使肌原纤维发生膨胀。肌原纤维在一定浓度食盐存在下，大量氯离子被束缚在肌原纤维间，增加了负电荷引起的静电斥力，导致肌原纤维膨胀，使保水力增强。另外，食盐腌肉使肉的离子强度增高，肌纤维蛋白质数量增多。在这些纤维状肌肉蛋白质加热变性的情况下，将水分和脂肪包裹起来凝固，使肉的保水性提高。通常肉制品中食盐含量在 3% 左右。

（5）加热　肉加热时保水能力明显降低，加热程度越高保水力下降越明显。这是由于蛋白质的热变性作用，使肌原纤维紧缩，空间变小，不易流动水被挤出。

二、 肉的物理性质

1. 体积质量

肉的体积质量是指每立方米体积的质量（kg/m^3）。体积质量的大小与动物种类、肥度有关，脂肪含量多则体积质量小。如去掉脂肪的牛、羊、猪肉体积质量为 1020～1070kg/m^3，猪肉为 940～960 kg/m^3，牛肉为 970～990 kg/m^3，猪脂肪为 850 kg/m^3。

2. 比热容

肉的比热容为 1kg 肉升降 1℃所需的热量。它受肉的含水量和脂肪含量的影响，含水量多比热容大，其冻结或溶化潜热增高，肉中脂肪含量多则相反。

3. 热导率

肉的热导率是指肉在一定温度下，每小时每米传导的热量，以 kJ 计。热导率受肉的组织结构、部位及冻结状态等因素影响，很难准确地测定。肉的热导率大小决定肉冷却、冻结及解冻时温度升降的快慢。肉的热导率随温度下降而增大。因冰的热导率比水大 4 倍，因此，冻肉比鲜肉更易导热。

4. 肉的冰点

肉的冰点是指肉中水分开始结冰的温度，也称冻结点。它取决于肉中盐类的浓度，浓度愈高，冰点愈低。纯水的冰点为 0℃，肉中含水分 60%～70%，并且有各种盐类，因此冰点低于水。一般猪肉、牛肉的冻结点为 -1.2 ~ -0.6℃。

任务三　肉的成熟

畜禽屠宰后，屠体的肌肉内部在组织酶和外界微生物的作用下，发生一系列生化变化，动物刚屠宰后，肉温还没有散失，柔软具有较小的弹性，这种处于生鲜状态的肉称作热鲜肉。经过一定时间，肉的伸展性消失，肉体变为僵硬状态，这种现象称为死后僵直，此时加热不易煮熟，保水性差，加热后重量损失大，不适于加工肉制品。随着贮藏时间的延长，僵直缓解，经过自身解僵，肉变得柔软，同时保水性增加，风味提高，此过程称作肉的成熟。成熟肉在不良条件下贮存，经酶和微生物的作用，分解变质称作肉的腐败。畜禽屠宰后肉的变化为：尸僵、成熟、腐败等一系列变化。

一、尸僵

（一）尸僵的概念

尸僵指畜禽屠宰后的肉尸，肉的伸展性逐渐消失，由弛缓变为紧张，无光泽，关节不能活动，呈现僵硬状态，称作尸僵。

（二）尸僵发生的原因

尸僵发生的原因主要是由于 ATP 的减少及 pH 的下降所致。动物屠宰后，呼吸停止，失去神经调节，生理代谢机能遭到破坏，维持肌质网微小器官机能的 ATP 水平降低，势必使肌质网机能失常，肌小胞体失去钙泵作用，Ca^{2+} 失控逸出而不被收回。高浓度 Ca^{2+} 激发了肌球蛋白 ATP 酶的活性，从而加速 ATP 的分解。同时使 Mg - ATP 解离，最终使肌动蛋白与肌球蛋白结合形成肌动球蛋白，引起肌肉的收缩，表现为僵硬。由于动物死后，呼吸停止，在缺氧情况下糖原酵解产生乳酸，同时磷酸肌酸分解为磷酸，酸性产物的蓄积使肉的 pH 下降。尸僵时肉的 pH 降低至糖酵解酶活性消失不再继续下降时，达到最终 pH 或极限 pH。极限 pH 越低，肉的硬度越大。

（三）尸僵肉的特征

处于僵硬期的肉，肌纤维粗糙硬固，肉汁变得不透明，有不愉快的气味，食用价值及滋味都较差。尸僵的肉硬度大，加盐时不易煮熟，肉汁流失多，缺乏风味，不具备可食肉的特征。

（四）尸僵开始和持续的时间

因动物的种类、品种、宰前状况、宰后肉的变化及不同部位而异。一般哺乳动物发生较晚，鱼类肉尸发生早，不放血致死较放血致死发生早，温度高发生的早，持续的时间短；温度低则发生得晚，持续时间长。表 1 – 24 为不同动物尸僵开始和持续的时间。

表 1 – 24　不同动物尸僵开始和持续的时间

不同品种肉尸	开始时间/h	持续时间/h
牛肉尸	死后 10	15 ~ 24
猪肉尸	死后 8	72
鸡肉尸	死后 2.5 ~ 4.5	6 ~ 12
兔肉尸	死后 1.5 ~ 4	4 ~ 10
鱼肉尸	死后 0.1 ~ 0.2	2

二、 肉的成熟

肉达到最大尸僵以后即开始解僵软化进入成熟阶段。

（一） 肉成熟的概念

肉成熟是指肉僵直后在无氧酵解酶作用下，食用质量得到改善的一种生物化学变化过程。肉僵硬过后，肌肉开始柔软嫩化，变得有弹性，切面富水分，具有愉快香气和滋味，且易于煮烂和咀嚼，这种肉称为成熟肉。

（二） 成熟的基本机制

1. 肌原纤维小片化

刚屠宰后的肌原纤维和活体肌肉一样，是 10 ~ 100 个肌节相连的长纤维状，而在肉成熟时则断裂为 1 ~ 4 个肌节相连的小片状。

2. 结缔组织的变化

肌肉中结缔组织的含量虽然很低（占总蛋白的 5% 以下），但是由于其性质稳定、结构特殊，在维持肉的弹性和强度上起着非常重要的作用。在肉的成熟过程中胶原纤维的网状结构被松弛，由规则、致密的结构变成无序、松散的状态。同时，存在于胶原纤维间以及胶原纤维上的黏多糖被分解，这可能是造成胶原纤维结构变化的主要原因。胶原纤维结构的变化，直接导致了胶原纤维剪切力的下降，从而使整个肌肉的嫩度得以改善。

（三） 成熟肉的特征

肉呈酸性环境；肉的横切面有肉汁流出，切面潮湿，具有芳香味和微酸味，容易煮烂，肉汤澄清透明，具肉香味；肉表面形成干膜，有羊皮纸样感觉，可防止微生物的侵入和减少干耗。肉在供食用之前，原则上都需要经过成熟过程来改进其品质，特别是牛肉和羊肉，成熟对提高风味是非常必要的。

（四）成熟对肉质的作用

1. 嫩度的改善

随着肉成熟的发展，肉的嫩度产生显著的变化。刚屠宰之后肉的嫩度最好，在极限 pH 时嫩度最差，成熟肉的嫩度有所改善。

2. 肉保水性的提高

肉在成熟时，保水性又有回升。一般宰后 2～4d，pH 下降，极限 pH 在 5.5 左右，此时水合率为 40%～50%；最大尸僵期以后 pH 为 5.6～5.8，水合率可达 60%。因此成熟时 pH 偏离了等电点，肌动球蛋白解离，扩大了空间结构和极性吸引，使肉的吸水能力增强，肉汁的流失减少。

3. 蛋白质的变化

肉成熟时，肌肉中许多酶类对某些蛋白质有一定的分解作用，从而促使成熟过程中肌肉中盐溶性蛋白质的浸出性增加。伴随肉的成熟，蛋白质在酶的作用下，肽链解离，使游离的氨基增多，肉水合力增强，变得柔嫩多汁。

4. 风味的变化

成熟过程中改善肉风味的物质主要有两类，一类是 ATP 的降解物次黄嘌呤核苷酸（IMP），另一类则是组织蛋白酶类的水解产物——氨基酸。随着成熟，肉中浸出物和游离氨基酸的含量增加，多种游离氨基酸存在，但是谷氨酸、精氨酸、亮氨酸、缬氨酸和甘氨酸较多，这些氨基酸都具有增加肉的滋味或有改善肉质香气的作用。

（五）成熟的温度和时间

原料肉成熟温度和时间不同，肉的品质也不同（表 1－25）。

表 1－25　成熟方法与肉品质量

成熟方法			肉品质量	
0～4℃	低温成熟	时间长	肉质好	耐贮藏
7～20℃	中温成熟	时间较短	肉质一般	不耐贮藏
>20℃	高温成熟	时间短	肉质劣化	易腐败

通常在 1℃、硬度消失 80% 的情况下，肉成熟成年牛肉需 5～10d，猪肉 4～6d，马肉 3～5d，鸡 1/2～1d，羊和兔肉 8～9d。

成熟的时间愈长，肉愈柔软，但风味并不相应地增强。牛肉以 1℃、11d 成熟为最佳；猪肉由于不饱和脂肪酸较多，时间长易氧化使风味变劣。羊肉因自然硬度（结缔组织含量）小，通常采用 2～3d 成熟。

（六）影响肉成熟的因素

1. 物理因素

（1）温度　温度对嫩化速率影响很大，它们之间成正相关，在0～4℃范围内，每增加10℃，嫩化速度提高2.5倍。当温度高于60℃后，由于有关酶类蛋白变性，导致速率迅速下降，所以加热烹调就终断了肉的嫩化过程。据测试牛肉在1℃完成80%的嫩化需10d，在10℃缩短到4d，而在20℃只需要1.5d。在卫生条件好的环境中，适当提高温度可以缩短成熟期。

（2）电刺激　在肌肉僵直发生后进行电刺激可以加速僵直发展，嫩化也随着提前，减少成熟所需要的时间，如一般需要成熟10d的牛肉，应用电刺激后则只需5d。

（3）机械作用　肉成熟时，将跟腱用钩挂起，此时主要是腰大肌受牵引。如果将臀部用钩挂起，不但腰大肌短缩被抑制而半腱肌、半膜肌、背最长肌均受到拉伸作用，可以得到较好的嫩度。

2. 化学因素

宰前注射肾上腺素、胰岛素等使动物在活体时加快糖的代谢过程，肌肉中糖原大部分被消耗或从血液排除。宰后肌肉中糖原和乳酸含量减少，肉的pH较高，当pH为6.4～6.9的水平，肉始终保持柔软状态。

3. 生物学因素

基于肉内蛋白酶活性可以促进肉质软化考虑，采用添加蛋白酶强制其软化。用微生物和植物酶，可使固有硬度尸僵硬度都减少，常用的有木瓜酶。方法可以采用在宰前静脉注射或宰后肌肉注射，宰前注射能够避免脏器损伤和休克死亡。木瓜酶的作用最适温度≥50℃，低温时也有作用。

三、肉的变质

（一）变质的概念

肉类的变质是成熟过程的继续。肌肉中的蛋白质在组织酶的作用下，分解生成水溶性蛋白肽及氨基酸完成了肉的成熟。若成熟继续进行，蛋白质进一步水解，生成胺、氨、硫化氢、酚、吲哚、硫化醇，则发生蛋白质的腐败。同时发生脂肪的酸败和糖的酵解，产生对人体有害的物质，称之为肉的变质。

（二）变质的原因

健康动物的血液和肌肉通常是无菌的，肉类的腐败实际上是由外界污染的微生物在其表面繁殖所致。表面微生物沿血管进入肉的内层，并进而伸入到肌肉组织。在适宜条件下，浸入肉中的微生物大量繁殖，以各种各样的方式对肉作用，产生许多对人体有害、甚至使人中毒的代谢产物。

1. 微生物对糖类的作用

许多微生物均优先利用糖类作为其生长的能源。好气性微生物在肉表面的生长，通常把糖完全氧化成二氧化碳和水。如果氧的供应受阻或因其他原因氧化不完全时，则可有一定程度的有机酸积累，肉的酸味即由此而来。

2. 微生物对脂肪的腐败作用

微生物对脂肪可进行两类酶促反应：一是由其所分泌的脂肪酶分解脂肪，产生游离脂肪酸和甘油。霉菌以及细菌中的假单胞菌属、无色菌属、沙门氏菌属等都是能产生脂肪分解酶的微生物；另一种则是由氧化酶通过β－氧化作用氧化脂肪酸。这些反应的某些产物常被认为是酸败气味和滋味的来源。但是，肉和肉制品中严重的酸败问题不是由微生物所引起，而是因空气中的氧，在光线、温度以及金属离子催化下进行氧化的结果。

3. 微生物对蛋白质的腐败作用

微生物对蛋白质的腐败作用是各种食品变质中最复杂的一种，这与天然蛋白质的结构非常复杂，以及腐败微生物的多样性密切相关。有些微生物如梭状芽孢菌属、变形杆菌属和假单胞菌属的某些种类，可分泌蛋白质水解酶，迅速把蛋白质水解成可溶性的多肽和氨基酸。而另一些微生物尚可分泌水解明胶、明胶酶和胶原酶，以及水解弹性蛋白质和角蛋白质的弹性蛋白酶和角蛋白酶。此外，有些微生物尚可使某些氨基酸分解，产生吲哚、甲基吲哚、甲胺和硫化氢等，这些物质则具恶臭，是肉类变质臭味之所在。

四、 各种畜禽肉的特征及品质评定

（一） 各种畜禽肉的特征

1. 牛肉

正常的牛肉呈红褐色，组织硬而有弹性。营养状况良好的牛，肉组织间夹杂着白色的脂肪，形成所谓“大理石状”。有特殊的风味，其成分大约为：水分73%，蛋白质20%，脂肪3%～10%。鉴定牛肉时根据风味、外观、脂肪等即可以大致评定。

2. 猪肉

肉色鲜红而有光泽，因部位不同，肉色有差异。肌肉紧密，富有弹性，无其他异常气味，具有肉的自然香味，脂肪的蓄积量比其他肉多，凡脂肪白而硬且带有芳香味时，一般是优等的肉。

3. 绵羊肉及山羊肉

绵羊肉的纤维细嫩，有一种特殊的风味，脂肪硬。山羊肉比绵羊肉带有浓厚的红土色。种公羊有特殊的腥臭味，屠宰时应加以适当的处理。幼绵羊及幼山羊的肉，俗称羔羊肉，味鲜美细嫩，有特殊风味。

4. 鸡肉

鸡肉纤维细嫩，部位不同，颜色也有差异。腿部略带灰红色，胸部及其他部分呈白色。脂肪柔软、熔点低。鸡皮组织以结缔组织为主，富于脂肪而柔软，味美。

5. 兔肉

肉色粉红，肉质柔软，具有一种特殊清淡风味。脂肪在外观上柔软，但熔点高，因兔肉本身味道很清淡。

（二）肉品质的感官评定

1. 新鲜肉

外观、色泽、气味都正常，肉表面有稍带干燥的“皮膜”，呈浅玫瑰色或淡红色；切面稍带潮湿而无黏性，并具有各种动物肉特有的光泽；肉汁透明肉质紧密，富有弹性；用手指按摸时凹陷处立即复原；无酸臭味而带有鲜肉的自然香味；骨骼内部充满骨髓并有弹性，带黄色，骨髓与骨的折断处相齐；骨的折断处发光；腱紧密而具有弹性，关节表面平坦而发光，其渗出液透明。

2. 陈旧肉

肉的表面有时带有黏液，有时很干燥，表面与切口处都比鲜肉发暗，切口潮湿而有黏性。如在切口处盖一张吸水纸，会留下许多水迹。肉汁混浊无香味，肉质松软，弹性小，用手指按摸，凹陷处不能立即复原，有时肉的表面发生腐败现象，稍有酸霉味，但深层还没有腐败的气味。

密闭煮沸后有异味，肉汤混浊不清，汤的表面油滴细小，有时带腐败味。骨髓比新鲜的软一些，无光泽，带暗白色或灰色，腱柔软，呈灰白色或淡灰色，关节表面为黏液所覆盖，其液混浊。

3. 腐败肉

表面有时干燥，有时非常潮湿而带黏性。通常在肉的表面和切口有霉点，呈灰白色或淡绿色，肉质松软无弹力，用手按摸时，凹陷处不能复原，不仅表面有腐败现象，在肉的深层也有浓厚的酸败味。

密闭煮沸后，有一股难闻的臭味，肉汤呈污秽状，表面有絮片，汤的表面几乎没有油滴。骨髓软弱无弹性，颜色暗黑，腱潮湿呈灰色，为黏液所覆盖。关节表面由黏液深深覆盖，呈血浆状。

复习思考题

1. 肌肉中的蛋白质分为哪几类？各有何特性？
2. 脂肪在肉制品加工中的作用有哪些？
3. 肉中的水分是如何分类的？
4. 形成肉色的物质是什么？影响肉色变化的因素有哪些？

5. 简述影响肉嫩度的因素。肉的嫩化技术有哪些？
6. 何谓肉的保水性？影响因素主要有哪些？
7. 何谓肉的尸僵？尸僵肉有哪些特征？
8. 何谓肉的成熟？影响肉成熟的因素有哪些？

项目三 加工用辅料及添加剂

知识目标

1. 调味料的概念、种类和作用；
2. 香辛料成分、种类和作用；
3. 添加剂的概念、种类和使用添加剂的基本条件。

技能目标

1. 了解肉制品加工中常用的调味料种类并掌握它们各自的作用；
2. 能正确识别和使用常用的香辛料；
3. 了解发色剂与发色助剂的种类、作用机理并掌握它们的使用技术；
4. 了解肉制品加工中使用食品添加剂的种类和作用并掌握食品添加剂的使用技术。

任务一 调味料的使用

调味料是指为了改善肉制品的风味、赋予其特殊味感（咸、甜、酸、苦、鲜、麻、辣等），使制品鲜美可口、增进食欲而添加到肉制品中的天然或人工合成的物质。包括：咸味料、甜味料、酸味料、鲜味料、酒类和调味肉类香精。

一、 咸味料

1. 食盐

生活中有小谚语："要想甜，放点盐"，肉品加工中也是这样的。盐的使用几乎是无所不在的，它既可调和百味，也可独领风韵，所以被称为百味之王。

食盐主要成分是氯化钠。精制食盐中氯化钠含量在98%以上，味咸，呈白色细晶体，无可见外来杂质，无苦味、涩味及其他异味。食盐具有调味、防腐保鲜、提高保水性和黏着性等重要作用，对人体维持正常生理、调节血液渗透压有着重要作用。但高钠盐食品会导致高血压，新型食盐代用品有待深入研究与开发。

食盐的使用量应根据消费者的习惯和肉制品的品种要求适当掌握，通常生制品食盐用量为4%左右，熟制品的食盐用量为2%～3%。

2. 酱油

酱油是以大豆或豆饼、面粉、麸皮等，经发酵加盐配制而成的液体调味品，品种很多，按颜色分有红酱油、白酱油等，按形态分有液体酱油、固态酱油、粉末酱油等。酱油的酿造经过了淀粉糖化、蛋白质水解、酒精发酵等生化过程，其色、香、味都是在这些过程中逐步形成的，因此，这些过程是酱油质量优劣的关键。总体来讲，酱油品种虽多，色味有别，都应以色泽红褐（白酱油色微黄）、鲜艳透明、香气浓郁、滋味鲜美醇正者为佳。酱油不仅是人体重要的食盐补充源，也是日常饮食中使用最多的液状调料。肉品加工中宜采用酿造酱油，它主要含有食盐、蛋白质、氨基酸等。酱油的作用主要是增鲜增色，改良风味，在中式肉制品中广泛使用，使制品呈美观的酱红色并改善其口味。在香肠等制品中，还有促进其成熟发酵的良好作用。酱油在肉制品加工中的使用量没有限制，可根据不同的制品需要而定。

3. 黄酱

黄酱又称面酱、麦酱等，是用大豆、面粉、食盐等为原料，经发酵酿造成的调味品。味咸香，色黄褐，为有光泽的泥糊状。其中含 NaCl 12%以上，氨基酸态氮0.6%以上，还有糖类、脂肪、酶、维生素 B_1、维生素 B_2和钙、磷、铁等矿物质。在肉品加工中不仅是常用的咸味调料，而且还有良好的提香增鲜、除腥清异的效果。黄酱性寒，又可药用，有除热解烦、清除蛇毒等功能，对热烫火伤、手指肿疼、蛇虫蜂毒等，都有一定的疗效。黄酱广泛用于肉制品和烹饪加工中，使用标准不受限制，以调味效果而定。

二、甜味料

1. 蔗糖

这是常用的天然甜味剂，其甜度仅次于果糖。果糖、蔗糖、葡萄糖的甜度比为4∶3∶2。肉制品中添加少量蔗糖可以改善产品的滋味，并能促进胶原蛋白的膨胀和疏松，使肉质松软、色调良好。蔗糖能迅速、均匀地分布于肉的组织中，增加渗透压，形成乳酸，降低 pH，延长制品保藏期。蔗糖添加量在0.5%～1.5%为宜，但因品种不同而有较大的差异。

2. 葡萄糖

为白色晶体或粉末。葡萄糖除可以改善产品的滋味外，还有助于胶原蛋白的膨胀和疏松，使制品柔软。葡萄糖的保色作用比蔗糖稳定。肉品加工中葡萄糖的使用量为0.3%～0.5%。

3. 饴糖

饴糖由麦芽糖（50%）、葡萄糖（20%）和糊精（30%）组成。味甜爽口，有较强的吸湿性和黏性，在肉品加工中常作为烧烤、酱卤和油炸制品的增色剂和甜味助剂。

4. 蜂蜜

蜂蜜又称蜂糖，呈白色或不同程度的黄褐色，透明、半透明的浓稠液状物。含葡萄糖42%、果糖35%、蔗糖20%、蛋白质0.3%、淀粉1.8%、苹果酸0.1%以及脂肪、蜡、色素、酶、芳香物质、无机盐和多种维生素等。其甜味纯正，不仅是肉制品加工中常用的甜味料，而且具有润肺滑肠、杀菌收敛等药用价值。蜂蜜营养价值很高，又易吸收利用，所以在食品中可以不受限制地添加使用。

5. D－木糖

分子式为$C_5H_{10}O_5$，呈无色或白色的结晶粉末，具有爽快的甜味，为单斜状结晶，水中溶解度为125g/100mL，易溶于热乙醇中。甜度较低，约为砂糖的40%。在肉品加工中不仅作为甜味料使用，而且可用作脂质抗氧化剂和无糖食品及糖尿病患者的食品原料。目前尚无使用标准。

6. D－山梨糖醇

分子式为$C_6H_{14}O_6$，又称花椒醇、清凉茶醇，呈白色针状结晶或粉末，溶于水、乙醇、酸中，不溶于其他一般溶剂，水溶液pH为6～7。有吸湿性，有愉快的甜味，有寒冷舌感，甜度为砂糖的60%。常作为砂糖的代用品。在肉制品加工中，不仅用作甜味料，还能提高渗透性，使制品纹理细腻，肉质细嫩，增加保水性，提高出品率。在冷冻鱼糜制品（包括鱼丸等）中最大使用量为0.5g/kg。

7. 甘草

为百药之王，有清热解毒、补脾益气、缓急止泻的药效，是我国最常用的一味药物，是民间的天然甜味剂。甘草的甜味成分是甘草酸。甘草酸的二钠盐、三钠盐为白色至淡黄色粉末，味极甜，加水稀释400倍仍有甜味，易溶于水，甜度约为蔗糖的200倍，完全无毒，我国使用上不加限制，按正常生产的需要而定。

8. 索马甜

又被称为非洲竹竿甜素，是从草本植物非洲竹竿果实假种皮中提取分离获得的一种物质，由一系列相关的索马甜蛋白构成，是一种有发展前途的天然食品甜味剂。白色至奶油色无定性无臭粉末，无异味，甜味爽口且持久。甜味极强，其甜味平均为蔗糖的1600倍，但取决于稀释的浓度。因属蛋白质甜味剂，加热可发生变性而失去甜味，遇单宁结合后亦会失去甜味。在高浓度的食盐溶液中甜度会降低，极易溶于水。与糖类甜味剂共用有协同效应和改善风味作用。

三、酸味料

酸味是无机酸、有机酸及酸性盐特有的一种味，呈酸味的本体是氢离子。酸在水溶液中，离子化成为阳离子和阴离子。酸味物质有醋酸、乳酸、琥珀酸、苹果酸、酒石酸、柠檬酸等有机酸。这些酸类除能给食品带来酸味外，还有降低食品的 pH、推迟食品腐败的效果。常用的酸味料有食醋和柠檬酸。

1. 食醋

食醋是以谷类及麸皮等碳水化合物类为原料经发酵酿造而成，含醋酸 3.5% 以上，是肉和其他食品常用的酸味料之一。食醋可以促进食欲，帮助消化，并有一定的防腐去膻腥作用。

2. 柠檬酸

柠檬酸为无色透明结晶或白色粉末，有强烈酸味。临界值为 0.0025%。不仅作为酸味剂，还用作肉制品的改良剂，提高肉制品的持水性，还可作为抗氧化剂的增效剂使用。

四、鲜味料

1. L－谷氨酸钠

L－谷氨酸钠即味精，是食物烹调和肉制品加工中常用的鲜味剂。谷氨酸钠为无色至白色柱状结晶或结晶性粉末，略有甜味或咸味，具有特殊的鲜味。味觉极限值为 0.03%，高温易分解，酸性条件下鲜味降低，对酸性强的食品可比普通食品多加 20% 左右。在肉品加工中，一般用量为 0.015% ~ 0.2%。除单独使用外，宜与肌苷酸钠和核糖核苷酸等核酸类鲜味剂配成复合调味料，以提高效果。

识别真假味精的具体做法：取少许味精直接放在舌头上，如果是合格味精，舌头感到冰凉，且味道鲜美，并带有鱼腥味；若感到苦咸味，又无鱼腥味，则是掺了较多食盐；若是掺了木薯粉或石膏，不仅难于溶化，且有冷滑、黏糊的感觉。

味精易溶于水，进入肠胃后，易被人体吸收和利用，然而使用不当，不仅不能起到应有的作用，而且还有损于身体健康，因此在使用时必须注意以下几点。

（1）不要长时间高温加热　当把味精加热到 120℃ 以上时，长时间易使谷氨酸钠发生分子内脱水，生成羧基吡咯烷酮，也称焦谷氨酸钠，有一定的毒性，因此味精的使用应掌握好温度。其最适溶解温度为 70 ~ 90℃，故一般提倡在成熟时或出锅前加入，以便突出鲜味。

（2）要有选择性地使用　一般在加工猪肉、牛肉时可加入少量味精，目的是增强其鲜味。而在鱼肉及禽类制品中不需加入味精。

(3) 不要用于酸、碱性制品　如在制作糖醋汁和番茄汁时无需加入味精，因味精所含谷氨酸是一种两性分子，既含有碱性的氨基（$—NH_2$），又含有酸性的羧基（—COOH），它可以像酸一样解离，又能像碱一样解离。当溶液处于碱性条件，会转变为具有不良气味的谷氨酸二钠，成为一种毫无鲜味的碱性化合物；当溶液处于酸性条件，则不易溶解，并对酸味有一定的抑制作用（即味感缓冲作用）。所以当制品处于偏酸性或偏碱性时，不宜使用味精。

(4) 不要使用过量　味精使用过多，不仅不能发挥鲜味作用，而且制作出的产品还会产生一种非咸似咸、非涩似涩的怪味道，更有甚者还会引起人的头、胸、背、肩疼痛等。味精用时，不能压抑主味，而且味浓厚或本味鲜的制品应该少用或不用。肉制品灌肠类、香肠类、火腿类等用量一般为100kg 原料肉，味精用量200～300g。总之，味精使用应以制品既有鲜味，又能突出主味为度。

(5) 不要用于婴儿食品　科学研究证明，婴儿食品中使用味精，其中的谷氨酸会与血液中所含的锌发生特异性结合，生成不能被婴儿吸收的谷氨酸锌，并被排出体外，因而导致婴儿缺锌性智力减退及生长发育迟缓等不良后果。因此，3 个月以内的婴儿应禁止食用味精，1 周岁以内的幼儿，以不食带有味精的食品为宜。哺乳期的妇女亦不宜食用味精，以免影响婴儿的健康。

2. 5′－肌苷酸钠

5′－肌苷酸钠是白色或无色的结晶或结晶性粉末，性质比谷氨酸钠稳定，在pH 4～7 的范围内，100℃加热 1h 无分解现象，230℃左右分解。与 L－谷氨酸钠合用对鲜味有相乘效应。肌苷酸钠有特殊强烈的鲜味，其鲜味比谷氨酸钠强10～20 倍。可与谷氨酸钠、鸟苷酸钠等合用，配制混合味精，以提高增鲜效果。

3. 5′－鸟苷酸钠

5′－鸟苷酸钠为无色至白色结晶或结晶性粉末，是具有很强鲜味的 5′－核苷酸类鲜味剂。5′－鸟苷酸钠有特殊香菇鲜味，鲜味程度约为肌苷酸钠的 3 倍以上，与谷氨酸钠合用有很强的相乘效果。100℃加热 0. 5～1h 无分解现象，250℃左右分解。可与肌苷酸二钠混合配制成呈味核苷酸二钠（I＋G），作混合味精用。

五、 酒类

乙醇是酒精饮料中的主要成分之一。纯乙醇应有芳香和强烈的刺激性甜味。乙醇往往对其他味有影响，例如蔗糖溶液中加入乙醇会使甜味变淡，而酸味中加入乙醇会增加酸味。乙醇添加到食品中会产生两种效果：①增强防腐力；②起调味作用。通常使用1% 的乙醇可以增强食品的风味，但这种浓度没有防腐作用。提高乙醇浓度可以增加防腐效果，但它的刺激性气味会影响食品的香味。

黄酒和白酒是多数中式肉制品必不可少的调味料，主要成分是乙醇和少量的酯类。酒类可以除去腥味、膻味和异味，并有一定的杀菌作用，给制品以特有的醇香气味，使制品食用时回味甘美，风味特色增加。

料酒能将肉、内脏、鱼类的组织中、体表上的黏液中所含的三甲胺、氨基戊醛、四氰化吡咯等物质溶解，一起挥发，而除去腥味、异味。此外，酒中的氨基酸（黄酒）与调味品中的糖，可以结合生成芳香物，发出浓郁的香气。

六、调味肉类香精

调味肉类香精包括猪、牛、鸡、羊肉、火腿等各种肉味香精，系采用纯天然的肉类为原料，经过蛋白酶适当降解成小肽和氨基酸，加还原糖在适当的温度条件下发生美拉德反应，生成风味物质，经超临界萃取和微胶囊包埋或乳化调和等技术生产的粉状、水状、油状系列调味香精，如猪肉香精、牛肉香精等。可直接添加或混合到肉类原料中，使用方便，是目前肉类工业上常用的增香剂，尤其适用于高温肉制品和风味不足的西式低温肉制品。

任务二　香辛料的使用

香辛料是某些植物的根、茎、叶、蕾、花、皮、果实等，它们含有辛辣和芳香风味成分。在肉制品加工中使用的目的主要是赋予产品特有的风味，抑制或矫正不良气味，增进食欲，促进消化、抗菌防腐和抗氧化作用，同时有些还具有特殊生理药理作用。

一、常用香辛料

1. 大茴香

大茴香是木兰科乔木植物的果实，多数为八瓣，故又称八角；八角果实含精油2.5%～5%，其中茴香脑（即对丙烯基茴香醛、蒎烯、茴香酸等）占80%～85%。主要分布在我国广西、广东、云南等地，为我国特产香辛料和中药，也是居家必备调料，在食品加工业及香料工业广泛应用。有独特浓烈的香气，性温微甜，是肉制品加工中常用的调香料，有去腥和防腐的作用。

2. 小茴香

小茴香又名怀香。双子叶植物纲，伞形科植物，多年生草本。作一、二年生栽培。全株具有强烈芳香，表面有白粉。叶羽状分裂，裂片线形。夏季开黄色花，复伞形花序。果椭圆形，原产地中海地区，我国各地普遍栽培。嫩茎、叶作蔬菜，果实作香料，含精油3%～4%，主要成分为茴香脑和茴香醇，占50%～60%，另有小茴香酮及莰烯、$d-\alpha-$蒎烯等。是肉制品加工中常用的调香料，有增香调味、防腐除膻的作用。

3. 花椒

花椒为云香科植物花椒的果实。花椒果皮含辛辣挥发油及花椒油香烃等，主要成分为香茅醇、柠檬烯、萜烯、丁香酚等，辣味主要是山椒素。在肉品加工中，整粒多用于腌制及酱卤制品；粉末多用于调味和配制五香粉。使用量一般为0.2%~0.3%。花椒不仅能赋予制品适宜的辛辣味，而且还有杀菌、抑菌等作用。

4. 肉蔻

肉蔻由肉豆蔻科植物肉蔻果肉干燥而成。肉蔻含精油5%~15%，其主要成分为α-蒎烯、β-蒎烯、小蒎烯（约80%）等。皮及果仁有特殊浓烈芳香气，味辛略带甜、苦味。豆蔻不仅有增香去腥及抗氧化作用。可用整粒或粉末，肉品加工中常用作卤汁、配制五香粉等。

5. 桂皮

桂皮由樟科植物肉桂的树皮及茎部表皮经干燥而成。桂皮含精油1%~2.5%，其主要成分为桂醛，占80%~95%，另有甲基丁香酚、桂醇等。桂皮用作肉类烹饪用调味料，亦是卤汁、五香粉的主要原料之一，使制品具有良好的香辛味，还具有重要的药用价值。

6. 砂仁

砂仁为姜科多年生草本植物的果实，一般除去黑果皮（不去果皮的称为苏砂）。砂仁含香精油3%~4%，主要成分为龙脑、乙酸龙脑酯、右旋樟脑、芳梓醇等。其具有樟脑油的芳香味，是肉制品中重要的调味香料，具有矫臭去腥、提味增香的作用。使制品风味别致，清香爽口。

7. 草果

草果为姜科多年生草本植物的果实，豆蔻属，又称草豆蔻。草果适生于热带、亚热带湿热荫蔽的阔叶林中，云南独有。草果含有精油、苯酮等，有浓郁的辛香气，用于烹调，去腥除膻，增进菜肴味道，特别是烹制鱼、肉时，有了草果其味更佳。肉制品加工中常用整粒做卤汁，用粉末配制五香粉，具有抑腥调味的作用。

8. 丁香

丁香为桃金娘科植物丁香的干燥果实及花蕾。原产马鲁古群岛，我国广东、广西、海南等地有栽培。丁香富含挥发香精油，具有特殊的浓烈香味，兼有桂皮香味。丁香是肉品加工中常用的香料，对提高制品风味具有显著的效果，但丁香对亚硝酸盐有分解作用，在使用时应加以注意。

9. 胡椒

胡椒是多年生藤本胡椒科植物的果实，有黑胡椒、白胡椒两种。胡椒的辛辣味成分主要是胡椒碱、佳味碱和少量的嘧啶。胡椒性辛温，味辣香，具有令人舒适的辛辣芳香，兼有除腥臭、防腐和抗氧化作用。在我国传统的香肠、酱卤、罐头及西式肉制品中广泛应用。

10. 白芷

白芷为伞形科植物兴安白芷、川白芷、杭白芷、云南牛防风的根。多年生草本，多生于河岸、溪边以及沿海的丛林砾岩上。兴安白芷分布黑龙江、吉林、辽宁等地。川白芷栽培于四川、河北、河南、湖北、湖南、安徽、山西等地。杭白芷分布浙江、台湾等地。含挥发油、香豆素及其衍生物，如当归素、白当归醚、欧前胡乙素、白芷毒素等。

11. 山萘

山萘又称三萘、山辣、沙姜，为姜科山萘属多年生木本植物的根状茎，切片晒制而成干片。根块状茎含挥发油，油中主要成分为龙脑、桉油精、对甲氧基桂皮酸等。由于具有较浓烈的芳香气味，在炖、卤肉品时加入山萘，则别具香味。

12. 芫荽

芫荽别名香菜、香荽、胡菜等，伞形科草本植物。原产地中海沿岸及中亚地区，中国在汉代由张骞于公元前119年引入，分布我国各地，以华北最多，四季均有栽培。含有挥发油、右旋甘露糖醇、黄酮苷等。因其嫩茎和鲜叶具有特殊香味，常用作菜肴的提味，在鱼加工时添加香菜，鱼腥味便会淡化许多。

13. 陈皮

陈皮为芸香科植物橘及其栽培变种的干燥成熟果皮。药材分为“陈皮”和“广陈皮”。采摘成熟果实，剥取果皮，晒干或低温干燥。气香，味辛、苦。在肉品加工中常用于酱卤制品的调香料。

14. 芥末

芥末即芥菜子粉，是十字花科草本植物芥菜种子研磨而成。我国各地均有种植。芥末分为黑芥末和白芥末。黑芥末含挥发性精油0.25%～1.25%，其主要成分为黑芥籽糖苷。白芥末不含挥发性油，其主要成分为白芥籽硫苷。芥末性温味辣，具有强烈刺激性辛辣味，具有刺激胃液分泌、帮助消化、增进食欲等功效。在肉品加工中使用，不仅能调味压异，还有杀菌防腐的作用。

15. 辛夷

辛夷为木兰科植物辛夷的干燥花蕾。呈圆锥形，顶尖底粗，下有一果柄，表面有黄色绒毛。性辛温，气清香，味辛辣，在酱卤制品中使用较多。

16. 月桂叶

月桂叶系樟科常绿乔木月桂树叶子的干制品，含精油1%～3%，其主要成分为桉叶素，占40%～50%，此外，还有丁香酚、α－蒎烯等。月桂叶有近似玉树油的清香香气，略有樟脑味，与食物共煮后香味浓郁。肉制品加工中常用作矫味剂、香料，用于原汁肉类罐头、卤汁、肉类、鱼类调味等。

二、 蔬菜类香辛料

蔬菜类著名的“调味四辣”，即葱、姜、蒜、辣椒，这是使用最普遍、用量最大的香辛料。

1. 葱

葱属百合科多年生草本植物，有大葱、小（香）葱、洋葱等。葱的香辛味成分主要为硫醚类化合物，如烯丙基二硫化物、二丙烯基二硫、二正丙基二硫等，有强烈的葱辣味和刺激性。洋葱煮熟后带甜味。葱可解除腥膻味，促进食欲，并有开胃消食以及杀菌发汗的功能。葱在肉制品生产中广泛用于酱制、红烧类产品，特别是酱猪肝、肚、肺、舌、蹄等制品时，更是必不可少的辅料。

2. 生姜

生姜可鲜用也可干制，供调味或入药。生姜含有挥发性的姜油酮、姜油酚和姜油素等成分，具有独特的辛辣气味，有调味去腥的作用。在肉制品生产中常用于红烧、酱制，也可将其榨成姜汁、制成姜粉等，加入灌肠、灌肚，以增加制品风味。由于菜肴经姜调味后的味道佳美和姜辣素对口腔和胃黏膜的刺激作用，促进消化液的分泌，因而可增加食欲。生姜原产印度、马来西亚和我国热带多雨地区。山东等地出产的姜块大、味辣，质量较好。

3. 大蒜

大蒜属百合科，是一种多年生宿根植物，能开花结子，但通常用蒜瓣繁殖。大蒜富含人体所需的多种维生素及矿物质。大蒜全身都含挥发性的大蒜素，具特殊蒜辣气味，其中以蒜头含量最多，蒜叶次之，蒜薹较少，因而它们都有调味作用。大蒜可压腥去膻，增加蒜香味道。同时由于蒜辣味能刺激胃液分泌，故可帮助消化、增进食欲，在夏天出汗多、胃液少、食欲不佳时，吃点大蒜更有开胃功效。在西式灌肠类制品中，常将大蒜绞成蒜泥后加入，使制品具有蒜香。

4. 辣椒

辣椒为茄科辣椒属，又称番椒、海椒、辣子、辣角、秦椒等，为一年生草本植物。辣椒原产于中南美洲热带地区。15 世纪末，哥伦布发现美洲之后把辣椒带回欧洲，并由此传播到世界其他地方。于明代传入中国，今中国各地普遍栽培。果实通常呈圆锥形或长圆形，未成熟时呈绿色，成熟后变成鲜红色、黄色或紫色，以红色最为常见。辣椒的果实因果皮含有辣椒素而有辣味，能增进食欲。辣椒中维生素 C 的含量在蔬菜中居第一位。从成熟程度来分青辣椒、红辣椒，新鲜的青、红辣椒可做主菜食用，红辣椒经过加工可以制成干辣椒、辣椒酱等，可用作肉品的辣味调料。

三、 混合香辛料

传统肉制品加工过程中，常用由多种未粉碎香辛料组成的料包经沸水熬煮出味，或同原料肉一起加热使之入味。现代化西式肉制品则多用已配制好的混合性香料粉（如五香粉、咖喱粉等）直接添加到制品原料中。

1. 五香粉

五香粉是以花椒、八角、小茴香、桂皮、丁香等香辛料为主要原料配制而成的复合香料。常使用在煎、炸前，涂抹在鸡、鸭肉表面，也可与细盐混合做蘸料之用。广泛用于东方料理的辛辣口味的菜肴，尤其适合用于烘烤或快炒肉类及炖、焖、煨、蒸、煮菜肴作调味。因使用方便，深受消费者的欢迎。各地使用配方略有差异。

2. 咖喱粉

音译词，混合香辛料的意思。组成咖喱的香料包括有红辣椒、姜、丁香、肉桂、大茴香、小茴香、肉蔻、芫荽子、芥末、鼠尾草、黑胡椒以及咖喱的主色——姜黄粉等。这些香料均各自拥有独特的香气与味道，有的辛辣，有的芳香，交揉在一起，不管是搭配肉类、海鲜或蔬菜，彼此协调，具有多样层次与口感。咖喱粉宜在制品临出锅前加入。

3. 天然香料提取制品

天然香料提取制品是由芳香植物不同部位的组织（如花蕾、果实、种子、根、茎、叶、枝、皮或全株）或分泌物，采用蒸汽蒸馏、压榨、冷磨、萃取、浸提、吸附等物理方法而提取制得的一类天然香料。因制取方法不同，可制成不同的制品，如精油、酊剂、浸膏、油树脂等。

任务三　添加剂的使用

添加剂是指为改善食品品质和色、香、味，以及为防腐、保鲜和加工工艺的需要而加入食品中的人工合成或者天然物质。

食品添加剂使用时应符合以下基本要求：不应对人体产生任何健康危害；不应掩盖食品腐败变质；不应掩盖食品本身或加工过程中的质量缺陷或以掺杂、掺假、伪造为目的而使用食品添加剂；不应降低食品本身的营养价值；在达到预期目的前提下尽可能降低在食品中的使用量。

肉品加工中常用的添加剂主要有发色剂、发色助剂、着色剂、防腐剂、抗氧化剂和品质改良剂等。

一、发色剂

1. 硝酸盐

硝酸盐为无色结晶或白色结晶粉末，易溶于水。将硝酸盐添加到肉制品中，在微生物的作用下，最终生成 NO，其与肌红蛋白生成稳定的亚硝基肌红蛋白，使肉制品呈现鲜红色，因此把硝酸盐称为发色剂。

2. 亚硝酸钠

亚硝酸钠为白色或淡黄色结晶粉末，易溶于水。亚硝酸钠除了防止肉品腐败，提高保存性之外，还具有改善风味、稳定肉色的特殊功效，此功效比硝酸盐还要强，在腌制时亚硝酸钠与硝酸钾混合使用，能缩短腌制时间。亚硝酸盐用量要严格控制。

我国颁布的《GB 2760—2024 食品安全国家标准　食品添加剂使用标准》中

对硝酸钠（或钾）和亚硝酸钠（或钾）的使用量规定如下。

（1）使用范围　肉类罐头、肉制品。

（2）最大使用量　硝酸钠（或钾）0.5g/kg，亚硝酸钠（或钾）0.15g/kg。

（3）最大残留量（以亚硝酸钠计）　不得超过30mg/kg。

二、发色助剂

肉发色过程中亚硝酸被还原生成NO，但是NO的生成量与肉的还原性有很大关系。为了使之达到理想的还原状态，常使用还原性的发色助剂。肉制品中常用的发色助剂如下。

1. 抗坏血酸、抗坏血酸盐

抗坏血酸即维生素C，具有很强的还原作用，但对热和重金属极不稳定，因此一般使用稳定性较高的钠盐。肉制品中最大使用量为0.1%，一般为0.025%～0.05%。在腌制或斩拌时添加，也可以把原料肉浸渍在该物质的0.02%～0.1%的水溶液中。腌制剂中加谷氨酸会增加抗坏血酸的稳定性。

2. 异抗坏血酸、异抗坏血酸盐

异抗坏血酸是抗坏血酸的异构体，其性质和作用与抗坏血酸相似。

3. 烟酰胺

烟酰胺也能形成稳定的烟酰胺肌红蛋白，使肉呈红色，且烟酰胺对pH的变化不敏感。据研究，同时使用维生素C和烟酰胺助色效果好，且成品的颜色对光的稳定性要好得多。

4. 葡萄糖酸－δ－内酯

葡萄糖酸－δ－内酯能缓慢水解生成葡萄糖酸，造成火腿腌制时的酸性还原环境，促进硝酸盐向亚硝酸转化，促进发色。

三、着色剂

着色剂又称色素，是能使食品赋予色泽和改善食品色泽的物质。在肉制品生产中，为使制品具有鲜艳的肉红色，常常使用着色剂。着色剂分为天然和人工合成两大类。天然色素价格偏高，稳定性稍差，但安全性高。人工合成色素在使用限量范围内安全，且色泽鲜艳、稳定性好，适于调色和复配，但安全性仍是最关键的问题。

1. 红曲米和红曲色素

红曲米是由红曲霉菌接种于蒸熟的米粒上，经培养繁殖后所产生的红曲霉红素。红曲色素是由红曲霉菌菌丝体分泌的次级代谢物。能形成红曲色素的霉菌主要有三种，即紫红曲霉、红色红曲霉和毛曲霉。

红曲色素具有对pH稳定，耐光、耐热、耐化学性强，不受金属离子影响，对蛋白质着色性好以及色泽稳定等特点。红曲色素是安全无毒的添加剂，对动物体无不良影响。红曲色素在肉制品加工中，特别是脂肪含量较高的产品中使用显得尤为有益。红曲色素对蛋白质具有良好的着色稳定性，因此能赋予肉制品特有的“肉红色”。红曲色素常用作酱卤、香肠等肉类制品及腐乳、饮料、糖果、糕点、配制酒等的着色剂。我国国家标准规定，红曲米的使用量不受限制。

2. 高粱红

高粱红是从黑紫色高粱壳中提取制得的，为深红色液体、膏状或粉末，易溶于水、乙醇，不溶于油脂。水溶液在酸性时呈红色，在碱性时呈紫色，对光和热非常稳定，但易受金属离子的影响，特别是遇铁离子褐变，添加微量焦磷酸钠可抑制金属离子的影响。

高粱红与水调节使用，赋予产品优美的深红色，主要用于熟肉制品、饼干、冰棍、雪糕、冰淇淋、果冻、膨化食品和糕点上彩妆。高粱红可按生产需要适量使用。

3. 焦糖色

焦糖色亦称酱色、焦糖或糖色，为红褐色至黑褐色的液体、块状、粉末状或粗状物质。具有焦糖香味和愉快苦味。按制法不同，焦糖可分为不加铵盐（非氨法制造）和加铵盐（如亚硫酸铵）生产的两类。加铵盐生产的焦糖色泽较好，加工方便，成品率也较高，但有一定毒性。焦糖色在肉制品加工中常用于酱卤、红烧等肉制品的着色和调味，其使用量按正常生产需要而定。

4. 姜黄素

姜黄色素是从姜黄根茎中提取的一种黄色色素，主要成分为姜黄素，约为姜黄的3%～6%，是植物界很稀少的具有二酮的色素，为二酮类化合物。姜黄素主要用于肠类制品、罐头、酱卤制品等产品的着色，其使用量按正常生产需要而定。

另外，在熟肉制品、罐头等食品生产中还常用萝卜红、红花黄等食用天然色素作着色剂。我国《GB 2760—2024 食品安全国家标准　食品添加剂使用标准》规定，萝卜红按正常生产需要使用；红花黄为0.5g/kg。

四、防腐剂

防腐剂指能防止食品腐败变质、延长食品储存期的物质。在肉制品中常用的防腐剂有山梨酸钾、乙酸、乳酸链球菌素（Nisin）、乳酸钠、茶多酚、香辛料提取物等。

1. 苯甲酸与苯甲酸钠

苯甲酸与苯甲酸钠在酸性环境中对多种微生物有明显抑菌作用，但对产酸菌作用较弱。其抑菌作用受pH的影响。pH 5以下，其防腐抑菌能力随pH降低而增加，最适pH为2.5～4.0，一般以低于pH 4.5～5.0为宜。pH 5以上时对很多霉菌和酵母几乎无抑菌效果。

2. 山梨酸与山梨酸钾

山梨酸及山梨酸钾属酸性防腐剂，对霉菌、酵母和好气性细菌有较强的抑菌作用，但对厌气菌与嗜酸乳杆菌几乎无效。其防腐效果随 pH 的升高而降低，适宜在 pH 5 ~6 以下的范围使用。

3. 乙酸

乙酸浓度为 1.5% 时就有明显的抑菌效果。在 3% 范围以内，因乙酸的抑菌作用，减缓了微生物的生长，避免了霉斑引起的肉色变绿变黑。当浓度超过 3% 时，对肉色有不良作用，这是由酸本身造成的。如采用 3% 乙酸 +3% 抗坏血酸处理时，由于抗坏血酸的护色作用，肉色可保持很好。

4. 磷酸盐

磷酸盐作为品质改良剂可明显提高肉制品的保水性和黏着性，利用其螯合作用可延缓制品的氧化酸败，增强防腐剂的抗菌效果。

5. 茶多酚

主要成分为儿茶素及其衍生物，具有抑制氧化变质的性能。茶多酚以抗脂质氧化、抑菌、除臭味物质三条途径对肉品防腐保鲜发挥作用。

6. 香辛料提取物

许多香辛料中，如大蒜中的蒜辣素和蒜氨酸，肉豆蔻所含的肉豆蔻挥发油，肉桂中的挥发油以及丁香中的丁香油等，均具有良好的杀菌、抗菌作用。

7. 乳酸链球菌素 （Nisin）

乳酸链球菌素亦称乳链菌肽，是某些乳酸链球菌产生的一种多肽物质，为灰白色固体粉末。可被人体内的酶降解、消化，是一种高效、安全、无毒、无副作用的天然食品防腐剂。它能抑制多数革兰阳性菌，尤其对产生芽孢的革兰阳性菌如枯草芽孢杆菌、嗜热脂肪芽孢杆菌等有很强的抑制作用，而对革兰阴性菌、酵母菌和霉菌一般无效。Nisin 可有效阻止肉毒杆菌的芽孢萌发。它在保鲜中的重要价值在于它针对的细菌是导致食品腐败的主要微生物。其在肉制品中最大使用量为 0.5g/kg。

五、 抗氧化剂

抗氧化剂是指能防止或延缓油脂或食品成分氧化分解、变质，提高食品稳定性的物质。分脂溶性抗氧化剂和水溶性抗氧化剂两大类。脂溶性抗氧化剂能均匀地分布于油脂中，对油脂或含脂肪的食品可以很好地发挥其抗氧化作用。人工合成的油溶性抗氧化剂有丁基羟基茴香醚（butyl hydroxy anisol，BHA）、二丁基羟基甲苯（butyl hydroxy toluene，BHT）、没食子酸丙酯（propyl gallate，PG）等，天然脂溶性抗氧化剂有生育酚混合浓缩物等。水溶性抗氧化剂主要有 L－抗坏血酸及其钠盐、异抗坏血酸及其钠盐等，多用于对食品的护色（助色剂），防止氧化变色，以及防止因氧化而降低食品的风味和质量等；天然的有植物（包括香辛料）提取物，如茶多酚、异黄酮类、迷迭香抽提物等。

六、品质改良剂

1. 磷酸盐

目前多聚磷酸盐已普遍地应用于肉制品中，以改善肉的保水性能。多聚磷酸盐作用的机理迄今仍不十分肯定，但对鲜肉或者腌制肉的加热过程中增加保水能力的作用是肯定的，因此，在肉制品中使用磷酸盐，一般是以提高保水性、增加出品率为主要目的，但实际上磷酸盐对提高结着力、弹性和赋形性等均有作用。

在肉制品生产中常用的磷酸盐有三种：焦磷酸钠、三聚磷酸钠和六偏磷酸钠。

（1）焦磷酸钠　焦磷酸钠又称焦磷酸四钠，分子式 $Na_4P_2O \cdot 10H_2O$，为无色至白色的结晶性粉末，溶于水，不溶于乙醇，熔点为 988℃，相对密度为 1.824，有吸湿性，需保存在密闭容器内。每日容许摄入量（ADI）为 0～70mg/kg，有较大毒性，可引起肝脏病变、肾炎和水肿，是肉品加工中常使用的保水剂之一，多与三聚磷酸钠混用。

（2）三聚磷酸钠　三聚磷酸钠的分子式 $Na_5P_3O_{10}$，为无色至白色的玻璃状或片状或者白色粉末，溶于水，是肉品加工中常用的保水剂之一，具有很强的黏着作用，还有防止制品变色、变质、分散的作用，对脂肪有很强的乳化性。添加三聚磷酸钠的肉制品，加热后水流失很少，因此可抑制肉的收缩，提高保水性，增加弹性，使制品光泽变得更好，还能提高出品率。

（3）六偏磷酸钠　六偏磷酸钠又称格雷汉姆盐，分子式 $(NaPO_3)_6$，为无色至白色玻璃状或片状，或者白色状的结晶或粉末，吸湿性大，在潮湿空气中会逐渐变成黏稠液体。具有使蛋白凝固的作用，对金属离子螯合力、缓冲作用、分散作用均很强。溶于水，水溶液呈碱性，是肉品加工中常用的保水剂之一。

磷酸盐溶解性较差，因此在配制腌液时需先将磷酸盐溶解后再加入其他腌制料。

实践证明，几种磷酸盐混合使用比单一使用效果好，混合磷酸盐在肉制品中最大使用量为 5.0g/kg（以磷酸根计）。其参考混合比见表 1－26。

表 1－26　复合磷酸盐的配方　单位：%

配方	1	2	3	4	5	6
焦磷酸钠	—	2	3	60	40	48
三聚磷酸钠	23	26	85	10	40	25
六偏磷酸钠	77	72	12	30	20	27

2. 酪蛋白

酪蛋白能与肉中的蛋白质结合形成凝胶，从而提高肉的保水性。在肉馅中添加2%的酪蛋白时，可提高保水率10%；添加4%时，可提高16%，与卵蛋白、血浆等并用效果更好。酪蛋白在形成稳定的凝胶时，可吸收自身重量5～10倍水分。用于肉制品时，可增加制品的黏着性和保水性，改进产品质量，提高出品率。

3. 大豆分离蛋白

粉末状大豆分离蛋白有良好的持水性，并具有良好的乳化性。当浓度为12%时，加热温度超过60℃时，黏度会急剧上升，加热至80～90℃时静置、冷却，形成胶质。这种特性，使大豆分离蛋白加入肉组织时，能改善肉的质地。

4. 植物蛋白酶（嫩化剂）

用蛋白酶来嫩化一些粗糙、老硬的肉类是最为有效的嫩化方法。蛋白酶能将肉类结缔组织及肌纤维中结构复杂的胶原蛋白及弹性蛋白进行适当地分解，使部分氨基酸与氨基酸之间的连接键发生断裂，破坏了它们分子结构，从而大大提高了肉的嫩度，并使风味得到改善。因此，用蛋白酶作为肉类嫩化剂，不但安全、卫生、无毒，而且能有助于提高肉类的色、香、味，增加肉的营养价值，并且不会产生任何不良气味。国外已经在肉制品中普遍使用，我国也开始使用。

目前，蛋白酶作为嫩化剂的主要是植物性蛋白酶。最常用为木瓜蛋白酶、菠萝蛋白酶、生姜蛋白酶和猕猴桃蛋白酶等。

（1）木瓜蛋白酶　是从未成熟番木瓜果实的胶乳中提取的一种蛋白水解酶。将丰满而未成熟的番木瓜洗净，在木瓜上切开一个口子，让流出来的浆汁于玻璃板上晒干，即可得到粗制的木瓜蛋白酶粉。如果再将粗制品经过一系列的精制过程，便可得到木瓜蛋白酶的结晶体，精制品无臭味。

木瓜蛋白酶对蛋白质进行降解的最佳条件为温度65℃，pH为7～7.5。虽然在其他温度（不超过90℃，不低于室温）以及其他酸碱范围内的环境中也能对蛋白质进行降解，但效果没有处于最佳环境时好。加工中使用木瓜蛋白酶时，可先用温水将其粉末溶化，然后将原料肉放入拌和均匀，即可加工。

（2）菠萝蛋白酶　又名菠萝酶，是由制作菠萝罐头的下脚料中提取的一种蛋白酶。将菠萝切下的皮、心、修刺、两端及菠萝根和茎压榨出汁，加5%的白陶土搅拌，离心过滤。然后再经过一系列的食盐水、乙醇、丙醇的洗涤、沉淀、真空干燥，便可得到菠萝蛋白酶。

菠萝蛋白酶是一种黄色粉末。它与蛋白质发生降解作用的条件为pH 6～8，温度为30～35℃。加工中使用菠萝蛋白酶时，要注意将其粉末溶入30℃左右的水中，也可直接加入调味液，然后把原料肉放入其中，经搅拌均匀即可加工。

5. 淀粉

按淀粉来源可分为玉米淀粉、甘薯淀粉、马铃薯淀粉、木薯淀粉、绿豆淀粉、豌豆淀粉、魔芋淀粉、蚕豆淀粉及大麦、山药、燕麦淀粉等。通常情况下，制作灌肠时使用马铃薯淀粉，加工肉糜罐头时用玉米淀粉，制作肉丸等肉糜制品时用小麦淀粉。肉糜制品的淀粉用量视品种不同，可在5%～50%的范围内调节。

淀粉在肉制品中的作用主要是提高肉制品的黏结性；增加肉制品的稳定性；淀粉具有吸油性和乳化性，它可束缚脂肪在制作中的流动，缓解脂肪给制品带来的不良影响，改善肉制品的外观和口感，并具有较好的保水性，使肉制品出品率大大提高。

6. 变性淀粉

变性淀粉是由天然淀粉经过化学或酶处理等而使其物理性质发生改变，以适应特定需要而制成的淀粉。无论加入冷水或热水，变性淀粉都能在短时间内膨胀溶解于水，具有增黏、保型、速溶等优点，是肉制品加工中一种理想的增稠剂、稳定剂、乳化剂和赋形剂。其用量一般为原料的3%～20%。

7. 卡拉胶

卡拉胶的主要成分为易形成多糖凝胶的半乳糖、脱水半乳糖，多以 Ca^{2+}、Na^{+}、NH_4^{+} 等盐的形式存在。可保持自身质量10～20倍的水分。在肉馅中添加0.6%时，即可使肉馅保水率从80%提高到88%以上。卡拉胶是天然胶质中唯一具有蛋白质反应性的胶质，它能与蛋白质形成均一的凝胶。由于卡拉胶能与蛋白质结合，形成巨大的网络结构，故可保持制品中的大量水分，减少肉汁的流失，并且具有良好的弹性、韧性。卡拉胶还具有很好的乳化效果，稳定脂肪，表现出很低的离油值，从而提高制品的出品率。另外，卡拉胶能防止盐溶性蛋白及肌动蛋白的损失，抑制鲜味成分的溶出。在肉制品加工中可用做增稠剂、凝固剂、悬浮剂、乳化剂和稳定剂等。

8. 黄原胶

黄原胶为浅黄色至淡棕色粉末，易溶于冷、热水中，溶液中性。遇水分散、乳化变成稳定的亲水性黏稠胶体。低浓度溶液的黏度也很高，黏度不受温度影响。对酸和盐稳定，添加食盐则黏度上升。耐冻结和解冻，不溶于乙醇。与角豆胶等合用有相乘效应，可提高弹性；与瓜尔豆胶合用可提高黏度。按我国国标规定，黄原胶作为增稠剂和稳定剂在各种食品中按生产需要适量使用。

另外，在肉品加工中，特别是一些高档肉制品，亦有使用鸡蛋、蛋白、脱脂乳粉、血清粉、卵磷脂和黄豆粉（蛋白）等作增稠剂、乳化剂和稳定剂，既能增稠又能乳化、保水，但成本较高。

复习思考题

1. 肉制品加工中常用的调味料有哪些？它们各自的作用是什么？
2. 在肉制品加工中使用食品添加剂的作用有哪些？

3. 肉制品加工中，常用的着色剂有哪些?
4. 肉制品加工中常用的防腐剂有哪些?
5. 简述磷酸盐对肉制品的作用。
6. 简述肉嫩化剂的种类及作用机理。
7. 肉制品加工中常用的增稠剂有哪些?

项目四 肉的处理

知识目标

1. 肉的斩拌目的、原理和斩拌时的注意事项；
2. 肉的乳化和影响乳化的因素；
3. 肉乳化机的原理及分类；
4. 肉滚揉的概念和滚揉机的原理及分类；
5. 肉烟熏的目的、熏烟成分和烟熏方法。

技能目标

1. 了解肉斩拌的目的与原理并能正确使用斩拌机；
2. 了解肉乳化的概念和乳化机的分类并掌握肉的乳化技术；
3. 了解肉滚揉的概念并能熟练掌握滚揉机的操作过程；
4. 掌握烟熏常用的方法并能控制熏烟中的有害成分。

任务一 肉的斩拌与乳化

对于用整块肉加工的火腿类、培根类或中式酱卤制品来说，这道工序是完全没有必要的，但加工乳化型产品或肉糜－肉块结合型产品时，这类设备对产品质量起到了至关重要的作用。本工序是将各种原料肉进一步切碎，同时将已经切碎的肉与香辛料、调味料等各种辅料进行充分混合，常见的设备有斩拌机、乳化机、胶体磨等。

一、 斩拌与斩拌机

（一） 斩拌目的与原理

斩拌，即斩切、拌和。在肉糜类（肠类）产品加工中，斩拌起着极为重要的作用。斩拌的目的，一是对原料肉进行细切，使原料肉馅产生黏着力，二是将原料肉馅与各种辅料进行搅拌混合，形成均匀的乳化物。

斩拌原理：肌动蛋白和肌球蛋白的外面由一层结缔组织膜包裹着，不打开这层膜，蛋白就只能保持本体的水分，不能保持外来水分。因此斩拌就是为了打开这层膜，使蛋白质游离出来，这些游离出来的蛋白质吸收水分，并膨胀形成网状蛋白质胶体。这种蛋白质胶体又具有很强的乳化性，能包裹住脂肪颗粒，又达到了保油的目的。简单地讲，斩拌操作可以破坏肉的结缔组织，使得其中的肌动蛋白和肌球蛋白释放出来，而这两种蛋白具有良好的吸水性和乳化性，从而达到一个保水保油的目的。斩拌操作是通过斩拌机实现的。

（二） 斩拌机的分类

斩拌机可分为真空斩拌机和非真空斩拌机两大类。真空斩拌机的优点是避免空气打入肉糜中，防止脂肪氧化，保证产品风味；可释出更多的盐溶性蛋白，得到最佳的乳化效果；可减少产品中的细菌数，延长产品贮藏期，稳定肌红蛋白颜色，保护产品的最佳色泽，相应减少体积8%左右。

（三） 斩拌机的结构原理

斩拌机配备着一个装卸物料的脐型转盘和若干把高速旋转的切割刀具。它能把较大块的原料肉以及辅料、添加剂等斩拌成为粗颗粒的肉馅或具有较强结合力的乳化肉。

斩拌机的结构示意图如图1－5所示，主要由一组斩拌刀、一个盛肉（原料）的转盘、刀盖、上料机构、出料机构、机架、液压系统、电器控制系统等部分组成。斩拌机工作时，首先处于搅拌速度状态，将装载物料的肉斗置入上料机构中，将被斩拌物料提升并倾倒于转动的转盘中，旋转的刀组即可搅拌混合物料。根据产品的要求，选择刀组的斩拌速度及转盘转动的速度，2～6把旋转刀以1200～5000r/min的速度斩切细肉块，一般2～5min可以把肉块斩成肉馅或肉糜。斩拌后，整机转入搅拌速度状态，开启出料机构，被斩切的物料即可连续从转盘内排出，进入肉斗车内。

（四） 斩拌时的注意事项

（1）斩拌机的检查、清洗。在操作之前，要对斩拌机的刀具进行检查。如果刀刃部出现磨损，斩拌会破坏脂肪细胞，使乳化性能下降，导致脂肪分离。刀部检查结束后，应将斩拌机清洗干净，先用肥皂水清洗，再用清水清洗，如果在气温较高的季节，在清洗后要在器皿中添加一些冰块，对斩拌机进行冷却处理。

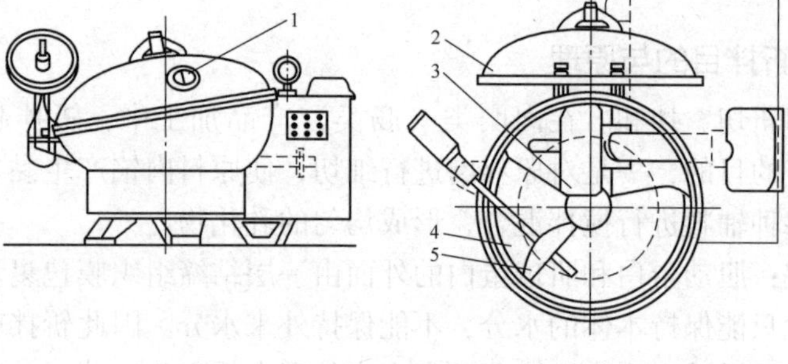

图1-5　真空斩拌机的结构示意图

1—视孔　2—盖子　3—刀柄　4—转盘　5—出料器

(2) 一般在绞肉作业中，瘦肉和脂肪都是分开处理的。绞好的肉馅，要尽可能做到低温保存。如果离斩拌操作还需要一段时间，则要将肉放入冷库保管。

(3) 斩拌时首先将瘦肉放入斩拌机内，注意肉不要集中于一处，要全面铺开，然后启动斩拌机，由于品种或者年龄不同，瘦肉硬度也不一样。因此要从最硬的肉开始依次放入，这样可以提高肉的结着性。继而加入水及冰屑，然后添加调味料和香辛料以及其他材料。肉与这些添加材料均匀混合后，添加脂肪。在添加脂肪时，要一点一点添加，使脂肪均匀分布。若大块添加，则很难温合均匀。肉和脂肪混合均匀后，应迅速取出。

(4) 斩拌中要注意斩拌机容量和实际投入肉量的问题。如超量投入，肉顶到斩拌机的盖，会造成切碎不够充分以及肉温上升。

(5) 在斩拌作业中，应保持低温，斩拌时肉温一定要控制在15℃以下，一旦肉温超过18℃，应该中止操作，进行冷却。

(6) 斩拌结束后，将盖打开，清除盖内侧和刀刃部附着的肉，与下批肉一起再次斩拌。最后，要用肥皂水认真清洗斩拌机，然后用干布等将机器盖好。

二、乳化与乳化机

在加工法兰克福肠式的乳化香肠时，经常大量使用冷冻原料肉、机械去骨肉、牛脂、结缔组织等低价格原料，这些原料有时常规的绞制、斩拌加工处理后，颗粒的细度仍达不到工艺要求，肉馅的持水力不够，或者斩拌到非常细的程度，但肉馅温度升高太多，这种情况下，经常需要使用乳化机，对肉馅进行进一步的乳化，使乳化细度达到每千克颗粒数1万~10万，甚至更高。

将原料肉、水和盐混合后经高速斩切，形成水包油型乳化特性的肉糊的过程称为乳化。经过乳化的肉制品，形成均匀肉糊状，质地和稳定性得到改善。乳化机一般安装在绞肉机、斩拌机或搅拌机的后面。

（一）影响乳化的因素

影响乳化程度的因素主要包括：基质形成、乳化温度、脂肪颗粒的大小、pH、可溶性蛋白质的数量和类型以及肉糊的黏性。

1. 温度

粉碎时，由于摩擦作用，肉糊的温度升高。在斩切摩擦表面，有些脂肪发生熔化，蛋白质初步变性，从而有利于使蛋白质吸附到分散的脂肪颗粒上。另一方面，加工过程中，温度适当提高，有助于可溶性蛋白质释放，加速腌制色形成，并改善肉糊流动性。但如果粉碎时温度过高，在随后的热处理时乳浊液就会被破坏。

2. 脂肪颗粒的大小

在生产中，脂肪必须粉碎得非常细小，直至形成乳浊液。但是过度粉碎，使脂肪颗粒过小，其总表面积将大幅度增加，造成可溶性蛋白质数量不足以包裹脂肪微粒，而使乳浊液失去稳定性。

3. pH 及可溶性蛋白质的数量和类型

制备肉糊时，先将瘦肉和盐一起斩拌，有助于蛋白质溶解和膨胀。当形成基质和作为乳化剂的蛋白质含量增加时，肉糊的稳定性提高。肌肉 pH 高时，有利于蛋白质提取，尸僵前的肉优于尸僵后的肉，因为从前者可提取出 50% 以上的盐溶性蛋白质。

4. 肉糊的黏性

肉糊的黏度增加时，脂肪分离的趋势减小，肉糊乳浊液发生相分离是分散的脂肪微粒重新聚合成较大的脂肪颗粒的结果。

图 1－6　乳化机

（二）乳化机的原理及分类

乳化机按照结构原理的不同，可分为两大类，一类结构原理类似于胶体磨，通过多齿型定子与转子乳化头之间的相对运动，对肉馅形成了强烈的研磨和切割作用。另一种乳化机的结构类似于绞肉机，但在切割装置上更精细。按照乳化机进料方式的不同，又可分为料斗喂料式乳化机和泵喂料式乳化机，分别与不同的生产线相连接，其中泵喂料的方式由于肉糜在完全封闭的生产系统中进行，真空度高，既有利于提高乳化产品的稠度，又减少了很多外界的污染。

（三）乳化机设备介绍

乳化机（如图 1－6 所示）可将肉料进

行乳化，肉料在瞬间经高速旋转的多刃刀盘高速切割，使肉中的蛋白质和水将脂肪包起来，防止脂肪表面氧化，使肉料有较好的黏度和弹性。适合乳化肉皮、肉筋、鸡骨架等。

乳化机的生产厂家有如荷兰 CFS 有限公司（Convenience Food Systems）、德国斯蒂芬公司（STEPHAN）、德国 KS 公司等。

三、胶体磨

（一）胶体磨的用途

对于某些难于乳化的原料，如结缔组织、猪皮或某些液体中难于分散均匀的辅料，如蛋白、卡拉胶含量较大的盐水等，可以利用胶体磨进一步微粒化粉碎，使其成为胶体。

（二）胶体磨性能介绍

胶体磨的切碎部件由可使研钵倾倒的定子和与定子保持一定间隔、高速旋转的圆锥形转子（转子和定子周围都带有许多小沟）组成。原料的切碎程度由定子和转子的间隙决定。

胶体磨是食品行业使用较普遍的一种通用设备，如图 1 - 7 所示。从上部的漏斗状投入口投入原料，形成微粒状后，从下部横侧出来。

用胶体磨加工之前，先将原料用筛板孔径为 3mm 的绞肉机绞成肉馅。如果肉馅较嫩，只需一遍，就可以粉碎成微粒状。但如果肉较硬，就需要用间隙调节杆依次调节孔度（间隙），进行切碎、乳化。

在实际操作时，要添加冰水等，以加强原料的流动性。如果肉过于硬，会加大摩擦，使温度升高。

图 1 - 7 胶体磨

任务二 肉的滚揉

一、滚揉的概念

将已经注射及嫩化的肉块，进行慢速柔和的翻滚，使肉块得到均匀的挤压、按摩，加速肉块中盐溶蛋白的释放及盐水的渗透，增加黏着力和保水性能，改善产品的切片性，提高出品率的工序，称为滚揉。

滚揉所用的设备是滚揉机。

二、 滚揉机的原理及分类

滚揉机是生产西式火腿、香肠的常见的腌制设备。其结构并不复杂，按肉块的滚揉方式可分为滚筒式和搅拌式。其主要部件是盛肉的容器和搅拌器。

滚筒式滚揉机，外形为一卧置的滚筒，滚筒内壁有螺旋叶片。将需要滚揉的肉料装入滚筒中，随着滚筒的转动，肉在筒内上下翻动。先是被不锈钢滚筒内壁的螺旋形叶带动上升，然后靠自重而下落拍打滚筒低处的腌制液。由于肉块在上升和下落的同时也互相碰撞摩擦，因此也达到揉搓的效果。肉在这种滚揉机中的运动形式主要是翻转，所以又形象地称为翻滚机。

搅拌式滚揉机近似于搅拌机，外形也是圆筒形，但不能转动，筒内装有一根能转动的桨叶，通过桨叶搅拌肉，使肉在筒内上下滚动，相互摩擦而变松弛。这种滚揉机又称按摩机。

对于不同的原料肉（猪肉、牛肉、羊肉、鸡肉、兔肉等），由于肉质不同，故强度（即滚揉强度）应有所不同，因此就要求设备的机械结构不同，以避免滚揉不够或滚揉过度现象。

目前，较为先进的滚揉设备是真空滚揉机。该机的优点在于有利于盐水吸收，肉片黏着性好，同时真空处理对熟火腿的香气和产率都有良好的效果。一般真空滚揉较非真空滚揉提高产率2%～3%。最好的滚揉效果是在真空及非真空（即呼吸式作用）循环作用下，同时又要求肉原料在整个滚揉过程中始终保持在2～4℃，而且滚揉筒呈倾斜状态，有落差，这样滚揉出来的火腿原料外观、色泽、结构、嫩度、出品率等最好。

三、 设备介绍

滚揉机是一种常见的设备，生产厂家有美国CHALLENGE公司、德国DORIT公司、荷兰比兰姆公司（BELAM）、德国斯托克公司（STORK）等，国内厂家有杭州艾博、嘉兴凯斯等公司。

图1－8是卧式滚揉机示意图。卧式滚揉机主要结构为一个直径为1200～1500mm的不锈钢滚筒，筒内壁焊有几条（一般为3条）螺旋形叶片，滚筒转速为2、4、8r/min，最高为15r/min。经盐水注射后需要腌制的肉块和盐水用提升机或倾翻机装入滚筒，当滚筒缓慢旋转时，肉块随叶片上升，转至一定高度后落下，拍打在筒底部的腌制液里。肉块在上升和下落的过程中也互相碰撞摩擦，达到揉搓效果。

每次装肉量占滚筒容积的60%～70%。

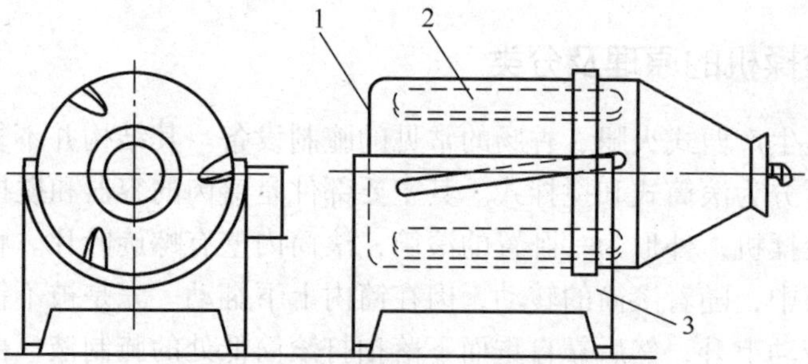

图 1－8 卧式滚揉机示意图

1—滚筒 2—螺旋叶片 3—机架

任务三 肉的烟熏

烟熏是利用燃料没有完全燃烧的烟气对肉品进行熏制，以熏烟来改变产品口味和提高品质的一种加工方法。烟熏是肉制品加工的重要手段，许多肉制品特别是西式肉制品，如灌肠、火腿、培根等均需经过烟熏。肉品经过烟熏，不仅获得特有的烟熏味，而且保存期延长，但是随着冷藏技术的发展，烟熏防腐已降到次要的位置，烟熏的主要目的已成为赋予肉制品特有的烟熏风味。

一、 烟熏目的

1. 呈味作用

烟气中的许多有机化合物附着在制品上，赋予制品特有的烟熏香味，如有机酸（蚁酸和醋酸）、醛、醇、酯、酚类等，特别是酚类中的愈创木酚和 4－甲基愈创木酚是最重要的风味物质。

2. 发色作用

熏烟成分中的羰基化合物可以和肉蛋白质或其他含氮物中的游离氨基发生美拉德反应；熏烟加热促进硝酸盐还原菌增殖及蛋白质的热变性，游离出半胱氨酸，从而促进一氧化氮血素原形成稳定的颜色；另外，通过熏烟受热而导致脂肪外渗，起到润色作用。

3. 杀菌作用

熏烟的杀菌作用主要是加热、干燥和熏烟中的化学成分的综合效应。熏烟中的有机酸、醛和酚类具有抑菌和防腐作用。熏烟的杀菌作用较为明显的是在表层，经熏制后产品表面的微生物可减少 10%。大肠杆菌、变形杆菌、葡萄球菌对熏烟最敏感，而霉菌及细菌芽孢对熏烟抵抗力强。由烟熏产生的杀菌防腐作用是有限度的，而通过烟熏前的腌制和熏烟中、熏烟后的脱水干燥则赋予熏制品良好的贮藏性能。

4. 抗氧化作用

烟中许多成分具有抗氧化作用，有人曾用煮制的鱼油试验，通过烟熏与未经烟熏的产品在夏季高温下放置12d测定过氧化值，结果经烟熏的为2.5mg/kg，而非经烟熏的为5mg/kg。烟中抗氧化作用最强的是酚类，其中以邻苯二酚、邻苯三酚及其衍生物作用尤为显著。

二、 熏烟成分

熏烟是由蒸汽、气体、液体（树脂）和微粒固体组合而成的混合物，熏制的实质就是制品吸收木材分解产物的过程。因此木材的分解产物是烟熏作用的关键。

现在已在木材熏烟中分离出300多种不同的化合物，但这并不意味着熏肉中存在着所有这些化合物。熏烟的成分常因燃烧温度、燃烧室的条件、形成化合物的氧化变化以及其他许多因素的变化而有差异。熏烟中最常见的化合物为酚类、有机酸类、醇类、羰基化合物、烃类以及一些气体物质。

（一） 酚类

从木材熏烟中分离出来并经鉴定的酚类达20种之多，其中有愈创木酚（邻甲氧基苯酚）、4－甲基愈创木酚等。

在肉制品烟熏中，酚类起到三方面作用：①抗氧化作用；②对产品的呈色和呈味作用；③抑菌防腐作用。其中酚类的抗氧化作用对熏烟肉制品最为重要。

（二） 醇类

木材熏烟中醇的种类繁多，其中最常见和最简单的醇是甲醇或木醇，是木材分解蒸馏中主要产物之一。熏烟中还含有伯醇、仲醇和叔醇等，但是它们常被氧化成相应的酸类。

木材熏烟中，醇类对色、香、味并不起作用，仅成为挥发性物质的载体。它的杀菌性也较弱，因此，醇类可能是熏烟中最不重要的成分之一。

（三） 有机酸类

熏烟组分中存在有含1~10个碳原子的简单有机酸，熏烟蒸气相内为1~4个碳的酸，常见的酸为蚁酸、醋酸、丙酸、丁酸和异丁酸；5~10个碳的长链有机酸附着在熏烟内的微粒上，有戊酸、异戊酸、己酸、庚酸、辛酸、壬酸和癸酸。

有机酸对熏烟制品的风味影响甚微，但可聚积在制品的表面，呈现一定的防腐作用。酸有促使烟熏肉表面蛋白质凝固的作用，在生产去肠衣的肠制品时，将有助于肠衣剥除。

（四） 羰基化合物

熏烟中存在有大量的羰基化合物，现已确定的有20种以上的化合物，如2－戊酮、戊醛、2－丁酮、丁醛和丙酮。同有机酸一样，它们存在于蒸气蒸馏组分内，也存在于熏烟内的颗粒上。虽然绝大部分羰基化合物为非蒸气蒸馏性的，但蒸汽蒸馏组分内有着非常典型的烟熏风味，而且还含有所有羰基化合物形成的色泽。因此，对熏烟色泽、风味来说，简单短链化合物最为重要。熏烟的风味和芳香味可能来自某些羰基化合物，但更可能来自熏烟中浓度特别高的羰基化合物，从而促使烟熏食品具有特有的风味。

（五） 烃类

从熏烟制品中能分离出许多多环烃类，其中有苯并蒽、二苯并蒽、苯并芘等，这些成分中有些是致癌物质，如3，4－苯并芘，就是强致癌物质。随着温度的升高，3，4－苯并芘的生成量直线增加。为了减少熏烟中的3，4－苯并芘，提高熏制品的卫生质量，对发烟时燃烧温度要控制，把生烟室和烟熏室分开，将生成的熏烟在引入熏烟室前用其他方法加以过滤，然后通过管道把熏烟引进烟熏室进行熏制。

（六） 气体物质

熏烟中产生的气体物质，如CO_2、CO、O_2、N_2、N_2O等，其作用还不甚明了，大多数对熏制无关紧要。CO和CO_2可被吸收到鲜肉的表面，产生一氧化碳肌红蛋白，而使产品产生亮红色；氧也可与肌红蛋白形成氧合肌红蛋白或高铁肌红蛋白，但还没有证据证明熏制过程会发生这些反应。气体成分中的NO可在熏制时形成亚硝胺，碱性条件有利于亚硝胺的形成。腌制发色助剂（抗坏血酸钠或异抗坏血酸钠）能防止烟熏中亚硝胺的形成。

三、烟熏方法

烟熏方法有冷熏法、温熏法、焙熏法、电熏法、液熏法。

1. 冷熏法

在低温条件（15～30℃）下，进行较长时间（4～7d）的熏制方法。熏前原料须经过较长时间的腌渍。冷熏法主要用于干制的香肠，如色拉米香肠、风干香肠等，也可用于带骨火腿及培根的熏制。

2. 温熏法

原料经过适当的腌渍后用较高的温度（40～80℃，最高90℃）经过一段时间的烟熏方法。温熏法又分为中温法和高温法。

（1）中温法　温度为30～50℃，用于熏制脱骨火腿、通脊火腿及培根等，熏制时间一般为1～2d，熏材一般采用干燥的橡材、樱材、锯末，熏制时应控制温度缓慢上升，此法熏制重量损失少，产品风味好，但耐贮藏性差。

(2) 高温法　温度为 50 ~ 85℃，通常在 60℃左右，熏制时间 4 ~ 6h。高温法熏制温度较高，制品在短时间内就能形成较好的熏烟色泽。但应注意熏制的温度必须缓慢上升，不能升温过急，否则产生发色不均匀，一般灌肠产品的烟熏采用这种方法。

3. 焙熏法（熏烤法）

烟熏温度为 90 ~ 120℃，熏制的时间较短。由于熏制的温度高，熏制过程完成熟制，不需要重新加工就可食用，应用这种方法制得的肉贮藏性差。

4. 电熏法

在烟熏室配制电线，电线上吊挂原料后，通 1 万 ~2 万 V 高压直流电或交流电，进行放电，熏烟由于放电而带电荷，能够更深地进入肉内，以提高风味，延长贮藏期。

5. 液熏法

用液态烟熏制剂代替烟熏进行熏制的方法称为液熏法。液态烟熏制剂一般是从硬木干馏制成并经过净化而含有烟熏成分的溶液。目前已广泛使用，代表烟熏技术的发展方向。表 1 – 27 为日本市场上的几种液态烟熏液。

表 1 – 27　　日本市场上的烟熏液（每 100g 中的含量）

序号	性状	相对密度	酸含量/g（以醋酸计）	酚类含量/g（以 C_6H_5OH 计）	醛类含量/g	双甲酮含量/mg	甲醇含量/μg	铅含量/μg	锌含量/μg	砷含量/μg
1	液体	1.048	4.5	0.095	6.25	9.07	0.106	3	24	0.8
2	液体	1.014	0.5	0.058	1.01	3.09	0.03	0	4	0.1
3	液体	1.006	0.5	0.056	0.6	1.11	0.009	0	13	1
4	液体	1.007	1.8	0.034	47.5	41.2	0.182	2.01	9.8	1.8
5	液体	1.08	6.3	0.169	475	344.4	0.156	0	6.8	1.2
6	油状	1.17	0.1	0.093	2.02	1.82	0.15	0	13.7	2
7	固体			0.223	4.1	5.92		0	48.2	3.5
8	半固体			0.42	5			14.2	50.4	0

四、有害成分控制

烟熏法具有杀菌防腐、抗氧化及增进食品色、香、味品质的优点，但如采用工艺技术不当，烟气中的有害成分会危害人体健康。如熏烟生成的木焦油、3，4－苯并芘及二苯并蒽被视为致癌的危险物质；熏烟还可以通过直接或间接作用促进亚硝胺形成。因此，必须采取措施减少熏烟中有害成分的产生及对肉制品的污染，以保证肉制品的安全，生产上经常采用以下措施。

（一） 控制发烟温度

发烟温度直接影响3，4－苯并芘的形成，发烟温度低于400℃时有极微量的3，4－苯并芘产生，当发烟温度处于400～1000℃时，便形成大量的3，4－苯并芘，因此控制好发烟温度，使熏材轻度燃烧，对降低致癌物是极为有利的。一般认为理想的发烟温度为340～350℃。

（二） 湿烟法

用机械的方法使高热的水蒸气和混合物强行通过木屑，使木屑产生烟雾，并将之引进烟熏室，同样能达到烟熏的目的，而又不会产生污染制品的苯并芘。

（三） 室外发烟净化法

采用室外发烟，烟气经过滤、冷水淋洗及静电沉淀等处理后，再通入烟熏室熏制食品，这样可以大大降低3，4－苯并芘的含量。

（四） 液熏法

前已所述，液态烟熏制剂制备时，一般用过滤等方法已除去了焦油小滴和多环烃。因此液熏法的使用是目前的发展趋势。

（五） 隔离保护

采用肠衣等阻隔物质，防止有害物质进入肉品内部。如纤维素肠衣，对有害物有良好的阻隔作用。

复习思考题

1. 简述斩拌的目的与原理。
2. 真空斩拌的优点有哪些？
3. 斩拌机在操作时的注意事项有哪些？
4. 简述乳化的概念、乳化机的分类。
5. 写出滚揉的概念。
6. 简述滚筒式滚揉机的操作过程。
7. 烟熏的目的有哪些？
8. 烟熏常用的方法有哪些？哪种方法是未来发展趋势？
9. 如何控制熏烟中的有害成分？

项目五 肉制品加工

知识目标

1. 酱卤肉制品加工技术及基本原理；
2. 酱卤肉制品的种类、工艺流程、配方、操作要点和质量标准；
3. 熏烤肉类和烧烤肉类的概念；
4. 腌腊肉制品加工基本原理和加工技术；
5. 干肉制品的基本原理和加工技术；
6. 发酵肉制品的概念、种类和加工技术；
7. 肉类罐头的种类、检验与贮藏以及加工技术。

技能目标

1. 干制的原理及优缺点并掌握干制的方法；
2. 掌握肉松和肉脯的加工工艺；
3. 西式香肠一般加工工艺技术及火腿肠加工技术；
4. 培根概念、原理并掌握加工技术；
5. 肉品安全的现状、存在的问题能掌握控制对策。

任务一 酱卤肉制品加工

酱卤制品是畜禽肉及可食副产品加调味料和香辛料，以水为加热介质煮制而成的一大类熟肉制品。其主要特点是成品为熟制品，可以直接食用，产品酥润，有的带有卤汁，不易包装和贮藏，适于就地产地，就地销售。酱卤制品几乎在全国均有生产，但由于各地消费习惯和加工过程中所用的配料操作技术不同，形成了许多品种，有的已成为地方名产，如苏州酱汁肉、北京月盛斋酱牛肉、河南道口烧鸡等。

一、 酱卤肉制品加工技术及基本原理

（一） 卤汁

酱和卤是两种加工方法，但基本相同。卤制法更复杂一些，可分为红卤、白卤、红白卤。在方法上又可分为南、北方两种。南方是将煮好的鸡、猪骨汤的清汤再加入精油、食盐、酒、花椒、桂皮、大茴香、砂仁、丁香、甘草、白芷、山萘等香料共煮即成为“南味卤汁”。北方是香料只加大茴香、桂皮、花椒、姜片和葱等，还可加红曲染色，成为“北味卤汁”。一般把加酱油的称酱，不加酱油的称卤。

卤汤汁是卤制品质量的关键。卤汤汁的颜色多用糖色。糖色制法是用油将糖（白糖、碎冰糖均可）炒化，炒至糖泛起大泡，又变成小泡，糖油分离；此时糖汁变色，由深红色变成紫黑色，立即加入料酒，即成糖色。家用糖色可用酱代替。

保留老卤汁是提高风味的重要环节。且卤汁越陈，风味越香。卤汁用过后，要撇去过多的浮油，清除沉渣，装入坛、罐中，加盖置于阴凉处保存。暂且不用时，每隔几天要烧开一次，以防变质。

（二） 酱卤制品的种类

包括白煮肉类、酱卤肉类、糟肉类三大类。

1. 白煮肉类

白煮肉类可以认为是酱卤肉类未经酱制或卤制的一个特例，是肉经（或不经）腌制，在水（或盐水）中煮制而成的熟肉类制品，也称白烧、白切。一般在食用时再调味，产品最大的限度的保持原料肉的色泽和风味。白煮肉类主要有白切肉、白切猪肚、白斩鸡、盐水鸭等。

2. 酱卤肉类

酱卤肉类是酱卤制品中品种最多的一类熟肉制品，是在水中加食盐或酱油等调味料和香辛料一起煮制而成的一类熟肉类制品，可划分为以下五种：酱制类、酱汁制品、蜜汁制品、糖醋制品、卤制品。酱卤肉特点是制作简单，操作方便；表面光亮，颜色鲜艳；注重调味，煮制时间长，制品外部都有酱汁或糖汁。我国著名的酱卤肉制品有：酱汁肉、糖醋排骨、道口烧鸡、月盛斋酱肉等。

3. 糟肉类

糟肉类是用酒糟或陈年香糟代替酱汁或卤汁制作的一类产品。它是肉经白煮后，再用香糟糟制的冷食熟肉类制品。制品胶冻白净，清凉鲜嫩，保持固有的色泽和曲酒香味，风味独特。食用时需要添加冻汁，携带不方便，因此受到一定限制。我国著名的糟肉类有上海糟猪肉、福建糟鸡、江苏糟鸭等。

（三） 酱卤制品的加工原理

1. 调味

调味是酱卤制品形成不同风味的关键，是根据不同地区消费习惯，不同花色品种加入不同种类和数量的调味料，加工成有不同特定风味的产品。调味的方法根据加入调料的时间，大致可分为基本调味、定性调味和辅助调味。

2. 煮制

煮制时按是否加入调味料、香料分为清煮（也称白烧）和红烧。清煮是汤中不加任何调料，只用清水煮制；红烧是在加入各种调料的汤中煮制。按汤与肉的比例和煮制中汤量的变化，分为宽汤和紧汤。按煮制火力的分为大火、中火、小火三种。

煮制的方法有水、蒸汽、油炸等，其目的是改善感官性质，减低肉的硬度，使产品熟化，容易消化吸收，杀死微生物和寄生虫，使产品产生独特的风味。

（四） 一般加工方法

一般的酱卤方法是：剔骨，刮毛，洗净，放入开水锅内浸泡 15min 左右，捞起后再用清水洗净，再用卤锅卤制 30 ~ 120min（卤汁锅内倒入卤汁、香料袋等）。结缔组织含量多的，卤制时间延长一些。肉卤成熟的标志是：用筷易戳入肉体，骨肉易分离；软糯适口，亦具嚼感；卤过头则软烂如泥，失适口感；卤未熟则吃嚼费牙，不易消化，一定要掌握好火候，否则影响出品率。一般出品率为 60% 左右，肥猪肉可达 80%。

熬制传统卤汤的方法如下。

配料标准：水 50L，新鲜排骨 5kg，去净毛和内脏的白条鸡 1 ~ 2 只，干净鲜猪皮、酱油各 3kg，细盐 5kg，冰糖（白糖也可）500g，食油 150g，鲜姜、大葱各 100g，桂皮 50g，丁香、山萘、大料、白芷、茴香各 25g，花椒、荜拨各 20g。

熬制方法：先将锅里水烧沸，然后放入棒子骨、鸡、猪皮，煮沸后再加入酱油、细盐、鲜姜、大葱、桂皮、丁香、山萘、大料、白芷、茴香、花椒、荜拨等调料，熬 8 ~ 12h，至骨头上的肉自行脱落为止。这时，将骨头和鸡等一切固体物都捞出，撇净汤面上的浮沫。

另起锅，倒入食用油，加入冰糖，熬至棕黑色时（油已冒烟）移开火，待油凉，倒入熬好的汤锅里，搅拌均匀，即为酱汤。

使用方法：先把生肉放进沸水锅里煮一煮，随时将表面得浮沫撇出，此过程不要盖锅盖儿，待肉块表面变硬时就将其捞出，放入酱汤锅里煮熟，就是酱制品。煮完肉的酱汤，要加盐烧沸，然后停火，撇去汤面的浮油和杂质，留待下次使用。如果用罢酱汤不加盐，或加入盐没有把锅烧沸，第二天再用时味道就不好了，甚至会酸臭变质。汤加盐烧沸后，还要把汤面漂浮的油沫子撇干净，避免油封锅，造成锅里热气蒸发不出来，将酱汤闷坏变质，变质的酱汤不能再使用。

二、酱卤肉制品加工

（一）五香酱猪肉

1. 工艺流程

原料选择与修整→腌制→配汤→酱制。

2. 配方

新鲜猪肉 10kg，食盐 300g，绍兴酒 250g，生姜 20g，八角 25g，小茴香 1.5g，酱油 500g，白糖 50g，大葱 100g，桂皮 15g，干橘皮 10g，硝酸钠 2.5g。

3. 操作要点

（1）原料选择与整理　选用卫检合格的新鲜猪肉为原料，取其方肉，修净表皮毛根，洗净沥干，再切割成长约 15cm、宽约 11cm 的块形，并用铁杆在肋骨两侧戳出距离大致相等的一排小洞（切勿穿皮）。

（2）腌制　将食盐和硝酸钠用开水搅拌溶解成腌制溶液。冷却后，将溶液涂抹在肉料上，然后将其放入容器中腌制。腌制时间，春秋季为 2 ~ 3d，夏季不能过夜，冬季 4 ~ 5d。

（3）配汤　取 10kg 水，放入酱油 300g，再把全部辅料放入料袋后投入水中，旺火煮沸后备用。

（4）酱制　将腌好的肉料排放锅内，加汤料浸没肉料，加盖并放上重物压好，旺火煮沸，加绍兴酒。开锅后，改用微火焖 45min，加白糖再焖 2h，至皮肉透酥出锅。

4. 质量标准

五香酱肉色呈酱红色，切面红润，肉香浓郁，咸中带甜，块形整齐，易于切片。

（二）酱牛肉

1. 工艺流程

原料的选择和整理→水氽→煮制。

2. 配方

牛肉 10kg，精盐 600g，面酱 800g，白酒 80g，葱 100g，鲜姜 100g，大蒜 100g，茴香面 30g，五香面 50g。

3. 操作要点

（1）原料的选择和整理　选用没有筋腱和肥的牛精肉为原料，清洗干净，把精牛肉切成 500 ~ 1000g 重的方块，去除所覆薄膜。

（2）水氽　把肉块放入 100℃的沸水中煮 1h，为了除去膻腥味，可以在水里加几块红萝卜，到时把肉块捞出，放入清水中浸泡。

（3）煮制　用 2kg 左右的清水，加入各种调料和牛肉块一起入锅煮制，水温保持在95℃左右，煮约2h后，将火力减弱，水温降低至85℃左右，在这个温度下继续煮2h左右，这时肉已烂熟，即可出锅。

4. 质量标准

色泽呈褐色，块型整齐，大小均匀，烂熟，味道鲜美。香气扑鼻，无膻气。

（三）苏州酱鸭

1. 工艺流程

原料的选择和整理→腌制→煮制→卤汁的制作。

2. 配方

鸭10只，酱油500g，白糖500g，黄酒500g，食盐750g，桂皮30g，大茴香30g，姜30g，陈皮10g，丁香3g，砂仁2g，红曲米75g，葱300g，硝6g。

3. 操作要点

（1）原料的选择和整理　选用重量在1.75kg以上的娄门鸭或太湖鸭，常规屠宰，去除全部内脏，清洗干净。

（2）腌制　用盐把鸭的全身擦透，腹腔内也要撒盐少许，放入木桶中腌渍，根据不同的季节掌握腌渍时间，夏季为1~2h，冬季须2~3d。

（3）煮制　在下锅前，先将老汤烧沸，将上述辅料放入锅内，并在每只鸭腹内放入丁香1~2粒，砂仁少许，葱段20g，姜2片，黄酒1~2汤匙，随即将全部鸭子放入沸汤中，用旺火烧煮。同时加入黄酒1.75kg，汤沸后，用微火煮40~60min，当鸭的两翅“小开花”时即可起锅，盛放在盘中冷却20min后，在整只鸭体上，均匀的涂抹上特制的红色卤汁，即为成品。食用时，取卤汁半斤，用锅熬成浓汁，在鸭身上再涂抹一层，然后将鸭切成块状，装在盘中，再把浓汁浇在鸭块上。

（4）卤汁制作　用25kg老汁（酱头肉卤）以微火加热溶化，再加火烧沸，放入红曲米1.5kg，白糖20kg，黄酒0.75kg，姜200g，用铁铲在锅内不断搅拌，防止锅底结巴，熬汁的时间随老汁的浓度而定，一般烧到卤汁发稠时即可。以上配制的卤汁联系可供400只鸭子用。

4. 质量标准

酱鸭挂在架上要不滴卤，外貌似整鸭形状，呈琥珀色，香、肥、鲜嫩。

（四）苏州五香肘花

1. 工艺流程

原料选择和整理→腌制→煮制。

2. 配方

猪蹄髈10kg，酱油800g，陈酒300g，白糖500g，生姜50g，大葱50g，香料80g，食盐100g，硝水100g（夏季150g）。

3. 操作要点

（1）原料的选择和整理　选用符合卫生检验要求的新鲜前猪前蹄髈，将选好的猪前蹄髈斩去脚爪，去除骨头。

（2）腌制　将整理好的蹄髈加食盐和硝水，拌透，腌至相隔一夜。

（3）煮制　腌制好的蹄髈，用水冲洗干净，沥水。放入锅中，用淡水煮至3成熟，再翻锅，去除汤内浮油，碎渣，加入陈酒、白糖、姜、葱、香料、酱油，开始用大火约烧1h后，再用文火烧1h，出锅即可。

4. 质量标准

色泽紫红，肉质酥嫩，油重不腻，香甜浓郁，与酱排骨有异曲同工之妙。

（五）无锡酱排

1. 工艺流程

原料的选择和整理→腌制→白烧→红烧。

2. 配方

原料10kg，硝酸钠3g，清水300g，大盐300g，姜50g，桂皮30g，小茴香25g，丁香3g，味精6g，绍酒300g，酱油1kg，白糖600g，精盐200g。

3. 操作要点

（1）原料选择和整理　选用猪的胸腔骨或者肋排、脊背的大排骨，骨肉重量约为1∶3，斩成宽7cm、长11cm左右的长方块。如以大排骨为原料，斩成厚约1.2cm的扇形块状。

（2）腌制　将硝酸钠、盐用水溶解，均匀地洒在排骨上，然后置于缸内腌制，腌制时间，夏季为4h，春秋季8h，冬季10～24h。在腌制过程中须上下翻动1～2次，使咸味均匀。

（3）白烧　将坯料放入锅内，加满清水烧煮，上下翻动，撇去血沫，待煮沸后取出坯料，冲洗干净。

（4）红烧　将姜、桂皮、小茴香、丁香分装成3个布袋，放在锅底，再放入坯料，加上绍酒、红酱油、精盐及去净杂质的白烧肉汤，汤的数量掌握在低于坯料平面3cm。盖好锅盖，用旺火煮开后，持续30min，改用小火焖煮2h。在焖煮中不要上下翻动，焖至骨肉酥透时，加入白糖，再用旺火烧10min，待汤汁变浓，即关火出锅摊于盘上。再将锅内原汁撇去油质碎肉，取出部分汤加味精调匀后，均匀地洒在成品上，锅内剩余汤汁，注意保存，循环使用。

4. 质量标准

产品色泽酱红，油润光亮，咸中带甜，口味浓郁、骨酥肉烂。

任务二　熏烤肉制品加工

熏烤肉类是指肉经煮制（或腌制）并经决定产品基本风味的烟熏工艺而制成的熟（或生）肉类制品。熏烤类有培根、熏猪舌和熏鸡等。

烧烤肉类是指肉经肉配料、腌制，再经热气烘烤，或明火直接烧烤，或以盐、泥等固体为加热介质煨烤而制成的熟肉类制品。烧烤肉类有北京烤鸭、广州脆皮乳猪、扒鸡、常熟叫花鸡、江东盐焗鸡和叉烧肉等。

一、熏烤肉制品加工的基本原理

（一）熏制的基本原理

所谓烟熏是指肉制品在木材不完全燃烧时生成的挥发性物质中的处理过程。

1. 熏烟的主要成分及其作用

熏烟是木材、木屑、红糖等材料在不完全燃烧时形成的，由水蒸气、气体、液体和微粒固体组成，现已在木材烟熏成分中分离出300多种不同的化合物，其中含量大或作用较大的成分主要有酚类、有机酸类、烃类、醇类、羰基化合物以及一些气体物质。

2. 烟熏的目的

一是使肉制品颜色美观；二是赋予产品特殊香味；三是脱水干燥、杀菌消毒，防止腐败变质，延长贮存期。

3. 烟熏方法

可分为常规法和特殊法两大类。常规法也称烟气熏制法，包括直接烟熏法和间接烟熏法；特殊法也称速熏法，包括液熏法和电熏法。

（1）烟气熏制法

① 直接烟熏法：是在烟熏室内，对制品直接燃烧木材进行熏制。根据熏烟温度不同可分为冷熏、温熏、热熏和焙熏。

冷熏法：在15～20℃的低温下，进行4～7d较长时间的熏制。此法熏制前一般进行较长时间的腌制，宜在冬天进行，夏季因气温较高易发生酸败现象。熏后产品含水量在40%左右，可进行较长时间保存，适宜于培根和干燥香肠等的熏制，但熏制风味不如温熏法。

温熏法：熏制温度在30～50℃，熏制时间最短5～6h，最长不超过2～3d。因此温度超过脂肪的熔点和蛋白质的凝固点，易发生脂肪流出和蛋白凝固，耐贮藏性差，但熏制品风味好、重量损失少，适于通脊火腿、培根等。

热熏法：温度在50～80℃，熏制时间最长5～6h。可用此法进行急剧干燥和附着烟味，但达到一定限度后难以进一步干燥和附着烟味。短时间内可形成良好色泽，但难以形成良好烟熏味，并且不能升温过快，否则会出现发色不匀的现象。

焙熏法（熏烤法）：温度为90～120℃，包含有蒸煮和烤熟过程，应用于烤制品生产，由于熏制的同时起到熟制作用，制品不必进行热加工可直接食用，且熏制时间短。

② 间接烟熏法：是指不在烟熏室内而是在单独的烟雾发生器内发烟，将一定温度和湿度的熏烟送入熏烟室，对肉制品在烟熏室内进行熏烤的方法。此法可有效控制燃烧温度或对熏烟进行过滤，去除或减少有害物质的产生，同时可以克

服直接烟熏法烟气密度和温度不均的现象。根据熏烟温度可分为冷熏法和热熏法，冷熏法的烟温是15~25℃，热熏法为55~60℃。通常间接法直接使用冷熏，热熏则需对熏烟加热后进行。

根据产烟方式的不同，间接烟熏法可分为燃烧法、摩擦发烟法、湿热分解法、炭化法、流动法、加热法等。

燃烧法：使木屑在电热燃烧器上，通过减少空气量和调节木屑湿度控制烟的生成温度，然后用风机将熏烟和空气送入烟熏室。烟熏室内的温度主要由熏烟温度和混入空气温度决定。

摩擦发烟法：摩擦发烟是应用钻木取火的原理进行发烟。即用带有锐利摩擦刀刃的高速旋转摩擦硬木棒，通过剧烈摩擦产生的热量使木片分解产烟，用燃渣容器内水的多少调节烟的温度。

湿热分解法：此法将水蒸气和空气混合，加热到300~400℃后，使热量通过木屑产生热分解，变成潮湿的高温烟，冷却至80℃左右后输入熏烟室。

炭化法：将木屑装入管子，用300~400℃的电热炭化装置使其炭化，在低氧环境中得到干燥浓密的熏烟。

（2）速熏法

① 电熏法：在烟熏室内安装电线，将产品悬挂与正负电极的电线上，在送烟同时通上15~20kV的高压直流电或交流电，使产品作为电极进行电晕放电，烟粒子因带电荷而吸附并渗入产品。该法优点是烟熏时间短，产品保存时间长且不易生霉；缺点是烟附着不均匀，主要分布与制品两端，且处理成本较高，目前尚未普及。

② 液熏法：液熏法是不用烟熏，将木材干馏后去除有害成分，将收集后浓缩的熏烟成分制成水溶性液体或冻结成干燥粉末，作为烟熏机进行使用。其用法是：液体制剂可加热蒸发后附着于制品上，或浸泡、喷洒在制品上；粉末制剂可直接添加于制品中。

（二）烤制的基本原理

所谓烤制就是利用高热空气对制品进行高温火烤加热的热加工过程。

1. 烧烤的目的

赋予肉制品特殊的香味和表皮的酥脆性，提高口感；并具有脱水干燥、杀菌消毒、防止腐败变质、使制品有耐藏性的作用；使产品红润鲜艳，外观良好。

2. 烤制过程中肉的变化

肉制品的烤制也称烧烤。烧烤肉制品指将原料肉腌制后，经过烤炉的高温将肉烤熟的肉制品。

烤制是利用热空气对原料肉进行的热加工。原料肉经过高温烤制，表面变得酥脆，产生美观的色泽和诱人的香味。

3. 烤制的方法

（1）挂炉烧烤法和明炉烧烤法

① 挂炉烧烤法：挂炉烧烤法也称暗炉烧烤法。挂炉烧烤法是用一种特制的可以关闭的烧烤炉进行烧烤，如远红外线烤炉、家庭电扇炉、缸炉等。前两种烤炉的热源为电，缸炉的热源为木炭。在炉内通电或烧红木炭，然后将腌制好的原料肉（鸭坯、鹅坯、鸡坯、猪坯或肉条）穿好挂在炉内，关上炉门进行烤制。烧烤温度和烤制时间视原料肉而定：一般烤炉温度为200～220℃，加工叉烧肉烤制25～30min，加工鸭（鹅）烤制30～40min，加工乳猪烤制50～60min。挂炉烧烤法应用比较多，它的优点是花费人工少，对环境污染少，一次烧烤的量比较多，但火候不是十分均匀，成品质量不如明炉烧烤法的好。

② 明炉烧烤法：明炉烧烤法是用铁制的、不封闭的长方形烤炉进行烧烤。在炉内烧红木炭，然后把腌制好的原料肉用烧烤用的长铁叉叉住，放在烤炉上进行烤制。在烧烤过程中，需有专人将原料肉不断转动，使其受热均匀，成熟一致。这种烧烤法的优点是设备简单，比较灵活，火候均匀，成品质量较好。但花费人工多。驰名全国的广东烤乳猪（又名脆皮乳猪），就是采用此种烧烤方法烤制而成的。此外，野外的烧烤肉制品多属此种烧烤方法。

（2）直火烧烤法和间火烧烤法

① 直火烧烤法：直火烧烤是将食物置于火上直接烧烤的方式，有以下6种形态。

素烧：食物无须调味，直接在火上烧烤，以鱼类为多，除可保留原味外，更有去腥的功效。

盐烧：以盐抹遍食材全身再烧烤即可，适于烧烤鱼类及海鲜。

味噌烧：一面烧烤一面涂上盐与酱油，再涂上味噌来增添风味，其中以鱼、豆腐和白萝卜更能突显其风味醇厚独特。

蒲烧：在烧烤长条形鱼类时，把鱼腹剖开后，以竹条横穿过鱼片，因看起来很像蒲叶而得名，以蒲烧鳗（烤鳗鱼）最为出名。

照烧：一面烤一面刷涂浓调味汁，反复烧烤至食材熟透，较常用于脂肪较厚的鱼肉类。

云丹烧：将蛋黄与海胆酱拌匀，边烤边将酱汁均匀涂抹于鲍鱼、虾类等海产类食材上，如此烤出的食材可呈现亮丽、诱人的明黄色。

② 间火烧烤法：间火烧烤常见的有包烧、串烧、铁锅烧、铁板烧、壳烧、壶烧、岩烧、网烧等。也有将上述烧烤种类交错运用的，但以串烧、味噌烧最为常见。串签也因食材大小及成品形态的不同，分为金属签和竹签，金属签由铁或不锈钢制成，一般以圆签较常见，若要烧烤全鱼，则适合用平面签。

4. 烤制对肉品的作用

（1）熟制和杀菌作用 通过烤制，肉中的蛋白质变性，碳水化合物和脂肪分解，提高消化吸收率；同时肉品内的大部分微生物在高温烘烤下变性死亡，提高了肉制品的食用安全性。

（2）呈味作用 肉类经烘烤产生香味，是由于肉中的蛋白质、糖、脂肪等物质在加热过程中，经一系列生化变化，生成醛、酮、醚、酯。硫化物、低级脂肪酸等化合物，尤其是糖和氨基酸发生的羰氨反应、脂肪在高温下的分解反应，赋予肉制品特有的香味。

（3）呈色作用 烘烤过程中，肉粽的氨基酸与表面的糖发生美拉德反应；表面的糖在高温下发生焦糖化反应，使制品表面产生诱人色泽。

二、 熏烤制品加工工艺

（一） 烟熏肉制品加工工艺

以烟熏风味肠加工为例。

1. 拌馅

将鸡肉用绞肉机的8mm筛板绞碎，把冰水和全部调料一并放入搅拌机搅拌均匀，直至肉馅浓稠发黏为止。

2. 配料

配方（kg）为鸡肉100，玉米淀粉10，食盐2.6，三聚磷酸盐0.2，异抗坏血酸钠0.16，冰水62，大豆蛋白5，砂糖1.4，亚硝酸盐0.015，风味料2.4。

3. 灌制

用40℃温水浸泡天然羊肠衣，再用清水冲洗并检查有无漏洞。采取定量灌制，如肠体有气泡应用针孔放气，肠体结扎长度为25cm。

4. 预烘与蒸煮

肠的预烘与蒸煮是在蒸煮炉中进行的。预烘温度为65～70℃，时间为50min，预烘可以使肠衣表面干燥坚韧，增强肠衣坚固性，提高鸡肉的黏着力。蒸煮温度为82～83℃，至肠心温度达到78℃即可。工厂一般煮40min左右。

5. 烟熏

煮好的肠体出炉，晾干至肠体表面温度60℃左右时，开始烟熏。烟熏温度控制在50～80℃，发烟采用热铁板加热烟熏料。烟熏料按木屑∶糖＝1∶3的比例混拌均匀，再加水至湿透，然后放在铁板上。烟熏10min左右即可。

（二） 烧烤肉制品加工工艺

1. 烤猪舌加工

（1）工艺流程 选料→预处理→腌制→煮制→烤制→成品。

（2）配方 猪舌2只，精盐4g，黄酒15g，鲜姜4片，大葱5g，花椒3g，麻油少量，味精少许。

（3）操作要点

选料：选用符合卫生检验要求的新鲜猪舌，作为加工的原料。

预处理：选好的猪舌，清洗去舌上的黏液，放入沸水中氽3min，取出，用刀刮去舌上的白膜，撕去舌根的筋膜，去掉淋巴结，清洗干净，沥水。

腌制：洗好的猪舌撒上花椒盐，腌渍1h。

煮制：锅内加清水，烧沸，加姜片、葱节，再加腌好的猪舌、黄酒，用文火煨煮8~10min，捞起，沥干。

烤制：沥干的猪舌涂上麻油，排放在烤盘上，放入烤箱中，用200℃温度烤10min，翻个。再烤10min，即为成品。

（4）产品特色　烤猪舌，外脆里软，清香味美，富有咬劲，佐酒佳肴，风味别致，适于小企业制作。

2. 兰州烤香肠

（1）工艺流程　原料选择→原料预处理→拌馅→灌肠→一次烤制→二次烤制→成品。

（2）配方　猪前、后腿肉10kg，食盐200g，酱400g，白糖650g，大葱末100g，鲜姜末100g，香油200g，五香面20g，味精20g，料酒200g，亚硝酸钠2g。

（3）操作要点

原料选择：选用符合卫生检验要求的新鲜猪腿肉，作为加工的原料。

原料预处理：选好的猪肉剔去骨头、筋腱，再用绞肉机将猪肉绞成$1cm^3$。

拌馅：全部辅料放在一起，混合均匀，倒在肉块上，搅拌均匀，成馅料。

灌肠：猪肠衣用温水泡软，洗净，沥去水，再灌入馅料。每间隔40cm长截断为1根，并将两端合起系住，呈环形，再针刺排气和水分。

一次烤制：灌好的环状肠体，系头向下，搭在铁钩上，送入烤炉，炉温160℃左右，烤制0.5h，炉温降至140℃左右，继续烤1.5h，烤熟出炉。烤制过程中，要调换肠体的位置2~3次，以便烤匀，不要烤焦。

二次烤制：肠体出炉前要涂刷稀糖水（6分水4分麦芽糖或蜂蜜），然后入炉再烤，即为成品。

（4）产品特色　兰州烤香肠，成品环状，整齐一致，色泽黄褐，皮脆馅嫩，鲜香味美，爽口不腻，营养丰富，佐酒佳肴。

3. 广东叉烧肉

肉叉烧肉在广东、上海、北京、江苏等地均有加工制作。但各地所用辅料和加工工艺不尽相同，而各具特色。广东叉烧肉是广东省著名的烧烤肉制品之一，也是我国南方人喜食的一种食品。广东叉烧肉具有色泽鲜明、光润香滑的特点。广东叉烧肉由于所用猪肉的不同部位，其品种有枚叉、上叉、花叉和斗叉等。

（1）工艺流程 原料选择→腌制→烧烤→成品。

（2）配方（以原料肉100kg为准）

配方一：白糖8kg，精盐5kg，生抽4kg，老抽5kg，汾酒3kg，柱侯酱600g，芝麻酱1kg，五香粉100g。

配方二：白糖7.5kg，生抽4kg，老抽1kg，精盐1.5kg，50度白酒2kg，香油240g，麦芽糖1kg。

配方三：白糖6.5kg，精盐2kg，特级生抽4kg，白酒2kg，麦芽糖5kg，珠油（广东称酱油为生抽。酱油分为三种，一生抽：色淡味美；二老抽：色深味浓，带甜；三珠油：色浓，常用作着色剂）1.4kg。

（3）操作要点

原料选择：选去皮的猪前腿或后腿瘦肉为原料。

腌制：先将选好的原料肉切成长40cm、宽4cm、厚1.5cm、重250~300g的肉条。然后把切好的肉条放入盆内，加入酱油、白糖、精盐拌匀，腌制40~60min，每隔20min翻动1次。待肉条充分吸收辅料后，再加白酒、香油拌匀。然后用叉烧铁环将肉条逐条穿上，每环穿10条。

烧烤：将炉温升至100℃，然后把用铁环穿好的肉条挂入炉内，关上炉门进行烤制。炉温逐渐升高至200℃左右，烧烤25~30min。烧烤过程中注意调换方向，转动肉条，使其受热均匀。肉条顶部若有发焦现象，可用湿纸盖上。烤好出炉后将肉条浸于麦芽糖溶液中上色，再放入炉内烤2~3min，取出即为成品。出品率72%左右。

（4）食用方法 可做拼盘，包子馅，叉烧面，叉烧粥，广东炒什烩，叉烧饭，三明治，炒菜吃等。

（5）产品特色 广式叉烧，色泽鲜明，香润光滑，不同品种，风味各异。

（6）保管方法 广式叉烧肉最好当天加工，当天销售，不宜久存。隔天的叉烧肉会失去固有的色、香、味。若未售完，可在0℃条件下冷藏，第二天复烤后方可出售。

任务三 腌腊肉制品加工

一、腌腊肉制品加工基本原理

腌腊肉制品是我国传统的肉制品之一。所谓“腌腊”是指畜禽肉类通过加盐（或盐卤）和香料进行腌制，经过了一个寒冬腊月，使其在较低的气温下自然风干成熟，形成独特腌腊风味而得名。目前已失去其时间含义，且也不都采用干腌法。腌腊肉制品具有肉质紧密坚实、色泽红白分明、滋味咸鲜可口、风味独特、便于携运和耐贮藏等特点，至今犹为广大群众所喜爱。今天，腌腊早已不单是保藏防腐的一种方法，而成了肉制品加工的一种独特工艺。

凡原料肉经预处理、腌制、脱水、保藏成熟加工而成的肉制品都属于腌腊肉制品。因此，腌腊肉制品的品种繁多。我国的腌腊肉制品主要有腊肉、咸肉、板鸭、封鸡、腊肠、香肚、中式火腿等。

（一） 腌制过程中的防腐作用

1. 食盐的防腐作用

食盐是腌腊肉制品的主要配料，也是惟一不可缺少的腌制材料。食盐虽不能灭菌，但一定浓度的食盐能抑制许多腐败微生物的繁殖，因而对腌腊制品具有防腐作用。一般来说，盐液浓度在1%以下时，微生物的生长活动不会受到影响；当浓度为1% ~3%时，大多数微生物就会受到暂时抑制，当浓度高达10% ~15%时，大多数微生物完全停止生长繁殖；如盐液浓度达到20% ~25%时，几乎所有的微生物都停止生长。

2. 硝酸盐和亚硝酸盐的防腐作用

硝酸盐和亚硝酸盐在肉品腌制过程中既具有发色作用，又具有抑制防腐作用，可以抑制肉毒梭状芽孢杆菌的生长，也可以抑制许多其他类型腐败菌的生长。这种作用在硝酸盐浓度为0.1%和亚硝酸盐浓度为0.01%左右时最为明显。其抑制防腐作用受pH的影响很大，在pH为6时，对细菌有明显的抑制作用，当pH为6.5时，抑菌能力有所降低，在pH为7时，则不起作用。

肉毒梭状芽孢杆菌能产生肉毒梭菌毒素，这种毒素具有很强的致死性，对热稳定，大部分肉制品进行热加工的温度仍不能杀灭它，而硝酸盐能抑制这种毒素的生长，防止食物中毒事故的发生。

3. 微生物发酵防腐

在肉品腌制过程中，由于微生物代谢活动降低了pH和水分活度，使肉品得以保存并同时改变原料的质地、气味、颜色和成分，并赋予产品良好的风味。乳酸菌是肉品发酵过程中最重要的菌种，能将原料中的糖类分解为乳糖，使产品pH下降，抑制腐败菌和病原菌的生长。正常发酵产物中最主要的是乳酸，此外有乙醇、醋酸和二氧化碳等，酸和二氧化碳可降低产品pH，乙醇则具有防腐作用。

4. 调味香辛料的防腐作用

许多调味香辛料具有抑菌和杀菌作用，如胡椒、生姜、丁香、大蒜和茴香等均具有一定的防腐效力。

（二） 食糖的作用

在肉制品加工中，由于腌制过程食盐的作用，使腌肉因肌肉收缩而发硬且咸。添加白糖则具有缓和食盐的作用，由于糖受微生物和酶的作用而产生酸，促进盐水溶液中pH下降而使肌肉组织变软。同时白糖可使腌制品增加甜味，减轻由食盐引起的涩味，增强风味，并且有利于制作香肠的发酵。

（三） 腌制中的保水作用

1. 磷酸盐的保水作用

磷酸盐在肉制品加工中的作用，主要是提高肉的保水性，增加黏着力。由于磷酸盐呈碱性反应，加入肉中能提高肉的pH，使肉膨胀度增大，从而增强保水性，增加产品的黏着力和减少养分流失，防止肉制品的变色和变质，有利于调味料浸入肉中心，使产品有良好的外观和光泽。

生产中常使用几种磷酸盐的混合物，磷酸盐的添加量一般在0.1%～0.3%范围，添加磷酸盐会影响肉的色泽，并且过量使用有损风味。

2. 食盐的保水作用

食盐能使肉的保水作用增强。因为钠和氯与肉蛋白质结合，在一定的条件下蛋白质的立体结构发生松弛，使肉的保水性增强。此外，食盐腌肉使肉的离子强度提高，肌纤维蛋白质数量增多，在这些纤维状肌肉蛋白质加热变性的情况下，将水分或脂肪包裹起来凝固。使肉的保水性提高。

肉在腌制时由于吸收腌制液中的水分和盐分而发生膨胀。对膨胀影响较大的是pH、腌制液中盐的浓度、肉量与腌制液的比例等。肉的pH越高，膨润度越大，盐水浓度在8%～10%时膨润度最大。

（四） 腌制过程中的呈色作用

1. 硝酸盐和亚硝酸盐对肉色的作用

肉在腌制时食盐会加速血红蛋白（Hb）和肌红蛋白（Mb）氧化，形成高铁血红蛋白（MetHb）和高铁肌红蛋白（MetMb），使肌肉丧失天然色泽，变成紫色调的淡灰色。为避免颜色变化，在腌制时常使用发色剂——硝酸盐和亚硝酸盐，常用的有硝酸钠和亚硝酸钠。加入硝酸钠或亚硝酸钠后，由于肌肉中色素蛋白质和亚硝酸钠发生化学反应形成鲜艳的亚硝基肌红蛋白和亚硝基血红蛋白，这种化合物在烧煮时变成稳定粉红色，使肉呈现鲜艳的色泽。

亚硝酸盐能使肉发色迅速，但呈色作用不稳定，适用于生产过程短而不需要长期贮藏的制品，对那些生产周期长和需长期保藏的制品，最好使用硝酸盐。现在许多国家广泛采用混合盐料。用于生产各种灌肠时混合盐料的组成是：食盐98%，硝酸盐0.83%，亚硝酸盐0.17%。

2. 发色助剂对肉色的稳定作用

肉制品中常用的发色助剂有抗坏血酸和异抗坏血酸及其钠盐、烟酰胺等。其助色机理与硝酸盐或亚硝酸盐的发色过程紧密相连。

抗坏血酸盐容易被氧化，是一种良好的还原剂。它能促使亚硝酸盐还原成一氧化氮，并创造厌氧条件，加速一氧化氮肌红蛋白的形成，完成肉制品的发色作用，同时在腌制过程中防止一氧化氮再被氧化成二氧化氮，有一定的抗氧化作用。若与其他添加剂混合使用，能防止肌肉红色褐变。

腌制液中复合磷酸盐会改变盐水的 pH，会影响抗坏血酸的助色效果，因此往往加抗坏血酸的同时加入助色剂烟酰胺。烟酰胺也能形成稳定的烟酰胺肌红蛋白，使肉呈红色，且烟酰胺对 pH 的变化不敏感。据研究，同时使用抗坏血酸和烟酰胺助色效果好，且成品的颜色对光的稳定性要好得多。

目前世界各国在生产肉制品时，都非常重视抗坏血酸的使用。其最大使用量为 0.1%，一般为 0.025% ~0.05%。

3. 影响腌制肉制品色泽的因素

（1）发色剂的使用量　肉制品的色泽与发色剂的使用量密切相关，用量不足时发色效果不明显。为了保证肉色呈红色，亚硝酸钠的最低用量为 0.05g/kg；用量过大时，过量的亚硝酸根的存在又能使血红素物质中的卟啉环的 α - 甲炔键硝基化，生成绿色的衍生物。为了确保食用安全，我国 GB 2760—2024 规定：在肉制品中硝酸钠最大使用量为 0.5g/kg；亚硝酸钠的最大使用量为 0.15g/kg，在这个安全范围内使用发色剂的多少和原料肉的种类、加工工艺条件及气温情况等因素有关。一般气温越高，呈色作用越快，发色剂可适当少添加些。

（2）肉的 pH　肉的 pH 也影响亚硝酸盐的发色作用。亚硝酸钠只有在酸性介质中才能还原成一氧化氮，所以当 pH 呈中性时肉色就淡，特别是为了提高肉制品的保水性，常加入碱性磷酸盐加入后会引起 pH 升高，影响呈色效果，所以应注意其用量。在过低的 pH 环境中，亚硝酸盐的消耗量增大，如使用亚硝酸盐过量，又易引起绿变，发色的最适 pH 范围一般为 5.6 ~6.0。

（3）温度　生肉呈色的过程比较缓慢，但经烘烤、加热后，反应速度加快。而如果配好料后不及时处理，生肉就会褪色，特别是灌肠机中的回料，因氧化而褪色，这就要求操作迅速，及时加热。

（4）腌制添加剂　添加蔗糖和葡萄糖由于其还原作用，可影响肉色强度和稳定性；加烟酸、烟酰胺也可形成比较稳定的红色，但这些物质无防腐作用，还不能代替亚硝酸钠。另一方面香辛料中的丁香对亚硝酸盐还有消色作用。

综上所述，为了使肉制品获得鲜艳的颜色，除了要有新鲜的原料外，必须根据腌制时间长短，选择合适的发色剂，掌握适当的用量，在适宜的 pH 条件下严格操作。此外，要注意低温、避光、并采用添加抗氧化剂，真空包装或充氮包装，添加去氧剂脱氧等方法避免氧的影响，保持腌肉制品的色泽。

（五）腌制过程中的呈味作用

1. 腌制风味物质的形成

香气和滋味是评价腌制质量的重要指标，在腌腊制品中，肉经腌制后形成了特殊的腌制风味。虽然形成香气和滋味的风味物质含量微小，但其组织和结构却十分复杂。对腌制风味的形成过程和风味物质的性质目前尚无一致结论。一般认为腌制品中的风味物质，有些是肉品原料和调料本身所具有的，而有些是在腌制过程中经过物理、化学、生物化学变化产生和由微生物发酵而形成的。腌肉的特殊风味是由蛋白质的水解产物如组氨酸、谷氨酸、丙氨酸、丝氨酸、甲硫氨酸等氨基酸和亚硝基肌红蛋白共同形成的。同时，腌制肉中乳酸菌等微生物的作用也参与腌制品主体风味的形成。

腌制产生的风味物质还不止单纯的发酵产物，在发酵产物彼此之间，发酵产物与原料或调料之间还可能发生一些复杂反应，生成一系列呈香物质，特别是脂类化合物。如果在腌制过程中，主体香气物质没有形成或含量过低，就不能形成产品的特殊腌制风味。

2. 咸味形成

经腌制加工的原料肉，由于食盐的渗透扩散作用，使肉内外含盐量均匀，咸淡一致，增进了风味。研究发现，所有与腌肉的风味有关的影响因素中最主要的是食盐，如果含盐量太高（>6%）或过低（<2%），其风味将不受消费者欢迎。因此，腌制时必须严格控制食盐的用量。

二、肉品腌制技术

肉在腌制时采用的方法主要有干腌制法、湿腌制法、混合腌制法和注射腌制法。不同腌制品对腌制方法又有不同的要求。有的产品采用一种腌制法即可，有的产品则需要采用两种甚至两种以上的腌制法。

（一）干腌法

干腌法是将盐腌剂擦在肉表面，通过肉中的水分将其溶解、渗透而进行腌制的方法。在腌制时由于渗透－扩散作用，肉内分离出的一部分水和可溶性蛋白质向外转移，使盐分向肉内渗透至浓度平衡为止。干腌产品总是失水的，失去水分的程度取决于腌制的时间和用盐量，腌制周期越长，用盐量越高，原料肉越瘦，腌制温度越高，产品失水越严重。我国传统的金华火腿、咸肉、风干肉等都采用这种方法。

这种方法的优点是操作简便，不需要太大的场地，蛋白质损失少，水分含量低，耐贮藏。缺点是盐渗透很慢且咸度不均匀，失重大，色泽较差，盐却不能重复利用，工人劳动强度大。

目前，干腌法的应用仅限于特殊的产品，小批的产品；因其腌制作用缓慢，常常需要几周的时间，肉常常处于较长期的干燥状态；成熟后，脂肪的氧化，微生物的作用，产品往往会发生撩人的芳香。再加上在腌制剂中人为地加入糖、香辛料等，肉的风味就会更突出。

分割片肉的干腌：大片的肉如培根、火腿的干腌，食盐用量为占肉重量3%～6%，硝酸盐0.2%～0.25%，砂糖1.0%～2.0%，配合好等分成3份，每3～5d往肉表面涂擦一次。第一次可以多抹点，腌制温度2～5℃。时间7～15d左右。底层皮在下。面层皮在上，一层层叠好；最好密封于容器中（如缸、盆）。中式火腿要求在冬天进行，否则易坏。中式肉品常用分割片肉干腌法。

小肉片的干腌：压缩火腿和块片状香肠的原料肉，大小如 $5cm^3$，放搅拌机内，将腌制剂（如食盐2.5%，硝酸钾0.05%~0.1%，硝酸钠0.005%~0.01%等）按比例混匀倒入，充分搅拌、混合，务求均匀，然后倒入不锈钢或合成树脂的容器中。注意倒入时尽量不留空隙，将空气挤出，然后敷平，用玻璃纸或塑料膜严严实实覆盖，在3~5℃的温度下经3~5d即可。

肉糜的干腌：可直接将腌制剂均混后倒入斩拌机，与肉同时斩拌，同时可添加碎冰、水和其他添加物。在低温下3~5℃放置1d即可完成。在这种情况下必须添加亚硝酸盐，以稳定肉的色泽。这种方法又称乳化法，因系法兰克福肠等乳化型香肠所常用的方法。

（二）湿腌法

湿腌法即盐水腌制法，就是在容器内将肉品浸泡在预先配制好的食盐溶液内，并通过扩散和水分转移，让腌制剂渗透入肉品内部，并获得比较均匀的分布，直至它的浓度和盐液浓度一致的腌制方法。盐水的浓度是根据产品的种类、肉的肥度、温度、产品保藏的条件和腌制时间而定。

湿淹法的优点是渗透速度快，省时省力，质量均匀，腌渍液再制后可重复使用。缺点是蛋白质损失严重，腌制时间长，风味不及干腌法，含水量高，不易贮藏。

（三）注射法

为加速腌制液渗透入肉内部，缩短腌制时间，提高腌肉品质，在用盐水腌制时，先注射盐水，然后再放入盐水中腌制。盐水注射有两种方法，即动脉注射腌制法和肌肉注射腌制法。

1. 动脉注射腌制法

动脉注射腌制法是用泵通过针头将盐水或腌制液经动脉系统压送入腿内各部位或分割肉内的腌制方法。

此法的优点在于腌制液能迅速渗透肉的深处，不破坏组织的完整性，腌制速度快；不足之处是用于腌制的肉必须是血管系统没有损伤，刺杀放血良好的前后腿，腌制过程中产品容易腐败变质，必须进行冷藏。

2. 肌肉注射腌制法

肌肉注射腌制法即直接将注射针头插入肌肉注射入盐水，适用于分割肉的腌制。

肌肉注射腌制时腌制液经常会过多地聚集在注射部位的四周，短时间难以散开，因而肌肉注射时就需要较长时间的注射时间以便充分扩散腌制液而不至于聚集过多。

盐水注射法可以缩短操作时间，提高生产效率，降低生产成本；但其成品质量不及干腌，风味稍差，煮熟后肌肉收缩的程度较大，注射腌制的肉制品水分含量高，产品需冷藏。

（四）混合腌制法

混合腌法是指将干腌法、湿腌法结合起来腌制的方法。其方式有两种：一是先湿腌，再用干的盐硝混合物涂擦；二是先干腌后湿腌。混合腌法可以增加制品贮藏时的稳定性，防止产品过多脱水，免于营养物质过分损失，咸度适中，因此这种方法应用较普遍。不足之处是较为麻烦。

三、腌腊制品加工

（一）咸肉

咸肉通常指我国的盐腌肉，以鲜猪肉或冻猪肉为原料，用食盐和其他调料腌制，不进行熏煮脱水工序加工而成的生肉制品。

1. 浙江咸肉

（1）工艺流程　原料整理→腌制→复盐→第三次上盐。

（2）配方

主料：猪肉50kg。

配料：精盐7~8kg，硝酸钠100g。

为了延长成肉的保存时间，或在气温稍高的春、秋季节腌制时，可加大盐和硝酸钠的用量，但盐量最多不得超过10kg，硝酸钠最多不得超过150g。

（3）操作要点

原料整理：加工咸肉的原料肉必须来自健康无病的猪。屠宰时严禁打气吹气和放血不净（否则腌制后的制品肉质容易发黑和变质），修去周围的油脂和碎肉，表面应完整和无刀痕。

腌制：先把精盐（最好事先炒一下）与硝酸钠充分混匀，用手均匀地擦涂在肉的内外层，然后将肉放在干净的竹席和木板上。第一次用盐量是1~2kg，目的是使肉中水分和血液被盐渍出来。

复盐：第二天将盐渍出来的血水倒去或用干净的毛巾揩去，并用手用力地挤压出肉内剩余的血水。按上述方法继续用盐3~4kg。用盐后把肉堆在池内或缸内，也可继续放在竹席和木板上（但不及在池或缸中质量好），必须堆叠整齐，一块紧挨一块，一层紧压一层，中间不得突出和凹入，使每两层肉的中间都存有盐卤。

第三次上盐：第三次复盐是在第二次复盐后的第八天，用盐量2~3kg，方法同上。再经15d即成。

注意本方法是在春秋季节和用大级、中级肉干腌的方法。如果气温在2~3℃左右的冬季或用小块肉进行腌制，可一次上足盐、硝，每5d翻垛一次，共腌制20d即成。

（4）产品特色　成品外观洁净，瘦肉颜色红润坚实，肥肉红白分明；食之咸度适中，味道鲜美，耐久藏，是我国广大城乡比较普及的一种腌制品。

成品分三种级别：大级（即大块咸肉），也称连片肉，每块重约17.5kg以上，无头无尾，带皮带骨；中级（即中块咸肉），也称段肉，每块重约10kg，带皮带骨，无头无尾并去后腿；小级（即小块咸肉），每块重约2.5kg，为长条状，带皮无骨。

2. 四川咸肉

（1）工艺流程　原料选择→原料整理→腌制→成品。

（2）配方

① 食盐：如做热水货（温度在15℃以上的气候，为使盐迅速渗入肉层，以防变质而开刀门腌制的咸肉称热水货）开大刀门，自初腌至腌制成熟每50kg鲜猪肉用盐约10kg，开小刀门用盐约8.5kg。如在冬季腌制咸肉及时出售，每50kg鲜猪肉需用盐7~7.5kg。为了保管3~4个月而腌制的咸肉，必须腌透，但用盐量最多不超过10kg。

② 硝酸钠：每50kg鲜猪肉，硝酸钠用量为25g。如在冬季腌咸肉，因气温低（13℃以下），肉质不易腐败，硝酸钠用量可按热水货减少20%，但无论做热水货或在冬天腌咸肉，都是把硝酸钠在初腌时一次性拌在盐内。

（3）操作要点

① 原料选择：

a. 必须使用经过卫生检验合格的鲜猪肉。

b. 活猪屠宰时血液必须放净，并不能打气或吹气。因放血不净或空气进入肉的皮层内，经腌制后肉质发黑，发酵。

c. 鲜猪肉在腌制前必须摊开晾透，避免腌制后发生异味。

② 原料整理：

a. 把整口鲜猪肉劈成二片，割去头尾，去掉淋巴、血污、碎肉、脂肪和零碎肉等，里脊肉也应去掉。因为淋巴腺、血污既不能食用，也容易腐败。脂肪、零碎货不修净会影响盐分渗入肉层，以致延长腌制时间。其他碎肉和里脊肉等如不去掉，在腌制搬运过程中，也容易从肉体上掉下，造成浪费，并使成品的外观不洁净。

b. 春末秋初时气温较高，在15℃以上腌肉，如不设法促使盐分迅速渗透入肉内，肉质易腐败变质。因此，必须在肉体上开刀口加大盐的覆盖面，盐分容易渗入肉内，才能保证肉的质量。开刀门的方法如下：每片在颈肉下第一根肋骨中间用刀戳进去，刀口宽度约9cm，深度约6cm，以戳到白膘为度，并把扇骨掀起，前脚下骨节要切断，但皮面要连着。后腿要前、后、中各开一刀，前面的一刀要通过脚膀骨止，其余肋骨间划2~3刀，使盐分易渗入。前后脚的蹄筋要抽去，如在15℃以下气温腌肉，不易变质，上述各处刀门都不用开，蹄筋也不必抽。

c. 如整口鲜猪肉先割头、尾后开片和剥板油，则割头时不要使喉下肉留在猪头上，以增加咸肉成品率。开片时必须把头骨和脊椎骨劈匀，不能偏左偏右和劈碎，否则成品不整齐，蝇蛆也易在碎骨缝间生长。开片后要将脊椎骨中的骨髓去掉，因为骨髓最易发臭，影响咸肉品质。

③ 腌制：

a. 原料修整好后给每片肉上盐，上盐必须将手从刀门伸进肉里，刀门内肉缝间要全部擦到盐才能保证品质，如仅将盐擦足刀门口，肉里没有擦到盐，肉就要变质发臭。前夹后腿部分和脊椎骨上面因肉厚骨多，不易腌透，必须多用盐。肋条肉薄可少用盐，胸膛中因盐卤可以自行流入不需用盐，同时四只脚胯上都必须用盐擦匀。此外，天热时肉皮外面要全部用盐擦到，天凉时肉皮外不需擦盐。加盐多少要根据肉身大小、气温高低及操作人员技术的高低来决定，一般第一次上盐用量为每50kg鲜肉1.5～2kg。

b. 第一次上盐后即将肉摊放在篾席或木板上，可使肉中血水排出，制成的咸肉颜色较白，品质优良。摊肉时皮面朝下，肉面朝上，一片一片的排成梯形，要使肉的前身较高，一层压一层，只能压上4～5层。奶脯处稍向上堆成袋形，以使盐卤集中到肋条处。

c. 摊放第二天即将肉第二次上盐，一般用盐量为3.5～4kg。用盐后仍须把肉一片一片堆放，肉少可用8片打底，肉多可用12片或20片打底，不受限制，视场地大小而定，场地大可堆低一点，场地小可堆高一点，一般高度24～36层。主要堆法是要把每片肉一排压一排，一层压一层，面积要堆得平整，正中间堆得既不能凸出来，又不能过于凹下去，使卤不易流出，必须做到每片肉胸膛中间都要有盐卤。上堆时要仔细，不能把前夹后腿及脊椎骨上的盐脱掉，否则，必须及时补盐，以防变质。如天气暴冷暴热时，必须翻堆加盐，因为肉堆内外温度不均匀，如不翻堆，在暴冷时虽然肉堆外面温度低不脱盐，但肉堆里面温度高易脱盐。在暴热时肉堆外面温度高容易脱盐，肉堆里面温度低脱盐较迟。因此，在以上这些气候不正常情况下，必须及时翻堆，一方面调剂内外温度均匀，使成品咸淡一致，另一方面不使脱盐受热，避免成品有酸味和臭味等变质现象。

（二）腊肉

腊肉是以鲜肉为原料，用食盐配以其他的风味辅料腌制后再经干燥（烘烤、日晒或熏制）等工艺加工制成的一类能耐贮藏并具有特殊风味的肉制品。

1. 湖南腊肉

湖南腊肉分带骨腊肉和去骨腊肉两种，在农历冬至前后加工的称为“冬至腊肉”。带骨腊肉是民间传统的腊肉制品，而去骨腊肉则是近年吸取四川、广东腊肉的特点制成的新品种。腊肉加工的副产品有腊碎肉、腊猪脚、腊排骨、腊猪头和各种腊内脏制品等。湖南腊肉的特点为肉皮色金黄，脂肪似腊，肌肉橙红，具有浓郁的烟熏香味和咸淡适宜的特殊风味。腊肉容易保藏，通常可保藏一年左右，这样可以调节淡旺季节，保证市场需要，而且比运输鲜肉方便，不需冷藏车辆。

（1）工艺流程　修肉切条→配制调料→腌渍→洗肉→晾制→熏制→成品。

（2）配方　腊肉加工的原材料为原料（猪肉）、辅料、熏料三种。

原料：湖南腊肉原料是猪肉。以10kg猪肉计。原料的好坏与腊肉的质量紧密相关，对原材料的质量要求是：选自健康肉，肉质要新鲜而良好，肥瘦要适度，过肥或过瘦的猪肉都不适合加工腊肉。

调料：食盐630g，花椒10g，硝酸钠5g。此外可以加少许优质酱油、白酒（含乙醇45%～60%）、白糖（白砂糖或绵白糖）、桂皮、大茴香、小茴香、胡椒等。

熏料：腊肉在加工熏制中，熏料的好坏直接影响腊肉的质量，熏制湖南腊肉常用的熏料有杉木、梨木和不含树脂的阔叶树类的锯屑，还可混合枫球（枫树的果实）、柏枝、瓜子壳、花生壳、玉米芯等。

选用熏料时应注意以下各点：熏料应熏味芳香、浓厚、无不良气味、干燥，含水量在20%以下。熏料应是烟浓，火小，能在温度不高时发挥渗透作用，并能从表面渗入到深部。

（3）操作要点

① 修肉切条：选择符合要求的原料肉，刮去表皮上的污垢（冻肉在解冻后修刮）及盖在肉上的印章，割去头、尾和四肢的下端，剔去肩胛骨、管状骨等，按质量0.8～1kg，厚4～5cm的标准分割，切成带皮带肋条的肉条。如果生产无骨腊肉，就应剔除脊椎骨和肋条骨，切成带皮无骨的肉条。无骨腊肉条的标准：长33～35cm，宽3～3.5cm，重500g左右，家庭制作的腊肉肉条，大都超过上述标准而且大都是带骨的。

肉条切好后，用尖刀在肉条上端3～4cm处穿一小孔，便于腌渍后穿绳吊挂。这一过程应在猪屠宰后4h或冻肉解冻后3h内操作完毕，在气温高的季节，更应迅速进行，以防肉质腐败。

② 配制调料：腊肉的调料标准随季节的不同而变化，原则是气温高，湿度大，用料要多一些；气温低，湿度小，调料要少用一些。

③ 腌制：腌制方法可分干腌、湿腌和混合腌制三种。

干腌：取肉条与干腌料在案上擦抹，或将肉条放在盛腌料的盆内搓擦都可。搓擦时通常是左手拿肉，右手抓着干腌料在肉条的肉面上反复擦搓，对肉条皮面适当擦，擦搓时不可损伤肌肉和脂肪，擦料要求均匀擦遍。擦好后按皮面向下、肉面向上的次序，放入腌肉缸（或池）中，顶上一层则皮面朝上。剩余的干腌料可撒布在肉条的上层。腌制3h左右应翻缸一次，翻缸时也就是把肉条从上到下，依次转移到另一个缸（或池）内，翻缸后再腌 3 ~ 4h，共 6 ~ 7h，腌制全过程即完成，转入下一工序。

湿腌：是腌渍去骨腊肉的常用方法，取切好后的肉条逐条放入配制好的腌渍液中，腌渍时应使肉条完全浸泡到腌液中，腌渍时间为 15 ~ 18h，中间要翻缸 2 次。

混合腌制：混合腌制就是干腌后的肉条，再充分利用陈的腌制液，以节约调料，加快腌制过程，并使肉条腌制更加均匀。混合腌制时食盐用量不超过 6%，使用陈的腌制液时，要先清除杂质，并在 80℃ 煮 30min，然后过滤，冷凉后备用。

家庭采取混合腌制时是先将肉条放在白酒中浸泡片刻，或在肉条上喷洒白酒，然后擦搓干腌料，擦好后放入容器内腌制 20d 左右。

腌制腊肉无论采用哪种方法，都应充分擦搓，仔细翻缸，腌制室温度保持在 0 ~ 5℃，这些是腌制的关键环节。

④ 洗肉坯：腌制好的肉条称作肉坯。肉坯表面和里层所含的调料量常有差别，往往是表面多于内部，尤其是春秋季的制品，这种现象较多，表层过多的调料和杂质，易使制品产生白斑（盐霜）和一些有碍美观的色调。所以在肉坯熏制时要进行漂洗，这一过程称作洗肉坯，是生产带骨腊肉的一个主要环节。去骨腊肉含盐量低，腌渍时间短，调料中有较多的糖和酱油，一般不用漂洗。家庭制作的腊肉，数量少，腌制的时间较长，肉皮内外调料含量大体上一致，所以不用漂洗。洗肉坯时是用铁钩把肉坯调起，或穿上长约 25cm 的线绳，在清洁的冷水中摆荡漂洗。

⑤ 晾水：肉坯经过洗涤后，表层附有水滴。在熏制前应把水晾干，这个工序称作晾水。

晾水是将漂洗干净的坯连钩或绳挂在晾肉间的晾架上，没有专门晾肉间的，可挂在空气流通而清洁的场所。晾水的时间一般为 0.5 ~ 1d。但应看晾肉时的温度和空气流通情况适当掌握，温度高，空气流通快，晾水时间可短一些，反之则长一些。这些肉坯晾水时间还根据用盐量来决定。一般是带骨肉不超过 0.5d，去骨腊肉在 1d 以上。

肉坯在晾水时如果风速大（五级风以上），时间太长其外皮易形成干皮，在熏烟时带来不良影响。如果时间太短，表层附着的水分没有蒸发，就会延长熏制时间，影响成品质量。晾水时如遇阴雨，可用干净纱布抹干肉坯表层的水分后，再悬挂起来晾干，以免延长晾水时间或发霉。

⑥ 熏制：熏制又称熏烤，是腊肉加工的最后一个工序。通常是熏制 100kg 肉块用木炭 8 ~ 9kg，锯末屑 12 ~ 14kg。熏制时把晾干水的肉坯悬挂在熏房内，悬挂的肉块之间应留出一定距离，使烟熏均匀。然后按用量点燃木炭和锯末屑，紧闭熏房门。

熏房内的温度在熏制开始时控制在70℃，待3~4h后，熏房温度逐步下降到50~55℃，在这样的温度下保持30h左右，锯末屑等调料拌和均匀，分次添加，使烟浓度均匀。熏房内的横梁如系多层的，应把腊肉按上下次序调换，使各层腊肉色泽均匀。

家庭熏制的腊肉更为简单，一般都是把肉坯悬挂在距灶台1.7~1.8cm的木杆上，利用烹调时炊烟熏制。这种方法烟淡、温低，且常间歇，所以熏制缓慢，通常要熏15~20d。

2. 南宁腊肉

南宁腊肉是广西南宁市地方传统风味腊肉制品，早在清末民初便享盛誉，产品畅销港澳市场，从50年代起，南宁的“蝴蝶牌”腊肉，深受国内外消费者的欢迎。

（1）工艺流程　选料→切条→腌渍→晾晒、烘焙→成品。

（2）配方　五花脯肉1000g，食盐15g，白糖50g，酱油40g，曲酒25g，红油和香料各适量。

（3）操作要点

选料：选用符合卫生检验要求的新鲜猪体中部的五花脯肉，肥瘦适中者最佳，作为加工的原料。

切条：选好的猪肉割去皮层，切成长40cm、宽1.4cm的肉条。

腌渍：切好的肉条加食盐、酱油、曲酒、白糖、红油、香料，搅拌均匀，腌渍8h，隔4h搅拌一次。

晾晒、烘焙：腌好的猪肉条穿上细麻绳，挂在阳光下晾晒，夜间放入烘房烘培。如此，连续3天，至肉质干透，即为成品。

（4）产品特色　南宁腊肉，条块整齐，干爽一致，肉质鲜明，富有光泽，肥肉透明，爽脆不腻，瘦肉甘香，腊味浓郁。

（三）中式火腿

中式火腿指用猪酮体后腿（带脚爪）经食盐低温腌制（0~10℃）、堆码、土挂、整形等工序，并在酶和微生物作用下经过长期成熟而制成。成品色、香、味、形俱佳，耐贮藏。

中式火腿分为三种：南腿，以金华火腿为正宗；北腿，以苏北如皋火腿为正宗；云腿，以云南宣威火腿为正宗。以金华火腿为例，说明其特点及加工工艺。

金华火腿历史上曾被列为贡品，故又有“贡腿”之称。

（1）工艺流程　鲜猪肉后腿→修割腿坯→腌制→浸腿→洗涮→晒腿→做形→发酵→成品。

（2）配方　鲜猪后腿5~6kg，食盐适量。

（3）操作要点

① 火腿的原料选择：一般选每只重5~6kg的鲜猪后腿（指修成火腿形状后

的净肉重）。要求屠宰时放血完全，不带毛，不吹气的健康猪。对个过小，腿心扁薄肉少，公、母、病、伤，黄膘等猪的腿一律不用，选料时划分等级标准如下：

一等——肉要新鲜，要求皮肉无损伤，无斑痕，皮薄爪细，腿心丰满。

二等——新鲜，无腐败气味，皮脚稍粗厚。

三等——粗皮大脚，皮肉无损伤。

② 修割腿坯。

整理：刮净腿皮上的细毛、黑皮等。

削骨：把整理后的鲜腿斜放在肉案上，左手握住腿爪，右手持削骨刀，削平腿部耻骨（俗称眉毛骨），修整股关节（俗称龙眼骨），并除去尾骨，斩去背脊骨，作到使龙眼骨不露眼，斩平背脊骨（留一节半左右）不“塌鼻”，不脱臼。

开面：把鲜腿腿爪向右，腿头向左平放在案上，削去腿面皮层，在胫骨节上面皮层处割成半月形。开面后将油膜割去。操作时刀面紧贴肉皮，刀口向上，慢慢割去，防止硬割。

修理腿皮：先在臀部修腿皮，然后将鲜腿摆正，脚朝外，腿头向内，右手拿刀，左手揉平后腿肉，随手拉起肉皮，割去肚腿皮。割后将腿调头，左手掀出胫胺骨、股骨、坐骨（俗称三签头）和血管中的淤血，鲜腿雏形即已形成。

③ 腌制：修正腿坯后，即转入腌制过程。金华火腿腌制系采用腌堆叠法，就是多次把盐硝混合料撒布在腿上，将腿堆叠在“腿床”上，使腌料慢慢浸透，约需 30d，一般腌制 6 次。

第一次用盐（俗称出血水盐）：腌制时两手平拿鲜腿，轻放在盐箩上，腿的脚向外，脚头向内，在腿面上撒布一薄层盐，5kg 鲜腿用盐约 62g，敷盐时要均匀，第二天翻堆时腿上应有少许余盐，防止脱盐。

敷盐后堆叠时，必须层层平整，上下对齐，堆的高度应视气候而定。在正常气温以下 12～14 层为宜。堆叠方法有直脚和交叉两种。直腿堆叠，在撒盐时应抹脚，腿皮可不抹盐；交叉堆叠时，如腿脚不干燥，也可不抹盐。

第二次用盐（又称上大盐）：鲜腿自第一次抹盐后至第二天须进行第二次抹盐。从腿床上（即竹制的堆叠架）将鲜腿轻放在盐板上，在三签头上略用少许硝，然后把盐从腿头，撒至腿心（腿的中心），在腿的下部凹陷处用手指轻轻抹盐，5kg 重的腿用盐 190g 左右。遇天气寒冷，腿皮干燥时，应在胫关部位稍微抹上些盐，脚与表面不必抹盐。用盐后仍按顺序轻放堆叠。

第三次用盐（又称复三盐）：经二次用盐后，过 6d 左右，即进行第三次用盐。先把盐板刮干净，将腿轻轻放在板上，用手轻抹腿面和三签头余盐，根据腿的大小，观察三签头的余盐情况，同时用手指测度腿面的软硬度，以便挂盐或减盐，用盐量控 5kg 腿约用盐 95g 计算。

第四次用盐（复四盐）：在第三次用盐后隔 7d 左右，再行第四次用盐。目的是经上下翻堆后，借此检查腿质，温度及三签头盐溶化程度，如不够量要再补盐。并抹去黏附在腿皮上的盐，以防腿的皮色不光亮。这次用盐量为5kg腿用盐63g左右。

第五次用盐（复五盐）：又经过7d左右，检查三签头上是否有盐，如无再补一些，通常是6kg以下的腿可不再补盐。

第六次用盐（复六盐）与复五盐完全相同。主要是检查腿上盐分是否适当，盐分是否全部渗透。

在整个腌制过程中，须按批次用标签标明先后顺序，每批按大、中、小三等，分别排列、堆叠，便于在翻堆用盐时不致错乱，遗漏，并掌握完成日期，严防乱堆乱放。4kg以下的小只鲜腿，从开始腌制到成熟期，须另行堆叠，不可与大、中腿混杂，用盐时避免多少不一，影响质量。上述翻堆用盐次数和间隙天数，是指在0～10℃气温下，如温度过高，过低暴冷，暴热，雷雨等情况，则应及时翻堆和掌握盐度。气候乍热时，可把腿摊放开，并将腿上陈盐全部刷去，重上新盐，过冷的，腿上的盐不会溶化，可在工场适当加温，以保持在0℃以上。抹盐腌腿时，要用力均匀，腿皮上切忌用盐，以防出现发白和失去光泽。每次翻堆，注意轻拿轻放，堆叠应上下整齐；不可随意挪动，避免脱盐。腌制时间一般大腿经40d，中腿35d，小腿33d。

④ 洗腿：鲜腿腌制结束后，腿面上油腻污物及盐粒，要经过清洗，以保持腿的清洗，有助于腿的色、香、味，洗腿的水须是洁净的清水。一般要浸泡15～18h。经初步洗刷后，刮去腿上的残毛和污秽杂物，刮时不可伤皮。将腿再次浸泡在水中，仔细洗刷，然后用草绳把腿拴住吊起，挂上晒架。洗腿批次，分批在腿杆上标明，便于掌握。

⑤ 晒腿：洗过的腿挂上晒架后，再用刀刮去腿脚和表面皮层上的残余细毛和油污杂质。

⑥ 发酵：火腿经腌制、洗晒后，内部大部分水分虽外泄，但肌肉深处，还没有足够的干燥，因此必须经过发酵过程，一方面使水分继续蒸发，另一方面使肌肉中的蛋白质、脂肪等发酵分解，使肉色、肉味、香气更好。

⑦ 落架、堆叠、分等级：火腿挂至7月初（夏季初伏后）根据洗晒、发酵先后批次、重量、干燥度依次陆续从架上取下，称作落架，并刷去腿上的糠灰。分别按大、中、小火腿堆叠在腿床上，每堆高度不超过15只，腿肉向上，腿皮向下，这个过程称堆叠。然后每隔5～7d经常上下翻堆，检查有无毛虫，并轮换堆叠，使腿肉和腿皮都经过向上向下堆叠过程，并利用翻堆时将火腿滴下的油涂抹在腿上，使腿质保持滋润而光亮。

（4）金华火腿传统加工工艺的改进　金华火腿800多年来一直沿用旧的传统工艺，每年只能在立冬至立春生产，生产周期长达7～10个月，生产周期太长。经过多年的研究试验，通过不同温度、湿度和食盐用量等对火腿质量影响的探索、已创造出独特的“低温腌制、中温风干，高温催熟”的新工艺并获得成功。新工艺突破了季节性加工的限制，实现了一年四季连续加工火腿；并使生产周期缩短到3个月左右。采用新工艺加工的火腿，其色、香、味、形以及营养成分都符合传统方法加工的火腿的质量要求，并在卫生指标方面有所提高。

① 挂腿预冷：选用新鲜合格的金华猪后腿（俗称鲜腿），送进空调间，挂架预冷，控制温度0~5℃，预冷时间12h。要求鲜腿深层肌肉的温度下降到7~8℃。同时将鲜腿初步修成“竹叶形”腿坯。

② 低温腌制：经过预冷后的腿坯移入低温腌制间进行堆叠腌制。控制温度6~10℃，先低后高，平均温度要求达到8℃。控制相对湿度75%~85%，先高后低，平均相对湿度要求达到80%。加盐方法为少量多次，上下翻堆一次，肉面敷盐一次，骨骼部位多敷。使用盐量为每100kg净腿冬季3.25~3.50kg，春秋季3.50~4.00kg，炎热季节4.00~4.25kg。腌制过程中，每4h进行空气交换一次。腌渍时间20d。腌制中要严格控制温湿度。过高，则含盐溶解过快，流失过多；过低，则食盐溶解困难，渗透缓慢，都会影响火腿质量。

③ 中温风干：将腌制透的腿坯移到控温室内，在室温和水温20~25℃的条件下洗刷于净，待腿表略干后盖上商标印，并校正成“竹叶形”状。然后移列中温恒温柜内悬挂风干，控制温度15~25℃，先低后高，平均温度要求达到22℃以上，控制相对湿度70%以下。为使腿只风干失水均匀，宜将挂腿定期交换位置，从每天一次延长到4~5d一次，最后进行一次干腿修正定形。风干时间20d。

④ 高温催熟：经过腌制风干失水的干腿，放入高温恒温柜内悬桂，催熟增香；宜分两个阶段进行：前阶段控制温度25~30℃，逐步升高；平均温度要求达到28℃以上；后阶段控制温度30~35℃，逐步升高，平均温度要求达到33℃以上。相对湿度都控制在60%以下。要防止温湿度过高，加剧脂肪氧化与流失；又要防止温湿度过低，影响腿内固有酶的活动，达不到定期成熟出香的目的，为使腿只受热均匀，需每隔3~5d将挂腿位置交换一次。成熟时间35~40d。

⑤ 堆叠后熟：把已经成熟出香的火腿移入恒温库内，堆叠8~10层，控制温度25~30℃，控制相对湿度60%以下。每隔3~5d翻堆抹油（菜籽油、茶油或火腿油）一次，使其渗油匀，肉质软，香更浓。后熟时间10d，即为成品。经检验分级，包装出厂。

⑥ 质量分析：感官鉴定结果：新工艺加工的火腿符合良质火腿（一级鲜度）标准，保持了传统的风味和特色。传统工艺加工的火腿在发酵初期低温高湿，腿表生长霉菌（试验证明，霉菌对火腿成熟出香不起作用），给人以一种不卫生和不愉快的感觉。而新工艺加工的火腿采取恒温低湿，抑菌发酵（不长霉菌），腿面洁净，提高了卫生质量。

理化测定结果：从蛋白质及脂肪变化指标分析，新工艺加工的火腿的三甲胺和挥发性总氮的含量，明显低于传统加工的火腿，酸价、过氧化值和丙二醛的含量也低于传统生产工艺。

金华火腿是积累了八百多年的加工经验，逐步改进而形成的，用盐量严格控制在每100kg鲜腿用盐7~8kg，味道淡而清香，受到了人们的广泛欢迎。

（5）质量标准　金华火腿质量规格标准见表1-28。

表1-28　金华火腿规格标准

等级	香味	肉质	重量/（kg/只）	外形
特级	三签香	瘦肉多 肥肉少 腿心饱满	2.5~5.0	竹叶形，皮薄，脚直，皮面平整，色黄亮，无毛，无红疤，无损伤，无虫蛀，无鼠咬，油头小，无裂缝，刀工光洁，式样美观，皮面印章清楚
一级	二签香 一签好	瘦肉较少 腿心饱满	2.0以上	出口腿无伤疤，内销腿无大红疤，其他要求同特级
二级	一签香 二签好	腿心稍偏薄， 腿头部分稍咸	2.0以上	竹叶形，爪弯，脚直，稍粗，无虫蛀鼠咬，刀工细致，无毛，皮面印章清楚
三级	三签中 一签有异味 （但无臭味）	腿质较咸	2.0以上	无鼠咬伤，刀工略粗，印章清楚

任务四　干肉制品的加工

一、干肉制品的基本知识

（一）种类及特点

肉干制品或称肉脱水干制品，是肉经过预加工后再脱水干制而成的一类熟肉制品，主要包括肉干、肉松和肉脯三大类。干制是一种古老的肉类保藏方法，现代肉干制品的加工，主要目的不再是为了保藏，而是加工成肉制品满足消费者的各种喜好。肉品经过干制后，水分含量低，产品耐贮藏；体积小、重量轻便于运输和携带；蛋白质含量高，富有营养。此外，传统的肉干制品风味浓郁，回味悠长，因此肉干制品是深受大众喜爱的休闲方便食品。

肉干制品因其水分含量低，所以与同等重量的鲜肉相比具有更高的营养价值（见表1-29）。

表 1-29 新鲜牛肉与脱水牛肉的成分比较

牛肉（肩部肉）成分	比例/%	
	新鲜肉	脱水肉
蛋白质	20	55
脂　肪	10	30
碳水化合物	1	1
水　分	68	10
灰　分	1	4

肉干制品体积小、重量轻，便于携带和运输，适合于休闲、旅游消费，也适合军用及特殊工作的需要。各种不同形态牛肉的密度见表 1-30。

表 1-30 各种不同形态牛肉的密度 单位：t/m^3

商品	干燥前密度	干燥后密度
冻牛肉	2.69	7.48
冻牛肉（不带骨）	2.21	4.48
咸牛肉罐头	1.52	4.45
脱水牛肉	1.52	2.12

（二）干制的基本原理

简单描述肉品干制的基本原理，就是通过脱去肉品中的一部分水，抑制了微生物的活动和酶的活力，从而达到加工出新颖产品或延长贮藏时间的目的。

水是生命之源。微生物生长发育离不开水的营养，但是并非所有的水分都被微生物利用，如在添加一定数量的糖、盐的水溶液中，大部分水分就不能被利用。我们把能被微生物、酶化学反应所触及到的水分（一般指游离水）称为有效水分。衡量有效水分的多少用水分活度（A_w）表示。水分活度是食品中水分的蒸汽压（P）与纯水在该温度时的蒸汽压（P_0）的比值。一般鲜肉、煮制后鲜制品的水分活度在 0.99 左右，香肠类在 0.93～0.97，牛肉干 0.90 左右。

微生物生长，都有所需的最低水分活度值。一般来说，霉菌需要的 A_w 为 0.80 以上，酵母菌为 0.88 以上，细菌生长为 0.99～0.91。总体上来说，肉与肉制品中大多数微生物都只有在较高 A_w 条件下才能生长。只有少数微生物需要低的 A_w。因此，通过干制降低 A_w 就可以抑制肉制品中大多数微生物的生长。但是必须指出，一般干燥条件下，并不能使肉制品中的微生物完全致死，只是抑制其活动。若以后环境适宜，微生物仍会继续生长繁殖。因此，肉类在干制时一方面要进行适当的处理，减少制品中各类微生物数量；另一方面干制后要采用合适的包装材料和包装方法，防潮防污染。

（三） 肉在干制过程中的变化

肉类在干制过程中会发生一系列的变化，肉的物理性质、组织结构、化学成分等都将发生改变。干制的方法不同，发生变化的范围及程度也不相同。这些变化关系到产品的质量和产品的贮藏。

1. 物理变化

肉类在干制过程中的物理变化，最主要的是重量的减轻和体积的缩小。重量的减少量与水分的蒸发量基本相当，通常略大于水分的蒸发量，因为除了水分，还有芳香物质和其他挥发性成分的损失。干制时物料的容积减小，减小量一般小于蒸发水分的容积，因为一般而言，在蒸发组织内会形成一定的孔隙，特别是在真空条件下进行干制，物料的几何形状变化很小，容积变化不大。

肉类在干制过程中色泽也会发生变化，原因有两个方面：一方面是物理的原因，随着水分的蒸发、体积的减小，物质的浓度增加，色泽自然加深；另一方面是化学原因，即由色素蛋白的褐变和加热时美拉德反应、焦糖化反应等造成褐变。

随着干制的进行，水分的减少，物质浓度增加，肉的冰点下降。随着体积的缩小，某些制品如肉干质地变硬，咀嚼困难。

2. 化学变化

肉类在干制过程中的化学变化，因干制的条件和方法不同而有差异。冷冻升华干燥过程中几乎没有化学变化，但在自然干燥过程中化学变化严重。干制时化学变化的程度与温度、时间、空气的存在等因素有关。一般来说，温度越高，时间越长，与空气接触量越大，变化程度就越大。

肌肉中的蛋白质主要是肌原纤维蛋白和肌溶蛋白，在加热时会发生热凝固，凝固的温度一般在55～62℃，在对熟制品干制时，蛋白已经发生变性。如果对鲜肉进行干制，当温度达到此温度时，蛋白质也会发生变性，使制品的复水性降低。此外，干制品蛋白质的生物学价值会受到一定的影响（见表1－31）。

表1－31　不同处理及不同条件贮藏后牛肉的胃蛋白酶消化残留（PDR）氨基酸指数值

处理	PDR 指数
无（冷冻的新鲜品）	76
烹煮的新鲜品	77
脱水制品（含2%水分）	77
复脱水制品	78
脱水烹煮品	76

续表

处 理	PDR 指数
冷冻新鲜品于 -28℃下保藏 12 个月	68
脱水制品（含 8% 水分）于 21℃贮藏 12 个月软包装	76
脱水制品（含 2% 水分）于 37℃贮藏 12 个月装罐	80
脱水制品（含 8% 水分）于 37℃贮藏 12 个月装罐	76

脂肪在干制及贮藏过程中会发生氧化和水解，色泽变黄并发哈，游离脂肪酸增加。在干制过程中，如果温度较高，碳水化合物与氨基酸发生羰氨反应，赋予制品宜人的色泽和风味。

肉干制品中的硫胺素在加工中有损失，如果干制温度高则损失更大（见表 1-32），核黄素和烟酸则损失较少。

表 1-32　脱水猪肉在不同的温度和保藏时间下硫胺素的保留量

保藏时间/周	保藏温度/℃	硫胺素含量/（mg/100mg）	硫胺素保留量/%
8	-17	1.69	—
	21	1.13	67.8
	43	0.007	0.4
24	-17	1.92	113.5
	21	0.88	51.9
	43	0.01	0.6
	43~65	0.005	0.3
36	-17	1.22	72.5
	21	6.44	26.1
	43	0.11	0.1
	43~65	0.22	0.1

3. 组织结构的变化

肉类经过脱水干燥后，其组织结构及复水性等会发生显著的变化，尤其是热风对流干燥的产品，不仅质地坚韧、难于咀嚼，复水后也很难恢复原来的新鲜状态。而冷冻升华干燥加工的产品，复水后组织的特性接近于新鲜状态。显然，变化的程度与干燥前的性质以及干燥的方法有关。造成质地变硬及复水困难的原因，主要是蛋白质变性和产品的微观结构以及肌纤维空间排列变得紧密，纤维不易被分开和切断，结合水的能力下降等。

（四）影响干制的因素

1. 表面积

为了加速湿熟交换，食品常被分割成薄片或小片后，再行脱水干制。物料切成薄片或小颗粒后，缩短了热量向食品中心传递和水分从食品中心外移的距离，增加了食品和加热介质相互接触的表面积，为食品内水分外逸提供了更多的途径。从而加速了水分蒸发和食品脱水干制。食品的表面积越大，干燥速度越快。

2. 温度

传热介质和食品间湿差越大，热量向食品传递的速度也越大，水分外逸速度亦增加。若以空气为加热介质，则湿度就降为次要因素。原因是食品内水分以水蒸气状态从它表面外逸时，将在其周围形成饱和水蒸气层，若不及时排除掉，将阻碍食品内水分进一步外逸。从而降低了水分的蒸发速度。不过温度越高，它在饱和前所能容纳的蒸汽量越多，同时若接触空气量越大，所能吸收水分蒸发量也就越多。

3. 空气流速

加速空气流速，不仅因热空气所能容纳的水蒸气量将高于冷空气而吸收较多的蒸发水分，还能及时将聚积在食品表面附近的饱和湿空气带走，以免阻止食品内水分进一步蒸发，同时还因和食品表面接触的空气量增加，而显著地加速食品中水分的蒸发。因此，空气流速愈快，食品干燥速度愈迅速。

4. 空气湿度

脱水干制时，如用空气作干燥介质，空气愈干燥，食品干燥速度也愈快，近于饱和的湿空气进一步吸收蒸发水分的能力，远比干燥空气差。

5. 真空度

在大气压力为0.1MPa时，水的沸点为100℃，如大气压力下降，则水的沸点也就下降，气压愈低，沸点也降低，因此在真空室内加热干制时，就可以在较低的温度下进行。

（五）干制方法

1. 自然干燥

自然干燥法是古老的干燥方法，要求设备简单，费用低，但受自然条件的限制，温度条件很难控制，大规模的生产很少采用，只是在某些产品加工中作为辅助工序采用，如风干香肠的干制等。

2. 烘炒干制

烘炒干制法亦称传导干制。靠间壁的导热将热量传给与壁接触的物料。由于湿物料与加热的介质（载热体）不是直接接触，又称间接加热干燥。传导干燥的热源可以是水蒸气、热力、热空气等。可以在常温下干燥，亦可在真空下进行。加工肉松都采用这种方式。

3. 烘房干燥

烘房干燥法亦称对流热风干燥。直接以高温的热空气为热源，借对流传热将热量传给物料，故称为直接加热干燥。热空气既是热载体又是湿载体。一般对流干燥多在常压下进行。因为在真空干燥情况下，由于气相处于低压，热容量很小，不能直接以空气为热源，必须采用其他热源。对流干燥室中的气温调节比较方便，物料不至于过热，但热空气离开干燥室时，带有相当大的热能。因此，对流干燥热能的利用率较低。

4. 微波干燥

用蒸汽、电热、红外线烘干肉制品时，耗能大，时间长，易造成外焦内湿现象。利用新型微波能技术则可有效的解决以上问题。微波是电磁波的一个频段，频率范围为300～3000MHz。微波发生器产生电磁波，形成带有正负极的电场。食品中有大量的带正负电荷的分子（水、盐、糖）。在微波形成的电场作用下，带负电荷的分子向电场的正极运动，面带正电荷的分子向电场负极运动。由于微波形成的电场变化很大，且呈波浪形变化，使分子随着电场的方向变化而产生不同方向的运行。分子间的运动经常产生阻碍、摩擦而产生热量，使肉块得以干燥。而且这种效应在微波一旦接触到肉块时就会在肉块内外同时产生。而无需热传导、辐射、对流，在短时内即可达到干燥的目的，且使肉块内外受热均匀，表面不易焦煳。但微波干燥设备有投资费用较高、干肉制品的特征性风味和色泽不明显等缺点。

5. 减压干燥

食品置于真空中，随真空度的不同，在适当温度下，其所含水分则蒸发或升华。也就是说，只要对真空度作适当调节，即使是在常温以下的低温。也可进行干燥。理论上水在真空度为613.18Pa以下的真空中，液体的水则成为固体的水。同时自冰直接变成水蒸气而蒸发，即所谓升华。就物理现象而言，采用减压干燥，随着真空度的不同，无论是水的蒸发还是冰的升毕，都可以制得干制品。因此肉品的减压干燥有真空干燥和冻结干燥两种。

真空干燥是指肉块在未达结冰温度的真空状态（减压）下加速水分的蒸发而进行干燥。真空干燥时，在干燥初期，与常压干燥时相同。存在着水分的内部扩散和表面蒸发。但在整个干燥过程中，则主要为内部扩散与内部蒸发共同进行干燥。因此，与常压干燥相比较干燥时间缩短。表面硬化现象减小。真空干燥虽使水分在较低温度下蒸发干燥，但因蒸发而芳香成分的逸失及轻微的热变性在所难免。

冻结干燥是指将肉块冻结后，在真空状态下，使肉块中的冰升华而进行干燥。这种干燥方法对色、味、香、形几乎无任何不良影响，是现代最理想的干燥方法。我国冻结干燥法在干肉制品加工中的应用才起步，相信会得到迅速发展。冻结干燥是将肉块急速冷冻超至 -40 ~ -30℃，将其置于可保持真空度 13 ~ 133Pa 的干燥室中，因升华而进行干燥。冰的升华速度，因干燥室的真空度及升华所需要而给予的热量所决定。另外，肉块的大小、薄厚均有影响。冻结干燥法虽需加热，但并不需要高温，只供给升华潜热并缩短其干燥时间即可。冻结干燥后的肉块组织为多孔质，未形成水不浸透性层，且其含水量少，故能迅速吸水复原，是方便面等速食品的理想辅料。同理贮藏过程中也非常容易吸水，且其多孔质与空气接触面积增大，在贮藏期间易被氧化变质，特别是脂肪含量高时更是如此。

二、 干肉制品加工

（一） 肉干加工

肉干是以精选瘦肉为原料，经预煮、复煮、干制等工艺加工而成的肉干制品。由于原料肉、辅料、产地、外形等不同，其品种较多，如根据原料肉不同有牛肉干、猪肉干、羊肉干等；根据形状分为片状、条状、粒状等肉干；按辅料不同有五香肉干、麻辣肉干、咖喱肉干等。但各种肉干的加工工艺基本相同。

1. 上海咖喱猪肉干

上海咖喱猪肉干是上海著名的风味特产。肉干中含有的咖喱粉是一种混合香料，颜色为黄色，味香辣，很受人们的喜爱。

（1）工艺流程　原料选择与整理→预煮、切丁→复煮、翻炒→烘烤→成品。

（2）配方　猪瘦肉 50kg，精盐 1.5kg，白糖 6kg，酱油 1.5kg，高粱酒 1kg，味精 250g，咖喱粉 250g。

（3）工艺要点

原料选择与整理：选用新鲜的猪后腿或大排骨的精瘦肉，剔除皮、骨、筋、膘等，切成 0.5 ~ 1kg 大小的肉块。

预煮和切丁：坯料倒入锅内，并放满水，用旺火煮制，煮到肉无血水时便可出锅。将煮好的肉块切成长 1.5cm、宽 1.3cm 的肉丁。

复煮和翻炒：肉丁与辅料同时下锅，加入白汤 3.5 ~ 4kg，用中火边煮边翻炒，开始时炒慢些，到卤汁快烧干时稍快一些，不能焦粘锅底，一直炒至汁干后才出锅。

烘烤：出锅后，将肉丁摊在铁筛子上，要求均匀，然后送入 60 ~ 70℃烤炉或烘房内烘烤 6 ~ 7h，为了均匀干燥，防止烤焦，在烘烤时应经常翻动，当产品表里均干燥时即为成品。

（4）产品质量　成品外表黄色，里面深渴色，呈整粒丁状，柔韧甘美，肉香浓郁，咸甜适中，味鲜可口。出品率一般为 42% ~ 48%。

2. 哈尔滨五香牛肉干

哈尔滨牛肉干是哈尔滨的名产。产品历史悠久，风味佳，是国内比较畅销的干制品。

(1) 工艺流程　原料选择与整理→浸泡、清煮→冷却、切块→复煮→烘烤→成品。

(2) 配方　牛肉 50kg，食盐 1.8kg，白糖 280g，酱油 3.5kg，黄酒 750g，味精 100g，姜粉 50g，八角 75g，桂皮 75g，辣椒面 100g，安息香酸钠 25g。

(3) 工艺要点

原料选择与整理：选择无粗大筋腱并经过卫生检验合格的新鲜牛肉，切成 0.5kg 左右重的肉块。

浸泡、清煮：切好的肉块放入冷水浸泡 1h 左右，让其脱出血水后，捞出沥干水分。然后把肉块投入锅内，加入食盐 1.5kg，八角 75g，桂皮 75g，清水 15kg，一起煮制，温度需保持在 90℃以上，不断翻动肉块，使其上下煮制均匀，并随时清除肉汤面上的浮油沫，约煮 1.5h，肉内部切面呈粉红色就可出锅。

冷却、切块：出锅后的肉放在竹筐中晾透，然后除去肉块上较大的筋腱，切成 $1cm^3$ 左右肉丁。

复煮：除酒和味精外，将其他剩余的辅料与清煮时的肉汤拌和，再把切好的小肉丁倒入其内，放入锅中复煮，煮制过程不断翻动，待肉汤快要熬干时，倒入酒、味精等，翻动数次，汤干出锅，出锅后盛在烤筛内摊开，摆在架子上晾凉。

烘烤：将摊有肉丁的筛子放进烘房或烘炉的格架上进行烘烤，烘房或烘炉的温度保持在 50 ~ 60℃，每隔 1h 应把烤筛上下换一次位置，同时翻动肉干，约烘 7h 左右，肉干变硬即可取出，放在通风处晾透即为成品。

(4) 产品质量　产品呈褐色，肉丁大小均匀，质地干爽而不柴，软硬适度，无膻味，香甜鲜美，略带辣味。

3. 麻辣猪肉干

麻辣猪肉干，其味特殊且佳，为佐酒助餐食品。

(1) 工艺流程　原料选择与整理→煮制→油炸→成品。

(2) 原料辅料　猪瘦肉 50kg，食盐 750g，白酒 250g，白糖 0.75 ~ 1kg，酱油 2kg，味精 50g，花椒面 150g，辣椒面 1 ~ 1.25kg，五香粉 50g，大葱 500g，鲜姜 250g，芝麻面 150g，芝麻油 500g，植物油适量。

(3) 工艺要点

原料选择与整理：选用经过卫生检验合格的新鲜猪前、后腿的瘦肉，去除皮、骨、脂肪和筋膜等，冲洗干净后切成 0.5kg 左右的肉块。

煮制：将大葱挽成结，姜拍碎，把肉块与葱、姜一起放入清水锅中煮制 1h 左右出锅摊凉，顺肉块的肌纤维切成长约 5cm，宽高均 1cm 的肉条，然后加入食盐、白酒、五香粉、酱油 1.5kg，拌和均匀，放置 30 ~ 60min 使之入味。

油炸：将植物油倒入锅内，使用量以能淹浸肉条为原则，将油加热到140℃左右，把已入味的肉条倒入锅内油炸，不停地翻动，等水响声过后，发出油炸干响声时，即用漏勺把肉条捞出锅，待热气散发后，将白糖、味精和余下的酱油搅拌均匀后倒入肉条中拌和均匀，晾凉。取炸肉条后的熟植物油2kg，加入辣椒面拌成辣椒油，再依次把熟辣椒油、花椒面、芝麻油、芝麻面等放入凉后的肉条中，拌和均匀即为成品。

（4）产品质量　产品呈红褐色，为条状，味麻辣，干且香。

（二）肉干的国家标准（GB/T 23969－2022）

1. 感官指标

肉干的感官指标见表1－33。

表1－33　肉干的感官指标

项目	指标	
	肉干	肉糜干
形态	呈片、条、粒、丝或其他形状，同一品种大小基本均匀，表面可带有细小纤维或调味料	呈片、粒状或其他规则形状，同一品种大小基本均匀
色泽	呈棕黄色、棕红色、褐色、黄褐色或者黑色，色泽基本均匀	呈棕黄色、棕红色或黄褐色，色泽基本均匀
滋味与气味	具有该品种特有的香气和滋味，甜咸适中	
杂质	无正常视力可见外来杂质	

2. 理化指标

肉干的理化指标见表1－34。

表1－34　肉干的理化指标

项目		指标					
		肉干			肉糜干		
		牛肉干	猪肉干	其他肉干	牛肉糜干	猪肉糜干	其他肉糜干
水分/（g/100g）	≤	20.0（煮制类肉干、肉糜干） 40.0（蒸烤类肉干、肉糜干）					
脂肪含量/（g/100g）	≤	10.0	12.0	12.0	10.0	10.0	
蛋白质含量/（g/100g）	≥	30.0	28.0	26.0	23.0	20.0	
氯化物（NaCl计）含量/（g/100g）	≤	5.0					

续表

项目		指标					
		肉干			肉糜干		
		牛肉干	猪肉干	其他肉干	牛肉糜干	猪肉糜干	其他肉糜干
总糖（以蔗糖计）含量/(g/100g)	≤	35.0					

3. 微生物指标

肉干的微生物指标见表1－35。

表1－35　肉干的微生物指标

项目	指标
细菌总数/（cfu/g）	符合GB 2726—2005的规定
大肠菌群/（MPN/100g）	
致病菌（沙门氏菌、志贺氏菌、金黄色葡萄球菌）	

三、 肉松加工

肉松是我国著名的特产。肉松是将肉煮烂，再经过炒制，揉搓而成的一种入口即化，易于贮藏的脱水制品。肉松可以按原料进行分类，有猪肉松、牛肉松、鸡肉松及鱼肉松等。按其成品形态不同，可分为肉绒和油松两类，肉绒成品金黄或淡黄，细软蓬松如棉絮；油松成品呈团粒状，色泽红润，它们的加工方法有异同。我国有名的传统产品是太仓肉松和福建肉松等。

（一） 太仓肉松

太仓肉松是江苏省的著名产品，创始于江苏省太仓县。历史悠久，闻名中外，曾于1935年在巴拿马国际展览会上获奖。

1. 工艺流程

原料选择和整理→煮制→炒制→成品。

2. 原料辅料

猪瘦肉50kg，食盐1.5 kg，黄酒1 kg，酱油17.5 kg，白糖1 kg，味精100～200g，鲜姜500g，八角250g。

3. 工艺要点

（1）原料选择和整理　选用新鲜猪后腿瘦肉为原料。剔去骨、皮、脂肪、筋膜及各种结缔组织等，切成拳头大的肉块。

（2）煮制　将瘦肉块放入清水（水浸过肉面）锅内预煮，不断翻动，使肉受热均匀，并撇去上浮的油沫。约煮4h时，稍加压力，肉纤维可自行分离，便加入全部辅料再继续煮制，直到汤煮干为止。

（3）炒制　取出生姜和香辛料，采用小火，用锅铲一边压散肉块，一边翻炒，勤炒勤翻，操作要轻并且均匀，当肉块全部炒松散和炒干时，颜色由灰棕色变为金黄色的纤维疏松状即为成品。

4. 产品质量

成品色泽金黄，有光泽，呈丝绒状，纤维洁纯疏松，鲜香可口，无杂质，无焦现象。水分含量≤20%，油分8%～9%。

（二）福建肉松

福建肉松为福建著名传统产品，创始者是福州市人，据传在清代已有生产，历史悠久。福建肉松的加工方法与太仓肉松的加工方法基本相同，只是在配料上有区别，另外加工方法上增加油炒工序，制成颗粒状，产品因含油量高而不耐贮藏。

1. 工艺流程

原料选择与整理→煮肉炒松→油酥→成品。

2. 原料辅料

猪瘦肉50kg，白糖5kg，白酱油3kg，黄酒1kg，味精75g，猪油7.5kg，面粉4kg，桂皮100g，鲜姜500g，大葱500g，红曲适量。

3. 工艺要点

（1）原料选择与整理　选用新鲜猪后腿精瘦肉，剔除肉中的筋腱、脂肪及骨等，顺肌纤维切成0.1kg左右的肉块，用清水洗净并沥干水。

（2）煮肉炒松　将洗净的肉块投入锅内，并放入桂皮、鲜姜、大葱等香料，加入清水进行煮制，不断翻动，舀出浮油。当煮至用铁铲稍压即可使肉块纤维散开时，再加入红曲、白糖、白酱油等。根据肉质情况决定煮制时间，一般需煮4～6h，待锅内肉汤收干后出锅，放入容器晾透。然后把肉块放在另一锅内进行炒制，用小火慢炒，让水分慢慢地蒸发，炒到肉纤维不成团时，再改用小火烘烤，即成肉松坯。

（3）油酥　在炒好的肉松坯中加入黄酒、味精、面粉等，等搅拌均匀后，再放到小锅中用小火烘焙，随时翻动，待大部分松坯都成为酥脆的粒状时，用筛子把小颗粒筛出，剩下的大颗粒松坯倒入加热到200℃左右的猪油中，不断搅拌，使松坯与猪油均匀结成球形圆粒，即为成品。熟猪油加入量一般为肉坯重的40%～60%，夏季少些，冬季可多些。

4. 产品质量

成品呈红褐色，颗粒状，大小均匀，油润酥软，味美香甜，香气浓郁，不含硬粒，无异味。

（三）鸡肉松

鸡肉松是用鸡肉为原料加工制成的肉松制品，其营养丰富，味清香，是群众较喜欢的一种干制品。

1. **工艺流程**

原料选择与整理→烧煮→炒松→擦松→成品。

2. **原料辅料**

带骨鸡肉50kg，食盐1.25kg，白糖2.2kg，黄酒250g，鲜姜250g。

3. **工艺要点**

（1）原料选择与整理　选择健康肥嫩活鸡作为加工原料。将鸡宰杀、去毛、去头、脚和内脏，洗净鸡体。

（2）烧煮　把鸡体放入锅内，加入适量的水和生姜，先用大火煮沸，撇去水面浮物，后改用小火煮3h左右，煮制过程需不断上下翻动。然后捞出拆骨、去皮，取出鸡肉块并压散，再放入经过滤的原汤中，加入其他辅料，继续煮3h，边煮边撇净油质，否则，制成的鸡松不能久存。当煮至快干锅时，端锅离火。

（3）炒松　将煮好的鸡肉放入洁净的锅内用微火炒1～2h，不停地用铲子翻炒，并将肉块压散，干度适宜时便可取出。

（4）擦松　炒好的肉料放在盘内用擦松板揉搓，搓时用力要适度，当肉丝擦成蓬松的纤维状即为成品。

4. **产品质量**

成品色白微黄，纤维细长柔软，有弹性，甜咸适度。

（四）肉松的国家标准（GB/T 23968—2022）

1. **感官指标**

肉松的感官指标见表1-36。

表1-36　肉松的感官指标

项目	指标			
	肉松	肉粉松	油酥肉松	肉酥
形态	呈絮状或长纤维状，纤维柔软蓬松，允许有少量结头、焦头		呈疏松绒状或短纤维状，允许有少量结头、焦头	
色泽	具有产品固有的色泽，颜色基本均匀		具有产品有的色泽，颜色基本均匀，稍有光泽	
滋味与气味	味鲜美，甜咸适中，具有产品固有的香味，无其他不良气味		具有酥、香特色，味鲜美，甜咸适中，具有产品固有的香味，无其他不良气味	
杂质	无正常视力可见外来杂质			

2. 理化指标

肉松的理化指标见表1－37。

表1－37　　肉松的理化指标

项目		指标	
		肉松	油酥肉松
水分/（g/100g）	≤	20.0	6.0
脂肪含量/（g/100g）	≤	10.0	30.0
蛋白质含量/（g/100g）	≥	32.0	25.0
氯化物（以NaCl计）含量/（g/100g）	≤	4.0	
总糖（以蔗糖计）含量/（g/100g）	≤	35.0	
淀粉含量/（g/100g）	≤	3.0	

3. 微生物指标

肉松的微生物指标见表1－38。

表1－38　　肉松的微生物指标

项目	指标	
	肉松	油酥肉松
细菌总数/（cfu/g）	符合GB 2726—2005的规定	
大肠菌群/（MPN/100g）		
致病菌（沙门氏菌、志贺氏菌、金黄色葡萄球菌）		

四、肉脯加工

肉脯是一种制作考究，美味可口，耐贮藏和便于运输的熟肉制品。我国加工肉脯已经有60多年的历史。传统的肉脯是以大块的肌肉为原料，经过冷冻、切片、腌制、烘烤、压片、切片、检验、包装等工艺加工制成。肉脯是烘干的肌肉薄片，与肉干的加工不同之处在于不经过煮制。全国各地均有生产，加工方法稍有差异，但成品一般均为长方形薄片，厚薄均匀，为酱红色，干爽香脆。

（一）靖江猪肉脯

靖江猪肉脯是江苏省靖江著名的风味特产，以“双鱼牌”猪肉脯质量最优，该制品在国内外颇具盛名，曾获国家金质奖。

1. 工艺流程

原料选择与整理→冷冻→切片、拌料→烘干→烤熟→成品。

2. 原料辅料

猪瘦肉 50kg，白糖 6.75kg，酱油 4.25kg，味精 250g，胡椒粉 50g，鲜鸡蛋 1.5kg。

3. 工艺要点

（1）原料选择与整理　选用新鲜猪后腿瘦肉为原料。剔除骨头，修净肥膘、筋膜及碎肉，顺肌肉纤维方向分割成大块肉，用温水洗去油腻杂质，沥干水分。

（2）冷冻　将沥干水的肉块送入冷库速冻至肉中心温度达到 -2℃ 即可出库。冷冻目的是便于切片。

（3）切片、拌料　把经过冷冻后的肉块装入切肉片机内切成 2mm 厚的薄片。将辅料混合溶解后，加入肉片中，充分拌匀。

（4）烘干　把入味的肉片平摊于特制的筛筐上或其他容器内（不要上下堆叠），然后送入 65℃ 的烘房内烘烤 5 ~ 6h，经自然冷却后出筛即为半成品。

（5）烤熟　将半成品放入 200 ~ 250℃ 的烤炉内烤至出油，呈棕红色即可。烤熟后用压平机压平，再切成 12cm × 8cm 规格的片形即为成品。

4. 产品质量

成品颜色棕红透亮，呈薄片状，片形完整，厚薄均匀，规格一致，香脆适口，味道鲜美，咸甜适中。

（二）牛肉脯

牛肉脯以牛肉作为原料，其制作考究，质量上乘，全国各地均有制作，但辅料和加工方法略有不同。

1. 工艺流程

原料选择与整理→冷冻→切片、解冻→调味→铺盘→烘干→切形→焙烤→成品。

2. 原料辅料

牛肉 20kg，食盐 100g，酱油 400g，白糖 1.2kg，味精 200g，八角 20g，姜末 10g，辣椒粉 80g，山梨酸 10g，抗坏血酸的钠盐 10g。

3. 工艺要点

（1）原料选择与整理　挑选不带脂肪、筋膜的合格牛肉，以后腿肌肉为好。把牛肉切成约 $25cm^3$ 的肉块。

（2）冷冻　将整理后的腿肉放入冷冻室或冷冻柜中冷冻，冷冻温度在 -10℃ 左右，冷冻时间 24h，肉的中心温度达到 -5℃ 时为最佳。

（3）切片、解冻　将冷冻的牛肉放入切片机或进行人工切片，厚度一般控制在 1 ~ 1.5mm，切片时必须顺着牛肉的纤维切。然后把冻肉片放入解冻间解冻，注意不能用水冲洗肉片。

（4）调味　将辅料与解冻后的肉片混合并搅拌均匀，使肉片中盐溶蛋白溶出。

(5) 铺盘　一般为手工操作。先用食用油将竹盘刷一遍，然后将调味后的肉片铺平在竹盘上，肉片与肉片之间由溶出的蛋白胶相互粘住，但肉片之间不要重叠。

(6) 烘干　将铺平在竹盘上的已连成一大张的肉片放入 55 ~ 60℃ 的烘房内烘干，时间需 2 ~ 3h 左右。烘干至含水量为 25% 为佳。

(7) 切形　烘干后的牛肉片是一大张，把大张牛肉片从竹盘上揭起，切成 6 ~ 8cm 的正方形或其他形状。

(8) 焙烤　把切形后的牛肉片送入 200 ~ 250℃ 的烤炉中烤制 6 ~ 8min，烤熟即为成品，不得烤焦。

4. 产品质量

成品为红褐色，有光泽，呈片状，形状整齐，厚薄均匀；甜咸适中，无异味，肉质松脆，味道清香。

(三) 重组肉脯

近几年开始重组肉脯的研究，重组肉脯原料来源广泛，营养价值高，成本低，产品入口化渣，品质优良。同时也可以应用现代连续化机械生产，它是肉脯发展的重要方向。现就重组禽肉脯的加工工艺介绍如下。

1. 工艺流程

选料与整理→斩拌→摊盘→烤制→压平、切块→成品。

2. 原料辅料

禽瘦肉 50kg，白糖 6.5 ~ 7.5kg，鱼露 4kg，白酒 250g，味精 250g，鸡蛋 1.5kg，白胡椒粉 100g，红曲米适量。

3. 工艺要点

(1) 选料与整理　选用健康家禽的胸部和腿部肌肉。将选好的原料拆骨，去除皮、皮下脂肪和筋膜等，洗净后切成小肉块。

(2) 斩拌　将小肉块倒入斩拌机内进行剁制、斩碎，约 5 ~ 8min，边斩拌边加入各种辅料，并加入适量的冷水调和。斩拌结束后，静置 20min，让调味料充分渗入肉中。

(3) 摊盘　将烤制用的筛盘先刷一遍油，然后将斩拌后的肉泥摊在筛盘上，厚度为 2mm 左右，厚薄均匀一致。

(4) 烤制　把肉料连同筛盘放进 65 ~ 70℃ 的烘房中烘 4 ~ 5h，取出自然冷却。再放进 200 ~ 250℃ 的烤炉中烤制 1 ~ 2min，至肉片收缩出油即可。

(5) 压平、切块　用压平机将烤制表好的肉片压平，切成 8cm × 12cm 的长方块，即为成品。

4. 产品质量

成品色泽棕红，肉质松脆，美味可口，香味浓郁。

（四）肉脯的行业标准（SB/T 10283—2007）

1. 感官指标

肉脯的感官指标见表1－39。

表1－39　肉脯的感官指标

项目	指标	
	肉脯	肉糜脯
形态	片行规则整齐、厚薄基本均匀，可见肌纹，允许有少量脂肪析出及微小空洞，无焦片、生片	片行规则整齐、厚薄基本均匀，允许有少量脂肪析出，无焦片、生片
色泽	呈棕红、深红、暗红色，色泽均匀，油润有光泽	
滋味与气味	滋味鲜美、醇厚、甜咸适中，香味纯正，具有该产品特有风味	
杂质	无肉眼可见杂质	

2. 理化指标

肉脯的理化指标见表1－40。

表1－40　肉脯的理化指标

项目		指标	
		肉脯	肉糜脯
水分/（g/100g）	≤	19	20
脂肪含量/（g/100g）	≤	14	18
蛋白质含量/（g/100g）	≥	30	25
氯化物（以NaCl计）含量/（g/100g）	≤	5	
总糖（以蔗糖计）含量/（g/100g）	≤	38	
亚硝酸盐含量/（g/100g）	≤	30	
铅（Pb）含量/（mg/kg）		符合GB 2726—2005的规定	
无机砷含量/（mg/kg）			
镉（Cd）含量/（mg/kg）			
总汞（以Hg计）含量/（mg/kg）			

3. 微生物指标

肉脯的微生物指标见表 1－41。

表 1－41 肉脯的微生物指标

项目	指标	
	肉脯	肉糜脯
细菌总数/（cfu/g）	10000	
大肠菌群/（MPN/100g）	30	
致病菌（沙门菌、志贺菌、金黄色葡萄球菌）	不得检出	

复习思考题

1. 试述干制的原理、方法及优缺点。
2. 肉干制品的种类有哪些?
3. 影响肉干制的因素有哪些?
4. 肉在干制过程中有哪些变化?
5. 肉干、肉松和肉脯在加工工艺上有何显著不同?

任务五　油炸肉制品的加工

一、 油炸肉制品基本知识

油炸制品是以油脂为介质对处理后的肉料进行热加工而生产的一类产品。油炸使用的设备简单，制作简便。油炸制品具有香、脆、松、酥，色泽美观等特点。油炸除达到制熟的目的外，还有杀菌、脱水和增进风味等作用。

（一） 油炸肉制品的概念

油炸肉制品是指经过加工调味或挂糊后的肉（包括生原料、半成品、熟制品）或只经过干制的生原料，以食用油为加热介质，经过高温炸制或浇淋而制成的熟肉类制品。

（二） 炸油的选择

油炸用油一般要求熔点低、过氧化值低的新鲜植物油，如使用不饱和脂肪酸含量较低的花生油、棕榈油，亚油酸含量低的葵花籽油，在油炸时可以得到较高的稳定性。未氢化的大豆油炸出的产品带有豆腥味，但炸后马上消费，异味并不大。大豆油如果进行氢化，去掉一些亚麻酸，更易为消费者所接受。目前肉制品炸制用油主要是大豆油、菜籽油和葵花籽油。

（三）油炸的作用

油可以提供快速而均匀的传导热。油炸传热的速率取决于油温与食物内部之间的温度差和食物的导热系数。将食物置于一定温度的热油中，食物表面温度迅速升高，水分汽化，表面出现一层干燥层，形成硬壳，然后，水分汽化层便向食物内部迁移，当食物表面温度升至热油的温度时，食物内部的温度慢慢趋向100℃，同时表面发生焦糖化反应及蛋白质变性，产生独特的油炸香味。

在油炸热制过程中，食物表面干燥层具有多孔结构特点，其孔隙的大小不等。油炸过程中水和水蒸气首先从这些大孔隙中析出。由于油炸时食物表层硬化成壳，使其食物内部水蒸气蒸发受阻，形成一定蒸汽压，水蒸气穿透作用增强，致使食物快速熟化，因此油炸肉制品具有外脆里嫩的特点。

油炸还可以杀灭食品中的微生物，延长食品的货架期。同时，改善食品风味，提高食品营养价值，赋予食品特有的金黄色泽。

（四）油温及油炸时间

油炸的有效温度一般控制在100～230℃。手工生产通常根据经验来判断油温。根据油面的不同特征，可分为温油、热油、旺油和沸油。一般温油温度为70～100℃，油面较平静，无青烟、无响声；热油温度为110～170℃，油面微有青烟，四周向中间翻动；旺油温度为180～220℃，油面冒青烟，仍较平静，搅动时有爆裂响声；沸油温度达到230℃以上，全锅冒青烟，油面翻滚并有较剧烈的爆裂响声。油温的掌握最好是使用自动控温装置。

油炸时应根据成品的质量要求和原料的性质、切块的大小、下锅数量的多少来确定合适的油温和油炸时间。只有恰当地掌握，才能生产出合格的产品，否则就会出现产品不熟、不脆不嫩、过焦等情况。

（五）油炸对食品的影响

1. 感官品质的变化

油炸的主要目的是改善食品色泽和风味。在油炸过程中，食品发生美拉德反应和部分成分降解，同时，可吸附炸油中挥发性物质而使食品呈现金黄或棕黄色，并产生明显的炸制芳香风味；食品表面形成一层硬壳，从而构成了油炸食品的外形；但当持续高温油炸时，常产生挥发性的羰基化合物和羟基酸等，这些物质会产生不良风味，甚至出现焦煳味，导致品质低劣，商品价值下降。

2. 营养价值的变化

油炸对食品营养价值的影响与油炸工艺条件有关。油炸温度高，食品表面形成干燥层，这层硬壳阻止了热量向食品内部传递和水蒸气外逸，因此，食品内部营养成分保存较好，含水量较高（见表1－42）。同时，制品含油量明显提高。

表 1-42　油炸前后肉制品的成分分析（以炸前 100g 样品为基准）　单位：%

肉品种类	处理	水分	蛋白质	脂肪
牛肉	油炸前	75.57	21.54	2.04
	油炸后	39.59	20.00	4.48
鳕鱼	油炸前	79.46	18.09	1.03
	油炸后	46.98	18.46	4.08
鲭鱼	油炸前	62.94	18.97	13.75
	油炸后	58.88	22.74	12.42

肉制品在油炸过程中，维生素的损失较大，食物中的脂溶性维生素在油中的氧化会导致营养价值的降低，甚至丧失；而且视黄醇、类胡萝卜素、生育酚的变化会导致风味和颜色发生变化；水溶性维生素在油炸的过程中也会发生不同程度的损失，例如维生素 B_1 在不同种类的油炸肉制品，损失率是不相同的（如表 1-43所示）。维生素 C 在油炸过程中也很容易被氧化，不过维生素 C 的氧化对油脂起了一定的保护作用。

表 1-43　肉品在油炸过程中维生素 B_1 的损失　单位：%

肉品种类	牛排	牛肉馅饼	猪排	羊排	鸡肉	平均
维生素 B_1 的损失率/%	15	8	40	32	35	26

蛋白质消化系数是评价食品营养价值的重要指标之一。油炸对蛋白质消化系数的影响与产品组成和肉品种类有关，例如，对牛肉、猪肉之类的肉制品如果不加辅料进行油炸，则制品的蛋白质消化率一般不会改变。但如果肉品中加入辅料（如淀粉等碳水化合物）后进行油炸，则制品的蛋白质消化率会降低。采用西班牙莫雷拉斯等的研究结果为例进行说明。如表 1-44 和表 1-45 所示。

表 1-44　肉制品在油炸前后蛋白质消化系数

肉品种类	鳕鱼	猪肉	牛肉	鱼丸	肉丸
油炸前	0.92	0.92	0.93	0.92	0.90
油炸后	0.91	0.92	0.93	0.89	0.80

表 1－45 肉制品在油炸前后蛋白质代谢利用情况

食品种类	食品状态	生理价值（BV）	净蛋白利用率（NPN）
箭鱼	油炸前	0.67	0.63
	油炸后	0.66	0.64
肉丸	油炸前	0.72	0.65
	油炸后	0.68	0.60
猪肉	油炸前	0.78	0.72
	油炸后	0.80	0.73

（六）油炸食品的安全性

在一般烹调加工中。加热温度不高而且时间较短，对油炸用油的卫生安全性影响不大。但是，在肉品油炸过程中若加热温度高，油脂反复使用，致使油脂在高温下发生热聚，可能形成有害的多环芳烃类物质，如环状单聚体、二聚体及多聚体。这些物质会导致人体麻痹，产生肿瘤，引发癌症。

为了防止油脂在高温长时间下产生的热变作用，油炸食品时，应避免温度过高和时间过长，最好不超过 190℃，时间以 30～60s 为宜。同时，在使用中应去除油脂中的漂浮物和底部沉渣，减少使用次数，及时更换新油，保证油炸肉制品的食用安全。

二、油炸的方法及其特点

根据油炸压力不同可分为常压油炸、真空油炸和高压油炸。

（一）常压油炸

常压油炸是在常压、开放式容器进行。常压油炸根据油炸介质的不同分为纯油油炸和水油混合式油炸。

1. 纯油油炸

油炸容器内全部是食用油，油温根据产品的要求有所不同。所以纯油油炸又可分为以下几种。

（1）清炸　取质嫩的肉，适当处理后，切割成一定的形状，按配方称取精盐、料酒及其他香辛料与肉制品混合腌制，主料不挂糊，用急火高温油炸三次。成品外脆里嫩，清爽利落。

（2）干炸　取原料肉，经过加工成形，用调料入味，加水、淀粉、鸡蛋，挂硬糊，用 190～220℃热油炸熟即可。如干炸里脊，干炸猪排等。特点是干爽利落，外脆里嫩，色泽红黄。

（3）软炸　选用质嫩的猪里脊、鲜鱼肉、鲜虾等经细加工造型后，上浆入味，蘸干粉面、拖蛋白糊，放入90～120℃的热油内炸熟即可。成品表面松软，质地细嫩、清淡，味咸麻香，色白微黄美观。

（4）酥炸　将原料肉，经刀工处理后，入味、蘸面粉、拖全蛋糊、蘸面包渣，入150℃的热油内，炸至表面呈深黄色起酥。成品外酥里软熟，细嫩可口。如酥炸带鱼、香酥仔鸡。酥炸技术是要严格掌握好火候和油的温度，油温不能太高或太低，太低原料入锅易脱糊；太高原料入锅易粘连，外表易糊。

（5）松炸　松炸是将原料肉加工成一定几何形状后，经入味蘸面粉挂上全蛋糊，放入150～160℃的热油内，慢炸成熟的一种加工方法。成品表面金黄，质地蓬松饱满，口感松软质嫩，味咸不腻。

（6）卷包炸　卷包炸是把质嫩的肉料切成大片，入味后卷入各种调好口味的馅，包卷起来，根据要求有的拖上蛋粉糊，有的不拖糊，放入150℃热油内炸制成熟的一种方法。成品外酥脆、里鲜嫩，色泽金黄，滋味咸鲜。应注意的是，凡需改刀的成品，包装或装盘要整齐。凡需拖糊者必须卷紧封住口，以免炸时散开。

（7）脆炸　将光禽除去内脏洗净，再用沸水烧烫，使表皮胶原蛋白遇热缩合绷紧，然后在表皮上挂一层含少许饴糖的淀粉水，经过晾坯后，放入200～210℃高热油锅内炸制至禽体表面呈红黄色时出锅。产品皮脆、肉嫩，故名脆炸。如脆皮鹌鹑、脆皮鸡、脆皮乳鸭等。

（8）纸包炸　将质地细嫩的猪里脊、鸡鸭脯等高档原料肉切成薄片、丝或细泥子，入味上浆，用糯米纸或玻璃纸等包成一定形状（如三角形、长方形、包袱形等）后投入80～100℃的温油中炸熟捞出。特点是形状美观，包内含鲜汁，质嫩不腻，味道香醇，风味独特。操作应注意：包得好，不漏汤汁。

2. 水油混合油炸

纯油油炸在加热过程中常常造成局部油温过热，加速油脂氧化，并使部分油脂挥发、发烟，污染严重。另外，油炸过程中产生的大量食品残渣沉入油锅底部，使其反复油炸，不但使炸油变得污浊，缩短了炸油使用寿命，污染油炸食品，还会生成一些致癌物质，严重影响消费者的健康。而油水混合式油炸从根本上解决了上述难题，使油炸食品向着节油、健康、环保方向发展。

（1）水油混合油炸的原理　水油混合式油炸是指在同一容器内加入油和水，相对密度小的油占据容器的上半部，相对密度大的水则占据容器的下半部分，在油层中部水平装置加热器。加热管采用调温器、温控器自动调整火力使油温恒定在预设温度，有效地控制炸制过程中上下油层的温度，避免食品在炸制中发生过热干烧现象，减缓了炸油的氧化程度。在炸制过程中油炸食品处于上部油层中，食品的残渣则沉入底部的水中，同时残渣中所含的油可经过分离后返回油层中，这样，残渣一旦形成便很快脱离高温区油层进入低温区水中，随水放掉，不会发生焦化、炭化现象。

（2）水油混合油炸的特点

制品风味好、质量高：水油混合油炸通过限位控制、分区控温，科学利用植物油与动物油的相对密度关系，使所炸肉类食品浸出的动物油自然沉入植物油下层，这样中上层工作油始终保持纯净，可同时炸制各种食物，互不串味，一机多用，可增加产品的品种。该工艺能有效控制食品含油量，所炸食物不但色、香、味俱佳，外观干净漂亮，而且提高了产品品质，延长货架期。

节省油炸用油：该方法采取从油层中部加热的方式，控制上下油层的温度，有效缓解炸油的氧化程度，抑制酸价的产生，从而延长炸油的使用寿命。更重要的是，没有与食物残渣一起弃掉的油，也没有因氧化变质而成为废油扔掉的油，从而所耗的油量几乎等于被食品吸收的油量，补充的油量也近于食品吸收的油量，节油效果显著，比传统油炸机节省炸油50%以上。

健康及环保：该方法使炸制食品过程中产生的食物残渣很快脱离高温区沉入低温区，随水排掉，所炸食品不会出现焦化、炭化现象，能有效控制致癌物质的产生，保证食用者的健康。同时，水油混合油炸所排油烟很少，利于操作者的健康；对大气污染减少，有利于环境保护。

（二）真空油炸

常压油炸食品一系列问题的提出与发现，使低温真空油炸技术脱颖而出。该技术将油炸和脱水作用有机地结合在一起，使得其具有许多独到之处和对加工原料的广泛适应性。

1. 真空油炸的原理

真空油炸其实质是在负压条件下，食品在食用油中进行油炸脱水干燥，使原料中的水分充分蒸发掉的过程。随着压力的降低，水的沸点亦显著下降。在1330～13300Pa真空度下，纯水的沸点在10～55℃的范围。假使油炸时油温采用80～120℃，食品中水分汽化温度降低，能在短时间内迅速脱水，实现在低温低压条件下对食品的油炸。因此，真空油炸工艺可加工出优质的油炸食品。

2. 真空油炸的特点

（1）温度低、营养损失少　一般常压深层油炸的油温在160℃以上，有的高达230℃以上，这样高的温度对食品中的一些营养成分具有一定的破坏作用。但真空深层油炸的油温只有100℃左右，因此，食品中内外层营养成分损失较小，食品中的有效成分得到了较好的保留，特别适宜于含热敏性营养成分的食品油炸。

（2）水分蒸发快、干燥时间短　在真空状态下油炸，产品脱水速度快，能较好保持食品原有的色泽。采用真空油炸，由于油炸时油温低，故油炸食品不易褪色、变色、褐变。采用真空油炸的制品，其色泽要较一般的鲜丽，这是因为制品表面覆盖有油脂层的缘故。

(3) 原料风味保留多　采用真空油炸，原料在密封状态下被油脂加热，原料中的呈味成分大多为水溶性，在油脂中并不溶出，并且随着的脱水，这些呈味成分进一步浓缩。所以真空油炸制品可很好地保存原料本身具有的香气和风味。

(4) 产品复水性好　在减压状态下，食品组织细胞间隙中的水分急剧汽化膨胀，体积增大，水蒸气在孔隙中冲出，对食品具有良好的膨松效果，因而，经真空深层油炸的食品具有良好的复水性。如果在油炸前，进行冷冻处理，效果更佳。

(5) 油耗少　真空油炸的油温较低，且缺乏氧气，油脂与氧接触少，因此，油炸用油不易氧化，其聚合分解等劣化反应速度较慢，减少了油脂的变质，降低了油耗。

(6) 产品耐藏　常压油炸产品的含油率高达40% ~50%，但真空油炸产品含油率则在20%以下，故产品保藏性较好。

（三） 高压油炸

高压油炸是使油釜内的压力高于常压的油炸方法。由于压力提高，炸油的沸点也提高，从而提高了油炸的温度，缩短了油炸时间，解决了常压油炸因时间长而影响食品品质的问题。该法温度高，水分和油的挥发损失少，产品外酥里嫩，最适合肉制品的油炸。如炸鸡、炸鸡腿、炸羊排等。但该法要求设备的耐高压性能必须好。

三、 典型油炸肉制品的加工

（一） 休闲炸鸡腿

1. 工艺流程

选料→腌制液制备→注射→腌制→预煮→卤煮→上色→油炸→冷却→包装。

2. 腌制液配方（以50kg原料鸡腿计， 单位：g）

食盐1000、卡拉胶40、淀粉100、大豆蛋白200、亚硝酸钠7.5、山梨酸钾22、复合磷酸盐44。

3. 卤水配方（以50kg水计， 单位：g）

良姜300、葱100、花椒150、陈皮100、丁香50、八角100、草果100、山柰150、白芷150、胡椒150、姜黄150、冰糖10000（部分用作上色）、砂糖5000、味精1500、食盐1000、精炼油4000、猪骨2块。

4. 工艺要点

(1) 注射腌制　首先配制腌制液：用20kg水将腌制液配方中所列物质充分混合溶解。采用盐水注射机注射，注射后的鸡腿置于4℃温度下腌制24h。

（2）预煮、卤煮 将腌制好的鸡腿放入沸水中预煮10min左右，以刚煮透为准，俗称“紧肉”。然后以小火卤煮预煮后的鸡腿，保持卤汤微沸状态，卤煮1h。

（3）上色、油炸 调配柠檬黄色素液刷在鸡腿上（或用蛋清、蜂蜜、精炼油调配上色也可）。在油温180℃时下锅，油炸1min，迅速出锅。

（4）包装冷却后的鸡腿采用热收缩膜真空包装。

5. 产品质量（符合GB 2726—2016）

鸡腿饱满规整，色泽鲜艳均匀，口感香甜鲜美，油炸风味浓郁。

（二）真空低温油炸牛肉干

1. 工艺流程

原料选择和处理→预煮、切条→腌制后熟（加调味料）→装盘结冻→解冻→低温真空油炸→脱油→成品。

2. 配方（麻辣味，单位：kg）

牛腿肉100，盐1.5，酱油4.0，白糖1.5，黄酒0.5，葱1.0、姜0.5，味精0.1，辣椒粉2.0，花椒粉0.3，白芝麻粉0.3，五香粉0.1。

3. 工艺要点

（1）原料选择和处理 选择肉质新鲜、切面致密有弹性且不带脂肪的牛肉，剔除对产品质量有不良影响的伤肉、黑色素肉、筋、腱以及碎骨等。分切成500g左右大小的块（切块需保持均匀，以利于预煮），用清水冲洗干净。

（2）预煮、切条 将切好的肉块放入锅中，加水淹没，水肉之比约为1.5∶1，以淹没肉块为度。煮制过程中注意撇去浮沫，预煮要求达到肉块中心无血水为止。预煮后捞出冷却，切成条状，要求切割整齐。

（3）后熟 肉切成条后，放入配好的汤料液中进行后熟。可根据不同风味要求确定配方。

（4）冻结、解冻 取出后熟的肉条装盘，沥干汤液，放入冷冻机内冷冻。冷冻2h后取出，再置于5～10℃的环境条件下解冻6h。

（5）真空油炸 解冻后的肉送入带有筐式离心脱油装置的真空油炸罐内，关闭罐门，检查密闭性。打开真空泵将油炸罐内抽真空，然后向油炸罐内泵入200kg、120℃的植物油，进行油炸处理。泵入油时间不超过2min，然后使油在油炸罐和加热罐中循环，保持油温在125℃左右。经过25min即可完成油炸全过程。之后将油从油炸罐中排出，将物料在100r/min的转速条件下离心脱油2min，控制肉干含油率小于13%。关闭真空泵，解除油炸罐真空，开罐取出肉干。

（6）质检、包装 油炸完成后即进行感官检测，然后进行包装。由于制品呈酥松多孔状结构，所以极易吸潮，因而包装环境的湿度应小于40%。包装过程要求保证卫生清洁，操作要快捷。包装采用复合塑料袋包装。

（三）高压油炸鸡

以热油为媒介，把经过近20种具有保健功能的香辛料、调味料等辅料预处理好的仔鸡，在低温高压油炸条件下速熟。产品具有外酥里嫩，色鲜、味浓，香而不腻，爽口健胃及耐贮藏等特点。

1. 工艺流程

原料鸡的选择→宰前处理→宰杀放血→浸烫→脱毛→净膛→清水浸洗→分割→浸卤腌制→晾干→烫皮→晾干→涂料→晾干→高压油炸→真空包装→成品。

2. 配方

100kg麻辣炸鸡腌制用料配比如下：大茴香90g，小茴香80g，丁香70g，白芷80g，肉豆蔻80g，草果60g，辛夷60g，山柰70g，砂仁70g，桂皮60g，白胡椒90g，花椒100g，陈皮100g，生姜1kg，大蒜1kg，味精300g，白糖2kg，黄酒1kg，食盐3kg。

3. 工艺要点

（1）原料鸡的选择　选用饲养60d左右，毛重为1.5～2kg，健康无病的肉用仔鸡。

（2）鸡的屠宰按本教材第一章相关内容要求进行。把净膛清洗好的鸡体割除翅、脚掌和鸡腿割下。

（3）浸卤腌制　腌制卤液的制备：先按配方比例准确称取全部香辛料，放入盛有25kg水的浸提锅中加热煮沸后再熬煮约30 min。然后用双层纱布过滤去渣，滤液入浸料缸。再把配方中的白糖、黄酒、味精、食盐等调味料一起加入，搅溶，冷却后即成腌卤料液。

（4）腌制　将分割好的鸡腿或光鸡，逐只放入浸料缸里的卤液中，用压盖将鸡压入卤液液面下，然后让其静腌4～8h。腌制好的鸡腿或光鸡挂在晾架上，将其表皮水分晾干。

（5）烫皮、晾干　先将腌制残剩卤液烧开，用勺浇淋到晾干的鸡腿或光鸡上进行烫皮。烫皮后皮肤紧缩，使皮内气体最大程度的膨胀，鸡体胀满，皮肤光亮，外表美观，表面水分容易晾干，炸制时着色均匀，炸制后外表具有酥感。烫皮好的鸡坯晾干表皮水分。这样利于涂料上色均匀，炸后表皮不会出现花斑。

（6）涂料、晾干　将配制好的上色涂料均匀涂于鸡坯上。涂料时应注意鸡面不沾水、油，以免涂布不均，出现炸后花斑。涂料后应将鸡挂于架上稍许晾干，以免糖液焦黏锅底，产生油烟味，影响产品质量。据不同产品种类分别配制上色涂料。有关上色涂料配料百分比如下：饴糖40%，蜂蜜20%，黄酒10%，精面粉10%，腌卤料液18%，辣椒粉2%。

（7）高压油炸　先将高压锅中的油温升至约150℃，把涂料晾好的鸡坯放入专用炸筐中，放入锅内，旋紧锅盖开始定时定温定压炸制。一般炸制温度可定为190℃左右，时间5～7 min，压力小于额定工作压力。炸制完毕，马上关掉加热开关，开启排气阀，待压力完全排除后，开盖提出炸筐。

（8）真空包装　将油炸好的鸡坯趁热移入包装车间，根据不同的包装规格切分装袋，真空包装后即为成品。

4. 产品质量（符合 GB 2726—2016）

表面呈枣红色，肌肉切面鲜艳发亮、色白。鸡皮松脆，肌肉软嫩，鸡骨酥脆。鲜香味浓，爽口不腻，无异味及异臭。不允许杂质存在。

（四）西式炸鸡

在各种快餐中，西式炸鸡的整个制作过程采用机械化或半机械化操作，加工速度快、品质易于控制，每一道工序都制定了严格的操作工艺，便于标准化工业生产。

1. 工艺流程

原料准备→炸油升温→浸液→裹粉→高压油炸→控油→柜存。

2. 原料的制备和配方

（1）鸡的制备　鸡龄在 45d 左右，重 1.05～1.15kg，除去内脏、头、脚的甲级鸡，将其切成如下部分。

两只整翅——带有 3.8cm 直径的胸脯肉。

两只小腿——带有 0.3cm 的大腿骨。

两只大腿——沿骨干从关节处切掉。

两边肋骨——脖子的残根不大于 1.3cm。

胸脯——沿对角线切，留下整个软骨部分。

去掉脖子及多余的脂肪和鸡皮；检查肋骨部分以确保所有肺脏、肾脏和动脉血管都已被去除；将大腿骨从其骨窝中卸掉以便烹炸时能熟透；切成块的备用鸡必须置于 0～1℃的温度中冷藏，并在 72h 内使用。

（2）蛋白浸液的制备　蛋白粉 1kg，清水 3.75kg。先在浸槽中放入清水，将蛋白粉徐徐倒入水中，边倒边搅动直至均匀，盖好盖子置于冰箱中待用。使用后随时添满备用的蛋白浸液。不连续使用时，要盖好盖放入冰箱内。当天用剩的蛋白浸液要当作废料倒掉。

（3）裹粉的制备　面粉 10kg，细盐 1.4kg，大茴香 15g，白糖 150g，丁香 10g，姜粉 80g，肉豆蔻 5g，味精 40g，黑胡椒 5g，八角 25g，桂皮 5g，陈皮 15g。将磨成粉末的调料与细盐调匀，再与置于搅拌槽中的面粉混合拌匀，过筛两遍，放入加盖容器中待用。

3. 工艺要点

（1）炸油升温　将起酥油加至炸锅油标线下约 1cm 处，将油温加热至 204℃，将炸篮置于炸锅内。

（2）鸡块浸液　将两袋（36 块）溶化、控净水的鸡块分别倒入浸篮中，在装有蛋白浸液的浸槽中上下抖动 5 次，使鸡块均匀蘸取适量蛋白浸液，将浸篮提出液面抖动3次控掉多余液体。

（3）鸡块裹粉　在搅拌槽中放入3kg裹粉，将蘸好蛋白浸液的鸡块倒入搅拌槽中，将鸡块与裹粉拌匀，使鸡块均匀裹上一层裹粉。分别取出鸡块，轻轻抖掉多余裹粉，将鸡块摆在托盘中，把鸡小腿与鸡翅分开，把鸡翅折起。裹好粉的鸡块稍放一会儿，以使鸡块表面的潮气渗透。

（4）高压油炸　将鸡块放入炸锅中的炸篮内入油中炸约10s，如此重复，依次放入鸡大腿、胸、肋骨、鸡翅，每次放入2块。敞开锅炸2min，当鸡块变成微黄色时立即盖上压力炸锅锅盖，上紧手柄打开定时器，炸制时间定为12min，关掉定时器后炸锅内压力降至零位时打开锅盖，取出炸篮把鸡块倒入盛鸡盘中。

（5）鸡块控油　将鸡块从左至右整齐摆放，鸡小腿X形交叉；鸡翅V形向下；鸡肋骨C形向下；鸡大腿后骨摆平；胸脯小面向下。这样摆放易于控油。

（6）鸡块柜存　鸡块一经做好，即应放入保温柜中，此时质量最佳，这种最佳状态能维持40min。保温柜存放温度66℃，存放时间1.5h，出售时应先进先出。

4. 产品质量（符合GB 2726—2016）

表面呈金黄色、肌肉切面新鲜呈白色。表皮酥脆，肉质细嫩。外酥里嫩，香而不腻，具有西式风味。

（五）炸猪排

炸猪排选料严格，辅料考究，全国各地均有制作，是带有西式口味的肉制品。

1. 工艺流程

原料选择与整理→腌制→上糊→油炸→成品。

2. 配方

猪排骨50kg，食盐750g，黄酒1.5kg，白酱油1～1.5kg，白糖250～500g，味精65g，鸡蛋1.5kg，面包粉10kg，植物油适量。

3. 工艺要点

（1）原料选择与整理　选用猪脊背大排骨，修去血污杂质，洗涤后按骨头的界线，一根骨一块剁成8～10cm的小长条状。

（2）腌制　将除鸡蛋、面粉外的其他辅料放入容器内混合，把排骨倒入翻拌均匀，腌制30～60min。

（3）上糊　用2.5kg清水把鸡蛋和面包粉搅成糊状，将腌制过的排骨逐块地放入糊浆中裹布均匀。

（4）油炸　把油加热至180～200℃，然后一块一块地将裹有糊浆的排骨投入油锅内炸制，炸制过程要经常用铁勺翻动，使排骨受热均匀，约炸10～12min，炸至黄褐色发脆时捞起，即为成品。

4. 产品质量 （符合 GB 2726—2005）

炸排骨外表呈黄褐色，内部呈浅褐色，块型大小均匀，挂糊厚薄均匀，外酥里嫩，不干硬，块与块不粘连，炸熟透，味美香甜，咸淡适口。

（六） 纸包鸡

纸包鸡是用纸（糯米纸）包住腌渍好的鸡肉，用花生油烹炸而成。由于能保持原汁，味道鲜嫩，是酒席上的佳品。

1. 工艺流程

原料选择→宰杀与整理→腌制→包纸→烹炸→成品。

2. 配方

鸡肉 500g，火腿肉 50g，食盐 12g，白酒 5g，酱油 10g，味精 3g，香菇 25g，小麻油、葱、姜及花生油等适量。

3. 工艺要点

（1）原料选择 选用肉鸡或当年健康肥嫩的小母鸡作为原料。

（2）宰杀与整理 将活鸡宰杀，放净血，热水烫毛后煺净毛，取出所有内脏，把鸡体内外冲洗干净，晾挂沥干水分。然后去掉骨头，取鸡的胸肉或腿肉，切成小片，每片约重 15g。

（3）腌制火腿肉和香菇切成丝状，将切好的鸡肉片和火腿、香菇放入盆中，加入其他辅料并拌匀，腌渍 10～15min。

（4）包纸 取 8～10cm^3 的糯米纸或玻璃纸铺在案板上，放入腌渍好的鸡肉一块和适量的调料，将纸包成长方形。

（5）烹炸 把包好的鸡块投入 150～170℃的花生油锅里炸 5min 左右，当纸包浮起略呈黄色便捞起，稍凉即为成品。折开纸包即可食用（糯米纸可食，不用拆包）。

4. 产品质量 （符合 GB 2726—2005）

成品外表呈金黄色，外皮酥脆，肉质鲜嫩，咸淡适宜，美味可口。

复习思考题

1. 油炸的方法及各自的特点。
2. 简要说明油炸对肉品有哪些影响？
3. 水油混合油炸的原理是什么？
4. 叙述真空低温油炸的工艺过程。
5. 叙述高压油炸的加工过程。

任务六 发酵肉制品的加工

一、 发酵肉制品加工的基本知识

（一） 发酵肉制品的概念和种类

1. 发酵肉制品的种类

发酵肉制品是以发酵灌肠制品为主，但还有部分火腿。其常见的分类方法如下。

（1）按产地，可分为德国、美国、意大利、匈牙利等多种产品，如塞尔维拉特香肠、巴黎嫩大香肠、萨拉米香肠等；

（2）按其水分含量、加工过程中水分散失程度和水分蛋白比，可分为半干发酵香肠和干发酵香肠：半干发酵香肠的含水量为40% ~45%，干发酵香肠的含水量为25% ~40%；

（3）按发酵程度（成品的 pH），可分为低酸发酵肉制品和高酸发酵肉制品：前者是指在 0 ~25℃低温下进行腌制、发酵、干燥，产品 pH 在 5. 5 以上的发酵肉制品，如各种发酵火腿、萨拉米等干制发酵香肠；而后者是指在25℃以上温度进行发酵、干燥产品 pH 在 5. 5 以下的发酵肉制品，如各种美式半干发酵香肠；

（4）按发酵加工温度，可分为低温发酵与高温发酵产品；

（5）按产品加工与食用肉制品形态，可分为块状发酵肉制品、馅状发酵肉制品与可食发酵副产品。

2. 发酵肉制品的特点

提高产品的营养性和保健性，促进良好的特殊风味形成；抑制病原微生物的增殖和产生毒素；具有抗癌作用；避免生物胺的形成；通过发酵可以改善肉制品的组织结构，促进其发色，降低亚硝酸盐在肉中的残留量，减少有害物质形成。

（二） 发酵产品生产中使用的原辅料

1. 原料肉

用于生产发酵香肠的肉糜中瘦肉含量为50% ~70%。各种肉均可以用作发酵香肠的原料，一般常用的是猪肉、牛肉和羊肉。在意大利、匈牙利和法国由于消费者偏爱猪肉的风味和颜色，这些国家仅用猪肉生产发酵香肠，而典型的德国发酵香肠的原料肉则采用1/3 猪肉、1/3 牛肉和 1/3 的猪背脂为原料。若使用猪肉，其 pH 应在 5. 6 ~5. 8 的范围内，这将有助于发酵的进行，并保证在发酵过程中有适宜的 pH 的降低速率。使用 PSE 肉生产发酵香肠，其用量应少于

20%。就经验来说，老龄动物的肉较适合加工干发酵香肠，并用来生产高品质的产品。

2. 脂肪

脂肪是发酵香肠的一个重要组分，经干燥后脂肪的含量有时会达到50%。发酵香肠，尤其是干发酵香肠，其重要特性之一是具有较长的保质期（至少6个月），因此要求使用不饱和脂肪酸含量低、熔点高的脂肪。牛脂和羊脂不适于作为发酵香肠的原料，色白而结实的猪背脂是生产发酵肠的最好原料。

3. 碳水化合物

在发酵香肠的生产中经常添加碳水化合物，其主要目的是提供足够的微生物发酵底物，有利于乳酸菌的生长和乳酸的产生。添加碳水化合物的数量和种类，应当满足在建立有效的乳酸发酵的同时又避免 pH 的过度降低。其添加量一般为0.3%～0.8%，较常添加的碳水化合物是葡萄糖和寡聚糖的混合物。

4. 腌制材料

腌制材料包括食盐、亚硝酸钠或硝酸钠、酸味剂等。

（1）食盐　在发酵香肠中食盐的添加量一般在2.5%～3.0%，涂抹型发酵香肠的最终产品中食盐的含量可能达到2.8%～3.0%，切片型发酵香肠的最终产品中食盐含量可能达到3.2%～4.5%，这可将初始原料的水分活度降低到0.96，但在意大利的沙拉米中，最终产品的食盐含量甚至达到8.0%。

（2）亚硝酸钠和硝酸钠　除了干发酵香肠外，其他类型的发酵香肠在腌制时首先选用亚硝酸钠。亚硝酸钠可直接加入，添加量一般少于150mg/kg。在生产发酵香肠的传统工艺中或生产干发酵香肠中一般加入硝酸钠，其添加量为200～500mg/kg。如果开始腌制时亚硝酸钠的浓度过高，会抑制对产生风味化合物或其前体物的有益微生物的活力。因此，用硝酸钠生产的干肠在风味上要优于直接添加亚硝酸钠的香肠。在美国通常将硝酸钠和亚硝酸钠混合使用，而在德国使用硝酸钠和亚硝酸钠的混合物是不允许的，且只有发酵时间超过4周的发酵香肠才允许添加硝酸钠。

（3）酸味剂　在发酵香肠生产中，添加酸味剂的主要目的是确保在发酵开始的早期阶段，使肉馅的 pH 快速降低，这对于不添加发酵剂的发酵香肠的安全性尤其重要。在涂抹型发酵香肠生产中，酸味剂亦经常与发酵剂结合使用，因为涂抹型发酵香肠需要在一定的时间内将 pH 快速的降低，以保证涂抹型发酵香肠的品质。然而，在其他的制品中，由于发酵剂与酸味剂结合使用将会导致产品品质的降低，所以很少添加。最常用的酸味剂是葡萄糖酸 $-\delta-$ 内酯，其添加量一般为0.5%左右。葡萄糖酸 $-\delta-$ 内酯能够在24h内水解为葡萄糖酸，迅速降低肉的初始 pH。

5. 发酵剂

发酵剂是生产发酵肉制品的关键。传统的发酵肉制品是依靠原料肉中天然存在的乳酸菌与杂菌的竞争作用，使乳酸菌成为优势菌群来生产发酵肉制品。

目前应用于发酵肉制品的微生物主要有细菌、霉菌和酵母菌（见1－46）。

（1）酵母菌　适合加工干发酵香肠。汉逊式德巴利酵母是常用菌种。该菌耐高盐、好气并具有较弱的发酵性，一般生长在香肠的表面。通过添加该菌，可提高香肠的风味。但该菌没有还原硝酸盐的能力。

（2）霉菌　通常用于干发酵香肠，使产品具有干香肠特殊的芳香气味和外观。由于霉菌酶具有蛋白分解和脂肪分解能力，故对产品的风味有利。另外由于霉菌大量的存在于肠的外表，能起到隔氧的作用，因此可以防止发酵香肠的酸败。

（3）细菌　用作发酵香肠发酵剂的细菌主要是乳酸菌（其应满足表1－47所列的条件）和球菌。乳酸菌能将发酵香肠中的碳水化合物分解成乳酸，降低原料的pH，抑制腐败菌的生长（另外某些片球菌产生的细菌素能抑制单核增生性李斯特杆菌的生长）。同时由于pH的降低，降低了蛋白质的保水能力，有利于正确的干燥过程，因此是发酵剂的必需成分，对产品的稳定性起决定性作用。而微球菌和葡萄球菌具有将硝酸盐还原成亚硝酸盐的能力、分解脂肪和蛋白质的能力，以及产生过氧化氢酶的能力，对产品的色泽和风味起决定性作用。因此发酵剂常采用乳酸菌和微球菌或葡萄球菌混合使用。此外灰色链球菌可以改善发酵香肠的风味，气单胞菌无任何致病性和产毒能力，对香肠的风味也是有利的。

表1－46　发酵剂中常用的微生物

微生物种类	菌种
酵母（*Yeast*）	汉逊式德巴利酵母（*Dabaryomyces hansenii*） 法马塔假丝酵母（*Candida famata*）
霉菌（*Fungi*）	产黄青霉（*Penicillium chrysogenum*） 纳地青霉（*Penicillium nalgiovense*）

续表

微生物种类		菌种
细菌（*Bacteria*）	乳酸菌（*Lactic acid bacteria*）	植物乳杆菌（*L. plantarum*）
		清酒乳杆菌（*L. sake*）
		乳酸乳杆菌（*L. lactis*）
		干酪乳杆菌（*L. casei*）
		弯曲乳杆菌（*L. curvatus*）
		P. acidilactici
		戊糖片球菌（*P. pentosaceus*）
		乳酸片球菌（*P. lactis*）
	微球菌（*Micrococci*）	易变微球菌（*M. varians*）
	葡萄球菌（*Staphylococci*）	肉糖葡萄球菌（*S. carnosus*）
		木糖葡萄球菌（*S. xylosus*）
	放线菌（*Actinomycetes*）	灰色链球菌（Stre. griseus）
	肠细菌（*Enterobacteria*）	气单胞菌（*Aeromonas sp.*）

表1－47　用作发酵香肠发酵剂的乳酸菌应满足的条件

1. 必须具有与原料肉中的乳酸菌有效竞争的能力。
2. 必须具有产生适宜数量乳酸的能力。
3. 必须耐盐，且能在至少6.0%的食盐中生长。
4. 必须耐亚硝酸钠，并在100mg/kg的亚硝酸钠中生长。
5. 必须能在15～40℃的温度范围内生长，且最适温度范围为30～37℃。
6. 必须是同型发酵乳酸菌。
7. 必须无蛋白分解能力。
8. 必须不能产生大量的过氧化氢。
9. 应当是过氧化氢酶阳性。
10. 应当具有还原硝酸钠的能力。
11. 应当具有提高产品风味的能力。
12. 不代谢产生生物胺。
13. 不代谢产生黏液。
14. 对致病菌或其他的非必须菌具有拮抗作用。
15. 与其他的发酵剂菌种有协同作用。

二、 发酵肠的加工工艺

1. 工艺流程

原辅料准备→绞肉→斩拌→灌肠→接种霉菌或酵母菌→发酵→干燥或成熟→包装。

2. 工艺要点

（1）绞肉　尽管发酵香肠的质构不尽相同，但粗绞时原料精肉的温度应当在 -4 ~ 0℃的范围内，而脂肪要处于 -8℃的冷冻状态，以避免水的结合和脂肪的融化。

（2）斩拌　首先将精肉和脂肪倒入斩拌机中，稍加混匀，然后将食盐、腌制剂、发酵剂和其他的辅料均匀地倒入斩拌机中斩拌混匀。斩拌的时间取决于产品的类型，一般的肉馅中脂肪的颗粒直径为 1 ~ 2mm 或 2 ~ 4mm。生产上应用的乳酸菌发酵剂多为冻干菌，使用时通常将发酵剂放在室温下复活 18 ~ 24h，接种量一般为 10^6 ~ 10^7 cfu/g。

（3）灌肠　将斩拌好的肉馅用灌肠机灌入肠衣。灌制时要求充填均匀，肠坯松紧适度。整个灌制过程中肠馅的温度维持在 0 ~ 1℃。为了避免气泡的混入，最好利用真空灌肠机灌制。

生产发酵香肠的肠衣可以是天然肠衣，也可以是人造肠衣（纤维素肠衣、胶原肠衣）。肠衣的类型对霉菌发酵香肠的品质有重要的影响。利用天然肠衣灌制的发酵香肠具有较大的菌落并有助于酵母菌的生长，成熟的更为均匀且风味较好。无论选用何种肠衣，其必须具有允许水分通透的能力，并在干燥过程中随肠馅的收缩而收缩。德国涂抹型发酵香肠通常用直径小于 35mm 的肠衣，切片型发酵香肠用 65 ~ 90mm 的肠衣，接种霉菌或酵母菌的发酵香肠一般用直径 30 ~ 40mm 的肠衣。

（4）接种霉菌或酵母菌　肠衣外表面霉菌或酵母菌的生长不仅对于干香肠的食用品质具有非常重要的作用，而且能抑制其他杂菌的生长，预防光和氧对产品的不利影响，并代谢产生过氧化氢酶。

生产中常用的霉菌是纳地青霉和产黄青霉，常用的酵母是汉逊氏德巴利酵母和法马塔假丝酵母。商业上应用的霉菌和酵母发酵剂多为冻干菌种，使用时，将酵母和霉菌的冻干菌用水制成发酵剂菌液，然后将香肠浸入菌液中即可。但必须注意配制接种菌液的容器应当是无菌的，以避免二次污染。

（5）发酵　发酵温度依产品类型而有所不同。通常对于要求 pH 迅速降低的产品，所采用的发酵温度较高。据认为，发酵温度每升高 5℃，乳酸生成的速率将提高一倍。但提高发酵温度也会带来致病菌，特别是金黄色葡萄球菌生长的危险。发酵温度对于发酵终产物的组成（乳酸和醋酸的相对比例）也有影响，较高的发酵温度有利于乳酸的形成。当然，发酵温度越高，发酵时间越短。一般地涂抹型香肠的发酵温度为22~30℃，最长发酵时间为48h；半干香肠的发酵温度为30~37℃，发酵时间为14~72h；干发酵香肠的发酵温度为15~27℃，发酵时间为24~72h。

在发酵过程中，相对湿度的控制对于干燥过程中避免香肠外层硬壳的形成和预防表面霉菌和酵母菌的过度生长也是非常重要的。高温短时发酵时，相对湿度应控制在98%，较低温度发酵时，相对湿度应低于香肠内部湿度5%~10%。

发酵结束时，香肠的酸度因产品而异。对于半干香肠，其pH应低于5.0，美国生产的半干香肠的pH更低，德国生产的干香肠的pH在5.0~5.5的范围内。香肠中的辅料对产酸过程有影响。在真空包装的香肠和大直径的香肠中，由于氧的缺乏，产酸量较大。

(6) 干燥和成熟　干燥的程度是影响产品的物理化学性质、食用品质和贮藏稳定性的主要因素。

在香肠的干燥过程中，控制香肠表面水分的蒸发速度，使其平衡于香肠内部的水分向香肠表面扩散的速度是非常重要的。在半干香肠中，干燥损失少于其湿重的20%，干燥温度在37~66℃。温度高，干燥时间短，温度低时，可能需要几天的干燥时间。高温干燥可以一次完成，也可以逐渐降低湿度分段完成。

干香肠的干燥温度较低，一般为12~15℃，干燥时间主要取决于香肠的直径。

许多类型的半干香肠和干香肠在干燥的同时进行烟熏，烟熏的目的主要是通过干燥和熏烟中酚类、低级酸等物质的沉积和渗透抑制霉菌的生长，同时提高香肠的适口性。对于干香肠，特别是接种霉菌和酵母菌的干香肠，在干燥过程中会发生许多复杂的化学变化，也就是成熟。在某些情况下，干燥过程是在一个较短的时间内完成的，而成熟则一直持续到消费为止，通过成熟形成发酵香肠的特有风味。

(7) 包装　为了便于运输和贮藏，保持产品的颜色和避免脂肪氧化，成熟以后的香肠通常要进行包装。真空包装是最常用的包装方法。不足之处是真空包装后由于产品中的水分会向表面扩散，打开包装后，导致表面霉菌和酵母菌快速生长。

三、发酵西式火腿

（一）工艺流程

原料肉选择与处理→绞制→腌制→斩拌→接种菌种→装模压缩→发酵→蒸煮→冷却出模包装。

（二）配方

菌种1%［植物乳杆菌（Lp）：双发酵乳杆菌（Lb）=1∶1］，瘦肉：75%，肥膘：25%；其他辅料（占肉重的质量分数）：白糖2%，食盐2.5%，味精0.15%，D-异抗坏血酸钠0.2%，亚硝酸盐0.15g/kg，白胡椒粉0.12%，红曲色素0.003%，淀粉3%，大豆分离蛋白0.2%，料酒0.5mL，桂皮粉0.8%。

（三）工艺要点

1. 原料肉的选择处理绞制

选择非疫区、健康的原料鲜肉，除去结缔组织、筋腱、肌膜等后，利用绞肉机绞碎待用。

2. 腌制

采用4℃以下的低温进行腌制，保证处于低温状态。目的为了使肉的粘着力提高，使香辛料充分地进入肉中，提高肉制品的风味。

3. 斩拌、接种

在斩拌的同时，要加入冰水以保证肉温处于低温，同时加入淀粉、大豆分离蛋白、肥膘，斩拌到适当的程度后，按照1%的接种量接种。

4. 装模压缩、发酵

将接种后的肉馅装入火腿模具中压模成型，然后放入恒温培养箱中，在38℃条件下，恒温培养发酵，适当的时间后取出（一般达到适口的酸度时，常用pH的大小表示为5.2~5.4）。

5. 蒸煮

采用85~90℃的水温进行蒸煮1~1.5 h至熟。

（四）产品质量（符合GB 2726—2016）

色泽鲜艳、上色稳定，滋味和风味俱佳，具有特有的发酵芳香，紧实、爽口，有一定的咬劲，切面紧实、具有弹性。

复习思考题

1. 发酵肉制品的概念和分类。
2. 发酵剂的种类及选择方法。
3. 叙述发酵香肠一般加工技术。
4. 叙述发酵西式火腿加工技术。

任务七 肉类罐头制品的加工

一、 肉类罐头的基本知识

（一） 罐头的种类

1. 清蒸类罐头

原料经初步加工后，不经烹调而直接装罐制成的罐头。它的特点是最大限度地保持各种肉类的特有风味。如原汁猪肉、清蒸牛肉、白切鸡等罐头。

2. 调味类罐头

原料肉经过整理、预煮或油炸、烹调后装罐，加入调味汁液而制成的罐头。这类罐头按烹调方法及加入汁液的不同，可分为红烧、五香、豉汁、浓汁、咖喱、茄汁等类别。它的特点是具有原料和配料特有的风味和香味，色泽较一致，块形整齐。如红烧扣肉、咖喱牛肉、茄汁兔肉罐头等。调味类罐头是肉类罐头品种中数量最多的一种。

3. 腌制类罐头

将原料肉整理，用食盐、硝酸盐、白糖等辅料配制而成的混合盐进行腌制后，再经过加工制成的罐头。这类产品具有鲜艳的红色和较高的保水性，如午餐肉、咸牛肉、猪肉火腿等。

4. 烟熏类罐头

处理后的原料经腌制、烟熏后制成的罐头。有鲜明的烟熏味，如西式火腿、烟熏肋条等。

5. 香肠类罐头

肉腌制后再加入各种辅料，经斩拌制成肉糜，然后装入肠衣，经烟熏、预煮再装罐制成的罐头。

6. 内脏类罐头

将猪、牛、羊的内脏及副产品，经处理调味或腌制加工后制成的罐头即为内脏类罐头。如猪舌、牛舌、猪肝酱、牛尾汤、卤猪杂等罐头。

（二） 罐头容器的选用和处理

1. 听装罐头

是采用金属罐为容器进行装罐和包装的罐头。金属罐中目前最常用的材料是镀锡薄钢板以及涂料铁等，其次是铝材以及镀铬薄钢板等。

（1）镀锡薄钢板 是一种具有一定金属延伸性、表面经过镀锡处理的低碳薄钢板。镀锡板是它的简称，俗称马口铁。现在用于制罐的镀锡板都是电镀锡板，即由电镀工艺镀以锡层的镀锡板。它与过去用热浸工艺镀锡的热浸镀锡板相比，具有镀锡均匀，耗锡量低，质量稳定，生产率高等优点。镀锡板由钢基、锡铁合金层、锡层、氧化膜和油膜等构成。

（2）涂料铁　用镀锡板罐作食品罐头时，有些食品容易与镀锡板发生作用，引起镀锡板腐蚀，这种腐蚀主要是电化学腐蚀。其次是化学性腐蚀，在这种情况下，单凭镀锡板的镀锡层显然不能保护钢基，这就需在镀锡板表面设法覆盖一层安全可靠的保护膜，使罐头内容物与罐壁的镀锡层隔绝开。还可采取罐头内壁涂料的方法，即在镀锡板用于内壁的一面涂印防腐耐蚀涂料，并加以干燥成膜。对于铝制罐和镀铬板罐，为了提高耐蚀性，内壁均需要涂料。

（3）镀铬薄板　是指表面镀铬和铬的氧化物的低碳薄钢板。镀铬板是20世纪60年代初为减少用锡而发展的一种镀锡板代用材料。镀铬板耐腐蚀性较差，焊接困难，现主要用于腐蚀性较小的啤酒罐、饮料罐以及食品罐的底、盖等，接缝采用熔接法和黏合法接合，它不能使用焊锡法。镀铬板需经内外涂料使用，涂料后的镀铬板，其涂膜附着力特别优良，宜用于制造底盖和冲拔罐，但它封口时封口线边缝容易生锈。

（4）铝合金薄板　为铝镁、铝锰等合金经铸造、热轧、冷轧、退火等工序制成的薄板。其优点为轻便、美观、不生锈。用于鱼类和肉类罐头，无硫化铁和硫化斑，用于啤酒罐头无发浑和风味变化等现象。缺点为焊接困难，对酸和盐耐蚀性较差，所以需涂料后使用。

（5）焊料及助焊剂　目前使用的金属罐容器中，使用量最大的是镀锡板的三片接缝罐。三片罐身接缝必须经过焊接（或黏接），才能保证容器的密封。焊接工艺中现在基本上采用电阻焊。

（6）罐头密封胶　罐头密封胶固化成膜作为罐藏容器的密封填料，填充于罐底盖和罐身卷边接缝中间，当经过卷边封口作业后，由于其胶膜和二重卷边的压紧作用将罐底盖和罐身紧密结合起来。它对于保证罐藏容器的密封性能，防止外界微生物和空气的侵入，使罐藏食品得以长期贮藏而不变质是很重要的。

罐头密封胶除了能起密封作用外，必须适合罐头生产上一系列机械的、化学的和物理的工艺处理要求，同时还必须具备其他一系列特殊条件。具体要求如下：

① 要求无毒无害，胶膜不能含有对人体有害的物质；

② 要求不含有杂质，并应具有良好的可塑性，便于填满罐底盖与罐身卷边接缝间的孔隙，从而保证罐头的密封性能；

③ 与板材结合应具有良好的附着力及耐磨性能；

④ 胶膜应有良好的抗热、抗水、抗油及抗氧化等耐腐蚀性能。

作为罐藏容器的密封填料，除了某些玻璃罐的金属盖上使用塑料溶胶制品外，基本上均使用橡胶制品。目前就我国来说，密封胶几乎全部采用天然橡胶，而不用合成橡胶，因为我国在合成橡胶的制造上和选用上还有困难。但在国际上则以采用合成橡胶为主，因其性能易于控制，使用方便。

2. 玻璃瓶罐头

玻璃瓶罐头是采用玻璃瓶罐为容器进行装罐和包装的罐头。玻璃罐（瓶）是以玻璃作为材料制成，玻璃为石英砂（硅酸）和碱即中性硅酸盐熔化后在缓慢冷却中形成的非晶态固化无机物质。玻璃的特点是透明、质硬而脆、极易破碎。使用玻璃罐用于包装食品既有优点，也有许多缺点。其优点为：

① 玻璃的化学稳定性较好，和一般食品不发生反应，能保持食品原有风味，而且清洁卫生；

② 玻璃透明，便于消费者观察内装食品，以供选择；

③ 玻璃罐可多次重复使用，甚为经济。

玻璃罐存在的缺点为：

① 机械性能很差，易破碎，耐冷、热变化的性能也差，温差超过60℃时容易发生破裂。加热或冷却时温度变化必须缓慢、均匀地上升或下降，在冷却中比加热时更易出现破裂问题。

② 导热性差，玻璃的热导率为铁的1/60，铜的1/1000。它的比热容较大，0~100℃时为0.722kJ/（kg·℃），为铁皮的1.5倍。因此，杀菌冷却后玻璃罐所装食品的质量比铁罐差。

③ 玻璃罐比同样体积的铁罐重4~4.5倍，因而它所需的运输费用较大，故玻璃罐在罐头食品中的应用受到一定的限制。

3. 软罐头

软罐头是指高压杀菌复合塑料薄膜袋装罐头，是用复合塑料薄膜袋装置食品，并经杀菌后能长期贮藏的袋装食品称作软罐头。它质量轻，体积小，开启方便，耐贮藏，可供旅游、航行、登山等需要。国外目前已大量投入生产，代替了一部分镀锡薄板或涂料铁容器，以后还将有更大的发展。

（1）复合薄膜的构成　这种复合塑料薄膜通常采用三种基材黏合在一起。外层是12μm左右的聚酯，起到加固及耐高温的作用。中层为9μm左右的铝箔，具有良好的避光、阻气、防水性能。内层为70μm左右的聚烯烃（改性聚乙烯或聚丙烯），符合食品卫生要求，并能热封。

由于软罐头采用的复合薄膜较薄，因此杀菌时达到食品要求的温度时间短，可使食品保持原有的色、香、味；携带食用方便；由于使用铝箔，外观具有金属光泽，印刷后可增加美观。但目前缺乏高速灌装热封的机械设备，生产效率低，一般为30~60袋/min。

（2）软罐头的特点　能进行超高温135℃杀菌，实现高温短时间杀菌；不透气及水蒸气，内容物几乎不发生化学作用，能较长期地保持内容物的质量；袋薄，接触面积大，传热性好，它可以缩短加热时间；密封性好，不透水、氧、光；食用方便，容易开启，包装美观。

二、 肉类罐头的加工工艺

（一） 原料选择与预处理

1. 原料选择

原料应选用符合卫生标准的鲜肉或冷冻肉。

2. 原料预处理

畜肉的预处理包括洗涤、剔骨、去皮（或不去骨皮）、去淋巴及切除不宜加工的部分。

原料剔骨前应用清水洗涤，除尽表面污物，然后分段。猪半胴体分为前、后腿及肋条三段；牛半胴体沿第 13 根肋骨处横截成前腿和后腿两段；羊肉一般不分段，通常为整片或整只剔骨。分段后的肉分别剔除脊椎骨、肋骨、腿骨及全部硬骨和软骨，剔骨时应注意肉的完整，避免碎肉及碎骨渣。若要留料，如排骨、圆蹄、扣肉等原料，则在剔骨前或以后按部位选取切下留存。去皮时刀面贴皮进刀，要求皮上不带肥肉，肉上不带皮，然后按原料规格及要求割除全部淋巴、筋腱、大血管和病灶等，并除净表面油污、毛及其他杂质。

禽则先逐只将毛拔干净，然后切去头，颈可留 7 ~ 9cm 长，割除翅尖、两爪，除去内脏及肛门等。去骨家禽拆骨时，将整只家禽用小刀割断颈皮，然后将胸肉划开，拆开胸骨，割断腿骨筋，再将整块肉从颈沿背部往后拆下，注意不要把肉拆碎和防止骨头拆断，最后拆去腿骨。

（二） 原料的预煮和油炸

肉罐头的原料经预处理后，按各产品加工要求，有的要腌制，有的要预煮和油炸。预煮和油炸是调味类罐头加工的主要环节。

1. 预煮

预煮前按制品的要求，切成大小不等的块形。预煮时一般将原料投入沸水中煮制 20 ~ 40min，要求达到原料中心无血水为止。加水量以淹没肉块为准，一般为肉重的 1.5 倍。经预煮的原料，其蛋白质受热后逐渐凝固，肌浆中蛋白质发生不可逆的变化成为不溶性物质。随着蛋白质的凝固，亲水的胶体体系遭到破坏则失去持水能力而发生脱水作用。由于蛋白质的凝固，肌肉组织紧密变硬，便于切块。同时，肌肉脱水后对成品的固形物量提供了保证。此外，预煮处理能杀灭肌肉上的部分微生物，有助于提高杀菌效果。

2. 油炸

原料肉预煮后，即可油炸。经过油炸产品脱水上色，增加产品风味，油炸后肉类失重约 28% ~ 38%。油炸方法一般采用开口锅放入植物油加热，然后根据锅的容量将原料分批放入锅内进行油炸，油炸温度为 160 ~ 180℃。油炸时间根据原料的组织密度、形状、肉块的大小、油温和成品质量要求等而有所不同，一般为

3～10min。大部分产品在油炸前都要求涂上稀糖色液，经油炸后，其表面呈金黄色或酱红色。

（三）装罐

原料肉经预煮和油炸后，要迅速装罐密封。原汁、清蒸类以及生装产品，主要是控制好肥瘦、部位搭配、汤汁或猪皮粒的加量，以保证固形物的含量达到要求。装罐时，要保证规定的重量和块数。装罐前食品须经过定量后再装罐，定量必须准确，同时还必须留有适当的顶隙，顶隙的大小直接影响着罐头食品的容量、真空度的高低和杀菌后罐头的变形。顶隙一般的标准在6.4～9.6mm。还要保持内容物和罐口的清洁，严防混入异物，并注意排列上的整齐美观。

目前，装罐多用自动或半自动式装罐机，速度快，称量准确，节省人力，但小规模生产和某些特殊品种仍需用人工装罐。

（四）排气与封罐

1. 排气

排气是指罐头在密封前或密封同时，将罐内部分空气排除掉，使罐内产生部分真空状态的措施。

（1）排气的作用　排气的作用是防止杀菌时及贮藏期间内容物氧化，避免香味及营养的损失；减少罐内压力，加热杀菌时不致发生大压力使罐头膨胀或影响罐缝的严密度，便于长期贮存。

（2）排气的方法　排气方法有加热排气和机械排气两种。加热排气是把装好食品的罐头，借助蒸汽排气，罐头厂广泛采用链带式或齿盘式排气箱。链带式排气箱由机架、箱体、箱盖、方框输罐链、蒸汽喷管、四级变速箱所组成。装罐后，从一端进入排气箱，箱底两侧的蒸汽喷射管，由阀门调节喷出蒸汽，达到预定的温度时开始排气，然后由链带输送到一端封口。排气温度和时间，可由阀门和变速箱调节。链带式排气箱结构简单，造价低廉，适用于多种罐型。机械排气在大规模生产罐头时都使用真空封罐机，抽真空与封罐同时在密闭状态下进行。抽真空采用水杯式真空泵，封罐后真空度为46.65～59.99kPa。

2. 封罐

封罐就是排气后的罐头用封口机将罐头密封住，使其形成真空状态，以达到长期贮藏。封罐所用的机械称为封罐机。根据各种产品的要求，选择不同的封罐机，按构造和性能可分为手板封罐机、半自动封罐机、自动封罐机和真空封罐机。手板封罐机结构简单，由机身、传动装置、旋转压头、封口辊轮、托底板及轴、按压手柄、脚踏板等组成。将罐头置于旋转压头与托封40罐。自动封罐机，封罐速度快，密封性能好，但结构较复杂，要有较熟练技术方能操作。

（五）杀菌

1. 杀菌的意义

罐头杀菌的目的是杀死食品中所污染的致病菌、产毒菌、腐败菌，并破坏食物中的酶，使食品贮藏一定时间而不变质。在杀菌的同时，又要求较好地保持食品的形态、色泽、风味和营养价值。

2. 杀菌的方法

肉类罐头属于低酸性食品，常采用加压蒸汽杀菌法，杀菌温度控制在112～121℃。杀菌过程可划分为升温、恒温、降温三个阶段，其中包括温度、时间、反压三个主要因素；不同罐头制品杀菌工艺条件不同，湿度、时间和反压控制不一样。

目前，我国大部分工厂均采用静置间歇的立式或卧式杀菌锅，罐头在锅内静止不动，始终固定在某一位置，通入一定压力的蒸汽，排除锅内空气及冷凝水后，使杀菌器内的温度升至112～121℃进行杀菌。为提高杀菌效果，现常采用旋转搅拌式灭菌器。这种方法改变了过去罐头在灭菌器内静置的方式，加快罐内中心温度上升，杀菌温度也提高到121～127℃，缩短了杀菌时间。

罐头经高温高压杀菌处理，由于罐内食品和气体的膨胀，水分汽化等原因，罐内会产生很大的压力，因而罐头在杀菌过程中，有时发现罐头变形、突角、瘪罐等。特别是一些大而扁的罐形，更易产生这种现象。除杀菌过程中采用空气加压或水浴加压防止外，杀菌后的降压和降温过程中，采用反压降温冷却，是十分重要的措施。

反压冷却操作：杀菌完毕在降温降压前，首先关闭一切泄气旋塞，打开压缩空气阀，使杀菌锅内保持稍高于杀菌压力，关闭蒸气阀，再缓慢地打开冷却水阀。当冷却水进锅时，必须继续补充压缩空气，维持锅内压力较杀菌压力高21～28kPa。随着冷却水的注入，锅内压力逐步上升，这时应稍打开排气阀。当锅内冷却水快满时，根据不同产品维持一段反压时间，并继续打入冷却水至锅内水注满时，打开排水阀，适当调节冷却水阀和排水阀，继续保持一定的压力至罐头冷却到38～40℃时，关闭进水阀，排出锅内的冷却水，在压力表降至零度时，打开锅盖取出罐头。

（六）冷却

罐头杀菌后，罐内食品仍保持很高的温度，所以为了消除多余的加热作用，避免食品过烂和维生素的损失及制品色、香、味的恶化，应该立即进行冷却。杀菌后冷却速度越快，对于食品的质量影响越小，但要保持容器在这种温度变异中不会受到物理破坏。

冷却的方法，按冷却时的位置，可分为锅内冷却和锅外冷却；按冷媒介质，可分为水冷却和空气冷却。空气冷却速度极其缓慢，除特殊要求很少应用。水冷却法是肉类罐头生产中使用最普遍的方法，其又分为喷水冷却和浸水冷却，喷冷方式较好。对于玻璃罐或扁平面体积大的罐型，宜采用反压冷却，可防止容器变形或跳盖爆破，特别是玻璃罐。冷却速度不能过快，一般用热水或温水分段冷却（每次温差不超过25℃），最后用冷水冷却。冷却必须充分，如未冷却立即入库，产品色泽变深，影响风味。肉罐头冷却到39~40℃时，即可认为完成冷却工序，这时利用罐体散发的余热将罐外附着的少量水分自然蒸发掉，可防止生锈。

（七）检验与贮藏

罐头在杀菌冷却后，必须经过成品检查以便确定成品的质量和等级。目前我国规定肉类罐头要进行保温检查，其温度为55℃，保温7昼夜。如果杀菌不充分或其他原因有细菌残留在罐内时，一遇适当温度，就会繁殖起来，使罐头变质。在保温终了，全部罐头进行一次检查。检查罐头密封结构状况，罐头底盖状态；用打检棒敲击声音判断质量，最后将正常罐与不良罐分开处理。

罐头经检验合格后，在出厂前，一般还要涂擦、粘贴商标和装箱。罐头贮藏的适宜温度为0~10℃，不能高于30℃，也不要低于0℃。贮藏间相对湿度应在75%左右，并避免与吸湿的或易腐败的物质放在一起，防止罐头生锈。

三、肉类罐头加工

（一）原汁猪肉罐头

原汁猪肉罐头最大限度地保持原料肉特有的色泽和风味，产品清淡，食之不腻，深受群众喜爱。

1. 工艺流程

原料肉的处理→切块→制猪皮粒→拌料→装罐→排气和密封→杀菌和冷却→成品。

2. 原料辅料

猪肉100kg，食盐0.85kg，白胡椒粉0.05kg，猪皮粒4~5kg。

3. 工艺要点

（1）原料肉的处理　除去毛污、皮，剔去骨，控制肥膘厚度在1~1.5cm，保持肋条肉和腿部肉块的完整，除去颈部刀口肉、奶脯肉及粗筋腱等组织。将前腿肉、肋条肉、后腿肉分开放置。

（2）切块　将猪肉切成3.5~5cm小方块，大小要均匀，每块重50~70g。

（3）制猪皮粒　取新鲜的猪背部皮，清洗干净后，用刀刮去皮下脂肪及皮面污垢，然后切成5~7cm宽的长条，放在-5~-2℃条件下冻结2h，取出用绞肉机绞碎，绞板孔2~3mm，绞碎后置冷库中备用。这种猪皮粒装罐后可完全溶化。

（4）拌料　对不同部位的肉分别与辅料拌匀，以便装罐搭配。

（5）装罐　内径99mm，外高62mm的铁罐，装肥瘦搭配均匀的猪肉5~7块，约360g，猪皮粒37g。罐内肥肉和溶化油含量不要超过净重30%，装好的罐均需过秤，以保证符合规格标准和产品质量的一致。

（6）排气和密封　热力排气：中心温度不低于65℃。抽气密封：真空度约70. 65kPa 左右。

（7）杀菌和冷却　密封后的罐头应尽快杀菌，停放时间一般不超过40min。杀菌后立即冷却至40℃左右。

4. 产品质量（见表1－48，符合 GB/T 13513—1992）

表1－48　原汁猪肉罐头产品质量

项目	优级品	一级品	合格品
色泽	肉色正常、在加热状态下，汤汁呈淡黄色至淡褐色，允许稍有沉淀	肉色较正常，在加热状态下，汤汁呈淡黄色至淡褐色，允许有少量沉淀	肉色尚正常，在加热状态下，汤汁呈淡褐色至褐色，允许有沉淀
滋味、气味	具有原汁猪肉罐头应有的滋味及气味，无异味		
组织形态	肉质软硬适度，每罐装5～7块，块形大小大致均匀，允许添称小块不超过2块	肉质软硬较适度，每罐装4～7块，块形大小较均匀，允许添称小块不超过2块	肉质软硬尚适度，块形大小尚均匀，允许有添称小块

（二）红烧牛肉罐头

1. 工艺流程

原料选择及修整→预煮→配汤→装罐→排气及密封→杂菌及冷却→成品。

2. 原料辅料

牛肉150kg，骨汤100kg，食盐4. 23kg，酱油9. 7kg，白糖12kg，黄酒12kg，味精240g，琼脂0. 73kg，桂皮60g，姜120g，八角50g，花椒22g，大葱0. 6kg，植物油适量。

3. 工艺要点

（1）原料选择及修整　选去皮剔骨牛肉，除去淋巴结、大的筋腱及过多的脂肪，然后用清水洗净，切成5cm宽的长条。

（2）预煮　将切好的肉条放入沸水中煮沸15min左右，注意撇沫和翻锅，煮到肉中心稍带血色即可，捞出后，把肉条切成厚1cm、宽3～4cm小的肉块。

（3）配汤　先将辅料中的香辛料与清水入锅同煮，煮沸约30min，然后舀出过滤即成香料水。把琼脂与骨汤一起加热，待琼脂全部溶化，再加入其他辅料和香料水，一起煮沸，临出锅时加入黄酒及味精，舀出过滤后即成装罐用汤汁。

（4）装罐 净重312g/罐，内装牛肉190g，汤汁112g，植物油10g。

（5）排气及密封 抽气密封，真空度53.33kPa以上。

（6）杀菌及冷却，冷却至40～45℃即可。

4. 产品质量（见表1-49，符合QB 1363—1991）

表1-49 红烧牛肉罐头产品质量

项目	优级品	一级品	合格品
色泽	肉呈酱红色或棕红色，有光泽	肉呈酱红色或棕红色，稍有光泽	肉呈酱红色或棕红色
滋味、气味	具有红烧牛肉罐头应有的滋味及气味，无异味		
组织形态	组织柔嫩，软硬适度；块形大小大致均匀，允许添称小块1块；不允许粗组织膜及淤血存在	组织柔嫩，软硬适度；块形大小较均匀，允许添称小块2块；不允许粗组织膜及淤血存在	组织柔嫩，软硬适度；块形大小尚均匀，允许添称小块2块；允许个别肉块有粗组织膜及淤血存在

（三）红烧排骨罐头

1. 工艺流程

原料处理→配料及调味→装罐→排气及密封→杀菌及冷却→成品。

2. 原料辅料

猪肋排100kg，食盐3kg，酱油17.5kg，白糖6.25kg，味精315g，黄酒1.5kg，酱色0.5kg，桂皮125g，花椒125g，八角25g，生姜375g，骨汤100kg。

3. 工艺要点

（1）原料处理 将洗净的肋排每隔二根排骨斩成条，然后斩成4～5cm长的小块。放入180～220℃的油锅中炸3～5min，炸至表面金黄色时捞出。

（2）配料及调味 将香辛料加水熬煮4h以上，得香料水2kg，过滤备用。把除黄酒外的全部辅料与过滤后的香料水混合并加热煮沸，临出锅时加入黄酒，每锅汤汁约得125kg，趁热装罐。

（3）装罐 内径99mm、外高62mm的圆罐，净重397g/罐，内装排骨285～295g，汤汁112～102g。

（4）排气及密封 抽气密封，真空度53.33～66.65kPa，排气密封中心温度80℃以上。

（5）杀菌及冷却。

4. 产品质量（见表1-50，符合QB 1606—1992）

表1-50 红烧排骨罐头产品质量

项目	优级品	一级品	合格品
色泽	肉色正常，肉呈酱红色至黄褐色，有光泽	肉色正常，肉呈酱红色至黄褐色，较有光泽	肉色正常，肉呈酱红色至深黄褐色
滋味、气味	具有猪排经油炸调味制成的红烧排骨罐头应有的滋味及气味，无异味		
组织形态	肉质软硬适度，块形大小大致均匀，排骨肉层厚度5 mm以上，骨肉不分离。形态规格分两种：256g装每块带肋骨两根，长30~50 mm，允许搭配添称带骨1~2根的肋排、软骨、带骨或不带骨的肉块共不超过2块；397g装每块肋骨2~3根，长40~60mm，允许搭配脊椎排一块，添称的软骨、带骨或不带骨的肉块共不超过2块	肉质软硬适度，块形大小较均匀，排骨肉层厚度5mm以上，个别块允许骨肉分离。形态规格分两种：256g装每块带肋骨两根，长30~50mm，允许搭配添称；带骨1~3根的肋排、椎骨、带骨或不带骨的肉块共不超过2块；397g装每块肋骨2~3根，长40~60mm，允许搭配脊椎排1~2块，添称的软骨、带骨或不带骨的肉块共不超过3块	肉质软硬适度，块形大小尚均匀，排骨肉层厚度5mm以上，允许骨肉分离。每块带肋骨2~3根，长30~50mm或40~60mm，允许搭配添称的软骨、椎骨、带骨或不带骨的肉块

（四）午餐肉罐头

午餐肉罐头为一种肉糜制品，如猪肉、羊肉、牛肉、午餐肉、火腿午餐肉、咸肉午餐肉等。现以猪肉为例介绍午餐肉罐头的加工技术。

1. 工艺流程

原料处理→腌制→绞肉斩拌→搅拌→装罐→排气及密封→杀菌及冷却→成品。

2. 原料辅料

猪肥瘦肉30kg，净瘦肉70kg，淀粉11.5kg，玉果粉58g，白胡椒粉190g，冰屑19kg，混合盐2.5kg（混合盐配料为：食盐98%、白糖1.7%、亚硝酸钠0.3%）。

3. 工艺要点

（1）原料处理　选用去皮剔骨猪肉，去净前后腿肥膘，只留瘦肉，肋条肉去除部分肥膘，膘厚不超过2cm，成为肥瘦肉，经处理后净瘦肉含肥膘为8%~10%，肥瘦肉含膘不超过60%，在夏季生产午餐肉，整个处理过程要求室内温度在25℃以下，如肉温超过15℃需先行降温。

（2）腌制　净瘦肉和肥瘦肉应分开腌制，各切成3~5cm小块，分别加入2.5%的混合盐拌匀后，放入缸内，在0~4℃温度下腌制2~4h，至肉块中心腌透呈红色，肉质有柔滑和坚实的感觉为止。

（3）绞肉斩拌　净瘦肉使用双刀双绞板进行细绞（里面一块绞板孔径为

9～12mm，外面一块绞板孔径为3mm），肥瘦肉使用孔径7～9mm绞板的绞肉机进行粗绞。

将全部绞碎肉倒入斩拌机中，并加入冰屑、淀粉、白胡椒粉及玉果粉进行斩拌3min，取出肉糜。

（4）搅拌　将上述斩拌肉一起倒入搅拌机中，先搅拌20s左右，加盖抽真空，在真空度66.65～80.00kPa情况下搅拌1min左右。若使用真空斩拌机则效果更好，不需真空搅拌处理。

（5）装罐　内径99mm，外高62mm的圆罐，装397g，不留顶隙。

（6）排气及密封　抽气密封，真空度约40.00kPa。

（7）杀菌及冷却　杀菌温度121℃，杀菌时间按罐型不同，一般为50～150min。杀菌后立即冷却到40℃以下。

4. 产品质量（见表1－51，符合QB 1353—1991）

表1－51　午餐肉罐头产品质量

项目	优级品	一级品	合格品
色泽	呈鲜艳的粉红色	切面呈淡粉红色，允许表面略带黄色	切面呈浅粉红色，表面无严重变色
滋味、气味	具有午餐肉罐头应有的滋味及气味，无异味		
组织形态	组织紧密细嫩，有良好的弹性感；表面平整，无缺角，不粘罐；切面有明显的粗纹火腿夹花；脂肪和胶冻析出量不超过净重的0.5%；允许有小气孔	组织紧密，有弹性感；表面较平整，略有收腰，缺角不大于周长30%，粘罐不大于总面积15%；切面有较明显的粗纹火腿夹花；脂肪和胶冻析出量不超过净重的1%；允许有小气孔	组织尚紧密；表面尚平整，允许有收腰，缺角不大于周长40%，粘罐不大于总面积30%；切面有粗纹火腿夹花；脂肪和胶冻析出量不超过净重的2.5%；允许有小气孔

复习思考题

1. 肉类罐头的种类有哪些？
2. 肉类罐头容器的要求有哪些？
3. 肉类罐头杀菌的意义及方法。
4. 简述肉类罐头生产的基本工艺过程。
5. 试述肉类罐头加工技术以午餐肉罐头为例。

模块二 乳品加工技术

乳品是一种营养丰富的食品，含有大量蛋白质、维生素、矿物质和脂肪，而且容易消化吸收，可提供全面均衡的营养素，为人体健康和生长发育提供物质基础。据第四次全国营养调查结果，我国膳食供应最感不足的营养素是钙、维生素A和维生素B_2，而乳制品正是这几种营养素的最佳来源或良好来源。中国乳业起步晚，起点低，但发展迅速。未来全球乳业的快速增长主要依靠市场消费拉动，而中国拥有13亿人口，是世界最大的消费市场。目前我国居民平均每人每年摄入牛乳约10kg，而全球人均为100kg，欧美发达国家达到300kg，与我国相邻的日本、韩国人均消费也在80kg左右，我国牛乳消费有较大的增长潜力，乳制品行业被社会称为“朝阳”产业。乳制品是指以生鲜牛（羊）乳及其制品为主要原料，经加工而制成的各种产品。包括：液体乳类（杀菌乳、灭菌乳、酸牛乳、配方乳）；乳粉类（全脂乳粉、脱脂乳粉、全脂加糖乳粉和调味乳粉、婴幼儿配方乳粉、其他配方乳粉）；炼乳类（全脂无糖炼乳、全脂加糖炼乳、调味/调制炼乳、配方炼乳）；乳脂肪类（稀奶油、奶油、无水奶油）；干酪类（原干酪、再制干酪）；其他乳制品类（干酪素、乳糖、乳清粉等）。该模块的设置，目的是让学生深入了解乳品的基本概念，生鲜乳消毒处理及质量评价，酸乳、炼乳、乳粉等乳制品的加工生产技术，并通过实践教学，培养学生一定的实际动手能力。

项目一　原料乳的质量评定

知识目标

1. 乳的化学成分及每种成分的存在的状态；
2. 乳的物理性质与胶体性质；
3. 乳和乳制品中的微生物及微生物的作用；
4. 乳及乳制品的微生物污染的类型及其来源。

技能目标

1. 掌握牛乳中各种成分的正常含量；
2. 掌握乳中有害微生物的来源并能控制有害微生物的污染；
3. 掌握乳的巴氏杀菌或超高温瞬时杀菌技术。

任务一　乳的化学成分

牛乳成分一般分为水分和乳干物质两大部分，而乳干物质又分为脂质和无脂干物质；另一种分类方法是将牛乳分为有机物和无机物，有机物又分为含氮化合物和无氮化合物，如图 2－1 所示。

一、水分

水是乳中的主要组成部分，占 87%～89%。乳中的水可分为自由水、结合水、膨胀水和结晶水；自由水是乳中主要水分，即一般的常水，具有常水的性质，而结合水、膨胀水和结晶水则不同，在乳中具有特殊的性质和作用。

1. 结合水

结合水占 2%～3%，以氢键和蛋白质的亲水基或与乳糖及某些盐类结合存在，不溶解其他物质，在通常水结冰的温度下不结冰。在乳粉生产中任何环节也不能得到绝对无水的产品，故需要保留一部分结合水。

2. 膨胀水

膨胀水存在于凝胶粒结构的亲水性胶体内，胶粒膨胀程度不同，膨胀水的含

- 牛乳
  - 水分
  - 乳干物质
    - 脂质
      - 脂肪
      - 磷脂质：卵磷脂、脑磷脂、神经磷脂
      - 脂溶性维生素：维生素A、维生素D、维生素E、维生素K、胡萝卜素
      - 胆固醇
    - 无脂干物质
      - 蛋白质：乳蛋白、酪蛋白、乳白蛋白、乳球蛋白、非蛋白态氮化合物
      - 糖 类：乳糖、葡萄糖
      - 矿物质：主要含钙、磷、钾、氯；少量含钠、镁、硫、铁；微量含锌、铝、铜、硅、碘；痕量含锰、钼、锂、锶、硼、氟
      - 色 素：胡萝卜素、叶黄素
      - 水溶性维生素：维生素B_1、维生素B_2、维生素B_6、维生素B_{12}、维生素C、烟酸、泛酸、生物素、叶酸
      - 酶 类：解酯酶、磷酸酶、过氧化氢酶、过氧化物酶、还原酶、蛋白酶等
      - 气 体：二氧化碳、氮
      - 细 胞：乳房内部表皮细胞、白血球等

图2－1 牛乳组成

量也有所不同，中性盐类、酸度、温度以及凝胶的挤压程度等会影响膨胀程度。

3. 结晶水

结晶水存在于结晶性化合物中。当生产乳粉、炼乳以及乳糖等产品而使乳糖结晶时，就可以发现含结晶水的乳制品，即乳糖中含有1分子的结晶水（$C_{12}H_{22}O_{11} \cdot H_2O$）。

二、气体

生乳中含有一定量气体，其中主要为CO_2、O_2及N_2等。细菌繁殖后，其他的气体如H_2、CH_4等也都在乳中产生。刚挤出的牛乳含气量较高，其中以CO_2最多，N_2次之，O_2最少，所以乳品生产中的原料乳不能用刚挤出的乳检测其密度和酸度。

三、乳干物质

将乳干燥到恒重时所得到的残余物即为乳中干物质。在乳的含量中为11%～13%。除干燥时的水及随水蒸气挥发的物质以外，干物质中含有乳的全部成分。乳中干物质的数量随乳成分的百分含量而异，尤其是乳脂肪，在乳成分中是一个不太稳定的成分，对干物质数值有很大的影响。因此，在实际生产中常不用干物

质而用无脂干物质作为指标。干物质实际上说明乳的营养价值，在生产中计算制品的生产率时，都需要用干物质（或无脂干物质）这一数值。

乳的相对密度、含脂率和干物质含量之间存在着一定的对应关系。根据这三个数值之间的关系，即可以计算出干物质和无脂干物质的含量。

设 m_F 为脂肪质量，（$m_S - m_F$）为无脂干物质的质量，（$100 - m_S$）为水分，m_S 为乳的干物质量。因为100g乳的质量等于脂肪质量、无脂干物质质量及水分质量之和。三者之间的关系可用下式表示：

$$m_F + (m_S - m_F) + (100 - m_S) = 100$$

如果已知乳的相对密度（d_1）、脂肪相对密度（d_2）、无脂干物质相对密度（d_n）和水的相对密度（d_3）时，那么代入上述方程式即可求出100g乳的容积：

$$m_S = \frac{(d_n - d_2)d_3}{(d_n - d_3)d_2} \times m_F + \frac{d_n}{d_n - d_3} \times \frac{100(d_1 - d_3)}{d_1}$$

因为乳的脂肪含量和乳的相对密度可以用简单的方法测得，同时根据弗莱希曼的多次试验得出：脂肪相对密度15℃/15℃为0.93；无脂干物质的相对密度为1.6007。确定了这些数值之后，乳的干物质（m_S）可用下列方程式求得：

$$m_S = 1.2m_F + 2.665\frac{100d_1 - 100}{d_1}$$

系数1.2和2.665是取决于脂肪和无脂干物质的相对密度，也就是当脂肪的相对密度等于0.93和无脂干物质相对密度为1.6007时的系数。

但是，由于地区以及其他因素的影响，脂肪和无脂干物质的相对密度会发生差异，因此上式中的系数也需进行校正。

此外，上列公式中所采用的都是相对密度，而目前我国在乳品检验方面多采用密度（20℃/4℃），而不是用相对密度（15℃/15℃）。当用密度计算时，必须加上校正数字0.5。即弗莱希曼的公式应改为：

$$m_S = 1.2m_F + 2.665\frac{100d_1 - 100}{d_1} + 0.5$$

四、乳脂肪（fat）

乳脂质中有97%～99%的成分是乳脂肪，还含有约1%的磷脂和少量的固醇、游离脂肪酸、脂溶性维生素等。乳脂肪是中性脂肪，在牛乳中的含量平均为3.5%～4.5%，是牛乳的主要成分之一。

乳脂肪是由一个分子的甘油和三个分子相同或不同的脂肪酸所组成，形成甘油三酸酯的混合物。典型的乳脂肪组成为：

$$\begin{array}{l} CH_2OCOC_{15}H_{31} \\ | \\ CHOCOC_3H_7 \\ | \\ CH_2OCO(CH_2)_7 \cdot CH{=}CH(CH_2)_7CH_3 \end{array}$$

（一）乳脂肪球及脂肪球膜

乳中脂肪是以微小脂肪球的状态分散于乳中。呈一种水包油型的乳浊液。脂肪球表面被脂肪球膜包裹着，使脂肪在乳中保持稳定的乳浊液状态，并使各个脂肪球独立地分散于乳中。脂肪球的直径在0.1～22μm范围，平均为3μm，大部分在4μm以下，10μm以上的很少。1mL牛乳中含有2×10^9～4×10^9个脂肪球，形状呈球形或椭球形。

每一个乳脂肪球外包有一层薄膜，厚度5～10nm（$1nm=10^{-9}m$）。脂肪球被膜完整包住。膜的构成相当复杂。乳脂肪组成包括：三酸甘油酯（主要组分）、甘油酸二酯、单酸甘油酯、脂肪酸、固醇、胡萝卜素（脂肪中的黄色物质）、维生素（A、D、E、K）和其余一些痕量物质。

脂肪球膜由蛋白质、磷脂、高熔点甘油三酸酯、固醇、维生素、金属离子、酶类及结合水等复杂的化合物所构成，其中起主导作用的是卵磷脂-蛋白质络合物，有层次地定向排列在脂肪球与乳浆的界面上。

由于脂肪的相对密度为0.93，乳在静置时，脂肪球将逐渐上浮而形成稀奶油层。脂肪球的上浮速度与脂肪球半径的平方成正比。

（二）乳脂肪的脂肪酸组成和含量

乳脂肪的脂肪酸组成受饲料、营养、环境等因素的影响而变动，尤其是饲料会影响乳中脂肪酸的组成。当不给乳牛充分的饲料时，则其为了产乳而降低了自身脂肪量，结果会使牛乳中挥发性脂肪酸含量降低，而增高不挥发性脂肪酸的含量，并且增加了脂肪酸的不饱和度。一般来说，夏季放牧期时所产牛乳不饱和脂肪酸含量升高，而冬季舍饲期时所产牛乳饱和脂肪酸含量增多，所以夏季加工的奶油的熔点比较低，质地较软。

若与一般脂肪相比，乳脂肪的脂肪酸组成中，水溶性、挥发性脂肪酸含量特别高，这类乳脂风味良好且易于消化。乳脂肪的组成复杂，在低级脂肪酸中甚至检出了醋酸，另一方面也发现有C_{20}～C_{26}的高级饱和脂肪酸。一般天然脂肪中含有的脂肪酸绝大多数是碳原子为偶数的直链脂肪酸，而在牛乳脂肪中已证实含有C_9～C_{23}的奇数碳原子脂肪酸，也发现有带侧链的脂肪酸。乳脂肪的不饱和脂肪酸主要是油酸，约占不饱和脂肪酸总量的70%。

（三）乳脂肪的特性

1. 乳脂肪的特点

（1）乳脂肪中短链低级挥发性脂肪酸含量达14%左右，其中水溶性挥发脂肪酸含量高达8%（如丁酸、己酸、辛酸等），而其他动植物油中不过1%，因此乳脂肪具有特殊的香味和柔软的质体，是高档食品的原料。

（2）乳脂肪易受光、空气中的氧、热、金属铜、铁作用而氧化，从而产生脂肪氧化味。

（3）乳脂肪易在解脂酶及微生物作用下而产生水解，水解结果使酸度升高。由于乳脂肪含低级脂肪酸较多，尤其是含有酪酸（丁酸），故即使轻度水解也能产生特别的刺激性气味，即所谓的脂肪分解味。

（4）乳脂肪易吸收周围环境中的其他气味，如饲料味、牛舍味、柴油味及香脂味等；

（5）乳脂肪在5℃以下呈固态，11℃以下呈半固态。

2. 乳脂肪的理化常数

乳脂肪的理化常数取决于乳脂肪的组成与结构。乳脂肪的理化常数中比较重要的有4项，即溶解性挥发脂肪酸值、皂化价、碘价、波伦斯克值等。

溶解性挥发脂肪酸值是指中和从5g脂肪中蒸馏出来的溶解性挥发脂肪酸时所消耗的0.1mol/L KOH的体积（mL）。

皂化价是指每皂化1g脂肪酸所消耗的NaOH的质量（mg）。

碘价是指在100g脂肪中，使其不饱和脂肪酸变成饱和脂肪酸所需的碘的质量（mg）。

波伦斯克值是中和5g脂肪中挥发出的不溶于水的挥发性脂肪酸所需0.1mol/L KOH的体积（mL）。

乳脂肪的理化特点是水溶性脂肪酸值高，碘价低，挥发性脂肪酸较其他脂肪多，不饱和脂肪酸少，皂化价比一般脂肪高。

（四）磷脂

牛乳中卵磷脂、脑磷脂与神经鞘磷脂的比例为48∶37∶15。

（五）固醇

乳脂肪及其他动物性脂肪中固醇的最主要部分是胆固醇。乳中固醇含量很低（每100mL牛乳中含7~17mg），主要结合在脂肪球膜上。

五、乳糖

（一）乳糖的结构

乳糖$C_{12}H_{22}O_{11}$是一种从乳腺分泌的特有的化合物，其他动植物的组织中不含有乳糖。乳糖属双糖类，牛乳中约含4.5%，占干物质的38%~39%。兔乳含乳糖最少（约1.8%），马乳最多（约7.6%），人乳含量为6%~8%。乳的甜味主要由乳糖引起，其甜度约为蔗糖的1/6。乳糖在乳中全部呈溶解状态。

乳糖为D－葡萄糖与D－半乳糖以β－1，4键结合的双糖，又称为1，4－半乳糖苷葡萄糖。因其分子中有醛基，属还原糖。由于D－葡萄糖分子中游离苷羟基的位置不同，乳糖有α－乳糖和β－乳糖两种异构体。α－乳糖很易与一分子结晶水结合，变为α－乳糖水合物，所以乳糖实际上共有三种形态。

1. α －乳糖水合物

α－乳糖通常含有 1 分子结晶水，其无水物亦存在。α－乳糖水合物是在 93. 5℃以下的水溶液中结晶而成的。市售乳糖一般为 α－乳糖水合物。

2. α －乳糖无水物

α－乳糖水合物在真空中缓慢加热到 100℃或在 120～125℃迅速加热，均可失去结晶水而成为 α－乳糖无水物，其在干燥状态下稳定，但在有水分存在时，易吸水而成为 α－乳糖水合物。

3. β －乳糖

β－乳糖是以无水物形式存在的，是在 93. 5℃以上的水溶液中结晶而成的。β－乳糖比 α－乳糖易溶于水，且较甜。

（二）乳糖溶解度

最初溶解度：将乳糖投入水中，即刻有部分乳糖溶解，达到饱和状态时，就是 α－乳糖的溶解度。

最终溶解度：将饱和乳糖溶解液振荡或搅拌，α－乳糖可转变为 β－乳糖，再加入乳糖，仍可溶解，而最后达到的饱和点就是乳糖的最终溶解度，是 α－乳糖与 β－乳糖平衡时的溶解度。

过饱和溶解度：将上面饱和乳糖溶液于饱和温度以下冷却时，将成为过饱和溶液，此时如果冷却操作比较缓慢，则结晶不会析出，而形成过饱和状态。

乳糖的溶解度随温度的升高而增高。

乳糖酶（Lactase）的作用下也与酸水解一样可以将乳糖分解，一成一分子的葡萄糖与一分子的半乳糖。半乳糖是形成脑神经中重要成分（糖脂质）的主要来源，所以对于初生婴儿有很重要的作用，是很适宜的糖类，有利于婴儿的脑及神经组织发育。

乳糖不适症：乳糖在消化器官内经乳糖酶作用而水解后才能被吸收。随着年龄的增长，人体消化道内缺乏乳糖酶，不能分解和吸收乳糖，饮用牛乳后出现呕吐、腹胀、腹泻等不适应症。

消除乳糖不适症的方法：

（1）在乳品加工中利用乳糖酶，将乳中的乳糖分解为葡萄糖和半乳糖；

（2）利用乳酸菌将乳糖转化成乳酸而且可提高乳糖的消化吸收率，改善制品口味。

六、乳蛋白质

牛乳中的蛋白质是乳中的主要含氮物质，含量为 2. 8%～3. 8%，其中 95%是乳蛋白质，5%为非蛋白态氮。

乳蛋白质包括酪蛋白、乳清蛋白及少量脂肪球膜蛋白，乳清蛋白中有对热不稳定的乳白蛋白和乳球蛋白，还有对热稳定的小分子蛋白和胨。

牛乳蛋白质中大约含有 20 种以上的氨基酸。

（一） 酪蛋白

酪蛋白是指将脱脂乳加酸处理，在 20℃ 下调节其 pH 至 4.6 时，沉淀（聚沉）的一类蛋白质。

1. 酪蛋白的组成

酪蛋白以胶束状态存在于乳中，是以含磷蛋白质为主体的几种蛋白质的复合体。其中 α - 酪蛋白可以区分为钙不溶性和钙可溶性两部分。钙不溶性的 α - 酪蛋白，其中主要的成分称 α_{s_1} - 酪蛋白，约占总酪蛋白的 40%。另外，不属于 α_{s_1} - 酪蛋白的部分被命名为 α_{s_2} -、α_{s_3} - 等，现在 α_{s_2} -、α_{s_3} -、α_{s_4} -、α_{s_5} - 已被确认。

钙可溶性的 α —酪蛋白，有 κ - 酪蛋白和 λ - 酪蛋白。κ - 酪蛋白约占总酪蛋白的 15%。κ - 酪蛋白的含磷量虽比 α - 酪蛋白约少一半，但可以被皱胃酶直接凝固，故在利用皱胃酶凝乳时，κ - 酪蛋白有很重要的作用。κ - 酪蛋白通常与 α - 酪蛋白结合而形成一种 α - κ 酪蛋白的复合体存在。Cherbuliz 等（1950、1960）又将酪蛋白分为：α -（60%）、β -（25%）、γ -（10%）、δ -（5%）四种成分；δ - 酪蛋白不受凝乳酶的凝固作用，故乳经酶凝固后留存在乳清中。

2. 酪蛋白的性质

牛乳酪蛋白是以酪蛋白胶束状态而存在（其中包含大约 1.2% 的钙和少量的镁），另外再与磷酸钙形成复合体，称作“酪蛋白酸钙 - 磷酸钙复合体”。其中含酪蛋白酸钙 95.2%，磷酸钙 4.8%。在电子显微镜中观察，基本形成直径为 30 ~ 300nm 的球状，其中以 80 ~ 120nm 的居多数，每毫升乳中约为（5 ~ 15）× 10^{22} 个酪蛋白胶粒。

氮的含量几乎相同，主要区别在于磷的含量，α - 酪蛋白含磷特别多，所以也可以称为磷蛋白，皱胃酶的凝固主要在于磷的关系。因为 γ 酪蛋白含磷很少，所以 γ 酪蛋白几乎不能被皱胃酶所凝固。在制造干酪时，有些乳常发生软凝块或不凝的情况，这就是由于蛋白质中含磷过少的缘故。

三种不同类型的酪蛋白中含有不同的氨基酸，其中赖氨酸、缬氨酸、亮氨酸、脯氨酸在 α、β、γ 三类酪蛋白中的含量有很大区别。此水碱性的二氨基氨基酸 $[R—(NH)_2]^+$ 在三类酪蛋白中的含量为 $\alpha > \beta > \gamma$；带有二羟基的酸性氨基酸 $[R—(COOH)_2]^-$ 也是 $\alpha > \beta > \gamma$。

3. 酪蛋白胶束的结构

酪蛋白胶束，是由亚酪蛋白胶束混合构成。亚酪蛋白胶束直径 10 ~ 15nm（$1nm = 10^{-9}m$），不同的酪蛋白胶束所含有的 α_s 酪蛋白、β - 酪蛋白和 κ - 酪蛋白也不是均匀一致的。

4. 酪蛋白与酸碱的反应

酪蛋白属于两性电解质，它在溶液中既具有酸性也具有碱性，也就是说它能形成两性离子。

$$NH_3^+—R—COO^-$$

5. 酪蛋白与醛反应

酪蛋白除与酸碱能起作用外，并可与醛基反应。但由于所处环境不同，其性质也有区别。当酪蛋白在弱酸介质中与甲醛反应时，则形成亚甲基桥，可将两个分子的酪蛋白联结起来。

$$2R—NH_2 + HCHO \longrightarrow R—NH—CH_2—NH—R + H_2O$$

在上列反应式中，1g 酪蛋白约可联接 12mg 甲醛。所得的亚甲基蛋白质不溶于酸碱溶液，不腐败也不能被酶所分解。

当酪蛋白在碱性介质中与甲醛反应时，则生成亚甲基衍生物。

$$R—NH_2 + HCHO \longrightarrow R—N=CH_2 + H_2O$$

在这个反应中，1g 酪蛋白约需 24mg 甲醛。

以上这两种反应被广泛应用于塑料工业、人造纤维的生产及检验乳样的保存方面。

6. 酪蛋白与糖反应

自然界中的醛糖、葡萄糖、转化糖等与酪蛋白作用后变成氨基糖而产生芳香味。如黑面包芳香酒即有此作用。这种作用也表现于产生色素方面，可使食品具有某种颜色如黑色素。

7. 酪蛋白的酸凝固

酸凝固过程：当牛乳中加酸后 pH 达 5.2 时，磷酸钙先行分离，酪蛋白开始沉淀，继续加酸而使 pH 达到 4.6 时，钙又从酪蛋白钙中分离，游离的酪蛋白完全沉淀。在加酸凝固时，酸只和酪蛋白酸钙磷酸钙作用。所以除了酪蛋白外，清蛋白、球蛋白都不起作用。

盐酸干酪素：如加酸不足，则钙不能完全被分离，于是在干酪素中往往包含一部分的钙盐。如果要获得纯的酪蛋白，就必须在等电点下使酪蛋白凝固。

硫酸干酪素：由于硫酸钙不能溶解，因此有使灰分增多的缺点。乳酸干酪素：由于乳酸能使酪蛋白形成硬的凝块，并且稀乳酸及乳酸盐皆不溶解酪蛋白，因此乳酸是最适于沉淀酪蛋白的酸。

8. 酪蛋白的皱胃酶凝固

皱胃酶定义与作用：犊牛第四胃中所含的一种酶能使乳汁凝固，这种酶通常称为皱胃酶。皱胃酶有使乳汁从液体变为凝块，并发生收缩而排出乳清的作用。

皱胃酶的来源：取自犊牛或羔羊的第四胃，在干酪制造中，即利用皱胃酶使乳汁凝固。目前所用的皱胃酶，大多为干燥粉末状。前苏联在活的犊牛或羔羊胃中，用瘘管方法取出皱胃酶制成液体或干燥粉末。近些年，国外发达国家采用发酵技术生产出液体凝乳酶，广泛应用于乳品工业方面。

皱胃酶与胃蛋白酶的关系：是单独的两种物质，在幼畜体中是皱胃酶起作用；成年动物是胃蛋白酶起作用。皱胃酶中也存在有胃蛋白酶，但在干酪制造中，最合理的是用皱胃酶，因为胃蛋白酶能够使干酪发生不良的分解过程，有时并带有苦味。

皱胃酶的凝乳原理：皱胃酶与酪蛋白的专一性结合使牛乳凝固。

凝固两个过程：①酪蛋白在皱胃酶的作用下，形成副酪蛋白，此过程称为酶性变化；②产生的副酪蛋白在游离钙的存在下，在副酪蛋白分子间形成"钙桥"，使副酪蛋白的微粒发生团聚作用而产生凝胶体。此过程称为非酶变化。

酶凝固与酸凝固不同点：酶凝固时钙和磷酸盐并不从酪蛋白微球中游离出来。

9. 酪蛋白的钙凝固

原理：酪蛋白系以酪蛋白酸钙磷酸钙的复合体状态存在于乳中，乳汁中的钙和磷呈平衡状态存在，所以鲜乳中的酪蛋白微粒具有一定的稳定性。当向乳中加入氯化钙时，则能破坏平衡状态，因此在加热时使酪蛋白发生凝固现象。

在乳汁中甚至只需加入 0.005mol/L 氯化钙，经加热后就会使酪蛋白凝固，并且加热温度越高，氯化钙的用量也越省。经试验证明，在90℃时加入0.12% ~ 0.15% 的氯化钙即可使乳凝固。氯化钙除了使酪蛋白凝固外，乳清蛋白也能凝固。加温至 85℃时，有一部分低分子蛋白质也能沉淀。

利用氯化钙凝固乳时，如加热到 95℃时，则乳汁中蛋白质总含量的 97% 可以被利用。而此时加入氯化钙的量以每升乳加 1 ~ 1.25g 为最适宜。采用钙凝固时，乳蛋白质的利用程度，几乎要比酸凝固法高 5%，比皱胃酶凝固法约高 10% 以上。

（二） 乳清蛋白

乳清蛋白是指原料乳中去除了在 pH 4.6 等电点处沉淀的酪蛋白之外，留下的蛋白质占乳蛋白质的 18% ~20%。

乳清蛋白分为对热稳定和对热不稳定两大部分。乳清蛋白用电泳法分析又可分离成 8 种蛋白。

1. 对热不稳定的乳清蛋白

当将乳清煮沸 20 min，pH 为 4.6 ~4.7 时，沉淀的蛋白质属于对热不稳定的乳清蛋白，约占乳清蛋白的 81%，其中含有：

（1）乳白蛋白

概念：乳清在中性状态时，加入饱和硫酸铵或饱和硫酸镁进行盐析时，仍呈溶解状态而不析出的蛋白质。

分类：α－乳白蛋白、β－乳白蛋白和血清白蛋白。

含量：α－乳白蛋白约占乳清蛋白的 19.7%，β－乳白蛋白约占乳清蛋白的

43.60%，血清白蛋白约占乳清蛋白的4.7%。

特点：是富含硫，含硫量为酪蛋白的2.5倍。乳白蛋白与酪蛋白的主要区别是不含磷，加热时易暴露出—SH、—S—S—键，甚至产生 H_2S，使乳或乳制品出现蒸煮味。乳白蛋白不被凝乳酶或酸凝固，属全价蛋白质，其在初乳中含量高达10%～12%，而常乳中仅有0.5%。

（2）乳球蛋白

概念：乳清在中性状态下，用饱和硫酸铵或硫酸镁盐析时能析出，而呈不溶解状态的乳清蛋白。乳球蛋白约占乳清蛋白的13%。

分类：乳球蛋白又可分为真球蛋白和假球蛋白两种，它们与乳的免疫性有关，具有抗原作用，所以也称为免疫球蛋白。

2. 对热稳定的乳清蛋白

当将乳清煮沸20 min，pH 4.6～4.7时，仍溶解于乳中的乳清蛋白为热稳定性乳清蛋白。它们主要是小分子蛋白和胨类，约占乳清蛋白的19%。

（三）脂肪球膜蛋白

牛乳中除酪蛋白和乳清蛋白外，还有一些蛋白质称为脂肪球膜蛋白，它们是吸附于脂肪球表面的蛋白质与磷脂质，构成脂肪球膜，而且1分子磷脂质约与2分子蛋白质结合在一起。脂肪球膜蛋白因含有卵磷脂，因此也称磷脂蛋白。

脂肪球膜蛋白特点：对热较为敏感，且含有大量的硫，牛乳在70～75℃瞬间加热，则—SH基就会游离出来，产生蒸煮味。脂肪球膜蛋白质中的卵磷脂易在细菌性酶的作用下形成带有鱼腥味的三甲胺而被破坏。也易受细菌性酶的作用而分解，是奶油贮存过程中风味变坏的原因之一。

（四）其他蛋白

除了上述的几种特殊蛋白质外，乳中还含有数量很少的其他蛋白质和酶蛋白，在分离酶时可按不同部分将其分开。

（五）非蛋白质氮

牛乳中的含氮物中除蛋白质外还有非蛋白态的氮化物，约占总氮的5%。其中包括氨基酸、尿素、尿酸、肌酐及叶绿素等。

七、乳中酶类

分类：①水解酶：包括脂酶、蛋白酶、磷酸酶、淀粉酶、半乳糖酶、溶菌酶等。②氧化还原酶：其中包括过氧化氢酶、过氧化物酶、黄嘌呤氧化酶及醛缩酶等。③还原酶：其中包括还原酶、氧化酶等。

来源：一是来自于乳腺，二是来源于微生物的代谢产物。

（一） 脂酶

概念：将脂肪分解为甘油及脂肪酸的酶。

来源：乳腺进入和荧光性细菌及霉菌，后者是主要来源。

分类：①吸附于脂肪球膜间的膜脂酶，它在末乳中含量高。在乳房炎乳等一些异常乳中也存在膜脂酶。②存在于脱脂乳中的、大部分与酪蛋白相结合的乳浆脂酶。

灭活：脂酶经 80℃，20s 加热可以完全钝化。在奶油生产中一般采用不低于 80～95℃的高温短时或 UHT 处理，另外要避免使用末乳、乳房炎乳等异常乳，并尽量减少微生物的污染。

（二） 磷酸酶

磷酸酶能水解复杂的有机磷酸酯，在自然界中种类很多。乳中的磷酸酶主要是碱性磷酸酶，也有一些酸性磷酸酶。

碱性磷酸酶经 62.8℃，30min 或 72℃，15s 加热而被钝化，利用这种性质来检验巴氏杀菌乳杀菌是否彻底。这项试验很有效，即使在巴氏杀菌乳中混入 0.5% 的原料乳亦能被检出。这就是著名的磷酸酶试验。

（三） 过氧化氢酶

乳中的过氧化氢酶主要来自白血球的细胞成分，特别是在初乳和乳房炎乳中含量最多。所以，可将过氧化氢酶试验作为检验乳房炎乳的手段之一。过氧化氢酶经 75℃，20min 加热可全部钝化。

（四） 过氧化物酶

过氧化物酶是最早从乳中发现的酶，它能促使过氧化氢分解产生活泼的新生态氧，使多元酚、芳香胺及某些无机化合物氧化。

过氧化物酶作用的最适温度是 25℃，最适 pH 是 6.8，其钝化温度为 70℃，150min；75℃，25min；80℃，2.5s。过氧化物酶主要来自白血球的细胞成分，是固有的乳酶。乳酸菌不分泌过氧化物酶。因此，可通过测定过氧化物酶的活性来判断乳是否经过热处理及热处理的程度。但是经 85℃，10s 加热处理的牛乳，在 20℃下贮存 24h 或 37℃贮存 4h 后，亦能发现已钝化的过氧化物酶重新活化的现象。

（五） 还原酶

最主要的是脱氢酶。以上几种酶是乳中固有的酶，而还原酶则是微生物的代谢产物之一。这种酶随微生物进入乳及乳制品中，因此这种酶在乳中的数量与细菌污染程度有直接关系。这种酶能促使甲基蓝（美蓝）变为无色。乳中还原酶的量与微生物污染的程度成正比，因此，微生物检验中常用还原酶试验来判断乳的新鲜程度，即所谓还原酶实验（如美蓝实验）。

（六）蛋白酶

蛋白酶存在于α-酪蛋白中，具有强的耐热性，加热至80℃，10min时被钝化。蛋白酶作用的最适pH为8.0，能使乳蛋白质凝固。

（七）乳糖酶

这种酶对乳糖分解成葡萄糖和半乳糖具有催化作用。在pH 5.0~7.5时反应较弱，有研究证明，一些成人和婴儿由于缺乏乳糖酶，往往产生对乳糖吸收不完全的症状，从而引起下痢。服用乳糖酶时则有良好效果。

八、乳中维生素

牛乳中含有几乎所有已知的维生素，特别是维生素B_2含量很丰富，但维生素D的含量不多，若作为婴儿食品时应予以强化。乳中维生素有脂溶性维生素（如维生素A、维生素D、维生素E、维生素K）和水溶性维生素（如维生素B_1、维生素B_2、维生素B_6、叶酸、维生素B_{12}、维生素C）等两大类。

泌乳期对乳中维生素含量有直接影响，如初乳中维生素A及胡萝卜素含量多于常乳中的。乳中的维生素有的来源于饲料中，如维生素E；有的可通过乳牛的瘤胃中的微生物进行合成，如B族维生素。青饲期与舍饲期产的乳相比，前者维生素含量高。

牛乳中维生素的热稳定性不同，维生素A、维生素D、维生素B_1、维生素B_2、维生素B_{12}、维生素B_6等对热稳定，维生素C等热稳定性差。乳在加工中维生素往往会遭受一定程度的破坏而损失。

九、乳中的无机物和盐类

（一）无机物

无机物也称为矿物质，测定这些物质，通常先将牛乳蒸发干燥，然后灼烧成灰分，以灰分的量来表示无机物的量。一般牛乳中灰分的含量为0.3%~1.21%，平均0.7%左右。乳中钙的含量较人乳多3~4倍，因此牛乳在婴儿胃内所形成的蛋白凝块比较坚硬，不容易消化。乳中的无机物主要有磷、钙、镁、氯、硫、铁、钠、钾等。此外还含有微量元素。这些无机物大部分构成盐类而存在，一部分与蛋白质结合或吸附在脂肪球膜上。

乳中钙磷等盐类的构成及其状态对乳的物理化学性质有很大影响，乳品加工中盐类的平衡成为重要问题。乳中的铜铁对储藏中的乳制品有促进发生异常气味的作用。

（二）乳中的盐类

乳中的矿物质大部分与有机酸和无机酸结合，以可溶性的盐类状态存在。其中最主要的为以无机磷酸盐及有机柠檬酸盐的状态存在，但其中一部分则以不溶性胶体状态分散于乳中，另一部分以蛋白质状态存在。

1. 盐类存在的状态

乳中的盐类对乳的热稳定性、凝乳酶的凝固性等理化性质和乳制品的品质以及贮藏等影响很大。钾、钠及氯能完全解离成阳离子或阴离子存在于乳清中。钙盐镁盐除一部分为可溶性外，另一部分则成不溶性的胶体状态存在。此外，由于牛乳在一般的 pH 下，乳蛋白质尤其是酪蛋白呈阴离子性质，故能与阳离子直接结合而形成酪蛋白酸钙和酪蛋白酸镁。因此，牛乳中的盐类可以区分为可溶性盐和不溶性盐。而前者又可分为离子性盐和非解离性盐。牛乳盐类的溶解性与非溶解性的分布，随温度、pH、稀释度及浓度而变化。

2. 各种处理对盐类分布的影响

（1）温度的影响　乳中的盐类在溶解相与胶质相之间以平衡状态存在。当外界条件稍有变化时，两相之间即发生转变现象。故随着温度的变化，盐类的分布就有很大的变化。

（2）酸度的影响　由发酵产酸或加酸使牛乳变酸时，胶质状态的磷酸钙逐渐变为可溶性，进而自酪蛋白游离出钙或其他盐类，一般当牛乳的 pH 达 4.9 时，胶体磷酸盐完全溶解，与酪蛋白结合的钙也将全部游离，但离子状态的钙及镁将随 pH 降低而增大。

（3）浓度的影响　牛乳中的磷酸钙因呈饱和状态，经稀释后，使一部分不溶性的盐溶解，从而增大了 pH。在滴定酸度时，由于稀释而使酸度减少，其原因也在于此。相反当牛乳浓缩时，能使胶体离子蓄积，结果使胶体磷酸盐增加，且因氢离子的游离而使 pH 降低。

（4）添加盐类或除去盐类的影响　当牛乳中添加磷酸盐或柠檬酸盐，或者用离子交换等方法除去部分钙盐时，能增加牛乳的稳定性，或使乳凝块变软。

3. 盐类平衡

乳汁中蛋白质的稳定性，取决于盐的平衡，而盐类的平衡又决定于酸碱的平衡。酸当量的总数实际上等于碱当量总数（等于 pH 6.6）。它相当于每升乳中含 0.0000025g 游离的 H^+ 离子，在这种 H^+ 离子的比例关系下，乳的成分处于平衡状态，这时呈弱酸反应。

pH 是表示乳的活性酸度。滴定酸度则不同，因为它既包括乳中游离的氢离子，又包括以碱滴定时能转变为活性状态的潜在氢离子。在鲜乳中由于存在具有缓冲能力的盐类与蛋白质，因此使乳能保持一定的 pH。也就是当加酸、加碱或用水稀释时能阻止 pH 的变化，这种稳定性可用缓冲容量来测定。为变动 pH 所需的酸或碱的量，称作缓冲容量。

（三）乳中微量元素

乳中微量元素具有很重大的意义，尤其对于幼儿机体的发育更为重要。牛乳中铁的含量为 100～900μg/L，牛乳中铁的含量较人乳中少，故人工哺育幼儿时，应补充铁的含量。

十、牛乳加工处理后的组分

牛乳加工后各组分见图 2－2。

牛乳 —离心分离→
- 稀奶油：脂肪（含脂溶性维生素）
- 脱脂乳
  - 酪蛋白凝块
  - 乳清
    - 沉淀：乳白蛋白、乳球蛋白
    - 滤液：乳糖、矿物质、水溶性维生素

牛乳 —酸或凝乳酶→
- 乳凝块：酪蛋白和脂肪（含脂溶性维生素）
- 乳清：乳白蛋白、乳球蛋白、乳糖、矿物质、水溶性维生素

图 2－2　牛乳加工后各组分

任务二　乳的物理性质

一、乳的胶体性质

1. 真溶液

乳中的乳糖、水溶性盐类、水溶性维生素等呈分子或离子态分散于乳中，形成真溶液，其微粒直径小于或接近 1nm。

2. 高分子溶液

乳白蛋白及乳球蛋白呈大分子态分散于乳中，形成典型的高分子溶液，其微粒直径为 15～50nm。

3. 胶体悬浮液

酪蛋白在乳中形成酪蛋白酸钙－磷酸钙复合体胶粒。胶粒直径为 30～800nm，平均为 100 nm。

4. 乳浊液

乳脂肪是以脂肪球的形式分散于乳中，形成乳浊液。脂肪球直径为 100～10000nm。此外，乳中含有的少量气体部分以分子态溶于乳中，部分经搅动后在乳中呈泡沫状态。

二、乳的物理性质

（一）乳的光学性质

新鲜正常的乳呈不透明的白色并稍呈淡黄色，称之为乳白色，这是乳的基本

色调。乳的色泽是由于乳中酪蛋白胶粒及脂肪球对光的不规则反射的结果。脂溶性胡萝卜素和叶黄素使乳略带淡黄色，水溶性的核黄素使乳清呈荧光性黄绿色。

（二）乳的热学性质

1. 冰点

牛乳冰点的平均值为 -0.565 ~ -0.525℃，平均为 -0.542℃。作为溶质的乳糖与盐类是冰点下降的主要因素。如果在牛乳中掺水，可导致冰点回升。掺水10%，冰点约上升0.054℃。

2. 沸点

在101.33kPa（1个大气压）下约为100.55℃。

3. 比热容

牛乳的比热容一般约为3.89kJ/（kg·℃）。

（三）乳的电学性质

1. 电导率

由于乳中含有盐类，因此具有导电性，可以传导电流。正常牛乳的电导25℃时为0.004 ~0.005S。因此乳中的盐类受到任何破坏，都会影响电导。乳房炎乳中 Na^+、Cl^- 等增多，电导率上升。一般电导超过0.006S，即可认为是病牛乳，故可通过电导仪进行乳房炎乳的快速检测。

2. 氧化还原电势

一般牛乳的氧化还原电势 E_h 为 +0.23 ~ +0.25V。乳经过加热，则产生还原性强的硫基化合物，而使 E_h 降低；铜离子存在可使 E_h 上升；而微生物污染后随着氧的消耗和产生还原性代谢产物，使 E_h 降低。若与甲基蓝、刃天青等氧化还原指示剂共存时，可使其褪色，此原理被应用于微生物污染程度的检验。

（四）乳的滋味与气味

特殊的香味：挥发性脂肪酸及其他挥发性物质。

另外：很容易吸收外界的各种气味。

稍带甜味：乳糖。

稍带咸味：氯离子。

（五）乳的密度与相对密度

乳的相对密度指乳在15℃时的质量与同容积水在15℃时的质量之比。正常乳的相对密度以15℃为标准，平均为 $d_{15}^{15}=1.032$。

乳的密度系指乳在20℃时的质量与同容积水在4℃时的质量之比。正常乳的密度平均为 $D_4^{20}=1.030$。我国乳品厂都采用这一标准。

换算及校正：在同等温度下，相对密度和密度的绝对值相差甚微，乳的密度较相对密度小0.0019。乳品生产中常以0.002的差数进行换算。乳的密度随温度而变化，温度降低，乳密度增高；温度升高，乳密度降低。在10 ~25℃范围内，温度每变化1℃，乳的密度就相差0.0002（牛乳乳汁计读数为0.2）。乳品生产中换算密度时即以20℃为标准，乳的温度每高出1℃，密度值就要加上0.0002（即牛乳乳汁计读数加上0.2）；乳温度每低1℃，密度值就要减去0.0002（即牛乳乳汁计读数减去0.2）。

刚挤出来的乳在放置2~3h后，其密度升高0.001左右，这是由于气体的逸散及脂肪的凝固使容积发生变化的结果。

（六）乳的酸度与pH

乳蛋白分子中含有较多的酸性氨基酸和自由的羧基，而且受磷酸盐等酸性物质的影响，所以乳是偏酸性的。

新鲜乳的酸度称为固有酸度或自然酸度，这种酸度与贮存过程中因微生物繁殖所产生的酸无关。挤出后的乳在微生物的作用下产生乳酸发酵，导致乳的酸度逐渐升高。由于发酵产酸而升高的这部分酸度称为发酵酸度。自然酸度和发酵酸度之和称为总酸度。一般条件下，乳品生产中所测定的酸度就是总酸度。

乳品工业中酸度，是指以标准碱液用滴定法测定的滴定酸度。我国《乳、乳制品及其检验方法》中就规定酸度检验以滴定酸度为标准。

滴定酸度亦有多种测定方法及其表示形式。我国滴定酸度用吉尔涅尔度简称“°T”或乳酸百分率（乳酸%）来表示。

1. 吉尔涅尔度（°T）

定义：取10mL牛乳，用20mL蒸馏水稀释，加入0.5%的酚酞指示剂0.5ml，以0.1mol/L溶液滴定，将所消耗的NaOH体积乘以10，即为中和100mL牛乳所需的0.1mol/L NaOH体积，每毫升为1°T，也称1度（乳品生产中以滴定所消耗的NaOH体积直接读数：每消耗1mL为10°T）。

正常乳的自然酸度为16~18°T。自然酸度主要由乳中的蛋白质、柠檬酸盐、磷酸盐及CO_2等酸性物质所构成，其中3~4°T来源于蛋白质，2°T来源于CO_2，10~12°T来源于磷酸盐和柠檬酸盐。

2. 乳酸度（乳酸%）

用乳酸量表示的酸度。按上述方法测定后用下列公式计算：

$$乳酸（度）=\frac{0.1mol/LNaOH体积（mL）\times 0.009}{（乳样体积\times相对密度）供试牛乳质量（g）}\times 100（\%）$$

此法为日本、美国所采用的方法，美国用9g牛乳代替10mL牛乳。

3. 苏克斯列特－格恩克尔度（°SH）

苏克斯列特－格恩克尔度（°SH）度的滴定方法与°T度法相同，只是所用的NaOH浓度不一样，°SH度所用的NaOH溶液为0.25mol/L。乳酸度（乳酸%）可与苏克斯列特－格恩克尔度（°SH）度换算：

$$乳酸含量（\%）=0.0225\times °SH。$$

除以上几种表示法外，世界各国还有其他几种表示法。法国用道尔尼克度

(°D) 表示：取10mL牛乳不稀释，加1滴1%酚酞的酒精溶液指示剂，用1/9mol/L氢氧化钠液滴定，其毫升数的1/10为1°D。荷兰用荷兰标准法(°N)表示：取10mL牛乳，不稀释，用0.1mol/L氢氧化钠溶液滴定，其毫升数的1/10为1°N。

4. 乳的pH

若从酸的含义出发，酸度可用氢离子浓度(pH)表示。pH为离子酸度或活性酸度。正常新鲜牛乳的pH为6.4~6.8，一般酸败乳或初乳的pH在6.4以下，乳房炎乳或低酸度乳pH在6.8以上。

(七) 乳的黏度与表面张力

正常乳的黏度为0.0015~0.002 Pa·s。牛乳表面张力在20℃时为0.04~0.06N/cm。

任务三 乳品中的微生物

乳中的微生物分两大类，一类是有益于人类身体健康的细菌，包括乳酸菌、双歧杆菌和酵母菌等，另一类是对乳品有污染及致病作用的微生物，包括芽孢杆菌、结核分枝杆菌、布氏杆菌、金黄色葡萄球菌、沙门菌、炭疽杆菌等。

一、乳酸菌

乳酸菌是一类革兰氏阳性菌，不形成芽孢，不运动，过氧化酶阳性，对葡萄糖发酵能产生50%以上乳酸的细菌的总称。在乳品工业中常用的乳酸菌分属于乳酸杆菌属、链球菌属、双歧杆菌属、明串珠菌属和片球菌属。目前，乳酸菌已广泛应用于发酵酸乳、乳酸菌饮料、干酪、发酵豆乳等许多方面。乳酸菌不仅可提高食品的营养价值，改善食品风味，提高食品保藏性和附加值，而且，近年来乳酸菌的特殊生理活性和保健功能，正日益引起各国学者和研究人员的浓厚兴趣。大量研究表明，乳酸菌具有调节人体胃肠道正常菌群、预防便秘和细菌性腹泻、提高食物消化率和生物价，降低血清胆固醇等作用。最近，欧美及日本一些学者发现乳酸菌可抑制肿瘤的发生。

1. 乳酸菌胞外多糖

(1) 乳酸菌胞外多糖的产生　胞外多糖是乳酸菌在生长代谢等过程中分泌到细胞壁外的黏液或荚膜多糖。自20世纪40年代成功开发出由肠膜明串珠菌发酵生产右旋糖醉以来，世界范围内微生物胞外多糖的开发已成为工业微生物研究的热点之一。乳酸菌胞外多糖对乳制品的质构和风味产生重要影响。按伯杰氏系统细菌学手册中的生化及形态分类法，乳酸菌分为18个属，目前对其中几个属包括乳杆菌属、链球菌属、明串珠菌属、乳球菌属等乳酸菌的胞外多糖研究较多。由肠膜明串珠菌生产的右旋糖配是最早被开发利用的乳酸菌胞外多糖，也是FDA批准的第一种可用于食品的微生物胞外多糖。常见的乳品工业生产菌，如德氏乳杆菌保加利亚亚种、瑞士乳杆菌、干酪乳杆菌干酪亚种、嗜热链球菌、乳酸乳球菌乳脂亚种、乳酸乳球菌、肠膜明串珠菌等均能产胞外多糖。此外，乳酸菌中的片球菌属也可产胞外多糖。

目前，对乳酸菌胞外多糖的生理作用尚不完全清楚，一般认为，胞外多糖具有保护作用，如形成亲水表面，防止细胞干裂，螯合重金属离子防止其毒害，使嗜菌体不敏感从而防止其侵害，防止抗生素破坏，提供高氧张力等。胞外多糖还参与金属离子吸收、营养物质转运、致病性识别等。

（2）乳酸菌胞外多糖的应用　右旋糖醉具有广泛的用途，高分子的右旋糖醉具有较高的黏度，在一定的温度、pH、盐浓度范围内稳定，可作为增稠剂、稳定剂、黏合剂、填充剂、保湿剂、抗结晶剂等用于乳品工业。此外，有乳酸菌胞外多糖抗肿瘤的报道。

2. 乳链菌肽

乳链菌肽是由 34 个氨基酸残基组成的小肽，食用后在消化道中很快被胰蛋白酶酶解，不会引起常用抗生素出现的抗药性问题，也不会改变人肠道内的正常菌群。对乳酸菌肽毒性和生物学的研究表明，它对人体安全无毒。

乳链菌肽分子含有 5 个硫醚键形成分子内环，其中一个称之为羊毛硫氨酸，其他四个是卜甲基羊毛硫氨酸，由于它的独特结构使它一方面在酸性 pH 条件下，可经 115.6℃高温灭菌不失活，另一方面表现对许多革兰氏阳性菌，包括葡萄球菌、链球菌、微球菌、分枝杆菌、棒杆菌、乳杆菌、芽孢杆菌等有强抑制作用，可用于乳品保鲜。乳链菌肽是一种高效无毒的天然食品防腐剂。

二、双歧杆菌

1. 双歧杆菌的发现和分类

双歧杆菌是法国人 H. TISsier 于 1899 年从健康的母乳哺育婴儿的粪便中首先发现和分离出来的。1958 年日本的光冈等人提出独立设双歧杆菌属（*Bifidobacterium*）。伯杰氏系统细菌学手册（1986 年版）把双歧杆菌属分为 24 个种。双歧杆菌主要是从人的肠道中分离出来，它们是①两歧双歧；②婴儿双歧；③短双歧；④长双歧；⑤青春双歧。其中②、③属于婴儿型；①、④、⑥属于成人型；②、③只在婴儿的肠道内生存并占优势，随着人的年龄增高则逐渐减少和消失；成人的肠道内则以青春双歧和长双歧为主。双歧杆菌因其菌体尖端呈分枝状（如 Y 型或 V 型）而得名。双歧杆菌是无芽孢革兰氏阳性细菌，专性厌氧、不抗酸、不运动、过氧化氢酶反应为阴性，最适生长温度为 37 ~ 41℃。初始生长最适 pH 6.5 ~ 7.0，能分解糖。双歧杆菌能利用葡萄糖发酵产生醋酸和乳酸（2∶3），不产生 CO_2。目前已知的双歧杆菌共有 24 种，其中 9 种存在于人体肠道内，它们是两歧双歧杆菌（*B. bifidum*）、长双歧杆菌（*B. longum*）、短双歧杆菌（*B. brevvis*）、婴儿双歧杆菌（*B. angulatum*）、链状双歧杆菌（*B. adolescentis*）、假链状双歧杆菌（*B. pseudocatenulatum*）和牙双歧杆菌（*B. dentmum*）等。应用于发酵乳制品生产的仅为前面5种。

2. 双歧杆菌的生理功能

（1）促进蛋白质代谢 双歧杆菌中具有磷蛋白磷酸酶活性，能分解酪蛋白，促进蛋白质吸收，氮蓄积率增高，促进氨基酸代谢。双歧杆菌可抑制因腐败菌对蛋白质、氨基酸作用而产生腐败物质。肠内有害菌会使食品中的蛋白质、氨基酸变为氨、胺类、酚类、吲哚及硫化氢等有害产物，其中大肠杆菌、沙门氏菌、变形菌和产气芽孢梭菌等肠内细菌会使氨基酸发生脱梭作用而产生各种胺类；大肠杆菌及某些产气芽孢梭菌还会使酪氨酸产生酚类；拟杆菌属的一些厌氧菌会使氨基酸产生对苯酚；拟杆菌产气芽孢梭菌、大肠杆菌会从色氨酸产生吲哚。这些腐败发酵产物都对细胞有毒性，对肝脏、肾脏、癌症、下痢、贫血等具有增进恶性病变作用；吲哚、酚类等具有致癌作用。双歧杆菌占优势时，粪便中氨含量减少，排泄的尿中尿蓝母含量减少。

（2）促进维生素代谢 双歧杆菌产生的维生素是菌体内含有的维生素和菌体外产生的维生素，都对人体有益。在成年人肠道内有一种解硫氨素芽孢杆菌，它能分解硫氨素而使人引起B族维生素缺乏症，服用维生素B_1制剂也无效；但双歧杆菌可抑制这种菌，而且它所产生的菌体外B族维生素可以有效地被人体利用。

（3）抗菌性 对腐败菌及病原菌、病原性埃希氏大肠杆菌、金黄色葡萄球菌、痢疾志贺氏菌、伤寒沙门氏菌、白假丝酵母等都具有抑制作用。双歧杆菌所显现的抗菌作用主体是其所生成的有机酸；双歧杆菌可使1mol葡萄糖生成1mol乳酸和1.5mol乙酸，还有少量的甲酸；双歧杆菌还生成一种抗菌物质，名为Bifidin，在100℃加热30min的情况下仍然稳定，对黄色微球菌及金黄色葡萄球菌具有抗菌性；双歧杆菌可使偶联型胆汁酸分解为游离型胆汁酸，这种游离型胆汁酸对细菌的抑制作用更强。

（4）改善肝功能 肝硬化、慢性肝炎患者长期服用双歧杆菌，则血液中的氨、酚等和尿中的尿蓝母含量降低，粪便中双歧杆菌增多。

三、酵母菌

由于干酪的低pH、低湿度、较高盐浓度以及成熟期较长，所以干酪有大量的酵母菌存在，而且酵母菌是干酪的主要组成部分，酵母菌在干酪成熟过程中，可以明显促进干酪奶味物质的形成。从大量抽样的糖品中酵母菌的数量达到1×10^8个细胞/g，其中常见的种有汉逊德巴利酵母、解脂假丝酵母、膜蹼毕赤氏酵母、发酵毕赤氏酵母和马克斯克鲁维酵母。在凝乳时加盐，可使酵母菌数量减少大约90肠，但在以后的贮存过程中，酵母菌又重新开始生长繁殖。这些酵母生长在凝乳的内部和表面上。在凝乳中心的数量比表面少10～100倍。酵母菌在干酪成熟期间发挥了多种功能：

（1）酵母菌能利用凝乳中由于乳酸菌的乳糖发酵所产生的乳酸，使凝乳的pH提高。

（2）一些酵母菌能产生胞外蛋白分解酶和脂肪分解酶，分解干酪中的蛋白质和脂肪，加速干酪的成熟，使干酪中可溶性含氧物质和辛酸、癸酸等其他高级脂肪酸增加，对干酪的风味和结构起着至关重要作用。

（3）干酪内部的某些酵母菌能发酵牛乳中的乳糖，影响干酪的组织结构。

（4）某些酵母菌能影响干酪某些风味物质，如甲基酮的形成。

（5）酵母菌能产生各种水溶性维生素，增加干酪的营养价值。

（6）酵母菌在干酪中的生长繁殖和代谢作用，还能抑制腐败微生物和梭状芽孢杆菌的生长。

四、 污染微生物的种类

乳及乳制品的微生物污染主要包括两大类。

（一） 腐败型微生物

该类微生物包括产乳酸细菌（链球菌属、乳杆菌属），胨化细菌（芽孢杆菌、一些假单胞菌、变形杆菌等），脂肪分解菌（假单胞菌、无色杆菌、黄杆菌、产碱杆菌等）以及酵母菌和霉菌（红酵母、假丝酵母、青霉、曲霉等），广泛分布于饲养环境以及乳制品的生产场所。

（二） 致病型微生物

当奶牛患病时，致病菌结核分枝杆菌、布氏杆菌、金黄色葡萄球菌、沙门菌、炭疽杆菌和小肠结肠炎耶尔森菌等，可经过血流通过乳房进入乳汁，通过乳液为媒介引起人类感染。天然牛乳中含有一些抑菌物质，可保护牛乳在离开乳房短时间内免受细菌干扰，延缓变质，此间乳中微生物的繁殖受到抑制，称为抑制期。此后抑制作用减弱，依次进入乳链球菌期、乳酸杆菌期、真菌期和胨化菌期，牛乳开始散发臭味，发生腐败。

（三） 常见污染微生物的来源

1. 污染来源

乳及乳制品污染的来源广泛，途径众多：

（1）奶牛的饲养环境及生产原料乳相关的环境污染。卫生管理不善，导致牛舍内含有大量的微生物，例如粪便、垫料处理不当，使奶牛的体表，乳房处黏附上各类微生物；同时，若牛舍空气中细菌数量大，可在挤奶时落进乳中。

（2）挤奶环节的卫生状况不符合要求，包括环境卫生、挤奶器具、挤奶员的健康状况和个人卫生等多个方面。

（3）原料乳、产品运输和贮存过程，诸如奶桶、奶槽车、冷藏设备等清洁消毒不彻底，致使微生物的滋生，而乳及乳制品的加工设备异常亦可能导致乳制品微生物污染。

2. 污染微生物的危害

（1）营养价值和感官性状　乳及乳制品被微生物污染，使其营养价值受到影响，感官性状发生变化，不适宜食用或直接食用。如生乳被假单胞菌、无色杆菌、黄杆菌属、芽孢杆菌等污染，产生解酯酶引起脂肪分解，导致酸败；荧光假单胞菌（棕色）、类蓝假单胞菌（灰蓝至棕色）、红酵母菌（红色）等可致使其颜色改变；大肠杆菌，酵母菌，梭状芽孢杆菌等与乳及乳制品的异常气味有关；假单胞菌属、芽孢杆菌属、变形杆菌属、无色杆菌属、黄杆菌属、产碱杆菌属等产生蛋白酶，分解酪蛋白，使牛乳胨化，同时产生苦味。

（2）致病性　摄入被有害微生物污染的乳及乳制品，可发生消化道症状为主的食物中毒。如食用被大肠埃希菌、金黄色葡萄球菌、变形杆菌、霉菌及其毒素等污染的乳及乳制品，可导致急性或亚急性的非传染性疾病；而传染性病原菌可通过牛乳传播到人体致机体患病，如结核杆菌污染的牛乳，可使人体或其他动物感染疾病。

3. 乳制品中微生物危害的控制

被微生物污染的乳及乳制品腐败或变质后，不仅会造成巨大的经济损失，而且被消费者误食还可能引发疾病，严重危害人们的健康，所以必须对其微生物污染进行控制。由于污染的来源广泛，途径众多，因此乳品企业要防止乳制品腐败，保证乳制品的质量，实行 HACCP（危害分析关键控制点）管理是行之有效且必要的，其应用原则如下。

（1）产乳动物健康管理　饲养环境空气不流通，地面牛粪、垫草不及时清除，蚊蝇的传播等都会造成乳及乳制品污染；牛乳房表面的污水、粪便容易进入牛乳；用不洁净的水冲洗乳房表面、挤奶设备都有可能使其污染。因此，重视奶牛防疫工作，妥善处理生病的奶牛、牛舍内环境、饲料中添加物的种类和使用量严格遵守国家有关规定，有助于确保产乳动物的健康。

（2）挤奶卫生与挤奶环境卫生　手工挤奶时，双手或奶桶都是造成微生物污染的主要来源。因此，挤奶工要定期体检，在挤奶前对手清洗消毒，对奶桶、挤奶器具清洁消毒，否则易在管道中形成奶垢，成为细菌繁殖的主要污染场所。

（3）原料、产品的贮存与运输　过滤器、杂质离心机、乳液热交换设备、储乳槽、冷却水供应设备、灌装设备等易形成奶垢或卫生死角，促使微生物繁殖。在生产加工过程中，管道系统、包装材料应彻底消毒，防止细菌滋生污染。在运输过程中，需要低温以降低微生物的生长速度，装满贮奶罐后运输，降低微生物生长的速度。

4. 确定关键控制点

（1）收乳环节　对原料乳进行验收时，生物性危害为显著危害，但后续杀菌可以杀死致病菌，并使数量得到有效控制。此环节应检测牛乳酸度，并将牛乳迅速降温至4℃以下，抑制杂菌的生长。原料乳中的化学性危害如抗生素也是显著危害因素，且在后续流程中无法有效控制，此为关键控制点（CCP）。

（2）巴氏杀菌或超高温杀菌环节　生物性危害为显著危害，如果杀菌不彻底，可能造成微生物在牛乳中残留，此点为CCP。

（3）灌装工序　以微生物增长为显著危害，后续无法有效控制，判断为CCP。针对CCP提出设计方案，经分析，液态乳制品中原料乳验收工序、巴氏杀菌系统、超高温瞬时杀菌、灌装工序为CCP，其余为一般控制点。

复习思考题

1. 总结牛乳中各种成分的正常含量。
2. 牛乳中的酶类在来源上主要包括那些？
3. 简述乳中有害微生物的来源和控制方法。

项目二　鲜乳的处理和消毒乳的加工

知识目标

1. 原料乳的检验、成分的测定与验收标准；
2. 原料乳标准化的概念、目的、原则、步骤和基本原理；
3. 原料乳均质的概念、优点及工艺要求；
4. 消毒乳的加工技术。

技能目标

1. 掌握生鲜牛乳的理化指标、感官指标及细菌指标；
2. 熟练操作原料乳的现场验收和入厂验收；
3. 了解原料乳标准化的概念和基本原理并熟练操作乳标准化的步骤；
4. 了解均质的概念和影响均质的因素并掌握均质的工艺要求。

任务一 鲜乳的验收与检测

一、原料乳的验收标准

我国的生鲜牛乳质量标准（GB 19301—2010）包括理化指标、感官指标及细菌指标。

1. 理化指标

生乳验收时的理化指标为：脂肪≥3.10%，蛋白质≥2.8%，相对密度（20℃/4℃）≥1.027，牛乳酸度12~18°T、羊乳酸度6~13°T，杂质度≤4.0mg/kg。

2. 感官指标

正常牛乳为乳白色或微带黄色，具有乳固有的香味，无异味。呈均匀一致液体，无凝块、无沉淀、无正常视力可见的异物。

3. 细菌指标

细菌指标有平皿细菌总数计算法、美蓝还原褪色法，每个均可采用，分别按各自指标进行评级；两者只允许用一个，不能重复。细菌指标分为四个级别。具体指标见表2-1和表2-2。

表2-1 原料乳的细菌指标

分级	平皿细菌总数分级指标法/（万个/mL）	美蓝褪色时间分级指标法
Ⅰ	≤50	≥4h
Ⅱ	≤100	≥2.5h
Ⅲ	≤200	≥1.5h
Ⅳ	≤400	≥40min

表2-2 原料乳美蓝试验褪色时间及分级指标

美蓝褪色时间	1mL乳中的细菌数	乳的细菌污染度等级
3.5h以上	≤50万	一级（良）
2~5.5h	50~400	二级（中）
0.3~2h	400~2000	三级（差）
0.3h以内	≥2000	四级（劣）

4. 此外， 许多乳品收购单位还规定下述情况之一不得收购：

（1）产犊前 15d 内的末乳和产后 7d 内的初乳；

（2）牛乳颜色有变化，呈红色、绿色或显著黄色者；

（3）牛乳中有肉眼可见杂质者；

（4）牛乳中有凝块或絮状沉淀者；

（5）牛乳中有畜舍味、苦味、霉味、臭味、涩味、煮沸味及其他异味者；

（6）用抗生素或其他对牛乳有影响的药物治疗期间，母牛所产的乳和停药后 3d 内的乳；

（7）添加有防腐剂、抗生素和其他有碍食品卫生的乳；

（8）酸度超过 20°T，个别特殊者，可使用不高于 22°T 的鲜乳。

二、 原料乳的检验

我国原料乳验收分为现场验收、入厂验收。现场验收主要进行感官检验，检测味觉、外观，测温度、相对密度，做酒精试验（判断酸度），方法要求快速；入厂验收主要检测脂肪率、滴定酸度、乳干物质、杂质度和细菌数（一般用美蓝试验或刃天青试验）等。严格检验后应进行分级。

1. 感官检验

根据我国生鲜牛乳收购的质量标准，在鲜乳验收时首先要进行感官检验。主要项目有：色泽、组织状态、滋气味等。即对鲜乳进行嗅觉、味觉、外观、尘埃、杂质等的鉴定。正常鲜乳为乳白色或微带黄色，不得含有肉跟可见的异物，不得有红、绿等异色，不能有苦、涩、咸的滋味和饲料、青贮、霉等异味；是具有良好流动性的液体，不得呈黏稠状。

2. 酒精检验

酒精试验概念与方法：以 68%、70% 或 72% 容量浓度的中性酒精与原料乳等量混合，摇匀，无凝块出现为标准（－），出现凝块的为不合格乳（＋）。

酒精检验目的：观察鲜乳的抗热性，现场收购鲜乳时广泛使用的一种方法。

通过酒精的脱水作用，确定酪蛋白的稳定性。新鲜牛乳对酒精的作用表现出相对稳定而不新鲜的牛乳，其中蛋白质胶粒已呈不稳定状态，当受到酒精的脱水作用时，则加速其聚沉。

可检种类：鲜乳的酸度，初乳、末乳、冻结乳、乳房炎乳及盐类平衡不良乳（或称低酸度酒精阳性乳）等。

酒精浓度不同所检测标准也不同。酒精试验结果可判断出酸乳的酸度，从而判定原料乳的新鲜程度。当新鲜牛乳存放过久或贮存不当时，乳中微生物繁殖使营养成分被分解，则乳中的酸度升高，酒精试验易出现凝块（如表 2－3 所示）。

影响乳中蛋白质稳定性的其他因素：如乳中钙盐增高时，在酒精试验中，会由于酪蛋白胶粒脱水失去溶剂化层，使钙盐容易和酪蛋白结合，形成酪蛋白酸钙沉淀。

表 2-3 不同浓度酒精实验的酸度

酒精浓度/%	不出现絮状物的酸度
68	20°T 以下
70	19°T 以下
72	18°T 以下

新鲜牛乳的滴定酸度为 16~18°T。不同酸度的原料乳可合理利用：

——淡炼乳的原料乳，要用 75% 酒精试验。

——甜炼乳的原料乳，用 72% 酒精试验。

——乳粉的原料乳，用 68% 酒精试验（酸度不超过 20°T）。

——奶油的原料乳尚可用 22°T 的乳制造，但其风味较差。

——酸度超过 22°T 的原料乳只能供制造工业用的干酪素、乳糖等。

3. 美蓝试验与刃天青试验

美蓝试验与刃天青试验也是检查原料乳新鲜度的有效而可行的方法。

美蓝试验：乳中的还原酶是细菌活动的产物，乳的细菌污染越严重，则产生还原酶的数量越多，还原酶越多则使美蓝褪色越快，即以美蓝褪色速度间接地推断出鲜乳中的细菌数。

该法除可迅速地间接查明细菌数外，对白细胞及其他细胞的还原作用也敏感。因此，还可检验异常乳（乳房炎乳及初乳或末乳）。

刃天青试验与美蓝试验的原理相同。

4. 测定乳温和密度

测乳密度是为了判断乳的成分含量，测乳温主要是辅助校正乳密度。我国鲜乳的密度测定采用乳汁计，即乳专用密度计。有的国家规定，送到乳品厂的原料乳温度不得超过 10℃，否则要降价。国际乳品联合会（IDF）认为牛乳在 4.4℃ 保存最佳，10℃ 稍差，15℃ 以上时则影响牛乳的质量（见表 2-4）。

我国国家标准规定，验收合格的牛乳应迅速冷却至 4~6℃，贮存期间不得超过 10℃。

表 2-4 优质牛乳中的细菌生长情况 单位：cfu/mL

贮存温度	刚挤下的牛乳	24h 后	48h 后	72h 后
4.4℃	4000	4000	5000	8000
15℃	4000	1600000	33000000	326000000

5. 滴定酸度

概念：滴定酸度就是用相应的碱中和鲜乳中的酸性物质，根据碱的用量确定鲜乳的酸度和热稳定性的一种方法。一般用0.1mol/LNaOH滴定，计算乳的酸度。

该法测定酸度虽然准确，现场检验时受限，故常采用酒精试验法来判断鲜乳的酸度。

6. 细菌总数、体细胞数、抗生物质检验

一般现场收购鲜奶不做细菌和体细胞检验，但在加工以前，必须检验，以确定原料乳的质量和等级。如果是加工发酵制品的原料乳，必须做抗生物质检查。

细菌检查：方法有美蓝还原试验，细菌总数测定（平皿法），直接镜检。

直接镜检法（费里德氏法）就是利用显微镜直接观察确定鲜乳中微生物数量的一种方法。取一定量的乳样，在载玻片上涂抹一定的面积，经过干燥、染色，镜检观察细菌数，根据显微镜视野面积，推断出鲜乳中的细菌总数，而非活菌数。

直接镜检比平板培养法更能迅速判断结果，通过观察细菌的形态，还能推断细菌数增多的原因。

细胞数检验：正常乳中的体细胞多数来源于上皮组织的单核细胞，如有明显的多核细胞出现，可判断为异常乳。常用的方法有直接镜检法（同细菌检验）或加利福尼亚细胞数测定（GMT）。

GMT法就是根据细胞表面活性剂的表面张力，细胞在遇到表面活性剂时，会收缩凝固。细胞越多，凝集状态越强，出现的凝集片越多。

抗生物质检验如下。

（1）TTC试验　如果鲜乳中有抗生物质的残留，在被检乳样中，接种细菌进行培养，细菌不能增殖，此时加入的指示剂TTC保持原有的无色状态（未经过还原）。反之，如果没有抗生物质残留，试验菌就会增殖，使TTC还原，被检样变成红色。即被检样保持鲜乳的颜色为阳性；被检乳变成红色为阴性。

（2）纸片法　将指示菌接种到琼脂培养基上，然后将浸过被检乳样的纸片放入培养基上，进行培养。如果被检乳样中有抗生物质残留，会向纸片的四周扩散，阻止指示菌的生长，在纸片的周围形成透明的阻止带，根据阻止带的直径，判断抗生物质的残留量。

7. 乳成分的测定

近年来随着分析仪器的发展，乳品检测方法出现了很多高效率的检验仪器。如采用光学法测定乳脂肪、乳蛋白、乳糖及总干物质，并已开发使用各种微波仪器。

微波干燥法测定总干物质（TMS检验）：通过2450MHz的微波干燥牛乳，并自动称量、记录乳总干物质的质量，速度快，测定准确，便于指导生产。

红外线牛乳全成分测定：通过红外线分光光度计，自动测出牛乳中的脂肪、蛋白质、乳糖3种成分。红外线通过牛乳后，牛乳中的脂肪、蛋白质、乳糖减弱了红外线的波长，通过红外线波长的减弱率反映出 3 种成分的含量。该法测定速度快，但设备造价高。

任务二 原料乳的预处理

一、 原料乳的标准化

1. 目的

为了使产品符合标准，乳制品中脂肪与无脂干物质含量要求保持一定比例。

2. 概念

一般是指调整原料乳中脂肪和无脂干物质之间以及其他成分间的比例关系，使加工出的乳产品符合产品标准。一般把该过程称为标准化。

3. 原则

如果原料乳中脂肪含量不足时，应添加稀奶油或分离一部分脱脂乳；当原料乳中脂肪含量过高时，则可添加脱脂乳或提取一部分稀奶油，另外要按产品标准加入和调整乳中的其他成分。

标准化在贮乳缸的原料乳中进行或在标准化机中连续进行。

4. 标准化的原理

乳制品中脂肪与无脂干物质间的比值取决于标准化后乳中脂肪与无脂干物质之间的比值，而标准化后乳中的脂肪与无脂干物质之间的比值是根据原料乳中脂肪与无脂干物质之间的比例进行调整的。使其达到成品的比值。

若设 WF——原料乳中的含脂率，%；

$W\,SNF$——原料乳中无脂干物质含量，%；

$W\,F_1$——标准化后乳中的含脂率，%；

$W\,SNF_1$——标准化后乳中无脂干物质含量，%；

$W\,F_2$——乳制品中的含脂率，%；

$W\,SNF_2$——乳制品中无脂干物质含量，%。

则：

$$\frac{F}{SNF} \xrightarrow{\text{调整}} \frac{F_1}{SNF_1} = \frac{F_2}{SNF_2} \qquad \text{设} \qquad \frac{F_2}{SNF_2} = R$$

5. 标准化的步骤

（1）液态乳与乳粉的标准化 在生产上通常用比较简便的皮尔逊法进行计算，其原理是设原料中的含脂率为 $F\%$，脱脂乳或稀奶油的含脂率为 $q\%$，按比例混合后乳（标准化乳）的含脂率为 $F_1\%$，原料乳的数量为 X，脱脂乳或稀奶油量 Y 时，对脂肪进行物料衡算，则形成下列关系式：即：原料乳和稀奶油（或脱脂乳）的脂肪总量等于混合乳的脂肪总量。

$$W_F X + W_q Y = W_{F_1}\ (X + Y)$$

则 $X\ (F - F_1)\ = Y\ (F_1 - q)$ 或 $\frac{X}{Y} = \frac{F_1 - q}{F - F_1}$

脱脂乳或稀奶油的量：

$$Y = \frac{F - F_1}{F_1 - q} \times X$$

因为 $\frac{F_1}{SNF_1} = \frac{F_2}{SNF_2}$，所以 $F_1 = \frac{F_2}{SNF_2} \times SNF_1$

又因在标准化时添加的稀奶油（或脱脂乳）量很少，标准化后乳中干物质含量变化甚微，标准化后乳中的无脂干物质含量大约等于原料乳中无脂干物质含量，即：

因为 $SNF_1 = SNF$ 故 $F_1 = \frac{F_2}{SNF_2} \times SNF_1$

若 $F_1 > F$，则加稀奶油调整；若 $F_1 < F$，则加脱脂乳调整。

例：今有含脂率为3.5%，总干物质含量为12%的原料乳5000kg，欲生产含脂率为28%的全脂乳粉，试计算进行标准化时，需加入多少千克含脂率为35%的稀奶油或含脂率为0.1%的脱脂乳。

解：① 因为 $F\ (\%)\ = 3.5$ 所以 $SNF = 12 - 3.5 = 8.5\ (\%)$

则 $SNF_1 = SNF = 8.5\ (\%)$

② 因为 $F_2 = 28$ 所以 $SNF_2 = 100 - 28 = 72\ (\%)$

根据 $\frac{F_1}{SNF_1} = \frac{F_2}{SNF_2}$ 得

$$F_1 = SNF_1 \times \frac{F_2}{SNF_2} = 8.5 \times \frac{28}{72} = 3.3\ (\%)$$

③ 因为 $F_1 < F$ 应加脱脂乳调整

根据皮尔逊法则：

$$Y = \frac{F - F_1}{F_1 - q} X = \frac{3.5 - 3.3}{3.3 - 0.1} \times 5000 = 312.5\ (\text{kg})$$

即需要加脂肪含量为0.1%的脱脂乳312.5kg。

为了使计算更精确，可先计算脱脂乳及稀奶油的无脂干物质（SNF），再按上述方法进行标准化。

① 脱脂乳中无脂干物质的计算　首先测定原料乳的含脂率及无脂干物质，然后按下式计算：

$$\text{脱脂乳的无脂干物质}\ (\%)\ = \frac{\text{牛乳的无脂干物质}\ (\%)}{100 - \text{牛乳的含脂率}\ (\%)} = \frac{SNF\ (\%)}{100 - F\ (\%)} \times 100$$

例：从含脂率3.4%，无脂干物质7.9%的原料乳分离脱脂乳。求该脱脂乳中的无脂干物质含量。

解：　　脱脂乳中无脂干物质（%）$=\frac{7.9}{100-3.4}\times 100=8.18\%$

② 稀奶油中无脂干物质的计算：

$$稀奶油的无脂干物质（\%）=\frac{100-稀奶油的含脂率（\%）}{100}\times 脱脂乳的无脂干物质（\%）$$

即：
$$SNF_{稀}=\frac{100-F_{稀}}{100}\times SNF_{脱}$$

例：把含脂率为3.5%的原料乳分离，其脱脂乳中非脂乳固体含量为8.2%，含脂肪量为40%的稀奶油，稀奶油中非脂乳固体含量为多少？

解：
$$F_{稀}=40 \quad SNF_{脱}=8.2$$
$$SNF_{稀}=\frac{100-40}{100}\times 8.2\%=4.9\%$$

故稀奶油中的非脂乳固体含量为4.9%。

（2）物料恒算法　适于炼乳、乳粉的标准化采用物料恒算法。原理是：

$$\frac{F_1}{SNF_1}=\frac{F_2}{SNF_2} \quad 即\ R_1=R_2$$

第一步：确定加什么。先计算出原料中的 R 和 R_2 值，进行比较，

如果 $R<R_2$　则应添加稀奶油（乳中脂肪含量不够标准）；

如果 $R>R_2$　则应添加脱脂乳（乳中脂肪含量超过标准）。

例题：今有原料乳1000kg，其中含脂肪3.3%，无脂干物质9%，要制成含脂率为8.95%、无脂干物质为23.5%的炼乳，问标准化时应加什么？加多少？（有稀奶油含脂率为25%，无脂干物质为6.7%）

题中 $R=\frac{F}{SNF}=\frac{3.3}{9}=0.37$

$R_2=\frac{F_2}{SNF_2}=\frac{8.95}{23.5}=0.38$　　$R<R_2$　说明料乳中脂肪不足，应加稀奶油。

第二步　以成品比值为标准，列出平衡方程。

设例题中原料乳量为 X；应加的稀奶油量为 Y。

则：$R_2=\frac{X\cdot F+Y\cdot F}{X\cdot SNF+Y\cdot SNF}$　　导出：$Y=\frac{SNF\cdot R_2-F}{F-SNF\cdot R_2}\cdot X$

将例题中数字代入后得：$Y=\frac{9\times 0.38-3.3}{25-6.7\times 0.38}\times 100=5.34$（kg）

计算结果：将稀奶油5.34kg加于这1000kg原料乳中即可使成品炼乳达到标准。

（3）乳粉标准化表的（$W.r.K$ 关系表）

设：含脂乳粉中的 F/SNF 之比（水分不计）为：W

标准化原料乳中的含脂率为：（实际是 F_1）

原料乳中无脂干物质：K

① 三者关系为（表）$W=\frac{r}{K}$，$r=W\cdot K$ 据此可列出表2－5。

表2－5　　乳粉 ***W***、***r***、***K*** 关系表

K ＼ r ＼ W	25/75 =0.333	26/74 =0.351	27/73 =0.370	28/72 =0.389	29/71 =0.409	30/70 =0.429
7.8	2.60	2.74	2.89	3.04	3.19	3.35
7.9	2.63	2.78	2.90	3.07	3.23	3.39
8.0	2.67	2.82	2.96	3.11	3.27	3.44
8.5	2.70	2.85	3.00	3.15	3.31	3.48
8.9	2.83	2.99	3.15	3.30	3.47	3.65
9.0	3.00	3.16	3.33	3.35	3.68	3.86

表中 $r=W\cdot K$ 例；$W=0.333$、$K=8.5$、则 $r=2.83$

② 表的使用；从表中查处出 r 值后，代入皮尔逊公式计算，先要用 r 值比较出应加什么

解例题：乳粉要求含脂率25%（则 $SNF=75\%$）

原料乳中 $F=3.5\%$，总干物质为12%，则 $SNF=12-3.5=8.5\%$

查表：25/75 =0.333，对8.5时，$r=2.83$（比原料乳中3.5少），应加脱脂乳，代入皮尔逊公式；

$$Y=\frac{P-r}{y-q}\cdot x=\frac{3.5-2.83}{2.83-0.1}\times 5000=1227.1\ (\text{kg})$$

（4）加糖量的计算　在乳品中需要加糖的乳制品主要有炼乳、乳粉。

加糖量的计算，也是根据物料衡算原理，即：

$$\frac{\text{乳中加糖量}(Q)}{\text{乳中总干物质}(E)}=\frac{\text{甜乳粉中蔗糖量}}{\text{甜乳粉中干物质}}\ (F)$$

即得：

$$Q=E\cdot F$$

例：含有原料乳、干物含量11.5%，制成甜炼乳要求含糖量19.8%，水分按25%计算，求加蔗糖的百分率。

解：$F=\frac{19.8}{100-19.8-2.5}=0.25$；　$E=11.5\%$

$Q=11.5\%\times 0.25=2.88\%$；每100kg加蔗糖2.88kg。

如果将 $Q=E\cdot F$ 三者关系例成表（表2－6），可在生产中直接查到加糖百分率，很方便。

表 2-6 全脂甜乳粉加糖百分率表（*Q*、*E*、*F*）

Q \ E	F						
	19.9/80.1 (0.25)	19.8/80.2 (0.2369)	19.7/80.3 (0.2453)	19.6/80.4 (0.2438)	19.5/80.5 (0.2422)	19.4/80.6 (0.2409)	19.0/8.1 (0.2345)
11.00							
11.15							
11.20							
11.25							
11.30							
11.35							
11.40							
11.45							
12.50							

注：中间添上 *Q* 值，$Q=E\cdot F$，请同学自己完成此表。

例：甜炼乳要求总干物质为 28%（$F\%=8.0\%$，$SNF=20\%$），原料乳中的（标准化后的）脂肪为 3.16%，*SNF* 为 7.88%，假定甜炼乳中要求蔗糖含量为 45% 时，则原料乳每 100kg 应添加多少蔗糖？

解：$E=3.16+7.88=11.04$

$F=45\%/28\%$

则：$Q=EF=11.04\times45\%/28\%=17.7\%$

每 100kg 乳中加 17.7kg 糖。

二、均质

1. 均质的概念

在强力的机械作用下（16.7～20.6 MPa）将乳中大的脂肪球破碎成小的脂肪球，均匀一致地分散在乳中，这一过程称为均质。

2. 均质的意义及优点

图 2-3 为均质前后脂肪球大小的变化。

牛乳在放置一段时间后，有时上部分会出现一层淡黄色的脂肪层，称为“脂肪上浮”。究其原因主要是因为乳脂肪的相对密度小（0.945）、脂肪球直径大，且大小不均匀，变动于 1～10μm，其一般为 2～5μm，容易聚结成团块，影响乳的感官质量。经均质，脂肪球直径可控制在 1μm 左右，这时乳脂肪表面积增大，浮力下降，乳可长时间保持不分层，可防止脂肪球上浮，不易形成稀奶油层脂肪。

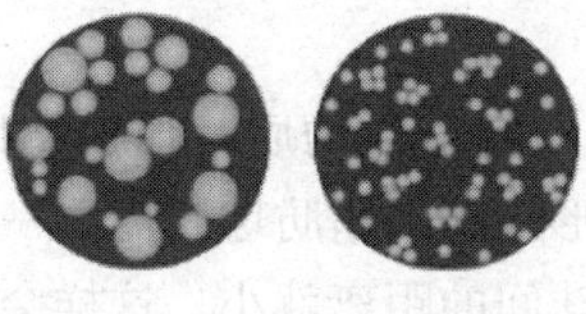

图2－3 均质前后的脂肪球

均质使不均匀的脂肪球呈数量更多的较小的脂肪球颗粒而均匀一致地分散在乳中，脂肪球数目的增加，增加了光线在牛乳中折射和反射的机会，使得均质乳的颜色更白。

如另一方面，经均质后的牛乳脂肪球直径减小，脂肪均匀分布在牛乳中，其他的维生素A和维生素D也呈均匀分布，促进了乳脂肪在人体内的吸收和同化作用。

更重要的是经过均质化处理的牛乳具有新鲜牛乳的芳香气味，均质化以后的牛乳防止了由于铜的催化作用而产生的臭味，这是因为均质作用增大了脂肪表面积所致。因为脂肪球膜上的类脂物，尤其是磷脂中的脑磷脂部分含有很大比例的不饱和脂肪酸残基，它很容易氧化生成游离基，并转化为过氧化物，游离出新的基团，这种反应组分具有强烈的刺激性气味。铜能够催化上述反应，因天然而混入的铜，即使很少（10μg/kg）都会造成氧化，从而使牛乳带有一种臭味。而均质后的牛乳脂肪球表面积增大了，但磷脂和铜的含量几乎不变，故膜中铜与磷脂之比近乎恒定，但其浓度大致与脂肪表面积成反比，因此铜与磷脂间的接触将减少，从而降低了脂肪的氧化作用。

均质的其他一些优点：经均质后的牛乳脂肪球直径减小，易消化吸收；使乳蛋白质凝块软化，促进消化和吸收；在酶制干酪生产中，可使乳凝固加快，乳产品风味更加一致。

均质的不足：对阳光、解脂酶等敏感，有时会产生金属腥味；蛋白质的热稳定性降低；不能使乳有效的分理出稀奶油。

工序安排：原料乳在经过验收、净化、冷却、标准化等预处理之后，必须进行均质处理。杀菌乳、稀奶油、炼乳、冰淇淋配料、发酵乳饮料等都需要安排均质。

在巴氏杀菌乳的生产中，一般均质机的位置处于杀菌机的第一热回收段；

在间接加热的超高温灭菌乳生产中，均质机位于灭菌之前；

在直接加热的超高温灭菌乳生产中，均质机位于灭菌之后，因此应使用无菌均质机。

3. 均质的工艺要求

均质前需要进行预热，达到60～65℃；均质方法一般采用二段式，即第一段均质使用较高的压力（16.7～20.6MPa），目的是破碎脂肪球。第二段均质使用低压（3.4～4.9MPa），目的是分散已破碎的小脂肪球，防止粘连。

4. 影响均质的因素

（1）含脂率　含脂率过高时会在均质时形成脂肪球粘连，因为大脂肪球破碎后形成许多小脂肪球，而形成新的脂肪球膜需要一定的时间，如果均质乳的脂肪率过高，那么新的小脂肪球间的距离就小，这样会在保护膜形成之前因脂肪球的碰撞而产生粘连。当含脂率大于12%时，此现象就易发生，所以稀奶油的均质要特别注意，可采用“加温”并“部分均质法”，即均质50%，再与未均质的混合。

（2）均质温度　均质温度高，均质形成的粘化现象就少，一般在60～70℃为佳。低温下均质产生粘化乳现象较多。

（3）均质压力　均质压力低，达不到均质效果；压力过高，又会使酪蛋白受影响，对以后的灭菌十分不利，杀菌时往往会产生絮凝沉淀。

三、原料乳的加热杀菌

（一）常用杀菌和灭菌的方法

1. 预热杀菌

概念：是一种比巴氏温度更低的热处理，通常为57～68℃，15s。经热处理后的牛乳其磷酸酶试验应呈阳性。

特点：一是预热杀菌可以减少原料乳的细菌总数，尤其是嗜冷菌。因为它们中的一些菌会产生耐热的脂酶和蛋白酶，这些酶可以使乳产品变质；二是在乳中引起的变化较小。若将牛乳冷却并保存在0～1℃，贮存时间可以延长到7d而其品质保持不变。

2. 低温巴氏杀菌

概念：这种杀菌是采用63℃，30min或72℃，15～20s加热而完成。

特点：一是可钝化乳中的碱性磷酸酶，可杀死乳中所有的病原菌、酵母和霉菌以及大部分的细菌。但而在乳中生长缓慢的某些种微生物不被杀死；二是乳的风味有些改变，几乎没有乳清蛋白变性、抑菌特性不受损害。

分类：62～65℃、30min称低温杀菌（LTLT），也称保温杀菌乳，在这种温度下，乳中的病原菌，尤其是耐热性较强的结核菌都被杀死；72～75℃、15s杀菌或采用75～85℃、15～20s杀菌通常称为高温短时间（HTST）杀菌法，由于受热时间短，热变性现象很少，风味有浓厚感，无蒸煮味。

3. 高温巴氏杀菌

概念：采用70～75℃，20min或85℃，5～20s加热。有时一直到100℃。

特点：一是大部分的酶都被钝化，可以破坏乳过氧化物酶的活性。但乳蛋白酶和某些细菌蛋白酶与脂酶不被钝化或不完全被钝化。二是使除芽孢外所有细菌生长体都被杀死；这种杀菌方法会使大部分抑菌特性被破坏；部分乳清蛋白发生变性，乳中产生明显的蒸煮味。除了损失维生素 C 之外，营养价值没有重大变化。

4. 超巴氏杀菌

这是目前生产延长货架期乳（ESL 乳）的一种杀菌方法。温度为 125～138℃，时间为 2～4s，并冷却到 7℃以下。

5. 灭菌

概念：115～120℃，20～30min 加压灭菌（在瓶中灭菌），或采用 135～150℃，0.5～4s，后一种热处理条件被称为 UHT（超高温瞬时灭菌）。

特点：一是这种热处理能杀死所有微生物包括芽孢，热处理条件不同产生的效果是不一样的。115～120℃，20～30min 加热可钝化所有乳中固有酶，但是不能钝化所有细菌脂酶和蛋白酶；产生严重的美拉德反应，导致棕色化；形成灭菌乳气味；损失一些赖氨酸；维生素含量降低；引起包括酪蛋白在内的蛋白质相当大的变化；使乳 pH 大约降低了 0.2 个单位；二是 UHT 处理则对乳没有破坏。

（二）冷杀菌技术的应用

热杀菌是常用的杀菌方式，与热杀菌相反的工艺称其为“冷杀菌”。由于杀菌过程中食品温度并不升高或升高很低，所以冷杀菌技术既利于保持食品中功能成分的生理活性，又有利于保持其色、香、味及营养成分。

1. 离心杀菌（除菌）

离心杀菌对芽孢特别有效，因为芽孢具有相对较高的自身密度，一般可高达 1.2～1.3g/L，通常细菌密度远低于芽孢，一般细菌细胞是难以去除的。一般情况下，密封离心机可去除 98% 厌氧芽孢微生物、95% 好氧芽孢菌，降低总菌数约 86%。高速离心除菌应用于消毒乳时，可以降低巴氏杀菌温度，进而提高产品的风味，可以延长消毒牛乳保质期 3～5d。

离心除菌分离机在筒壁中有两个喷嘴，用于细菌渣滓（细菌杂物）的连续排放，排放物占牛乳总量的 2%～3%。在分离以后，细菌渣滓液可直接加入到一台特殊的灭菌机中，分离出来的微生物立即被直接喷射到细菌渣滓液中的 130～140℃的蒸汽所杀死。维持灭菌温度 3～4s，然后将细菌渣滓液冷却。保证风味和营养价值完全不受影响。灭菌后，细菌分离液可以与牛乳部分重新混合。用于生产干酪原料乳的离心除菌处理最好。

离心除菌可以改善高细菌含量原料乳的保存性，但它的杀菌效果远低于 HTST 杀菌，也较微滤和电脉冲技术低，不能完全替代 HTST，而芽孢是不能完全被 HTST 钝化的，所以通常将离心杀菌与其他杀菌方式组合使用。

2. 高浓度二氧化碳杀菌

在许多食品中（包括乳制品），已经利用溶解在食品中的二氧化碳来抑制细菌的生长。Ma 等人（2003 年）在原料乳中加入 1500mg/kg 的二氧化碳，在 4℃

下贮存21d，能够大大地延缓微生物的生长。

在商业规模上，采用二氧化碳作为贮存罐牛乳保存的一种方式是较为经济的，因现代大多数贮乳罐都有很好的绝缘，容易密封，而且罐的外形对使用二氧化碳而言又是相当有效。

也有人研究通过充二氧化碳用于牧场收乳，既可保持高质量牛乳并且通过减少收乳次数又可降低运输费用。二氧化碳抑菌效果随浓度的增加而增加，采用低水平的二氧化碳，可以抑制牛乳中原有细菌繁殖至少3～4d，存在于消毒后牛乳中的耐热脂酶和蛋白酶活力将被降到最低，故采用高微生物质量牛乳，应用二氧化碳处理，浓度为30mmol/L，对生产商和加工商而言，均会获利。

3. 超声波杀菌

超声波是应用于乳品生产的一项新技术。目前，超声波在乳品加工中的应用研究主要集中在其作为清洗工具上，乳品工厂已能合理的利用该清洗技术。

高强度超声波（10～1000W/cm^2）产生的压力和剪切力，可以破坏微生物细胞。它与其他方法如加热、氯化作用和极限pH联合使用时效果非常有效。

与加热处理联合作用称为“热超声作用”工艺，据悉可在44℃灭菌。随着该工艺的完善，可作为UHT乳或乳制品杀菌的方法之一。

4. 高压杀菌

由于核酸、蛋白质、多糖类等物质或细胞膜在高压下都会受到影响，这样生物体的生命活动就会受到影响而停止，从而达到杀菌和钝化酶的目的。

多数生物经100MPa以上加压处理即会死亡。一般而言，细菌、霉菌、酵母的营养体在300～400MPa压力下可被杀死；病毒在稍低的压力下即可失活；寄生虫的杀灭和其他生物体相近，只要低压处理即可杀死；而芽孢杆菌属和梭状芽孢杆菌属的芽孢对压力比其营养体具有较强的抵抗力，需要更高的压力才会被杀灭。

可将超高压杀菌分为低压长时（LPLT）、高压短时（HPST）和超高压瞬时杀菌（UHP）。林力丸（1993年）提出的设想是：LPLT杀菌是指在400MPa左右加压处理10～20min；HPST指在600MPa左右加压处理1～2min；UHP指在600MPa以上加压处理几秒至1min以内。

5. 微滤杀菌（除菌）

微滤杀菌是在乳品工业上应用的一种膜分离技术，而微滤基本上是用于减少脱脂乳、乳清和盐溶液中的细菌，也用于准备生产乳清蛋白浓缩物的乳清的脱脂以及蛋白分馏方面。

任务三 消毒乳的加工

一、巴氏杀菌乳

（一）巴氏杀菌乳的概念和种类

1. 概念

巴氏杀菌乳又称市乳，它是以合格的新鲜牛乳为原料，经离心净乳、标准化、均质、巴氏杀菌、冷却和灌装，直接供给消费者饮用的商品乳。

国际乳品联合会（IDF）（SDT）将巴氏杀菌定义为：适合于一种制品的加工过程，目的是通过热处理尽可能地将来自于牛乳中的病原性微生物的危害降至最低，同时保证制品中化学、物理和感官的变化最小。

2. 种类

因脂肪含量不同，可分为全脂乳、高脂乳、低脂乳、脱脂乳和稀奶油；就风味而言，可分为草莓、巧克力、果汁等风味产品。

3. 基本指标要求

主要目的是减少微生物和可能出现在原料乳中的致病菌。不可能杀死所有的致病菌，它只可能将致病菌的数量降低到一定的、对消费者不会造成危害的水平。

巴氏杀菌后，应及时冷却、包装，一定要立即进行磷酸酶试验，且呈阴性。

（二）巴氏杀菌乳的生产

1. 巴氏杀菌乳的生产工艺

巴氏杀菌乳的生产工艺见图2－4。

原料乳的验收 → 缓冲缸 → 净乳 → 标准化 → 均质 → 巴氏杀菌 → 灌装 → 冷藏

巴氏杀菌乳的加工工艺因不同的法规而有所差别，而且不同的乳品厂也有不同的规定。例如：

① 脂肪的标准化可采用前标准化、后标准化或直接标准化。

② 均质可采用全部均质或部分均质。

③ 最简单的全脂巴氏杀菌乳加工生产线应配备巴氏杀菌机、缓冲罐和包装机等主要设备。

④ 复杂的生产线可同时生产全脂乳、脱脂乳、部分脱脂乳和含脂率不同的稀奶油。

在部分均质后，稀奶油中的脂肪球被破坏，游离脂肪与外界相接触很容易受到脂肪酶的侵袭。因此，均质后的稀奶油应立即与脱脂乳混合并进行巴氏杀菌。图2－4所示工艺流程不会造成这一问题，因为重新混合巴氏杀菌过程全部在同一封闭系统中迅速而连续地进行。但是，如果采用前标准化则存在这样的问题，这时必须重新设计工艺流程。

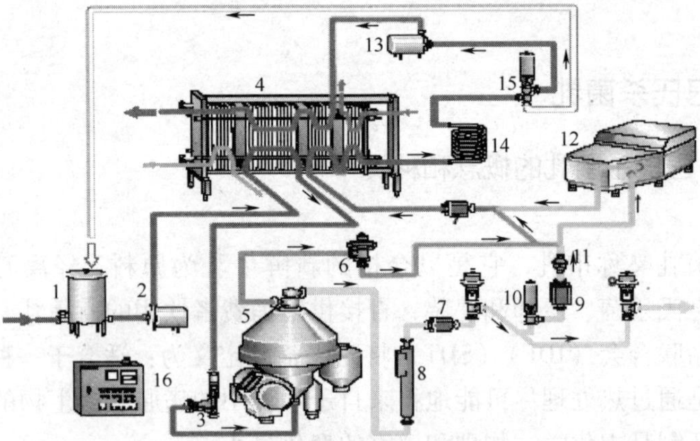

图 2-4 巴氏杀菌乳的生产工艺

1—平衡槽 2—进料泵 3—流量控制器 4—板式换热器 5—分离机 6—稳压阀 7—流量传感器 8—密度传感器 9—调节阀 10—截止阀 11—检查阀 12—均质机 13—增压泵 14—保温管 15—转向阀 16—控制盘

2. 巴氏杀菌乳生产工艺要点

(1) 原料乳要求 欲生产高质量的产品，必须选用品质优良的原料乳。巴氏乳的原料乳检验内容包括：

① 感官指标：包括牛乳的滋味、气味、清洁度、色泽、组织状态等。

② 理化指标：包括酸度（酒精试验和滴定酸度）、相对密度、含脂率、冰点、抗生素残留量等，其中前三项为必检项目，后两项可定期进行检验。

③ 微生物指标：主要是细菌总数，其他还包括嗜冷菌数、芽孢数、耐热芽孢数及体细胞数等。

④ 酒精试验：以 72%（体积分数）对原料乳进行检测，对应的滴定酸度不高于 18°T。如在验收时出现细小凝块，可进一步进行煮沸试验。

⑤ 滴定酸度：要求新鲜牛乳的滴定酸度为 16 ~ 18°T（如表 2-7 所示）。必要时，乳品厂也采用刃天青还原试验和美蓝试验来检查原料乳的新鲜度。

表 2-7 牛乳酸度与蛋白质凝固特性

牛乳酸度/°T	蛋白质凝固特性	牛乳酸度/°T	蛋白质凝固特性
18 ~ 20	不出现絮片	24 ~ 26	中型的絮片
20 ~ 22	很细的絮片	26 ~ 28	大的絮片
22 ~ 24	细的絮片	28 ~ 30	很大的絮片

⑥ 相对密度的测定：用乳稠密度计测定，并换算为标准温度下的乳的密度。

就原料乳的质量而言，可参考表2－8中所示欧共体1993年有关原料乳细菌总数的标准。

巴氏杀菌乳感官特性参照表2－9；相关质量标准执行表2－10、表2－11。

表2－8　欧共体液态乳制品细菌总数的标准

项目	平板计数细菌总数/（cfu/mL）
原料乳	<100000
原料乳在乳品厂贮存超过36h	<200000
巴氏杀菌乳	<30000
巴氏杀菌乳在8℃下培养5d后	<100000
超高温和保温灭菌乳在30℃下培养15d后	<10

表2－9　巴氏杀菌乳感官特性

项目	感官特性
色泽	呈均匀一致的乳白色或微黄色
滋味和气味	具有乳固有的滋味和气味，无异味
组织状态	均匀的液体，无沉淀，无凝块，无黏稠现象

表2－10　巴氏杀菌乳的理化指标

项目	全脂巴氏杀菌乳	部分脱脂巴氏杀菌乳	脱脂巴氏杀菌乳
脂肪含量/%	≥3.1	1.0～2.0	≤0.5
蛋白质含量/%≥	2.9	2.9	2.9
非脂乳固体含量/%≥	8.1	8.1	8.1
酸度/°T≤	18.0	18.0	18.0
杂质度/（mg/kg）≤	2	2	2

表2－11　巴氏杀菌乳的卫生指标

项目	全脂巴氏乳	部分脱脂巴氏乳	脱脂巴氏杀菌乳
硝酸盐（以$NaNO_3$计）含量/（mg/kg）≤		11.0	
亚硝酸盐（以$NaNO_2$计）含量/（mg/kg）≤		0.2	
黄曲霉毒素M_1/（μg/kg）≤		0.5	
菌落总数/（cfu/mL）≤		30000	
大肠菌群/（MPN/100mL）≤		90	
致病菌（指肠道致病菌和致病性球菌）		不得检出	

另一个衡量原料乳质量的指标就是牛乳中体细胞的含量。欧共体修订的原料

乳标准中规定原料乳中体细胞含量不得高于400000个/mL。

（2）原料乳的预处理　净乳、冷却、贮存、标准化、均质，在前面章节已述。

（3）杀菌　巴氏杀菌乳一般采用巴氏杀菌法。

表2-12　　生产巴氏杀菌乳的主要热处理分类

工艺名称	温度/℃	时间	方式
初次杀菌	63~65	15s	
低温长时间巴氏杀菌（LTLT）	62.8~65.6	30min	间歇式
高温短时间巴氏杀菌（HTST）	72~75	15~20s	连续式
超巴氏杀菌	125~138	2~4s	

（4）杀菌后的冷却　杀菌后的牛乳应尽快冷却至4℃，冷却速度越快越好。其原因是牛乳中的磷酸酶对热敏感，不耐热，易钝化（63℃/20min即可钝化）。

但同时牛乳中含有不耐高温的抑制因子和活化因子，抑制因子在60℃/30min或72℃/15s的杀菌条件下不被破坏，所以能抑制磷酸酶恢复活力，而在82~130℃加热时抑制因子被破坏；活化因子在82~130℃加热时能存活，因而能激活已钝化的磷酸酶。所以巴氏杀菌乳在杀菌灌装后应立即置4℃下冷藏。

（5）灌装　冷却后要立即灌装。灌装的目的是便于保存、分送和销售。

① 包装材料：包装材料应具有以下特性：能保证产品的质量和营养价值；能保证产品的卫生及清洁，对内容物无任何污染；避光、密封，有一定的抗压强度；便于运输；便于携带和开启；减少食品腐败；有一定的装饰作用。

② 包装形式：巴氏杀菌乳的包装形式主要有玻璃瓶、聚乙烯塑料瓶、塑料袋、复合塑纸袋和纸盒等。

③ 危害关键控制：在巴氏杀菌乳的包装过程中，要注意：避免二次污染，包括包装环境、包装材料及包装设备的污染；避免灌装时产品的升温；包装设备和包装材料的要求高。

（6）贮存、分销　必须保持冷链的连续性，尤其是出厂转运过程和产品的货架贮存过程是冷链的两个最薄弱环节。应注意温度、避光、避免产品强烈震荡、远离具有强烈气味的物品。

（三）较长保质期乳（ESL乳）的生产

1. 概念

较长保质期乳，即国外“ESL”乳（extended shelf life）。含义是延长（巴氏杀菌）产品的保质期，采用比巴氏杀菌更高的杀菌温度（即超巴氏杀菌），并且尽最大的可能避免产品在加工、包装和分销过程的再污染。保质期有7~10d、30d、40d，甚至更长。

2. 特点

（1）需要较高的生产卫生条件和优良的冷链分销系统（一般冷链温度越低，产品保质期越长，但最高不得超过7℃）。

（2）典型的超巴氏杀菌条件为125～130℃，2～4s。但无论超巴氏杀菌强度有多高，生产的卫生条件有多好，“较长保质期乳”本质上仍然是巴氏杀菌乳。

（3）与超高温灭菌乳有根本的区别。首先，超巴氏杀菌产品并非无菌灌装；其次，超巴氏杀菌产品不能在常温下贮存和分销；第三，超巴氏杀菌产品不是商业无菌产品。

3. 生产方法

ESL乳的生产方法有以下两种。

（1）板式热交换器法　基于间接加热，这其中包含不同温度与时间的组合，温度一般为115～130℃，如果在120℃左右，该产品只需经受1s或更短的快速处理。

近年来APV和ELOPAK公司联合成功开发了Pure－Lac系统，该系统不仅有热处理，同时也包括生产中的每一关键步骤——原材料、生产加工、包装和贮存。该工艺是一种基于蒸汽注入工艺，它精确变化时间、温度之间的关系，可控制在0.2s之内。这在达到延长保存期目的的同时，也最低程度地减少了热处理对牛乳的破坏。牛乳通过在注入室内自由降落时直接与蒸汽接触完成加热处理，避免了与“硬件”接触导致产生不良风味的可能性。

（2）浓缩和杀菌相结合的方法　把牛乳中的微生物浓缩到一小部分，这部分富集微生物的乳再受较高的热处理，杀死可形成内生孢子的微生物如蜡状芽孢杆菌，之后再在常规杀菌之前，将其与其余的乳混匀，之后一并再进行巴氏杀菌，钝化其余部分带入的微生物，该工艺包括采用重力或离心分离超滤和微滤，目前已有商业应用。利乐公司的Alfa－Laval Bactocatch设备，将离心与微滤结合，其工艺流程如图2－5所示。

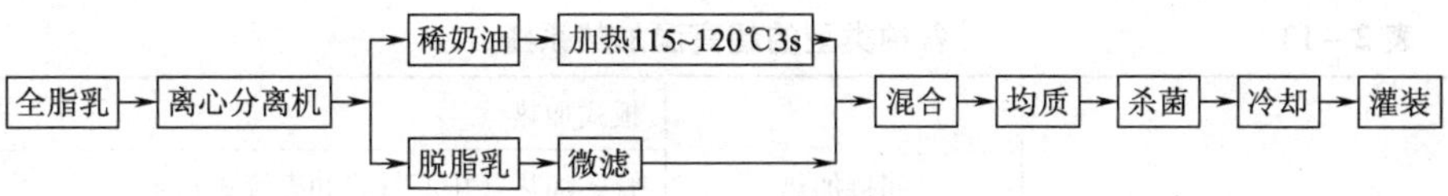

图2－5　离心与微滤结合工艺流程

这种设备通过在达到同样的微生物处理效果的同时，由于只是部分乳经受较高温度处理，其余乳（主体）仍维持在巴氏杀菌的水平，这样得到的产品口感、营养都更加完美，保质期又可适当地延长。

二、超高温灭菌乳和瓶装灭菌乳的生产

（一）概述

1. 灭菌乳概念

灭菌乳即是对这一产品进行足够强度的热处理，使产品中所有的微生物和耐热酶类失去活性。灭菌乳具有优异的保存质量并可以在室温下长时间贮存。

2. 灭菌乳生产有两种方法

一是灌装后灭菌，称瓶装灭菌，产品称瓶装灭菌乳；二是超高温瞬间灭菌（Ultra High Temperature，UHT）处理。

瓶装灭菌概念：是将牛乳装到瓶子中，再进行灭菌处理的牛乳。产品和包装（罐）一起被加热到约116℃，保持20min，可环境温度下贮存。

UHT（超高温瞬间灭菌）的概念：物料在连续流动的状态下，经135～150℃不少于1s的超高温瞬时灭菌（以完全破坏其中可以生长的微生物和芽孢），然后在无菌状态下包装，包装保护产品不接触光线和空气中的氧，可在环境温度下贮存。以最大限度地减少产品在物理、化学及感官上的变化，这样生产出来的产品称为UHT产品。UHT产品应能在非冷藏条件下分销。超高温灭菌的出现，大大改善了灭菌乳的特性，不仅使产品的色泽和风味得到改善，而且提高了产品的营养价值。

3. 灭菌乳的基本要求

即加工后产品的特性应尽量与其最初状态接近；贮存过程中产品质量应与加工后产品的质量保持一致。

（二）超高温灭菌的方法

超高温灭菌加工系统的各种类型如表2－13所示。这些加工系统所用的加热介质为蒸汽或热水。从经济角度考虑，蒸汽或热水是通过天然气、油或煤加热获得的，只在极少数情况下使用电加热锅炉。因电加热的热效率仅为30%，而采取其他形式加热，锅炉的热转化率为70%～80%。

表2－13 各种类型的超高温加热系统

蒸汽或热水加热	间接加热	板式加热
		管式加热（中心管式和壳管式）
		刮板式加热
	直接蒸汽加热	直接喷射式（蒸汽喷入牛乳）
		直接混注式（牛乳喷入蒸汽）

如表2－13所述使用蒸汽或热水为加热介质的灭菌器可进一步被分为两大类，即直接加热系统和间接加热系统。在间接加热系统中，产品与加热介质（或

热水）由导热面所隔开，导热面由不锈钢制成，因此在这一系统中，产品与加热介质没有直接的接触。在间接加热系统中，产品与一定压力的蒸汽直接混合，这样蒸汽快速冷凝，其释放的潜热很快对产品进行加热，同时产品也被冷凝水稀释。

（三）超高温灭菌乳的加工工艺

1. 超高温灭菌乳加工的基本工艺流程

超高温灭菌乳加工工艺流程见图2－6。

原料乳→验收及预处理→超高温灭菌→无菌平衡贮槽→无菌灌装→灭菌乳

图2－6　超高温灭菌乳加工工艺流程

下面以管式超高温方法为例介绍UHT乳的典型加工工艺。

原料乳首先经验收、标准化、巴氏杀菌等过程。UHT乳的加工工艺有时包含巴氏杀菌过程，因为巴氏杀菌可有效提高生产的灵活性，及时杀灭嗜冷菌，避免其繁殖代谢产生的酶类影响产品的保质期。巴氏杀菌后的乳（一般为4℃左右）由平衡槽1经离心泵2进入预热段3a，在这里牛乳被热水加热至75℃后进入均质机4。通常采用二级均质，第二级均质压力为5MPa，均质机合成均质效果为25MPa。均质后的牛乳进入加热段3c，在这里牛乳被加热至灭菌温度（通常为137℃），在保温管5中保持4s，然后进入热回收段3d，在这里牛乳被盐水冷却至灌装温度。冷却后的牛乳直接进入灌装机8或先进无菌贮存罐7后，再进入灌装机8。若牛乳的灭菌温度低于设定值，则牛乳就沿着3e返回平衡槽。加热循环热水的流程是这样的：首先热水经平衡槽、离心泵后进入预热段3a和热回收段3d，由蒸汽喷射阀6注入蒸汽，调节至灭菌所需要的加热介质温度后进入3c，热水温度通常高于产品的温度1～3℃，之后热水经3b冷却返回平衡槽。

UHT灭菌乳的温度变化大致如下：

原料乳经巴氏杀菌后4℃→预热至75℃→均质75℃→加热至137℃→保温137℃→盐水冷却至6℃→（无菌贮罐6℃）→无菌包装6℃。

可以看出，在此灭菌过程中，牛乳不与加热或冷却介质直接接触，可以保证产品不受外界污染；另外，热回收操作可节省大量能量。

经过超高温灭菌及冷却后的灭菌乳，应立即进行无菌包装。而无菌灌装系统是生产UHT产品所不可缺少的。

无菌包装必须符合以下要求：

（1）包装容器和封合方法必须适合无菌灌装，并且封合后的容器在贮存和分销期间必须能阻挡微生物透过，同时包装容器应能阻止产品发生化学变化；

（2）容器和产品接触的表面在灌装前必须经过灭菌，灭菌效果与灭菌前容器表面的污染程度有关；

（3）灌装过程中，产品不能受到来自任何设备表面或周围环境等的污染；

（4）若采用盖子封合，封合前必须及时灭菌；

（5）封合必须在无菌区域内进行，以防止微生物污染。

2. 关键操作

（1）设备灭菌——无菌状态　在投料之前，先用水代替物料进入热交换器。热水直接进入均质机、加热段、保温段、冷却段，在此过程中保持全程超高温状态，继续输送至包装机，从包装机返回，流回平衡槽。如此循环保持回水温度不低于130℃，时间30min左右。杀菌完毕后，放空灭菌水，进入物料，开启冷却阀，投入正常生产流程。

（2）生产过程——保持无菌状态　整个生产过程包括灌装要控制在密封的无菌状态下，乳从灭菌器输送至包装机的管道上应装有无菌取样器，当一切生产条件正常时可定时取样检测乳中是否无菌。

（3）水灭菌——保证乳无菌　在生产中，由控制盘严密监视灭菌温度。当温度低于设定值时，立即启动分流阀，牛乳返回进料槽，将其放空并用水顶替，重新进行设备灭菌及重新安排生产操作。这样可保证送往包装机的牛乳是经冷却的无菌牛乳。

（4）中间清洗及最后清洗　大规模连续生产中，一定时间后，传热面上可能产生薄层沉淀，影响传热的正常进行。这时，可在无菌条件下进行30min的中间清洗，然后继续生产，中间不用停车，生产完毕后用清洗液进行循环流动清洗。中间清洗及最后清洗操作均由控制盘内的程序板控制，按程序执行CIP操作。

（5）停车　生产及清洗完毕后即可由控制盘统一停车。同时注意停供蒸汽、冷却水及压缩空气。

（四）关键控制

超高温灭菌为高度自动化操作。均质机配有专用控制柜，并与总控制柜连通。主要操作由控制柜指挥。

1. 流程控制

生产中的开车、设备灭菌、牛乳灭菌、水灭菌、中间清洗及最后清洗等都有不同的流程和程序，都由控制盘统一控制。操作人员只需操作控制按钮即可。

2. 流量控制

设备的生产能力由物料流量决定，物料流量由均质机的转速控制——流量要稳定。生产中，应首先设定准确均质机的转速，以保持要求的牛乳流量。

3. 灭菌温度控制

牛乳灭菌的最高温度要先行设定。在生产过程中，实际的灭菌温度不断变化，在控制盘上控制系统可根据记录数据发出指令，不断调整进汽阀的开启大小，以保持稳定的灭菌温度——灭菌温度要稳定。应注意稳定蒸汽压力使其不低于0.6MPa。

4. 冷却温度控制

由冷却阀的调节来控制——冷却温度要稳定。

（五） 瓶装灭菌乳加工

1. 瓶装灭菌乳生产工艺流程

瓶装灭菌乳生产工艺流程见图2－7。

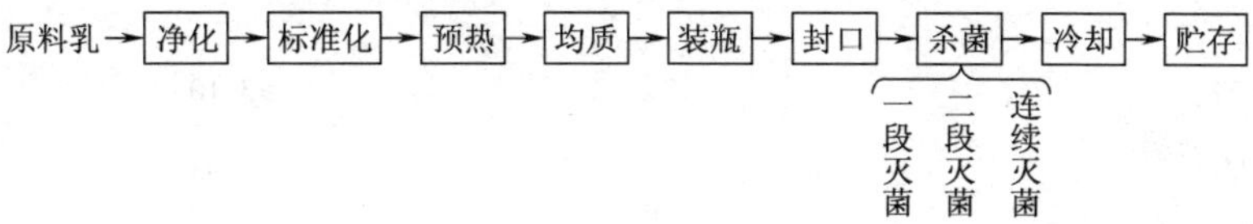

图2－7　瓶装灭菌乳生产工艺流程

2. 对原料乳的要求

（1）对原料乳理化特性的要求

① 蛋白的热稳定性：用于瓶装灭菌处理的牛乳必须是高质量的，特别是乳蛋白的热稳定性相当重要。可通过75%的酒精试验测定乳蛋白的热稳定性。

② 异常乳：在此主要是指乳房炎乳。其可导致牛乳细菌含量高，还产生大量的蛋白酶，其中有些是相当耐热的，可存活于灭菌乳中，影响产品的品质，使产品在贮存期内变质、形成凝块等。

（2）原料乳中微生物的种类及含量的要求　影响至关重要。首先从灭菌效率考虑是芽孢的含量；其次从酶解反应考虑是细菌总数，尤其是嗜冷菌含量。我国许多工厂采用细菌总数小于10万/mL，嗜冷菌小于等于1000个/mL的牛乳为原料。

① 芽孢数：芽孢主要分为嗜中温芽孢和嗜热芽孢。生产灭菌乳的微生物指标应符合表2－14的要求。

表2－14　灭菌前物料的芽孢数　单位：cfu/mL

芽孢名称	目标值	行动值	加工极限值
嗜中温芽孢	100	1 000	10 000
嗜热芽孢	10	100	1 000

② 细菌数：再多的细菌经灭菌之后都会被杀死。但灭菌乳是长货架期产品，原料中如含有过高的细菌，其代谢将产生各种脂肪酶和蛋白酶，其中有些酶是相当耐热的，尤其是嗜冷菌产生的酶类。这些酶存活于灭菌乳中，并在产品的贮存期内复活，分解蛋白和脂肪而产生一系列非微生物的质量缺陷，如凝块、脂肪上浮等。

但据美国最新医学研究表明，残留于牛乳中的过多的细菌的代谢残物，仍会使人有一些不良反应，如发热、关节发炎等。因此，控制原料乳的质量对保证灭菌乳的质量是至关重要的。表 2－15 是用于灭菌乳加工的原料乳的一般要求。

表 2－15　　用于灭菌乳加工的原料乳的一般要求

项目	指标
理化特性	
脂肪含量/%	≥3.10
蛋白质含量/%	≥2.95
相对密度（24℃/4℃）	≥1.028
酸度/°T（以乳酸计,%）	≤0.144
滴定酸度/°T	≤16
pH	6.6～6.8
杂质含量/（mg/kg）	≤4
汞含量/（mg/kg）	≤0.01
农药含量/（mg/kg）	≤0.1
蛋白稳定性	通过 76% 的中性酒精试验
冰点/℃	－0.54～－0.59
抗生素含量/（μg/mL）	
青霉素	<0.004
其他	不能验出
体细胞数/（个/mL）	≤500000
微生物特性	
细菌总数/（cfu/mL）	≤100000
芽孢总数/（cfu/mL）	≤100
耐热芽孢数/（cfu/mL）	≤10
嗜冷菌数/（cfu/mL）	≤1000

3. 预处理技术要求

预处理，即净乳、冷却、贮乳、标准化、预热均质等技术要求同巴氏杀菌乳。

4. 装瓶、封口

瓶装灭菌乳常见的包装有玻璃瓶、塑料瓶。灌装采用自动灌装机、自动封口。常用的是玻璃瓶和塑料瓶两种包装方式。

（1）玻璃瓶　可以多次循环使用，破损率可以控制在 0.3% 左右。与牛乳接触不起化学反应，无毒，光洁度高，易于清洗。缺点为重量大，运输成本高，易受日光照射产生不良气味，造成营养成分损失。回收的空瓶微生物污染严重。

（2）塑料瓶　塑料乳瓶多用聚乙烯或聚丙烯塑料制成。其优点为：重量低，可降低运输成本，破损率低，循环使用可达 200 ~ 300 次，能耐碱液及次氯酸的洗涤和杀菌处理。特别是聚丙烯能耐 150℃ 的高温，具有刚性，耐酸、碱盐的性能均佳。其缺点为：旧瓶表面易磨损，污染程度大，不易清洗和消毒。在较高的室温下，数小时后即产生异味，影响质量和合格率。

5. 杀菌

瓶装灭菌乳的灭菌方法有三种：一段灭菌、二段灭菌和连续灭菌。

（1）一段灭菌　牛乳先预热到约 80℃，然后灌装到干净的、加热的瓶子中，瓶子封好盖后放入杀菌器，在 110 ~ 120℃ 温度下灭菌 10 ~ 40min。

（2）二段灭菌　牛乳在 130 ~ 140℃ 预热 2 ~ 20s，此预热可在管式或板式热交换器中靠间接加热办法进行或者用蒸汽直接喷射牛乳，当牛乳冷却到 80℃ 后，灌装到干净的、热处理过的瓶子中，封盖后再入灭菌器进行灭菌。后一段处理不需要像前一段那样强烈，因第二段杀菌的主要目的只是为了消除第一段杀菌后灌装重新感染的细菌。

（3）连续式灭菌　牛乳在装瓶封口后，经连续工作的灭菌器灭菌，连续灭菌器中灭菌可采用一段灭菌，也可采用二段灭菌。奶瓶缓慢地通过杀菌器中的加热区和冷却区往前输送，这些区段的长短应与处理中各个阶段所需求的温度和停留时间相对应。

6. 冷却、贮存

乳经杀菌后，虽然绝大部分细菌都已被杀灭，但在以后各项操作中还有被污染的可能。为了抑制牛乳中细菌等微生物的生长、繁殖，增加保存性，需及时进行冷却。用片式杀菌器时，乳通过冷却区段时已降至 4℃。如果保温缸或管式杀菌器，另用冷排或其他方法将乳冷却至 2 ~ 4℃。冷却后的牛乳应直接分装，及时分送给消费者。如不能立即发送时，也应贮存于 5℃ 以下的冷库内。

复习思考题

1. 简述酒精法检验原料乳的原理。
2. 简述对原料乳均质的目的。

3. 简述对原料乳消毒的方法。
4. 为了保证产品的质量，在原料乳的收购过程中有哪些收购标准？

项目三 酸乳的加工

知识目标

1. 酸乳发酵剂的概念、种类与选择；
2. 酸乳发酵剂的制备与质量控制；
3. 凝固型酸乳加工的操作要点与质量控制；
4. 搅拌型酸乳的加工技术与质量控制。

技能目标

1. 了解发酵剂的概念与种类并掌握发酵剂的选择与制备技能；
2. 掌握凝固型酸乳加工技术与质量控制；
3. 掌握搅拌型酸乳的加工技术与质量控制；
4. 了解酸乳的包装类型并掌握酸乳的质量标准。

任务一 发酵剂的制备、质检和贮存

一、 酸乳的发酵剂菌种

根据FAO关于酸乳的定义，酸乳中的特征菌为嗜热链球菌和保加利亚乳杆菌。

二、 发酵剂的概念与种类

所谓发酵剂是指生产发酵乳制品时所用的特定微生物培养物。

（一） 按发酵阶段分类

通常用于乳酸菌发酵的发酵剂有三个阶段，即三种类型。

1. 乳酸菌纯培养物

即一级菌种，一般多接种在脱脂乳、乳清、肉汁等培养基中，或者用升华法制成冻干粉状菌苗（能较长时间保存并维持活力）。

当生产单位取到菌种后，即可将其移植于灭菌脱脂乳中，恢复活力以供生产需要。实际上一级菌种的培养就是纯乳酸菌种转种培养、恢复活力的一种手段。

2. 母发酵剂

即一级菌种的扩大再培养，是生产发酵剂的基础。母发酵剂的质量优劣直接关系到生产发酵剂的质量。

3. 生产发酵剂

母发酵剂的扩大再培养，是直接用于实际生产的发酵剂。

（二） 按菌种分类

有时也根据菌种将其分为混合发酵剂、单一发酵剂和补充发酵剂。

1. 混合发酵剂

保加利亚乳杆菌和嗜热链球菌按 1∶1 或 1∶2 的比例混合的酸乳发酵剂，且两种菌比例的改变越小越好。

2. 单一发酵剂

将每一种菌株单独活化，生产时再将各菌株混合在一起。

3. 补充发酵剂

为增加酸乳的黏稠度、风味或增强产品的保健目的，可以选择以下菌种，一般可单独培养或混合培养后加入乳中。

（1）产黏发酵剂　为防止产黏菌过度增殖，应将其与保加利亚乳杆菌或嗜热链球菌分开培养。

（2）产香发酵剂　当生产的天然纯酸乳的香味不足时，可考虑加入特殊产香的保加利亚乳杆菌菌株或嗜热链球菌丁二酮产香菌株。

（3）加入干酪乳杆菌　日本非常有名的发酵乳 Yakult 的发酵剂就是由嗜酸乳杆菌、干酪乳杆菌和双歧乳杆菌组合发酵而成的。

三、 发酵剂的选择

选择质量优良的发酵剂应从以下几方面考虑。

1. 产酸能力

不同的发酵剂产酸能力会有很大的不同。判断发酵剂产酸能力的方法有两种，即测定酸度和产酸曲线。产酸能力强的发酵剂在发酵过程中容易导致产酸过度和后酸化过强，所以生产中一般选择产酸能力中等或弱的发酵剂。

2. 后酸化

后酸化是指酸乳生产中终止发酵后，发酵剂菌种在冷却和冷藏阶段仍能继续缓慢产酸，它包括三个阶段：从发酵终点（42℃）冷却到 19℃或 20℃时酸度的增加；从 19℃或 20℃冷却到 10℃或 12℃时酸度的增加；在冷库中冷藏阶段酸度的增加。酸乳生产中应选择后酸化尽可能弱的发酵剂，以便控制产品质量。

3. 产香性

一般酸乳发酵剂产生的芳香物质为乙醛、丁二酮、丙酮和挥发性酸。评价方法有：

(1) 感官评价　进行感官评价时应考虑样品的温度、酸度和存放时间对品评的影响。品尝时样品温度应为常温，因为低温对味觉有阻碍作用；酸度不能过高，酸度过高会将香味完全掩盖；样品要新鲜，用生产 24 ~ 48h 内的酸乳进行品评为佳，因为这段时间内是滋味、气味和芳香味的形成阶段。

(2) 挥发性酸的量　通过测定挥性酸的量来判断芳香物质的产生量。挥发性酸含量越高就意味着产生的芳香物质含量越高。

(3) 乙醛生成能力　乙醛形成酸乳的典型风味，不同的菌株产生乙醛能力不同，因此乙醛生成能力是选择优良菌株的重要指标之一。

4. 黏性物质的产生

发酵剂在发酵过程中产黏有助于改善酸乳的组织状态和黏稠度，特别是酸乳干物质含量不太高时显得尤为重要。但一般情况下产黏发酵剂往往对酸乳的发酵风味会有不良影响，因此选择这类菌株时最好和其他菌株混合使用。

5. 蛋白质的水解性

乳酸菌的蛋白水解活性一般较弱，如嗜热链球菌在乳中只表现很弱的蛋白水解活性，保加利亚乳杆菌则可表现较高的蛋白水解活性，能将蛋白质水解，产生大量的游离氨基酸和肽类。影响蛋白质水解活性的因素主要如下。

(1) 温度　低温（如 3℃冷藏）蛋白质水解活性低，常温下增强。

(2) pH　不同的蛋白水解酶具有不同的最适 pH。pH 过高易积累蛋白质水解的中间产物，给产品带来苦味。

(3) 菌种与菌株　嗜热链球菌和保加利亚乳杆菌的比例和数量会影响蛋白质的水解程度。不同菌株其蛋白质水解活性也有很大的不同。

(4) 贮藏时间　贮藏时间长短对蛋白质水解作用也有一定的影响。

四、 发酵剂的制备

制备发酵剂最常用的培养基是脱脂乳，但也可用特级脱脂乳粉按 9% ~ 12% 的干物质制成的再制脱脂乳替代。

中间发酵剂和生产发酵剂的制备工艺与母发酵剂的制备工艺基本相同。它包括以下步骤。

1. 培养基的热处理

即把培养基加热到 90 ~ 95℃，并在此温度下保持 30 ~ 45min。热处理能改善培养基的一些特性：破坏噬菌体；消除抑菌物质；蛋白质发生一些分解；排除了溶解氧；杀死原有的微生物。

2. 冷却至接种温度

加热后，培养基冷却至接种温度。接种温度根据使用的发酵剂类型而定。常见的接种温度范围：嗜温型发酵剂为20～30℃；嗜热型发酵剂为42～45℃。

3. 加入发酵剂

要求接种时确保发酵剂的质量稳定，接种量、培养温度和培养时间在所有阶段都必须保持不变。

4. 培养

培养时间一般为3～20h。最重要的一点是温度必须严格控制，不允许污染源与发酵剂接触。

在酸乳生产中，以2.5%～3%的接种量和2～3h的培养时间，要达到球菌和杆菌1∶1的比率，最适接种和培养温度为43℃。在培养期间，制备发酵剂的人员要定时检查酸度发展情况，并随程序要求检查以获得最佳效果。

5. 冷却

当发酵达到预定的酸度时开始冷却，以阻止细菌的生长，保证发酵剂具有较高活力。当发酵剂要在6 h之内使用时，经常把它冷却至10～20℃即可。如果贮存时间超过6 h，建议把它冷却至5℃左右。

6. 贮存

贮存发酵剂的最好办法是冷冻，温度越低，保存时间越长，如图2－8所示。用液氮冷冻到－160℃来保存发酵剂，效果很好。目前的发酵剂包括浓缩发酵剂、深冻发酵剂、冷冻干燥发酵剂，在推荐的冷冻条件下能保存相当长的时间。

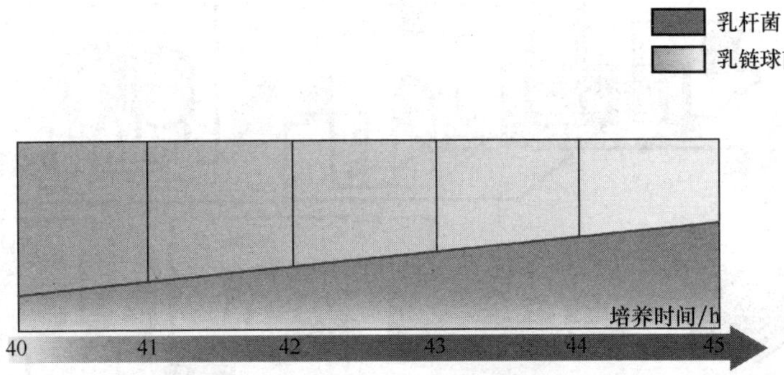

图2－8　培养温度对杆菌与球菌数量的影响

五、发酵剂的质量控制

（一）感官检查

对液态发酵剂首先检查其组织状态、色泽及有无乳清分离等；其次检查凝乳的硬度；然后品尝酸味与风味，看其有无苦味和异味等。

（二） 活力测定

常用的测定发酵剂活力的方法如下。

1. 酸度测定

在灭菌冷却后的脱脂乳中加入3%的待测发酵剂在37.8℃恒温箱中培养3.5h，然后取出，加入两滴1%酚酞指示剂，用NaOH的标准溶液滴定，若乳酸度达0.8%以上表示活力良好。

2. 刃天青还原试验

9mL脱脂乳中加入1mL发酵剂和0.005%的刃天青溶液1mL，在36.7℃的恒温箱中培养35min以上，如刃天青溶液完全褪色表示发酵剂活力良好。

3. 检查污染程度

（1）纯度　可用催化酶试验。

（2）检查是否污染酵母、霉菌、噬菌体等。

（3）粪便污染情况可用大肠菌群试验。

任务二　凝固型酸乳加工

生产凝固型酸乳的布置如图2-9所示。

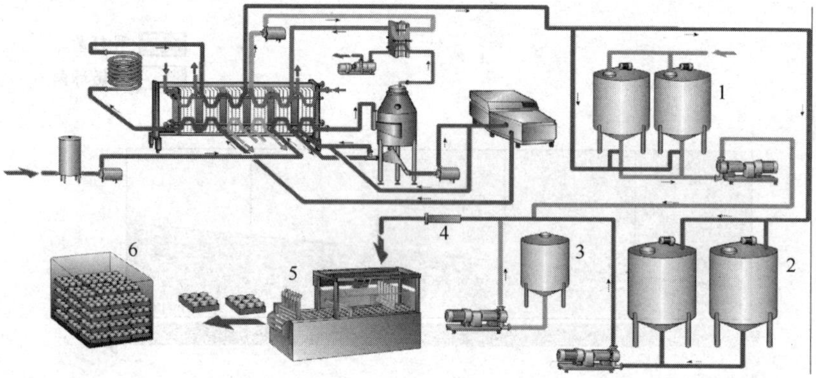

图2-9　凝固型酸乳的生产线

1—生产发酵剂罐　2—缓冲罐　3—香精罐　4—混合器罐　5—包装　6—培养

一、操作要点

1. 调味、包装

香精可以在牛乳包装以前连续地按比例加入。如果需要添加带颗粒的果料或添加剂，应该在灌装接种的牛乳以前先定量地加到包装容器中，然而必须注意，低pH的添加剂会对发酵产生影响。

2. 培养和冷却

灌装后，产品装入箱中，然后运到发酵室中进行发酵，在发酵终了后冷却。

（1）培养　灌装后的包装容器放入敞口的箱子里，互相之间留有空隙，使培养室的热气和冷却室的冷气能到达每一个容器。箱子堆放在托盘上送进培养室。在准确控制温度的基础上，能够保证质量的均匀一致。

（2）冷却　当酸乳发酵至最适 pH（典型的为 4.5）时，开始冷却，正常情况下降温到 18～20℃，这时的关键是要立刻阻止细菌的进一步生长，也就是说在 30min 内温度应降至 35℃左右，在接着的 30～40min 内把温度降至 18～20℃，最后在冷库把温度降至 5℃，产品贮存至发送。最终，凝固型酸乳在冷库里要冷却至 5℃左右。

3. 冷藏后熟

冷藏温度一般在 2～7℃，冷藏过程的 24h 内，风味物质继续产生，而且多种风味物质相互平衡形成酸乳的特征风味，通常把这个阶段称为后成熟期。一般 2～7℃下酸乳的贮藏期为 7～14d。

二、质量控制

酸乳生产中，由于各种原因，常会出现一些质量问题，下面简要介绍问题发生的原因及控制措施。

1. 凝固不良或不凝固

其主要原因有：

（1）原料乳质量　乳中含有抗生素、防腐剂，会抑制乳酸菌生长，影响正常发酵，从而导致酸乳凝固性差；原料乳掺水，使乳的总干物质含量降低；掺碱中和发酵所产的酸，都会造成酸乳凝固不好。因此，必须把好原料验收关，杜绝使用含有抗菌素、农药、防腐剂及掺碱、掺水牛乳生产酸乳。对掺水的牛乳，可适当添加脱脂奶粉，提高其总干物质含量。

（2）发酵温度与时间　发酵温度与时间低于乳酸菌发酵的最适温度与时间，会使乳酸菌凝乳能力降低，从而导致酸乳凝固性降低。另外，发酵室温度不均匀也会造成酸乳凝固性降低。因此生产中一定要控制好发酵温度与时间，并尽可能保持发酵室温度恒定。

（3）发酵剂活力　发酵剂活力减弱或接种量太少会造成酸乳凝固性差。

（4）加糖量　加糖量过大，产生高渗透压，抑制了乳酸菌的生长繁殖，也会使酸乳不能很好凝固。实际生产中要选择好最佳的加糖量，既能给产品带来良好的风味，又不影响乳酸菌的生长。

2. 乳清析出

其主要原因有：

（1）原料乳热处理不当　热处理温度低或时间不够，不能使大量乳清蛋白变性。变性乳清蛋白与乳中酪蛋白形成复合物，可容纳更多的水分，就不会出现乳清分离。

（2）发酵时间　发酵时间过长或过短，都会有乳清分离，发酵时间过长，酸度过大破坏了乳蛋白质已经形成的胶体结构，使乳清分离出来；发酵时间过短，胶体结构还未充分形成，也会形成乳清析出。

（3）其他　如原料乳总干物质含量低、接种量过大、机械振动等也会造成乳清析出。生产中，添加适量的 $CaCl_2$，可减少乳清析出，也可赋予产品一定的硬度。

3. 风味不良

主要是由于菌种选择及操作工艺不当造成。菌种混合比例应选择适当，任何一方占优势都会导致产香不足，风味变劣。高温短时发酵或发酵过度也会造成酸乳芳香味不足，酸甜不适口等风味缺陷。过度热处理或添加了风味不良的乳粉、炼乳也会造成酸乳风味不良。

4. 表面霉菌生长

贮温过高或时间过长引起，因此要严格控制贮藏温度和贮藏时间。

任务三　搅拌型酸乳的加工

一、搅拌型酸乳的加工

图 2-10 是搅拌型酸乳典型的连续性生产线，产量相对较大。

1. 操作要点

（1）发酵　典型的搅拌型酸乳生产的培养时间为 42～43℃，2.5～3h。典型的酸乳菌种继代时间在 20～30min。为了获得最佳产品，当 pH 达到理想的值时，必须终止细菌发酵，产品的温度应在 30min 内从 42～43℃冷却至 15～22℃。用浓缩、冷冻和冻干菌种直接加入酸乳培养罐时培养时间在 43℃，4～6h（考虑到其迟滞期较长）。

（2）凝块的冷却　在培养的最后阶段，已达到所需的酸度时（pH 4.2～4.5），酸乳必须迅速降温至 15～22℃，这样可以暂时阻止酸度的进一步增加。同时为确保成品具有理想的黏稠度，对凝块的机械处理必须柔和。冷却是在具有特殊板片的板式热交换器中进行，这样可以保证产品不受强烈的机械搅动。为了确保产品质量均匀一致，泵和冷却器的容量应恰好能在 20～30min 内排空发酵罐。如果发酵剂使用的是其他类型并对发酵时间有影响，那么冷却时间也应相应变化。

（3）搅拌　通过机械力破碎凝胶体，使凝胶体的粒子直径达到 0.01～0.4mm，并使酸乳的硬度和黏度及组织状态发生变化。搅拌过程中应注意既不可

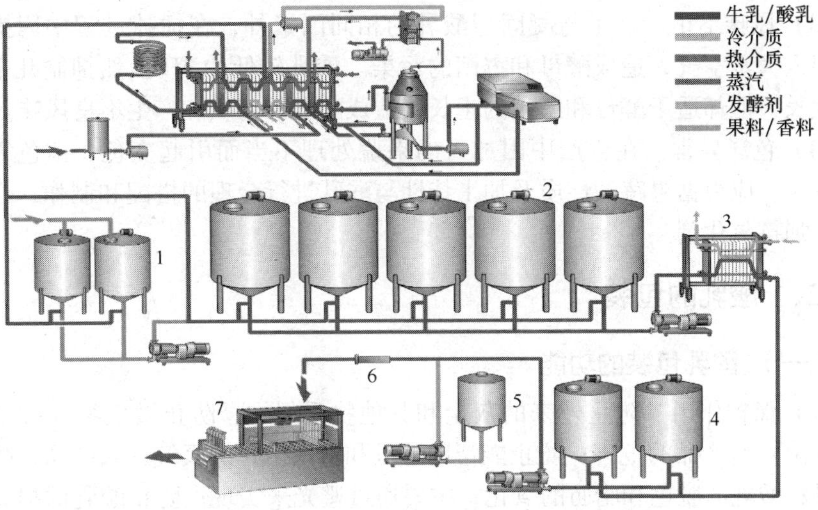

图2-10 搅拌型酸乳的生产线
1—生产发酵剂罐 2—发酵罐 3—片式热交换器 4—缓冲罐
5—果料/香料 6—混合器 7—包装

速度过快，又不可时间过长。

(4) 调味 冷却到15~22℃以后，酸乳就准备包装。果料和香料可在酸乳从缓冲罐到包装机的输送过程中加入，通过一台可变速的计量泵连续地把这些成分打到酸乳中，经过混合装置混合，保证果料与酸乳彻底混合。果料计量泵与酸乳给料泵是同步运转的。

对带固体颗粒的果料或整个浆果进行充分的巴氏杀菌时，可以使用刮板式热交换器或带刮板装置的罐。杀菌温度应能钝化所有有活性的微生物，而不影响水果的味道和结构。热处理后的果料在无菌条件下灌入灭菌的容器中是十分重要的，发酵乳制品经常由于果料没有足够的热处理引起再污染而导致产品腐败。

(5) 包装 包装酸乳的包装机类型很多，包装材料也五花八门。市场上的产品包装体积也各不相同，生产要求包装能力与巴氏杀菌容量要匹配，以使整个车间获得最佳的生产条件。

2. 质量控制

(1) 砂状组织 酸乳在组织外观上有许多砂状颗粒存在，不细腻。砂状结构的产生有多种原因，在生产搅拌型酸乳时，应选择适宜的发酵温度，避免原料乳受热过度，减少乳粉用量，避免干物质过多和较高温度下的搅拌。

(2) 乳清分离 酸乳搅拌速度过快，过度搅拌或泵送造成空气混入产品，将造成乳清分离。此外，酸乳发酵过度、冷却温度不适及干物质含量不足也可造成乳清分离现象。因此，应选择合适的搅拌器搅拌并注意降低搅拌温度。同时可选用适当的稳定剂，以提高酸乳的黏度，防止乳清分离，其用量为0.1% ~0.5%。

（3）风味不正　除了与凝固型酸乳的相同因素外，在搅拌过程中因操作不当而混入大量空气，造成酵母和霉菌的污染。酸乳较低的pH虽然抑制几乎所有细菌生长，但却适于酵母和霉菌的生长，造成酸乳的变质和产生不良风味。

（4）色泽异常　在生产中因加入的果蔬处理不当而引起变色、褪色等现象时有发生。应根据果蔬的性质及加工特性与酸乳进行合理的搭配和制作，必要时还可添加抗氧化剂。

二、酸乳的包装

（一）酸乳包装的功能

（1）保护作用　防止外来的灰尘和其他物质侵入；防止微生物（细菌、酵母、霉菌）对产品的危害；防止能帮助酵母和霉菌生长的氧气进入产品；防止风味或果料酸乳的脱色和脂肪的氧化，主要通过避光来实现；防止酸乳的损失、蒸发，保护酸乳特有的风味和质地。

（2）提供信息　品牌、营养、名称、地址、配料等均可在包装上得到体现。

（3）方便运输和消费。

（4）包装材料直接和产品接触，故要求其无毒且不和产品发生反应。装酸乳的材质要有一定的抗酸性能。

（二）酸乳包装的材料

1. 硬性材质包装

（1）玻璃瓶　在法国、东欧和中东，玻璃瓶广泛用于酸乳的包装。玻璃材质用于酸乳包装具有明显的优点，但加工成本较高，包材市场近期向一次性消费包装（不用回收）市场倾斜。玻璃瓶中瓶口较大的包装即广口瓶愈来愈受到消费者和厂家的青睐，铝箔是最常用的封口材料。

（2）陶器瓶　陶器瓶用黏土生产，和酸乳接触面通常上釉，不回收，在发酵时不封盖以便形成表皮，冷却前铺以橡皮筋固定的牛皮纸。由于成本和卫生的原因，该类包装未被广泛应用。

（3）其他　粉末酸乳常用金属罐包装，常充氮气或二氧化碳以延长产品的货架期。

2. 半硬性材质包装

这类酸乳包材多用塑料加工而成。塑料材质呈化学惰性，但在合成阶段应用的化合物和单体在最终包材中残留，这些化学物质能和食品反应生成不良风味物质，故在包材中应该确保它们不存在。酸乳包材应抗酸、保味和不透氧（氧有利于酵母和霉菌生长）。

3. 软体包装

软体包装有塑料袋和纸盒两种形态。塑料袋包装有PE/铝箔/PE、PE/纸/铝箔/PE两种结构，它们仅用于包装粉末酸乳。该包装不透气体和水蒸气，也能包装冷冻干燥发酵剂。蜡纸盒包装自1950年以后成为乳制品的流行包装，随着塑杯和铝箔纸盒的兴起其应用量逐步减少。在北美、欧洲和英国纸盒是应用最广泛的液体乳包装形式，现已逐步向酸乳产品拓展。

4. 外包装箱

外包装箱不和酸乳接触，其作用是使产品在储存、运输和销售过程中易搬运和堆放。这类外包装可分为回收式和一次性包装，回收式包装由金属或硬质塑料加工而成，因箱体要回收，其应用受到限制，通常适用于玻璃瓶的外包装。一次性包装应用最广泛，通常有半硬质塑料箱、软体塑料箱和纸箱3种。

三、 酸乳的质量标准

酸乳的质量标准应符合GB 19302—2010。

（1）原料乳　应符合相应国家标准或行业标准的规定。

（2）添加剂和营养强化剂　应使用GB 2760—2024和GB 14880—2012中允许使用的品种和添加量，并应符合相应国家标准或行业标准的规定，不得添加防腐剂。

（3）产品中乳酸菌数不得低于1×10^6 cfu/mL。

（4）感官特性　应符合表2-16的规定。

（5）理化指标　应符合表2-17的规定。

（6）卫生指标　应符合表2-18的规定。

表2-16　酸乳的感官指标

项目	发酵乳	风味发酵乳
色泽	色泽均匀一致，呈乳白色或微黄色	具有与添加成分相符的色泽
滋味和气味	具有发酵乳固有的滋味和气味	具有与添加成分相符的滋味和气味
组织状态	组织细腻、均匀，允许有少量乳清析出；风味发酵乳具有添加成分特有的组织状态	

表2-17　酸乳的理化指标

项目	发酵乳	风味发酵乳
脂肪含量/%	≥3.1	≥2.5
蛋白质含量/% ≥	2.9	2.3
非脂乳固体含量/% ≥	8.1	—
酸度/°T≥	70.0	

表 2－18 酸乳的卫生指标

项目	采样方案*及限量（若非指定，均以 CFU/g 或 CFU/mL 表示）				检验方法
	n	*c*	*m*	*M*	
大肠菌群	5	2	1	5	GB 4789.3 平板计数法
金黄色葡萄球菌	5	0	0/25g（mL）	—	GB 4789.10 定性检验
沙门氏菌	5	0	0/25g（mL）	—	GB 4789.4
酵母 ≤	100				GB 4789.15
霉菌 ≤	30				GB 4789.15

*[a] 样品的分析及处理按 GB 4789.1 和 GB 4789.18 执行。

复习思考题

1. 发酵剂有哪些种类？选择发酵剂时需注意哪些问题？
2. 凝固型酸乳制作时有哪些操作要点？
3. 搅拌型酸乳制作时有哪些操作要点？
4. 酸乳的包装有哪些材料？

项目四 乳粉的生产

知识目标

1. 了解乳粉分类、加工工艺、储藏及质量鉴别知识。
2. 了解速溶乳粉特点及配方乳粉的营养要求。
3. 掌握乳粉加工中原辅料的选择及应用。
4. 运用所学知识分析、解决生产中出现的各种技术问题。

技能目标

熟练掌握乳粉及速溶乳粉、配方乳粉等特色乳粉的制作工艺。

任务一 乳粉生产概述

乳粉是以新鲜牛乳为原料，或以新鲜牛乳为主要原料，添加一定数量的植物或动物蛋白质、脂肪、维生素、矿物质等配料，经杀菌、浓缩、干燥等工艺过程制成的粉末状产品。

通过干燥脱去微生物生长所必需的水分来保存不同食品的方法已经使用了几个世纪。按照马可波罗在亚洲旅行的笔记记载，蒙古人通过在阳光下干燥牛乳以生产乳粉。

现在乳粉的生产多实现了机械化生产，其特点是在保持乳原有品质及营养的基础上，产品水分含量降低，重量减轻、体积变小，为贮藏和运输带来了方便；品质良好的乳粉加水复原后，可迅速溶解恢复原有鲜乳的形状。同时由于乳粉中水分含量的降低，微生物不能发育繁殖，有的甚至死亡，所以贮藏期长。这是乳粉加工的目的之一。

一、 乳粉的种类及其化学组成

1. 种类

根据乳粉加工所用原料及加工工艺的不同可以将乳粉分为以下几类。

（1）全脂乳粉　是新鲜牛乳标准化后，经杀菌、浓缩、干燥等工艺加工而成。由于脂肪含量高易被氧化，在室温可保藏三个月。

（2）脱脂乳粉　用离心的方法将新鲜牛乳中的绝大部分脂肪分离去除后，再经杀菌、浓缩、干燥等工艺加工而成。由于脱去了脂肪，该产品保藏性好（通常达1年以上），用于制点心、面包、冰淇淋、复原乳等。

（3）速溶乳粉　将全脂牛乳、脱脂牛乳经过特殊的工艺操作而制成的乳粉，对温水或冷水具有良好的润湿性、分散性及溶解性。

（4）配制乳粉　在牛乳中添加某些必要的营养物质后再经杀菌、浓缩、干燥而制成。配制乳粉最初主要是针对婴儿营养需要而研制的，供给母乳不足的婴儿食用。目前，配制乳粉已呈现出系列化的发展势头，如中小学生乳粉、中老年乳粉、孕妇乳粉、降糖乳粉、营养强化乳粉等的生产对不同的人群具有一定的生理调节功能。

（5）加糖乳粉　新鲜牛乳经标准化后，加入一定量的蔗糖，再经杀菌、浓缩、干燥等工艺加工而成。

（6）冰淇淋粉　在牛乳中配以乳脂肪、香料、稳定剂、抗氧化剂、蔗糖或一部分植物油等物质经干燥而制成。

（7）奶油粉　将稀奶油经干燥而制成的粉状物，易氧化。与稀奶油相比保藏期长，贮藏和运输方便。

（8）麦精乳粉　在牛乳中添加可溶性麦芽糖、糊精、香料等经真空干燥而制成乳粉。

（9）乳清粉　将制造干酪的副产品乳清进行干燥而制成的粉状物。乳清中含有易消化、有生理价值的乳蛋白、球蛋白及非蛋白态氮化合物、其他有效物质。根据用途分为普通乳清粉、脱盐乳清粉、浓缩乳清粉等。

（10）酪乳粉　将酪乳干燥制成的粉状物。含有较多的卵磷脂，用于制造点心及复原乳之用。

2. 乳粉的化学组成

乳粉的化学组成依原料乳的种类和添加物不同而有所差别，表 2－19 中列举了几种主要乳粉的化学组成。

表 2－19　主要种类乳粉的化学组成　单位：%

种类	水分	脂肪	蛋白质	乳糖	灰分	乳酸
全脂乳粉	2	27	26.5	38	6.05	0.16
脱脂乳粉	3.23	0.88	36.89	47.84	7.8	1.55
麦精乳粉	3.29	7.55	13.19	72.40	3.66	
婴儿乳粉	2.6	20	19	54	4.4	0.17
母乳化乳粉	2.5	26	13	56	3.2	0.17
乳油粉	0.66	65.15	13.42	17.86	2.91	
甜性酪乳粉	3.9	4.68	35.88	47.84	7.8	1.55

二、乳粉的一般生产工艺

现代乳粉的生产方法主要有两种即离心冷冻法和升华法。

离心冷冻法即采用离心法，先将牛乳在冰点以下浇盘冻结，并经常搅拌；使其形成薄片或碎片，冻成像雪花一样，而后放入高速离心机中将乳固体呈胶状分出，在真空下加微热，使之干燥成粉。

升华法即低温冷冻升华法是将牛乳在高度真空下（绝对压力 67Pa），使乳中的水分冻结成极细冰结晶，而后在此压力下加微热，使乳中的冰屑升华，乳中固体物质便成为干燥粉末。此法生产出的乳粉外观似多孔的海绵状，溶解性极好。又因加工温度低，牛乳中营养成分损失少，几乎能全部保留，同时可以避免加热对产品色泽和风味的影响。

乳粉的工艺流程如下。

（一）原料乳的验收及预处理

原料乳应符合无公害生鲜牛乳的生产技术规范（NY 5045—2001），同时要结合中国规定生鲜乳收购的条件（GB 19301—2010）。无公害生鲜牛乳是指饲养环境无污染，使用无公害饲料的健康母牛产出的天然乳汁，其检验项目包括风味、色泽、酒精实验、乳温测定、相对密度、杂质度、酸度、脂肪、细菌数等感官指标、理化指标及微生物指标，检验合格者方能投入使用。

原料乳的预处理是乳制品生产工艺中必不可少的一个环节，也是保证产品质量的关键工段，原料乳要通过乳秤或乳槽车，以记录称重，作为经济核算的依据。同时要经过净乳、冷却和储存、标准化等基本工序。

净乳的目的是除去机械杂质并减少微生物的污染，净乳常用的方法有过滤法及离心净乳法。净乳后的乳最好直接冷却，如果短期储藏时，必须及时进行冷却到5℃以下，以保持乳的新鲜度，一般采用板式换热器进行冷却。

生产全脂乳粉、加糖乳粉、脱脂乳粉及其他乳制品时，为了使产品符合要求，必须对原料乳进行标准化。即必须使标准化乳中的脂肪与非脂乳固体之比等于产品中脂肪与非脂乳固体之比，但原料乳中的这一比例随乳牛品种、地区、季节、饲料及饲养管理等因素的不同而有较大的差异。因此，必须调整原料乳中脂肪和非脂乳固体之间的比例关系，使其符合制品的要求，一般把这个过程成为标准化。如果原料乳中脂肪含量不足时，应分离一部分脱脂乳或添加稀奶油；当原料乳中脂肪含量过高时则可添加脱脂乳或提取一部分稀奶油。

在脱脂乳粉的生产中，牛乳随着脂肪分离而变清。如果脂肪含量在一个直接标准化系统中进行标准化，情况也是一样，除非是滚筒干燥，否则用于全脂乳粉生产的标准化乳通常不需均质。

用于乳粉生产的脱脂乳热处理必须达到磷酸酶实验阴性，生产全脂乳粉的乳的热处理需要达到脂酶失活，也就是通常用高温巴氏消毒以达到过氧化物酶实验阴性。

（二） 配料

乳粉生产过程中，除了少数几个品种（如全脂乳粉、脱脂乳粉）外，都要经过配料工序，其配料比例按产品要求。配料时所用的设备主要有配料缸、水粉混合器和加热器。牛乳或水通过加热器后得以升温，其他配料加入到水粉混合器上方的料斗中，物料不断地被吸入并在水粉混合器内与牛乳或水相混合，然后又回流到配料缸内，周而复始，直到所有的配料溶解完毕并混合均匀为止。

对于生产加糖乳粉可按甜炼乳的方法加糖。

（三） 均质

生产全脂乳粉、全脂甜乳粉以及脱脂乳粉时，一般不必经过均质操作，但若乳粉的配料中加入了植物油或其他不易混匀的物料时，就需要进行均质操作。均质时的压力一般控制在14~21MPa，温度控制在60℃为宜。二级均质时，第一级均质压力为14~21MPa，第二级均质压力为3.5MPa左右。均质后脂肪球变小，从而可以有效地防止脂肪上浮，并易于消化吸收。

（四）杀菌

牛乳常用的杀菌方法见表2－20。具体应用时，不同的产品可根据本身的特性选择合适的杀菌方法。低温长时间杀菌方法的杀菌效果不理想，所以已经很少应用。目前最常见的是采用高温短时灭菌法，因为该方法可使牛乳的营养成分损失较少，乳粉的理化特性较好。

表2－20 牛乳常见的杀菌方法

杀菌方法	杀菌温度/时间	杀菌效果	所用设备
低温长时间杀菌法	60～65℃/30min 70～72℃/15～20min	可杀死全部病原菌，杀菌效果一般	容器式杀菌缸
高温短时灭菌法	85～87℃/15s 94℃/24s	杀菌效果好	板式、列管式杀菌器
超高温瞬时灭菌法	120～140℃/2～4s	杀菌效果最好	板式、列管式蒸汽直接喷射式杀菌器

（五）真空浓缩

牛乳经杀菌后立即泵入真空蒸发器进行减压（真空）浓缩，除去乳中大部分水分（65%），然后进入干燥塔中进行喷雾干燥，以利于产品质量和降低成本。

1. 真空浓缩条件

（1）真空浓缩的设备　真空浓缩设备种类繁多，按加热部分的结构可分为直管式、板式和盘管式三种；按其二次蒸汽利用与否，可分为单效和多效浓缩设备。

（2）浓缩时的条件　一般真空度为8～21kPa，温度为50～60℃。单效蒸发时间为40min，多效是连续进行的。

（3）影响浓缩的因素

① 加热器总加热面积：加热面积越大，乳受热面积就越大，在相同时间内乳所接受的热量亦越大，浓缩速度就越快。

② 蒸汽的温度与物料间的温差：温差越大，蒸发速度越快。

③ 乳的翻动速度：乳翻动速度越大，乳的对流越好，加热器传给乳的热量也越多，乳既受热均匀又不易发生焦管现象。另外，由于乳翻动速度大，在加热器表面不易形成液膜，而液膜能阻碍乳的热交换。乳的翻动速度还受乳与加热器之间的温差、乳的黏度等因素的影响。

④ 乳的浓度与黏度：随着浓缩的进行，浓度提高，相对密度增加，乳逐渐变得黏稠，流动性变差。

2. 浓缩终点的确定

牛乳浓缩的程度如何将直接影响到乳粉的质量。连续式蒸发器在稳定的操作条件下，可以正常连续出料，其浓度可通过检测而加以控制；间歇式浓缩锅需要逐锅测定浓缩终点。

在浓缩到接近要求浓度时，浓缩乳黏度升高，沸腾状态滞缓，微细的气泡集中在中心，表面稍呈光泽，根据经验观察即可判定浓缩的终点。但为准确起见，可迅速取样，测定其相对密度、黏度或折射率来确定浓缩终点。一般要求原料乳浓缩至原体积的1/4，乳干物质达到45%左右。浓缩后的乳温一般47～50℃，不同的产品浓缩程度如下。

（1）全脂乳粉为11.5～13°Bé，相应乳固体含量为38%～42%；

（2）脱脂乳粉为20～22°Bé，相应乳固体含量为35%～40%；

（3）全脂甜乳粉为15～20°Bé，相应乳固体含量为45%～50%。

大颗粒乳粉可相应提高浓度。

（六）喷雾干燥

浓缩乳中仍然含有较多的水分，必须经喷雾干燥（即浓缩乳经过雾化后再与热空气水分交换）后才能得到乳粉。目前国内外广泛采用压力式喷雾干燥和离心式喷雾干燥。

1. 喷雾干燥条件

压力式喷雾干燥法生产乳粉和离心式喷雾干燥法生产乳粉时，工艺条件通常分别控制在表2－21和表2－22所列出的范围。

表2－21 压力式喷雾干燥法生产乳粉的工艺条件

项目	全脂乳粉	全脂加糖粉
浓缩乳浓度/°Bé	11.5～13	15～20
乳固体含量/%	38～42	45～50
浓缩乳温度/℃	45～60	45～50
高压泵工作压力/kPa	10000～20000	10000～20000
喷嘴孔径/mm	2.0～3.5	2.0～3.5
喷嘴数量/个	3～6	3～6
喷嘴角度/rad	1.047°～1.571°	1.222°～1.394°
进风温度/℃	140～180	140～180
排风温度/℃	75～85	75～85
排风相对湿度/%	10～13	10～13
干燥室负压/Pa	98～196	98～196

表 2 – 22 离心式喷雾干燥法生产乳粉的工艺条件

项目	全脂乳粉	全脂加糖粉
浓缩乳浓度/°Bé	13 ~ 15	14 ~ 16
浓缩乳干物质含量/%	45 ~ 50	45 ~ 50
浓缩乳温度/℃	45 ~ 55	45 ~ 55
转盘转速/（r/min）	5000 ~ 20000	5000 ~ 20000
转盘数量/只	1	1
进风温度/℃	约 200	约 200
干燥温度/℃	约 90	约 90
排风温度/℃	约 85	约 85

2. 乳粉干燥过程

分为两个阶段：第一阶段将预处理过的牛乳浓缩至乳固体含量 40% 左右；第二阶段将浓缩乳泵入干燥塔中进行干燥，该阶段又可分为以下三个连续过程。

（1）将浓缩乳雾化成液滴；

（2）液滴与热空气流接触，牛乳中的水分迅速地蒸发，该过程又可细分为预热段、恒率干燥段和降速干燥段；

（3）将乳粉颗粒与热空气分开。

在干燥室内，整个干燥过程大约用时 25s。由于微小液滴中水分不断蒸发，使乳粉的温度不超过 75℃。

干燥的乳粉含水分 2.5% 左右，从塔底排出，而热空气经旋风分离器或袋滤器分离所携带的乳粉颗粒而净化，或排入大气或进入空气加热室再利用。

3. 二次干燥或两段干燥

为了提高喷雾干燥的热效率，可采用二次干燥法。

（1）二次干燥能降低干燥塔的排风温度，使含水分较高（6% ~7%）的乳粉颗粒再在流化床或干燥塔中二次干燥至含水量 2.5% ~5%；

（2）直通法干燥，在塔底设置固定沸腾床，使乳粉颗粒在塔底低温条件下沸腾干燥。

乳粉在流化床干燥机中继续干燥，可生产优质的乳粉。因为可以提高喷雾干燥塔中空气进风温度，使粉末的停顿的时间短（仅几秒钟）；而在流化床干燥中空气进风温度相对低 130℃，粉末停留时间较长（几分钟），热空气消耗也很少。

流化床除干燥还可有其他功能，如简单地加入一个冷却部分流化床也能用于粉粒附聚，附聚的主要原因是解决在冷水中分散性差的细粉，通常生产大颗粒乳粉。在流床中粉末之间相互碰撞强烈，如果粉末足够黏即在它们边缘有足够的含水量，则会发生附聚。

向粉末中吹入蒸汽（这是所谓再湿润，多应用于生产脱脂乳粉中）可提高附聚。

此制造方式因为对乳成分几乎没有热破坏，粉末容易分散，可生产出高质量的乳粉。

速溶乳粉主要是通过该方法生产的（在附聚段喷涂卵磷脂）。

（七）冷却

在不设置二次干燥的设备中，乳粉从塔底出来放入温度为65℃以上，需要冷却以防脂肪分离。冷却是在粉箱中室温下过夜，然后过筛（20～30目）后即可包装。在设有二次干燥设备中，乳粉经二次干燥后进入冷却床被冷却到40℃以下，再经过粉筛送入乳粉仓，待包装。

（八）计量包装

工业用粉采用25kg的大袋包装，家庭采用1kg以下小包装。

小包装一般为马口铁罐或塑料袋包装，保质期为3～18个月，若充氮可延长保质期。

三、乳粉生产和贮藏过程中的品质变化

1. 脂肪分解味（酸败味）

由于乳中解脂酶的作用，使乳粉中的脂肪水解而产生游离的挥发性脂肪酸。为了避免游离脂肪酸的产生，必须严格控制原料乳的微生物数量，同时杀菌时将脂肪分解酶彻底灭活。

2. 氧化味（哈喇味）

不饱和脂肪酸氧化产生的。空气、光线、重金属（特别是铜）、过氧化物酶和乳粉中的水分及游离脂肪酸含量。

3. 棕色化

水分在5%以上的乳粉贮藏时会发生羰氨反应产生棕色化，温度高会加速这一变化。

4. 吸潮

乳粉中的乳糖呈无水的非结晶的玻璃态，易吸潮。当乳糖吸水后使蛋白质彼此黏结而使乳粉结块，因此应保存在密封容器里。

5. 细菌引起的变质

乳粉打开包装后会逐渐吸收水分，当水分超过5%以上时，细菌开始繁殖，而使乳粉变质。所以乳粉打开包装后不应放置过久。

任务二 速溶乳粉的生产

一、 速溶乳粉特点

速溶乳粉是以某种特殊的工艺经喷雾干燥，或者真空薄膜干燥，或真空泡沫干燥而制成的乳粉。当用水冲调复原时，溶解得很快，而且不会在水面上结成小团。这种乳粉在温度较低的水中，也同样能很快溶解复原为鲜乳状态。这需要具有良好的润湿性、良好的沉降性和分散性，而且溶解性与普通的乳粉相同，因此比普通的乳粉具有更好的复原性，这需要采取特殊的生产工艺。

速溶乳粉可以分为速溶脱脂乳粉和速溶全脂乳粉。由于速溶乳粉冲调复原时溶解快、无粉尘、不结块，为食品工业大量配料使用和消费者直接冲调饮用带来极大方便，所以深受欢迎。

速溶乳粉速溶的主要原因是其粉粒具有毛细管作用的附聚结构并且不含细粉；速溶全脂乳粉、速溶全脂加糖乳粉及其他有游离脂肪存在的各种速溶配方乳粉，其附聚的颗粒表面上喷涂了表面活性剂卵磷脂。

最早的速溶脱脂乳粉是1954年上市销售的美国的“卡纳逊”速溶乳粉和日本的“雪印”速溶乳粉。20世纪60年代末70年代初，国外在工业生产上实现了使附聚全脂乳粉喷涂亲水性物质卵磷脂成为全脂速溶乳粉的方法。我国在20世纪80年代初开始研究全脂速溶乳粉的工艺和设备。

常见的速溶乳粉的生产方法有喷雾干燥法、真空薄膜干燥法和真空泡沫干燥法等。喷雾干燥法又分为再润湿法和直通法。再润湿法又称二段法，是把用喷雾干燥法制得的乳粉颗粒作为基粉，然后送入再润湿干燥器，喷入湿空气或乳液雾滴与乳粉附聚成团粒，再干燥后即为成品。直通法又称一段法，这种方法不需要先制作基粉，而是在喷雾干燥室下部连接一组直通式速溶乳粉瞬间形成，连续地进行吸湿并流化床式地附聚成粒再干燥而成，通过附聚可将细粉微粒黏合为疏松的大颗粒，提高其溶解性和冲调性。

二、 速溶乳粉生产工艺

1. 脱脂速溶乳粉

脱脂速溶乳粉是用新鲜牛乳经离心分离后所得的脱脂乳，经杀菌、浓缩、干燥后制得的满足一定质量标准的粉末制品。脱脂乳粉的生产工艺与全脂乳粉生产基本相似，只是在杀菌前有一分离过程，以及生产要求有所差异。

(1) 脱脂速溶乳粉加工原理　普通脱脂乳粉则于加工时乳中的乳清蛋白（白蛋白和球蛋白）遇热不稳定，在杀菌和浓缩时容易发生变性，使溶解度降低。同时乳清蛋白中含有巯基，在加热处理时容易产生一种特殊的气味（焖煮气味）。另外，一般的喷雾干燥法生产的乳粉其乳糖以不定型的非结晶的玻璃状的 α－乳糖和 β－乳糖的混合物存在，所以普通脱脂乳粉存在以下三个特点：有不同程度的焦煮气味；吸湿性强，易结块；溶解性差。

（2）脱脂速溶乳粉的生产工艺　脱脂速溶乳粉是根据上述原理进行加工生产的。目前，其生产方法主要有两种，即一段法和二段法。

二段法生产脱脂速溶乳粉是把用普通喷雾干燥法所制成的脱脂乳粉作为基粉，再将基粉经过一系列工艺制成脱脂乳粉。该法生产的脱脂速溶乳粉工艺复杂，能源利用不经济，生产环节较多，对设备要求较高，工艺参数要严格控制，但产品质量较好。

一段法是用鲜乳一次直接生产而成的，克服了二段法的不足，目前采用一段法有直接附聚法和流化床附聚法。

2. 全脂速溶乳粉

全脂速溶乳粉的制造比脱脂速溶乳粉复杂，除了脱脂速溶乳粉需要考虑的因素外，还需要考虑脂肪对乳粉速溶性的影响，由于全脂速溶乳粉中含有25%左右的脂肪，其可湿性较差，不易达到速溶的目的。所以全脂速溶乳粉的制造除了使乳粉进行附聚，还要改善脂肪的可湿性。目前，一般采用附聚－喷涂卵磷脂法工艺，使全脂速溶乳粉产品质量得到很大的提高。其工艺图见图2－11。

生产全脂速溶乳粉的工艺过程中，有两个关键的环节，一是用高浓度、低压力、大孔径喷头生产大颗粒的，附聚良好的全脂乳粉，使其具有良好的均匀度和下沉性；二是喷涂卵磷脂改善乳粉的可湿性、分散性，提高乳粉的速溶性。另外，生产全脂速溶乳粉时要求所用的原料乳中游离脂肪酸的含量不能过高，应占总干物质含量的1%以下。

任务三　配制乳粉的生产

配制乳粉是指针对不同人的营养需要，在鲜乳中或乳粉中配以各种营养素经干燥加工而成的乳制品。配制乳粉的种类包括婴儿乳粉、老人乳粉及其他特殊人群需要的乳粉。

下面以婴儿乳粉为例加以说明。

一、婴儿配方乳粉的调制原则

人乳是哺育婴儿的最好食品，当母乳不足时，才不得不依靠人工喂养。

牛乳被认为是最好的代乳品，但人乳和牛乳无论是感官上还是组成上都有很大区别，见表2－23。故需要将牛乳中的各种成分进行调整，使之近似于母乳，并加工成方便食用的粉状乳产品。

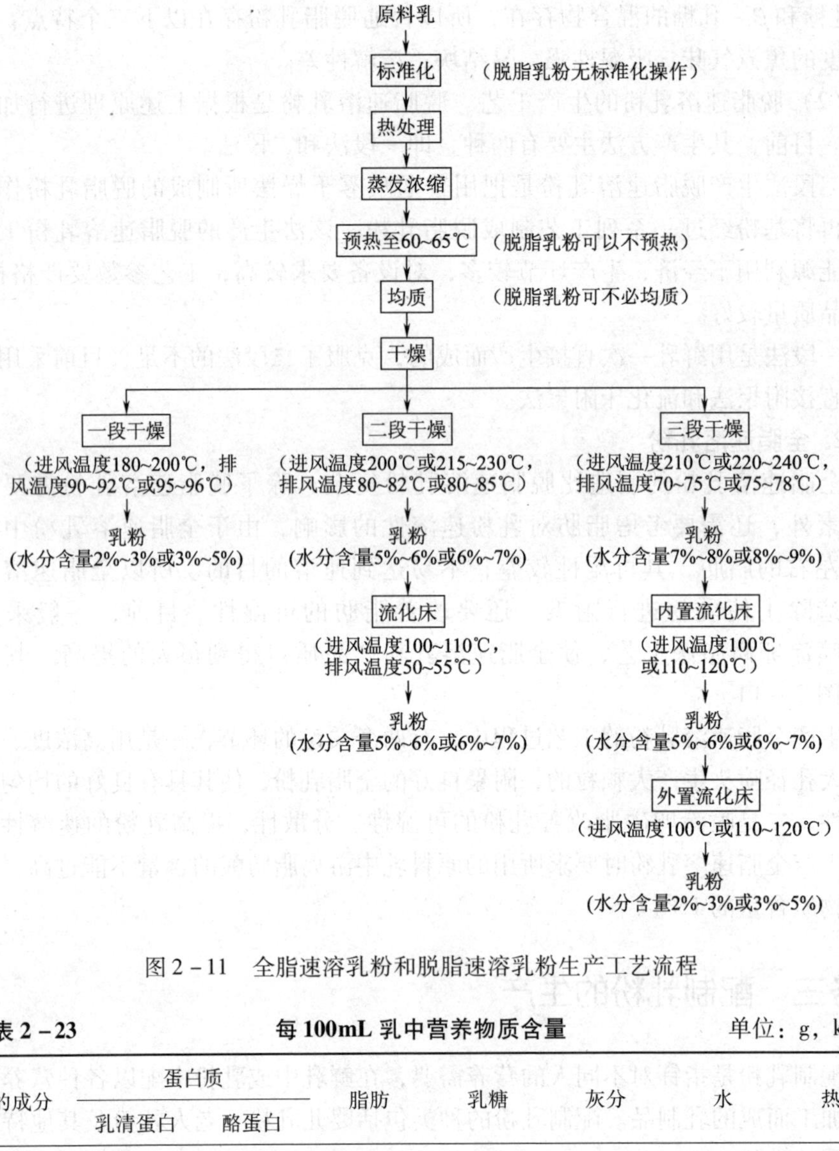

图 2－11　全脂速溶乳粉和脱脂速溶乳粉生产工艺流程

表 2－23　　每 100mL 乳中营养物质含量　　单位：g，kJ

乳的成分	蛋白质		脂肪	乳糖	灰分	水	热能
	乳清蛋白	酪蛋白					
人乳	0.68	0.42	3.5	7.2	0.2	88.0	274
牛乳	0.69	2.21	3.3	4.5	0.7	88.6	226

1. 蛋白质

人乳与牛乳中蛋白质的量质有着明显的不同。牛乳中总蛋白含量高于人乳尤其是酪蛋白的含量大大超过人乳，乳清蛋白含量却低于人乳。所以，必须调低牛乳中蛋白质的含量，并使酪蛋白比例与人乳基本一致。一般用脱盐乳清粉、大豆分离蛋白调整。

2. 脂肪

牛乳与人乳的脂肪含量虽接近，但构成不同，其中牛乳不饱和脂肪酸的含量低而饱和脂肪酸高，且缺乏亚油酸。调整时可采用植物油脂替换牛乳脂肪的方法，以增加亚油酸的含量。

亚油酸的量不宜过多，规定的上限用量为：$n-6$ 亚油酸不应超过总脂肪量的2%，$n-3$ 长链脂肪酸不得超过总脂肪的1%。富含油酸、亚油酸的植物油有橄榄油、玉米油、大豆油、棉子油、红花油等，调整脂肪时须考虑这些脂肪的稳定性、风味等，以确定混合油脂的比例。

3. 糖类

牛乳中乳糖含量比人乳少得多，牛乳中主要是 α－型，人乳中主要是 β－型。

调制乳粉中通过加可溶性多糖类，如葡萄糖、麦芽糖、糊精等或平衡乳糖，来调整乳糖和蛋白质之间的比例，平衡 α－和 β－型的比例，使其接近于人乳（$\alpha:\beta=4:6$）。

较高含量的乳糖能促进钙、锌和其他一些营养素的吸收。麦芽糊精可用于保持有利的渗透压，并可改善配方食品的性能。一般婴儿乳粉含有 7% 的碳水化合物，其中 6% 是乳糖，1% 是麦芽糊精。

4. 无机盐

牛乳中的无机盐量较人乳高 3 倍多。摄入过多的微量元素会加重婴儿肾脏的负担，调制乳粉中采用脱盐办法除掉一部分无机盐。但人乳中含铁比牛乳高，所以要根据婴儿需要补充一部分铁。

添加微量元素时应慎重，因为微量元素之间的相互作用，以及微量元素与牛乳中的酶蛋白、豆类中植酸之间的相互作用对食品的营养性影响很大。

5. 维生素

婴儿用调制乳粉应充分强化维生素，特别是维生素 A、维生素 C、维生素 D、维生素 K、烟酸、维生素 B_1、维生素 B_2、叶酸等。其中，水溶性维生素过量摄入时不会引起中毒，所以没有规定其上限。脂溶性维生素 A、维生素 D 长时间过量摄入时会引起中毒，因此须按规定加入。

二、配方乳粉的生产工艺

（一）工艺流程

见图 2－12。

（二）配方及营养成分

我国的婴儿乳粉品种很多，但经过原轻工部鉴定并在全国推广的婴儿乳粉主要是配方Ⅰ、配方Ⅱ和配方Ⅲ。

1. 婴儿配方乳粉Ⅰ（infant formula Ⅰ）

婴儿配方乳粉Ⅰ是一个初级的婴儿配方乳粉，产品以乳为基础，添加了大豆

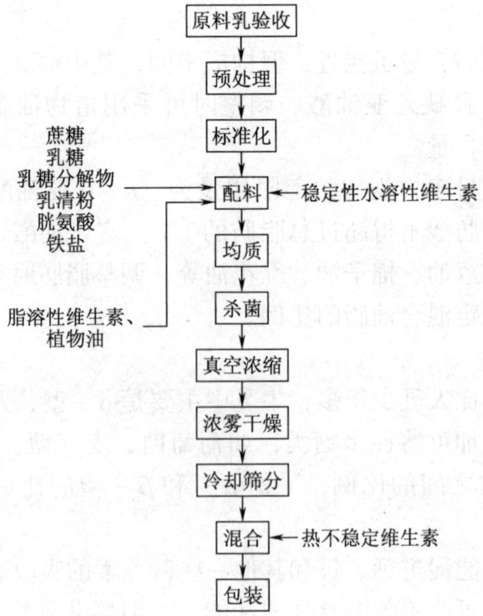

图 2-12 配方乳粉生产工艺流程

蛋白，强化了部分维生素和微量元素等，营养成分的调整存在着不完善之处。但该产品价格低廉，易于加工，对于贫困地区缺乏母乳的婴儿仍具有很大的实际意义。

配方Ⅰ的配方组成及成分标准见表 2-24 和表 2-25。

表 2-24 婴儿配方乳粉Ⅰ配方组成

原料	牛乳固形物含量/g	大豆固形物含量/g	蔗糖含量/g	麦芽糖或饴糖含量/g	维生素 D_2 含量/IU	铁含量/mg
用量	60	10	20	10	1000~1500	6~8

表 2-25 婴儿配方乳粉Ⅰ营养成分含量指标

成分	100g 乳粉中含量	成分	100g 乳粉中含量
水分	2.48g	铁	6.2mg
蛋白质	18.61g	维生素 A	586IU
脂肪	20.06g	维生素 B_1	0.12mg
糖类	54.6g	维生素 B_2	0.72mg
灰分	4.4g	维生素 D_2	1600IU
钙	772g	脲酶	阴性
磷	587mg		

2. 婴儿配方乳粉Ⅱ（infant formula Ⅱ）

婴儿配方乳粉Ⅱ，过去称“母乳化乳粉”，是1982年由黑龙江省乳品工业研究所和内蒙古轻工业科学研究所共同研制的。该类产品用脱盐乳清粉调整酪蛋白与乳清蛋白的比例（酪蛋白:乳清蛋白为40:60），同时增加了乳糖的含量（乳糖占总糖量的90%以上，其复原乳中乳糖含量与母乳接近），添加植物油以增加不饱和脂肪酸的含量，再加入维生素和微量元素，使产品中各种成分与母乳相近。适用于以新鲜牛乳（或乳粉）、脱盐乳清粉、精炼植物油、奶油、白砂糖为主要原料，加入适量的维生素和矿物质，经过加工制成的供6个月以内的婴儿食用的粉末状产品。

配方Ⅱ的配方组成及成分标准见表2－26。

表2－26　婴儿配方乳粉Ⅱ配方组成

物料名称	每吨投料量	物料名称	每吨投料量	物料名称	每吨投料量	物料名称	每吨投料量
牛乳	2500kg	乳清粉	475kg	棕榈油	63kg	三脱油	63kg
乳油	67kg	蔗糖	65kg	维生素A	6g	维生素D	0.12g
维生素C	60g	维生素E	0.25g	维生素 B_1	3.5g	维生素 B_6	35g
亚硫酸铁	350g	叶酸	0.25g	维生素 B_2	4.5g	烟酸	40g

注：牛乳中干物质11.1%，脂肪3.0%；乳清粉中水分2.5%，脂肪1.2%；乳油中脂肪含量82%；维生素A 6g相当于240000IU；维生素D 0.12g相当于48000IU；亚硫酸铁：$FeSO_4 \cdot 7H_2O$。

由于婴儿配方乳粉Ⅱ近1/2的原料来自乳清粉，要依赖于进口，耗费了大量的外汇，因而研制了不使用脱盐乳清粉的婴儿配方乳粉Ⅲ（infant formula Ⅲ）。

婴儿配方乳粉Ⅲ是以精制饴糖为主要添加料的婴儿配方乳粉。

复习思考题

1. 乳粉的种类有哪些？各自的特点？
2. 简述乳粉的生产工艺？
3. 乳品在喷雾干燥前为什么要浓缩？
4. 配方乳粉的分类及特点？

项目五 其他乳制品的加工

知识目标

1. 了解奶油、干酪、冰淇淋和雪糕、干酪素和乳清粉的基本常识；
2. 了解奶油、干酪、冰淇淋和雪糕、干酪素和乳清粉加工各种原辅料的选择和使用；
3. 熟悉奶油、干酪、冰淇淋和雪糕、干酪素和乳清粉加工原理和加工方法；
4. 运用所学知识分析、解决生产中出现的各种技术问题。

技能目标

1. 熟知奶油、干酪、冰淇淋和雪糕、干酪素和乳清粉的加工工艺和质量控制；
2. 会制作奶油、干酪、冰淇淋和雪糕、干酪素和乳清粉等乳制品。

任务一 奶油的加工

乳经离心分离后得到稀奶油，经成熟、搅拌、压炼而制成的乳制品称为奶油，也称黄油。奶油是以乳脂肪为主要成分，营养丰富，可直接食用或作为其他食品如冰淇淋等的原料。奶油根据其制造方法的不同，可以分为表 2－27 所示的不同种类。

表 2－27 奶油的主要种类

种类	特征
甜性奶油	以杀菌的甜性奶油制成，分为加盐和不加盐的，具有特殊乳香味，乳脂肪含量 80% ~85%
酸性奶油	以杀菌的稀奶油用纯乳酸菌发酵（也有天然发酵）后加工制成，有加盐和不加盐的，具有微酸和较浓的乳香味，乳脂肪含量 80% ~85%
重制奶油	以稀奶油或甜性、酸性奶油经过熔融除去蛋白质和水分制成，具有特有的脂香味，乳脂肪含量 98% 以上

续表

种类	特征
脱水奶油	杀菌的稀奶油制成奶油粒后经熔化，用分离机脱水和脱蛋白，再经过真空浓缩而制成，乳脂肪高达99.9%
连续式机制奶油	用杀菌的甜性、酸性稀奶油，在连续式操作制造机内加工制成，其水分含量及蛋白质含量有的比甜性奶油高，乳香味较好

奶油除以上主要种类外，还有各种花色奶油，如巧克力奶油、含糖奶油、含蜜奶油、果汁奶油等，及含乳脂肪30%～50%的发泡奶油、加糖和加色的各种稠液状稀奶油，还有中国内蒙古少数民族地区特制的"奶皮子"、"乳扇子"和牧场奶油等独特品种。

一、奶油的生产工艺

奶油的生产工艺如图2－13所示，生产酸性奶油比生产甜性奶油多一道发酵工序。

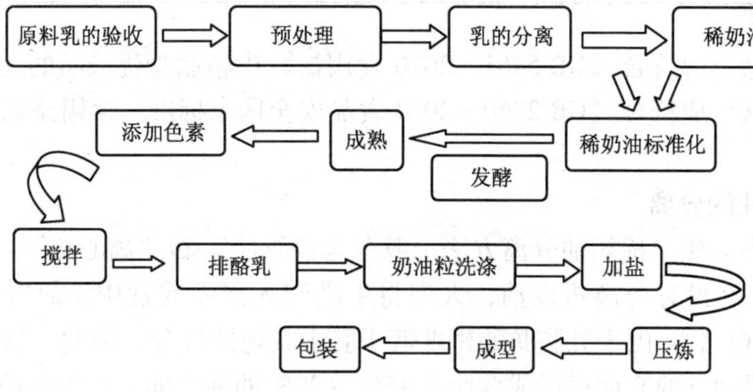

图2－13　奶油加工工艺流程图

二、甜性、酸性奶油的加工

1. 原料的要求

（1）牛乳　我国制造奶油所用的原料，通常是从牛乳开始。只有一小部分原料是在牧场或收奶站经分离后将稀奶油送到加工厂。

制造奶油用的原料乳，虽然没有像灭菌乳、乳粉那样要求严格，但也必须从健康牛挤出来而且在色、香、味、组织状态、脂肪含量及密度等各方面都是正常的乳。可是，当乳质量略差而不适合于制造灭菌乳、乳粉时，也可以作制造奶油的原料。供奶油加工的牛乳，其酸度应低于22°T，其他指标应符合标准中的《生鲜牛乳的一般技术要求》。加工酸性奶油的原料中不得有抗生素。

（2）稀奶油　制造奶油的稀奶油，应达到稀奶油标准的一极品和二极品。稀奶油在加工前必须先检验，以决定其质量，并根据其质量划分等级，以便按照等级制造不同的奶油。根据感官鉴定和分析结果，可按表 2-28 进行分级。

表 2-28　原料稀奶油的等级

等级	滋味及气味	组织状态	在下列含脂率时的酸度/°T				乳浆的最高酸度/°T
			25%	30%	35%	40%	
Ⅰ	具有纯正、新鲜、稍甜的滋味，纯洁的气味	均匀一致，不出现奶油团，无混杂物，不冻结	16	15	14	13	23
Ⅱ	略带饲料味和外来的气味	均匀一致，奶油团不多，无混杂物，有冻结痕迹	22	21	19	18	30
Ⅲ	带浓厚的饲料味、金属味，甚至略带有苦味	有奶油团，不均匀一致	30	28	26	24	40
不合格	有异常的滋气味，有化学药品及石油产品的气味	有其他混合物及夹杂物					

（3）食盐　应符合《GB 5461—2016 食用盐》中精制盐优级品的规定。

（4）色素　应符合《GB 2760—2024 食品安全国家标准　食用添加剂使用标准》中的规定。

2. 稀奶油的分离

（1）分离方法　稀奶油分离方法一般有“静置法”和“离心法”。

静置法：在没有分离机以前，人们将牛乳到入深灌或盆中，静置于冷的地方，经 24 ~36h 后，由于乳脂肪的密度低于乳中其他的成分，因此，密度小的脂肪球逐渐上浮到乳的表面而形成含脂率 15% ~20% 的稀奶油。利用这种方法分离稀奶油缺点有脂肪的损失比较多，所需时间长，容积大，加工能力低。目前仅在牧区使用。

离心法：是根据乳脂肪与乳中其他成分之间密度的不同，利用静置时重力作用或离心时离心力的作用，使密度不同的两部分分离出来。连续式牛乳分离机，不仅大大缩短了乳的分离时间和提高了奶油加工率，同时由于连续分离保证了卫生条件，并提高了产品质量。

现在工厂采用的都是“离心法”，通过高速旋转的离心分离机将牛乳分离成含脂率为 35% ~45% 的稀奶油和含脂率非常低的脱脂乳。

（2）影响分离效率的因素　用分离机分离牛乳时，除了与分离机本身的结构和能力有密切关系外，更重要的是使用分离机的技术，分离机的转速、乳的温度、乳的杂质度以及牛乳的流量等都是影响分离效果的直接因素。

① 分离机的性能：分离机中分离钵直径越大，分离效率越好；分离机转速

越快，分离效率越好。分离机中的分离钵制好后不改变，所以多调整分离钵的转速，一般分离钵转速则在4000～7000r/min。

② 牛乳流入量：进乳量要掌握在比分离机所规定的流量稍低些为宜，一般按其最大加工能力（标明能力）减低10%～15%来控制流量，这样将大部分乳脂肪转移至稀奶油中，提高了成本的得率。

③ 牛乳的温度：温度低时，乳的密度较大，使脂肪的上浮受到一定阻力，分离不完全，故一般要将进入分离机前的牛乳预热到35～40℃，不能过高以防止蛋白质变性。当牛乳预热到35～40℃时，黏度下降，脂肪球与脱脂乳的密度差增大，而脂肪球加热胀大即直径增大，根据stokes定律这些变化都有利于沉降速度的增加，从而提高了分离效率。

④ 乳中的杂质含量：前面提到，分离机的能力与分离钵的半径成正比。如乳中杂质度高时，分离钵的内壁很容易被污物堵塞，其作用半径就渐渐缩小，分离能力也就降低，故分离机每使用一定时间即需要清洗一次。同时在分离以前必须把原料乳进行严格的过滤，以减少乳中的杂质。

此外，当乳的酸度过高而产生凝块时，因凝块容易粘在分离钵的四壁，也与杂质一样会影响分离效果。

3. 稀奶油的中和

稀奶油的中和直接影响奶油的保存性，关系到成品的质量。制造甜性奶油时，奶油的pH（奶油水分的pH）应保持在中性附近（6.4～6.8）。

（1）中和的目的　稀奶油中和的目的是防止酸度高的稀奶油在加热杀菌时，其中酪蛋白受热凝固，这时一些脂肪被包在凝块内而导致乳脂肪损失，而且凝固物进入奶油使其保存性降低，另外由于中和使奶油的风味得以改善，品质统一。一般中和到酸度为20～22°T，不应该加碱过多，否则产生不良气味。

（2）中和剂的选择　中和可使用的碱有碳酸钠、碳酸氢钠、氢氧化钠等。使用时应注意，中和很快进行，同时不易使酪蛋白凝固，但很快产生二氧化碳，容器过小能使稀奶油溢出。所以先配成10%的溶液，再徐徐加入。

4. 稀奶油的杀菌和冷却

（1）杀菌的目的

① 杀死稀奶油中的病原菌和腐败菌及其他杂菌和酵母等，即杀灭能使奶油变质及危害人体健康的微生物，保证食用奶油的安全。

② 破坏稀奶油中脂肪酶，以防止引起的脂肪分解产生酸败，提高奶油的保藏性和增加风味。

（2）杀菌的方法　杀菌温度直接影响奶油的风味。脂肪的导热性很低，能阻碍温度对微生物的作用；同时为了使酶完全破坏，有必要进行高温巴氏杀菌。稀奶油的杀菌方法一般分为间歇式和连续式两种。小型工厂多采用间歇式的，其方法是将盛有稀奶油的桶放到热水槽内，水槽再用蒸汽等加热，使稀奶油温度达到 85~90℃保持数 10s。加热过程中要进行搅拌。大型工厂则多采用板式高温或超高温瞬时杀菌器，连续进行杀菌，高压的蒸汽直接接触稀奶油，瞬间加热至 88~116℃后，再进入减压室冷却。此法能使稀奶油脱臭，有助于风味的改善，可以获得比较芳香的奶油。

至于冷却温度，制造新鲜奶油时，可冷却至 5℃以下。如果制造甜性奶油，则将经杀菌后的稀奶油冷却至 10℃以下，然后进行物理成熟。如果是制造酸性奶油，则需经发酵过程，冷却到稀奶油的发酵温度。

5. 稀奶油的发酵

（1）发酵的目的

① 在发酵过程中产生乳酸，抑制腐败细菌的繁殖，因而可提高奶油的保藏性。

② 发酵后的奶油有爽快、独特的芳香风味。

③ 由于乳酸菌的存在有利于人体健康。

（2）发酵用菌种　产生酸性奶油用的纯发酵剂是产生乳酸的菌类和产生芳香风味的菌类之混合菌种。一般选用的菌种有下列几种。

① 乳链球菌（*Streptococcus lactis*）；

② 乳脂链球菌（*Str. cremoris*）；

③ 噬柠檬酸链球菌（*Str. citrororus*）；

④ 副噬柠檬酸链球菌（*Str. paracitlororus*）；

⑤ 丁二酮乳链球菌（*Str. diacetilactis*）（弱还原型）；

⑥ 丁二酮乳链球菌（*Str. diacetilactis*）（强还原型）。

（3）发酵剂的制备　参见“发酵乳的发酵剂制备”。

（4）稀奶油的发酵　经杀菌、冷却的稀奶油泵入发酵熟槽内，温度调到18~20℃后添加相当于稀奶油 5% 的工作发酵剂。添加时要搅拌，徐徐添加，使其混合均匀。发酵温度保持在 18~20℃，每隔 1h 搅拌 5min，控制稀奶油酸度最后达到规定程度，停止发酵，见表 2-29。

表 2-29　稀奶油发酵最后达到的酸度控制表

稀奶油中脂肪含量/%	要求稀奶油最后达到的酸度/°T	
	不加盐奶油	加盐奶油
34	33	26
36	32	25
38	31	25.5
40	30	24

6. 稀奶油的物理成熟

为了使搅拌能顺利进行，保证奶油质量（不至于过软及含水量过多）以及防止乳脂损失，在搅拌前必须将稀奶油充分冷却成熟。通常制造新鲜奶油时，在稀奶油冷却后，立即进行成熟，制造酸性奶油时，则在发酵前或后，或与发酵同时进行。

（1）物理成熟的目的　经杀菌冷却后的稀奶油，需在低温下保存一段时间，即所谓的稀奶油的物理成熟。目的是使乳脂肪中的大部分甘油酯由乳浊液状态转变为结晶固体状态，结晶成固体相越多，在搅拌和压炼过程中乳脂肪损失就少。所以一般要求将杀菌后的稀奶油迅速冷却至5℃左右，以利于以后的处理。

（2）物理成熟的方法　稀奶油中的脂肪组织，经加热融化后，必须冷却至奶油脂肪的凝固点以下才能重新凝固，所以经冷却成熟后，部分脂肪即变为固体结晶状态。物理成熟的方法各地区应根据稀奶油中的脂肪组成来确定。

一般根据乳脂肪中碘值变化来确定不同的物理成熟条件，如表2－30所示。

表2－30　各种不同碘值的稀奶油成熟温度与搅拌温度

碘值/（gI/100g）	稀奶油成熟温度/℃	搅拌温度/℃
<28	8～21～6～16	12
28～31	8～20～12～14	14
32～34	8～19～12～13	13
35～37	10～13～14～15	12
38～40	20～20～9～11	11
>40	20～20～7～10	10

7. 添加色素

为了使奶油颜色全年一致，当颜色太淡时，即需要添加色素。最常用的一种色素是安那托（Annatto），它是天然的植物色素。安那托的3%溶液（溶于食用植物油中）称作奶油黄。通常用量为稀奶油的0.01%～0.05%。

夏季因原有的色泽比较浓，所以不需要再加色素；入冬以后，色素的添加逐渐增加。为了使奶油的颜色全年一致，可以对照“标准奶油色”的标本，调整色素的加入量。

奶油色素除了用安那托外，还可以用合成色素。但必须根据卫生标准规定，不得任意采用。

添加色素通常在搅拌前直接加到搅拌器中的稀奶油中。

8. 稀奶油的搅拌

将稀奶油置于搅拌器中，利用机械的冲击力使脂肪球膜破坏而形成脂肪团粒，这一过程称为“搅拌”。搅拌时分离出来的液体称为酪乳。

（1）搅拌的目的　稀奶油的搅拌是奶油制造的最重要的操作。其目的是使脂肪球互相聚结而形成奶油粒，同时分离酪乳。此过程要求在较短时间内形成奶油粒，且酪乳中脂肪含量越少越好。

（2）奶油粒的形成　当对稀奶油搅拌时，形成了蛋白质泡沫层。因为表面活性作用，脂肪球的膜被吸到气－水界面，脂肪球被集中到泡沫中。搅拌继续时，蛋白质脱水，泡沫变小，使得泡沫更为紧凑，因此对脂肪球施加压力，可引起一定量的液体从脂肪球中被挤出，并使部分膜破裂。这种含有液体脂肪也含有脂肪结晶的物质，以一薄层形式分散在泡沫的表面和脂肪球上。当泡沫变得相当稠密时，更多的液体脂肪被压出，这种泡沫因不稳定而破裂。脂肪球凝结进入奶油的晶粒中，即脂肪从脂肪球变成奶油粒。

（3）影响搅拌的因素

① 稀奶油的脂肪含量：它决定脂肪球间距离的大小。如含脂率为3.4%的乳中脂肪球间的距离为71μm；含脂率20%的稀奶油，脂肪球间的距离为2.2μm；含脂率40%时，距离为0.56μm。含脂率越高脂肪球间距离越近，形成奶油粒也越快。但如稀奶油中含脂率过高，搅拌时形成奶油粒过快，小的脂肪球来不及形成脂肪粒与酪乳一同排出，造成脂肪的损失。同时含脂率过高时黏度增加，易随搅拌器同转，不能充分形成泡沫，反而影响奶油粒的形成。所以一般要求稀奶油的含脂率达32%～40%。

② 物理成熟的程度：物理成熟对成品的质量和数量有决定性意义。固体脂肪球较液体脂肪球漂浮在气泡周围的能力强数倍。如果成熟不够，易形成软质奶油，并且温度高形成奶油粒速度快，有一部分脂肪未能集中在气泡处即形成奶油粒，而损失在酪乳中，使奶油产率减低，质量也很差。成熟好的稀奶油在搅拌时可形成很多的泡沫，有利于奶油粒的形成，使酪乳中脂肪含量大大减少。因此，物理成熟是制造奶油的重要条件。

③ 搅拌时的最初温度：搅拌温度决定着搅拌时间的长短及奶油粒的好坏。搅拌时间随着搅拌温度的提高而缩短，因此温度高时液体脂肪多，泡沫多，泡沫破坏快，因此奶油粒形成迅速。但奶油的质量较差，同时脂肪的损失也多。如果温度接近乳脂肪的熔点（33.9℃），不能形成奶油粒。相反，如果温度过低，奶油粒过于坚硬，压炼操作不能顺利进行，结果容易制成水分过少，组织松散的奶油。实践证明，稀奶油搅拌时适宜的最初温度是：夏季8～10℃，冬季10～14℃，温度过高或过低时，均会延长搅拌时间，且脂肪的损失增多。而且当稀奶油搅拌时温度在30℃以上或5℃以下，则不能形成奶油粒。

④ 搅拌机中稀奶油的装满程度：搅拌时，搅拌机中装的量过多过少，均会延长搅拌时间，一般小型手摇搅拌机要装入其体积的30%～50%，大型电动搅拌机可装入50%为宜。若稀奶油装得过多，则因形成泡沫困难而延长搅拌时间，但最少不得低于20%。

⑤ 搅拌的转速：搅拌机的转速一般为40r/min，若转速过快由于离心力增大，使稀奶油与搅拌桶一起旋转，若转速太慢，则稀奶油沿内壁下滑，两种情况

都起不到搅拌的作用，均需延长时间。

⑥ 稀奶油的酸度：经发酵的酸性稀奶油比未经发酵的稀奶油容易搅拌，所以稀奶油经发酵后有三种作用，即使成品增加芳香味、脂肪的损失减少以及容易搅拌。

稀奶油经发酵后乳酸增多，使稀奶油中起黏性作用的蛋白质的胶体性质逐渐变成不稳定，甚至凝固而使稀奶油的黏度降低，脂肪球容易相互碰撞，因此容易形成奶油粒。因此，制造奶油用的稀奶油酸度以35.5°T以下，普通以30°T为最适宜。

9. 奶油粒的洗涤

（1）洗涤的目的　奶油粒洗涤的目的是为了除去残余在奶油粒表面的酪乳和调整奶油的硬度，提高奶油的保存性，同时如用有异常气味的稀奶油制造奶油时，能使部分气味消失。酪乳中含有蛋白质及糖，利于微生物的生长，所以尽量减少奶油中这些成分的含量。

（2）洗涤的方法　洗涤的方法是将酪乳放出后，奶油粒用杀菌冷却后的清水在搅拌机中进行。洗涤加入水量为稀奶油量的50%左右，但水温需根据奶油的软硬程度而定。奶油粒软时应使用比稀奶油温度低1～3℃的水。一般水洗的水温在3～10℃的范围。夏季水温宜低，冬季水温稍高。注水后以慢慢转动3～5圈进行洗涤停止转动，将水放出。必要时可进行几次，直到排出水清为止。

10. 奶油的加盐

酸性奶油一般不加盐，而甜性奶油有时加盐。

（1）加盐的目的　是为了改善风味，抑制微生物的繁殖，提高其保存性。所用盐应符合国家标准中精制盐优极品的规定。

（2）加盐方法　加盐时，先将食盐在120～130℃下烘焙3～5min，然后通过30目的筛。待奶油搅拌机内洗涤水排出后，在奶油表面均匀加上烘烤过筛的盐。奶油成品中的食盐含量以2%为标准，由于在压炼时部分食盐流失，因此添加时，按2.5%～3.0%的数量加入。加入后静置10min左右，然后进行压炼。

11. 奶油的压炼

将奶油粒压成奶油层的过程称为压炼。小规模加工奶油时，可在压炼台上手工压炼，一般工厂均在奶油制造器中进行压炼。

（1）奶油压炼的目的　压炼的目的是为使奶油粒变为致密的奶油层，使水滴分布均匀，使食盐全部溶解，并均匀分布于奶油中。同时调节水分含量，即在水分过多时排除多余的水分，水分不足时加入适量的水分使其均匀吸收。

（2）奶油压炼的方法、压炼程度及水分调节　奶油压炼方法有搅拌机内压炼和搅拌机外专用压炼机压炼两种，现在大多采用机内压炼方法，即在搅拌机内通过轧辊和不通过轧辊对奶油粒进行挤压从而达到目的。此外还可以在真空条件下压炼，使奶油中空气量减少。正确压炼的新鲜奶油、加盐奶油和无盐奶油，不论哪种方法，最后压炼完成后奶油的含水量要在16%以下，水滴必须达到极微小状态，奶油切面上不允许有流出的水滴。

12. 奶油的包装

奶油根据其用途可分成餐桌用奶油、烹调用奶油和食品工业用奶油等。餐桌用奶油是直接食用，故必须是优质的，都需小包装，一般用硫酸纸、塑料夹层纸、复合薄膜等包装材料包装，也有用马口铁罐进行包装的。对于食品工业用奶油由于用量大，所以常用大包装。包装时切勿用手直接接触奶油，小规格的包装一般均采用包装机进行包装。

奶油包装之后，送入冷库中贮存。当贮存期只有2~3周时，可以放入0℃冷库中；当贮存6个月以上时，应放入-15℃冷库中；当贮存期超过1年时，应放入-25~-20℃冷库中。

三、 奶油的连续化加工

上面所述的奶油加工法为不连续的间歇加工法。现随着奶油加工的发展，在工艺上趋向于连续化加工，其与间歇法的最大区别在于增加了连续式奶油制造机，将物理成熟后的稀奶油连续进入连续式奶油制造机，在其中连续完成搅拌、洗涤、加盐、压炼等过程，从而提高了自动化水平。

连续法加工的奶油，不仅组织均匀，质量稳定，而且污染机会少。但是奶油中所含空气和蛋白质较多，保存性较差。

四、 重制奶油和无水奶油

1. 重制奶油

重制奶油指的是一般用质量较次的奶油或稀奶油进一步加工制成的水分含量低、不含蛋白质的奶油。按国内习惯，重制奶油系变质的奶油，经手工除掉霉斑等污染，加热熔化，除掉水分，弃去下层沉淀，制得含脂率98%以上、含水分1%以下的脂肪制品。此产品保存性很好，可用于制造冰淇淋和糕点，还可作烹调用。

重制奶油的加工方法有：煮沸法、熔融静置法和熔融分离法三种。不论什么法都需将奶油熔化（加热至45~55℃）再进一步处理。煮沸法用于小型加工，其方法是：稀奶油搅拌分出奶油粒后，将其放入锅内或者把稀奶油直接放入锅内，以慢火长时间煮沸，使其中水分蒸发，随着水分的减少和温度的升高，蛋白质逐渐析出，油逐渐分离。煮至油面上的泡沫减少可停止，注意不能煮过头，静置温后，使蛋白质沉淀后将上部澄清之油装入罐或桶中即为成品。在内蒙地区重制奶油被称作黄油或酥油。

其他两种方法用于较大规模的工业化加工，即把奶油在夹层缸内加热熔融后加温至沸点。如稍变质有异味的奶油，则须保持一段沸腾时间，在蒸发水分的同时挥发除去其中的异味。然后停止加热冷却静置，使水、蛋白质沉降在底部，或者用离心分离机将奶油与水、蛋白质分开，将奶油装入包装容器。

重制奶油含水分量要求不超过2%，比甜性奶油在常温下保存时间长，也可直接食用。

2. 无水奶油（AMF）

无水奶油的加工主要根据两种方法来进行，一种是直接用稀奶油（乳）来加工无水奶油；另一种是通过奶油来加工无水奶油。用稀奶油加工无水奶油的加工流程见图2-14。

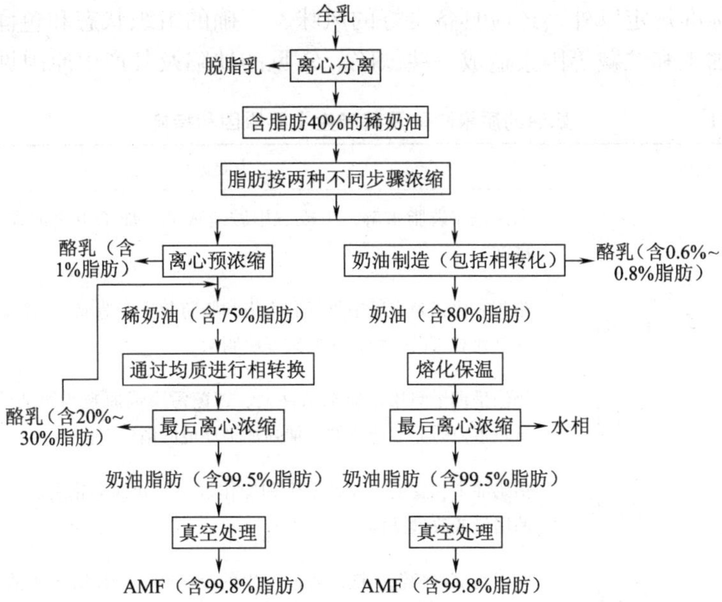

图2-14 无水奶油的生产方法

无水奶油其中水分含量达到0.1%以下。这种奶油在冷藏条件下，贮存期为1年。因此，它主要被用于再制乳加工，同时还广泛地用于冰淇淋和巧克力工业中。

五、奶油的品质及质量控制

1. 奶油的品质

（1）奶油的组成　奶油的主要成分为脂肪、水分、食盐，此外还有少量的蛋白质、乳糖、灰分、维生素等，其组成随奶油的种类、制造工艺、牛乳的性质等而变化。

（2）奶油的色泽　为淡黄色，但随着季节不同色泽发生变化，所以需添加色素以保持一致。

（3）奶油的风味　奶油应具有良好的芳香风味，这些风味主要来源于挥发性游离脂肪酸、挥发性化合物、丁二酮、二甲硫醚等。有些奶油也带有其他风味。

（4）奶油的物理结构　为油包水型的乳化固体状的游离脂肪。连续相中分散有未被破坏的脂肪球和小水滴，此外还有微小气泡。水滴中溶有有机物和盐。

（5）奶油的营养价值　质量优良的奶油为高级食品，消化吸收率极高，为一切食用油之首。另外含有丰富的脂溶性维生素，特别是维生素A，且含有相当量的维生素D。

2. 奶油的质量控制

奶油的缺陷及其产生原因如下：奶油的质量除了理化指标和微生物指标必须符合国家标准规定以外，还应具备良好的风味，正确的组织状态和色泽。但往往因原料、加工和贮藏等因素造成一些缺陷。常见的缺陷及其产生原因见表2-31。

表2-31　奶油的质量缺陷及其产生主要原因和措施

缺陷		主要原因
风味不正	鱼腥味	原因是卵磷脂水解，生成三甲胺造成的。加工中应加强杀菌和卫生措施
	酸败味	脂肪氧化味是空气中氧气和不饱和脂肪酸反应造成的。提高杀菌温度，既杀死有害微生物，又要破坏解脂酶
	干酪味	奶油呈现干酪味是加工条件差、霉菌污染或原料稀奶油的细菌污染，导致蛋白质分解造成的。加强加工环境的消毒工作
	肥皂味	稀奶油中和过度，或者是中和操作过快，局部皂化引起的。应减少碱的用量或改进操作
	金属味	由于奶油接触铜、铁设备而产生的金属味。应该防止奶油接触生锈的铁器或铜制阀门等
	苦味	原因是使用灭、泌乳末期的牛乳或奶油被酵母污染
	平淡无味	原料乳不新鲜，洗涤及脱臭过度等
组织状态缺陷	软膏状或黏胶状	压炼过度，洗涤水温过高或稀奶油酸度过低和成熟不足等
	组织松散	压炼不足、搅拌温度低等造成液态油过少，出现松散奶油
	砂状	此缺陷出现在加盐奶油中，盐粒粗大，未能溶解所致。有时出现粉状，并无盐粒存在，乃是中和时蛋白质凝固，混合于奶油中
色泽缺陷	色淡	此缺陷容易经常出现在冬季加工的奶油中，由于奶油中胡萝卜素含量太少，致使奶油色淡，甚至白色。可以通过添加胡萝卜素加以调整
	条纹状	此缺陷容易出现在干法加盐的奶油中，盐加得不均、压炼不足等
	表面褪色	奶油暴露在阳光下，发生光氧化造成
	色暗而无光泽	压炼过度或稀奶油不新鲜

任务二 干酪的加工

干酪的起源，最普遍的说法认为它是由游牧民族发明的。他们早先将鲜牛乳存放在牛皮背囊中，但往往几天后牛乳就发酵变酸。后来他们发现，变酸的牛乳在凉爽的气候下经过数日，会结成块状，变成极好吃的干酪，于是这种保存牛乳的方法得以流传。干酪也一直是这些游牧民族的主要食物之一。

现在，干酪的种类和食用方法越来越丰富。除了制作西式菜肴，干酪还可以切成小块，配上红酒直接食用，也可加在馒头、面包、饼干、汉堡包里一起吃，或与色拉、面条拌食。随着对外交往的日益增多，越来越多的国人对干酪的营养价值有了更清楚的认识。

一、 干酪的概念和种类

1. 干酪的概念

干酪也称乳酪（cheese），是指在乳中加入适量的凝乳酶，使乳蛋白质（主要是酪蛋白）凝固后，排除乳清，将凝块压成所需形状而制成的产品。

2. 干酪 （cheese） 的种类

国际上通常把干酪分为3大类：天然干酪、融化干酪和干酪食品。

国际乳品联合会提出以含水量为标准，将干酪分为硬质、半硬质、软质3大类。

按GB/T 21375—2008，我国的干酪分类方法如下。

以水分含量（非脂物质中）为标准，将天然干酪分为：软质、半软质、硬质、特硬质，水分含量（%）分别为：>67、54~69、49~56、<51。

按脂肪在干酪非脂成分中的比例分为：高脂、全脂、中脂、部分脱脂、脱脂，脂肪含量（%）分别为：≥60、45.0~59.9、25.0~44.9、10.0~24.9、<10.0。

此外干酪按发酵成熟情况可分为：成熟的、霉菌成熟的和新鲜的。

3. 干酪的组成

干酪中含有丰富的蛋白质、脂肪、糖类、有机酸、常量矿物元素（钙、磷、钠、钾、镁）、微量矿物元素（铁、锌）以及脂溶性维生素A、胡萝卜素和水溶性维生素B_1、维生素B_2、维生素B_6、维生素B_{12}、烟酸、泛酸、叶酸、生物素等多种营养成分。乳酪、酸乳和牛乳的营养价值比较见表2-32。

表2-32 干酪、酸奶和牛乳的营养价值比较（以100g计）

	干酪	酸乳	牛乳		干酪	酸乳	牛乳
热量/kcal	328	72	54	蛋白质含量/g	27.5	2.5	3
脂肪含量/g	23.5	2.7	3.2	碳水化合物含量/g	3.5	9.3	3.4
维生素A含量/mg	152	26	24	硫胺素含量/mg	0.06	0.03	0.03

续表

	干酪	酸乳	牛乳		干酪	酸乳	牛乳
核黄素含量/mg	0.9	0.15	0.14	胆固醇含量/mg	11	15	15
烟酸含量/mg	0.62	0.2	0.1	镁含量/mg	57	12	11
维生素 E 含量/mg	0.6	0.12	0.21	锰含量/mg	0.16	0.02	0.03
钙含量/mg	799	118	104	铜含量/mg	0.13	0.03	0.02
铁含量/mg	2.4	0.4	0.3	硒含量/μg	1.5	1.71	1.94
锌含量/mg	6.97	0.53	0.42	磷含量/mg	326	85	73

注：1kcal =4.484kJ。

二、 天然干酪的加工工艺

（一） 工艺流程

原料乳验收与标准化→杀菌→冷却→添加发酵剂→调整酸度→加氯化钙→加色素→加凝乳酶→凝块切割→搅拌、加温→排除乳清→成型压榨→盐渍→发酵成熟→上色挂蜡→成品。

（二）工艺要点

1. 原料乳的预处理

制造干酪的原料乳，必须经感官检查、酸度测定或酒精试验（牛乳 18°T，羊乳 10 ~14°T），必要时进行青霉素及其他抗生素检验，检查合格后，才能进行原料乳的预处理。

（1）净乳　采用离心除菌机进行净乳处理，不仅可以除去乳中大量杂菌，而且可以将乳中 90% 的细菌除去，尤其对比重较大的菌体芽孢特别有效。

（2）标准化　为了保证每批干酪的成分均一，在加工之前要对原料乳进行标准化处理，包括对脂肪标准化和对酪蛋白以及酪蛋白（casein）与脂肪比例（C/F）的标准化，一般要求 C/F =0.7。

（3）杀菌　生产实践中多 70 ~75℃、15S 的高温短时杀菌（HTST）。

2. 添加发酵剂和预酸化

原料乳经杀菌后，直接打入干酪槽中，待牛乳冷却到 30 ~32℃后，添加 1% ~2% 的工作发酵剂，进行 10 ~15min 发酵，这一过程又称预酸化。控制酸度在 20 ~24°T。

（1）干酪发酵剂种类　干酪发酵剂是指在制造干酪时，用来使干酪发酵与成熟的特定微生物培养物。可分为细菌发酵剂和霉菌发酵剂。

（2）干酪发酵剂的作用

① 发酵使乳糖发酵产生乳酸，提高可溶性钙浓度，促进凝乳酶的凝乳作用；

② 在酸性条件下凝乳酶的活性提高，缩短凝乳时间，使凝块收缩，有利于乳清排除；

③ 在成熟过程中，利用菌体产生的各种酶类分解酪蛋白、脂肪等，促进干酪的成熟，产生风味；

④ 改进产品的组织状态；

⑤ 抑制杂菌的繁殖。

（3）干酪发酵剂的加入方法　取原料乳量1% ~2%的工作发酵剂，边搅拌边加入，并在30 ~32℃条件下充分搅拌3 ~5min。然后在此条件下发酵1h，以保证充足的乳酸菌数量和达到一定酸度，此过程称为预酸化。

3. 调整酸度和添加剂的加入

（1）调整酸度　预酸化后取样测定酸度，按要求用1mol/L的盐酸调整酸度至0.20% ~0.22%。

（2）添加剂的加入　为了改善乳的凝固性能，可在100kg原料乳中添加5 ~20g的$CaCl_2$（预先配成10%的溶液），以调节盐类平衡，促进凝块的形成，过量的氯化钙将使干酪太硬，难于切割。

干酪的颜色取决于原料乳中脂肪的色泽。为了使产品保持色泽一致的微黄色（不受季节影响），需在原料乳中加胡萝卜素、安那妥等色素。

4. 添加凝乳酶和凝乳的形成

（1）凝乳酶的添加　生产干酪所用的凝乳酶，一般以皱胃酶为主。如无皱胃酶也可用胃蛋白酶代替。酶的添加量根据酶的活力（也称效价）而定。一般以在35℃保温下，经30 ~35min能进行切块为准。用1%的食盐水将酶配成2%溶液，加入到乳中后充分搅拌均匀。

（2）凝乳的形成　添加凝乳酶后，在32℃条件下静置40min左右，即可使乳凝固。

5. 凝块切割

将凝块用干酪刀纵横切成约$1cm^3$大小的方块，并加以搅拌和缓慢地加热至32 ~36℃，以便加速乳清排除，使凝块体积缩小至原来的一半大小。当凝块达到适当硬度时开始切割。

切割的目的：增大凝块的表面积，加快乳清的排除，控制成品水分。

正确判断恰当的切割时机非常重要。如果在尚未充分凝固时切割（过早切割），酪蛋白或脂肪损失大，且生成柔软的干酪；反之，切割时间迟，凝乳变硬不易脱水。

切割时机判定：用消毒过的温度计以45°插入凝块中，挑开凝块，如裂口恰如锐刀切痕，并呈现透明乳清，即可开始切割。

6. 凝块的搅拌及加温

切割后，凝块具有相互凝聚的倾向，必须搅拌。凝块切割后若乳清酸度达到

0.17% ~0.18%时，开始轻轻搅拌（因为初期的凝块柔嫩易碎），搅拌速度先慢后快（大约15min后加快）。与此同时，在干酪槽的夹层中通入热水，使温度逐渐升高。升温目的调节凝乳颗粒的大小和酸度。

升温的速度控制：初始时每3~5min升高1℃，当温度升至35℃，则每隔3min升高1℃。当温度达到38~42℃，停止加热并维持此时的温度。在整个升温过程中应不停地搅拌，以促进凝块的收缩和乳清的渗出，防止凝块沉淀和相互粘连。

加温的时间按乳清的酸度而定，酸度越低加温时间越长，酸度高可缩短加温时间。以牛乳干酪为例，酸度为0.13%、0.14%、0.15%时的加温时间分别为40s、30s、25s。此过程关系到生产的成败和成品质量的好坏。

7. 乳清排除

乳清排放是指将乳清与凝乳颗粒分离的过程。排乳清的时间可通过所需酸度或凝乳颗粒的硬度和弹性来掌握。乳清酸度达到0.12%（牛乳干酪），干酪粒已收缩到适当硬度即可将乳清排出。

试验干酪粒硬度的方法是：用手握一把干酪粒在手掌中，尽力压出水分后放松手掌，如干酪粒富有弹性，搓开仍能重新分离时，表示干酪粒已达到适当硬度。

乳清排除方式：由酪槽底部通过金属网排出。排除的乳清脂肪含量一般约为0.3%，蛋白质0.9%。

8. 堆积

乳清排除后，将干酪粒堆积在干酪槽的一端或专用的堆积槽中，上面用带孔木板或不锈钢板压5~10min，压出乳清使其成块，这一过程即为堆积。

9. 压榨成型

压榨的目的：进一步排掉乳清，使凝乳颗粒成块，并形成一定的形状，同时表面变硬。

方式：将堆积后的干酪块切成方砖形或小立方体，装入成型器中。在内衬网成型器内装满干酪块，放入压榨机上进行压榨定型。压榨的压力与时间依干酪的品种而定。先进行预压榨，一般压力为0.2~0.3MPa，时间为20~30min；或直接正式压榨，压力为0.4~0.5MPa，时间为12~24h。

压榨结束后，从成型器中取出的干酪称为生干酪。如果制作软质干酪，则不需压榨。

10. 加盐

目的在于改进干酪的风味、组织和外观，排出内部乳清或水分，增加干酪硬度，抑制乳酸菌的活力，调节乳酸生成和干酪的成熟，防止和抑制杂菌的繁殖。加盐量为成品达到含盐1.5% ~2.5%为宜。加盐方法如下。

（1）干腌法　在定型压榨前，将食盐撒布在干酪粒中或将食盐涂布在生干酪表面。

(2) 湿腌法　将压榨后生干酪置于盐水池中腌制。将生干酪浸于盐水池中腌制，盐水浓度第1~2d为17%~18%，以后保持20%~23%的浓度。盐水温度应控制在8℃左右，浸盐时间4~6d。

(3) 混合法。

11. 干酪的发酵成熟

鲜干酪在一定温度和湿度条件下，在乳酸菌等有益微生物和凝乳酶的作用下，经一定时间使干酪发生一系列物、化变化的过程，称为干酪的成熟。成熟的主要目的是改善组织状态、营养价值和特有风味。

(1) 成熟条件　成熟库（室）内低温比高温效果好，一般为5~15℃。相对湿度一般为85%~90%。当相对湿度一定时，硬质干酪在7℃需8个月以上成熟，在10℃需6个月以上，而在15℃需4个月左右。软质干酪或霉菌成熟干酪需20~30d。

(2) 成熟过程的管理

① 前期成熟：防止霉菌的繁殖、反转放置，持续15~20d。

② 上色挂蜡。上色：为了防止霉菌生长和增加美观。挂蜡：防止霉菌，增加保存时间。方法：用红色食用色素染色，色素干燥后，在160℃的石蜡（熔点以54~56℃）中进行挂蜡。

③ 后期成熟和贮藏：继续成熟2~6个月（5℃、80%~90%），形成良好的风味、口感。

(3) 加速成熟的方法　加入蛋白酶、肽酶和脂肪酶，或入脂质体包裹的酶类、基因工程修饰的乳酸菌等。干酪成品要求于5℃和88%~90%的相对湿度条件下贮藏。

三、 质量控制

（一） 物理性缺陷及其防止方法

1. 质地干燥

改进加工工艺，利用表面挂石蜡、塑料袋真空包装及在高温条件下进行成熟。

2. 组织疏松

充分压榨并在低温下成熟。

3. 多脂性

原因大多是由于操作温度过高，凝块处理不当（如堆积过高）而使脂肪压出。通过调整生产工艺来防止。

4. 斑纹

由于操作过于剧烈或过于缓慢引起。

5. 发汗

除改进工艺外，控制酸度也十分必要。

（二） 化学性缺陷及其防止方法

1. 金属性黑变

由铁、铅等金属与干酪成分生成黑色硫化物。操作时除考虑设备、模具外，还要注意外部污染。

2. 桃红或赤变

认真选用色素及其添加量。

（三） 微生物性缺陷及其防止方法

1. 酸度过高

主要原因是微生物发育速度过快。防止方法：降低预发酵温度，并加食盐以抑制乳酸菌繁殖；加大凝乳酶添加量；切割时切成微细凝乳粒；高温处理；迅速排除乳清以缩短制造时间。

2. 干酪液化

引起液化的微生物一般在中性或微酸性条件下发育。

3. 发酵产气

防止对策：可将原料乳离心除菌或使用产生乳酸链球菌肽的乳酸菌作为发酵剂，也可添加硝酸盐，调整干酪水分和盐分。

4. 苦味生成

酵母或非发酵剂菌都可引起干酪苦味。极微弱的苦味可构成契达（cheddar cheese）的风味成分之一，这是特定的蛋白肽、肽所引起。另外，乳高温杀菌、原料乳的酸度高、凝乳酶添加量大以及成熟温度高均可能产生苦味。食盐添加量多时，可降低苦味的强度。

5. 恶臭

干酪中如存在厌气性芽孢杆菌，会分解蛋白质生成硫化氢、硫醇、亚胺等。此类物质产生恶臭味。生成过程中要防止这类菌污染。

6. 酸败

由污染微生物分解乳糖或脂肪等生成丁酸及其衍生物所引起。污染菌主要来自于原料乳、牛粪及土壤等。

任务三 冰淇淋和雪糕的加工

一、 冰淇淋的加工

冰淇淋（ice cream）是以饮用水、牛乳、乳粉、奶油（或植物油脂）、食糖等为主要原料，加入适量食品添加剂，经混合、灭菌、均质、老化、凝冻、硬化等工艺而制成的体积膨胀的冷冻产品。

（一）冰淇淋的种类

冰淇淋含脂率在14%～16%，总固形物在38%～42%为高级奶油冰淇淋。

冰淇淋含脂率在10%～12%，总固形物在35%～39%为奶油冰淇淋。

冰淇淋含脂率在8%左右，总固形物在34%～37%为牛乳冰淇淋。

冰淇淋含脂率在3%左右，总固形物在32%～33%为果味冰淇淋。

（二）冰淇淋生产用原料和辅料

1. 水

水是乳品冷饮生产中不可缺少的一种重要原料。对于冰淇淋来说，其水分主要来源于各种原料，如鲜牛乳、植物乳、炼乳、稀奶油、果汁、鸡蛋等，还需要添加大量的饮用水。

2. 脂肪

脂肪对冰淇淋、雪糕有很重要的作用：

（1）为乳品冷饮提供丰富的营养及热能。

（2）影响冰淇淋、雪糕的组织结构　由于脂肪在凝冻时形成网状结构，赋予冰淇淋、雪糕特有的细腻润滑的组织和良好的质构。

（3）乳品冷饮风味的主要来源　由于油脂中含有许多风味物质，通过与乳品冷饮中蛋白质及其他原料作用，赋予乳品冷饮独特的芳香风味。

（4）增加冰淇淋、雪糕的抗融性　目前普遍使用相当量的植物脂肪来取代乳脂肪，主要有起酥油、人造奶油、棕榈油、椰子油等，其熔点性质应类似于乳脂肪，在28～32℃。

3. 非脂乳固体（Nonfat Milk Solids）

非脂乳固体是牛乳总固形物除去脂肪而所剩余的蛋白质、乳糖及矿物质的总称。其中蛋白质具有水合作用，在均质过程中它与乳化剂一同在生成的小脂肪球表面形成稳定的薄膜，确保油脂在水中的乳化稳定性，同时在凝冻过程中促使空气很好地混入，并能防止乳品冷饮制品中冰结晶的扩大使质地润滑。

乳糖的柔和甜味及矿物质的隐约盐味，将赋予制品显著风味特征。

限制非脂乳固体的使用量的主要原因在于防止其中的乳糖呈过饱和而渐渐结晶析出砂状沉淀，一般推荐其最大用量不超过制品中水分的16.7%。

非脂乳固体可以由鲜牛乳、脱脂乳、乳酪、炼乳、乳粉、酸乳、乳清粉等提供，冷饮食品中的非脂肪乳固体，以鲜牛乳及炼乳为最佳。

若全部采用乳粉或其他乳制品配制，由于其蛋白质的稳定性较差，会影响组织的细致性与冰淇淋、雪糕的膨胀率，易导致产品收缩，特别是溶解度不良的乳粉，则更易降低产品质量。

4. 甜味剂

甜味料具有提高甜味、充当固形物、降低冰点、防止冰的再结晶等作用，对产品的色泽、香气、滋味、形态、质构和贮藏起着极其重要的影响。蔗糖为最常用的甜味剂。随着现代人们对低糖、无糖乳品冷饮的需求以及改进风味、增加品种或降低成本的需要，除常用的甜味料白砂糖、淀粉糖浆外，很多甜味料如蜂蜜、转化糖浆、阿斯巴甜、阿力甜、安赛蜜、甜蜜素、甜叶菊糖、罗汉果甜苷、山梨糖醇、麦芽糖醇、葡聚糖（PD）等普遍被配合使用。

5. 乳化剂

乳化剂是一种分子中具有亲水基和亲油基，并易在水与油的界面形成吸附层的表面活性剂，可使一相很好地分散于另一相中而形成稳定的乳化液。乳化剂的作用如下：

（1）使脂肪呈微细乳浊状态，并使之稳定化。

（2）分散脂肪球以外的粒子并使之稳定化。

（3）增强了其抗融性和抗收缩性。

（4）控制粗大冰晶形成，使产品组织细腻。

乳品冷饮中常用的乳化剂有：甘油一酸酯（单甘酯）、蔗糖脂肪酸酯（蔗糖酯）、聚山梨酸酯（Tween）、山梨醇酐脂肪酸酯（Span）、丙二醇脂肪酸酯（PG酯）、卵磷脂、大豆磷脂、三聚甘油硬脂酸单甘酯等。

6. 稳定剂

稳定剂又称安定剂，具有亲水性，因此能提高料液的黏度及乳品冷饮的膨胀率，防止大冰结晶的产生，减少粗糙的感觉，对乳品冷饮产品融化作用的抵抗力亦强，使制品不易融化和再结晶，在生产中能起到改善组织状态的作用。较为常用的有明胶、琼脂、果胶、CMC、瓜尔豆胶、黄原胶、卡拉胶、海藻胶、藻酸丙二醇酯、魔芋胶、变性淀粉等。

7. 香味剂

香味剂能赋予乳品冷饮产品以醇和的香味，增进其食用价值。按其风味种类分为：果蔬类、干果类、奶香类；按其溶解性分为：水溶性和脂溶性。香精可以单独或搭配使用。香气类型接近的较易搭配，反之较难，如水果与乳类、干果与乳类易搭配；而干果类与水果类之间则较难搭配。一般在冷饮中用量为0.075%～0.1%。除了用上述香精调香外，亦可直接加入果仁、鲜水果、鲜果汁、果冻等，进行调香调味。

8. 着色剂

协调的色泽，能改善乳品冷饮的感官品质，大大增进人们的食欲。乳品冷饮调色时，应选择与产品名称相适应的着色剂，在选择使用色素时，应首先考虑符合添加剂卫生标准。调色时以淡薄为佳，常用的着色剂有红曲色素、姜黄色素、叶绿素铜钠盐、焦糖色素、红花黄、β－胡萝卜素、辣椒红、胭脂红、柠檬黄、日落黄、亮蓝等。

（三）冰淇淋生产

1. 混合料的配制

将冰淇淋的各种原料以适当的比例加以混合，即称为冰淇淋混合料，简称为混合料。混合料的配制包括标准化和混合两个步骤。

（1）混合料的标准　冰淇淋原料虽然有不同的原料选择，但标准的冰淇淋组成大致在下列范围：脂肪 8% ~14%、全脂乳干物质 8% ~12%、蔗糖 13% ~15%、稳定剂 0.3% ~0.5%。

（2）混合料配合比例计算　按照冰淇淋标准和质量的要求，选择冰淇淋原料，而后依据原料成分计算各种原料的需要量。

例：以无盐奶油（脂肪 83%）、脱脂乳粉（物质干物质 95%）、蔗糖、明胶及水为原料，配合含脂肪 8%、无脂干物质 11.0%、蔗糖 15.0%、明胶 0.5%、的冰淇淋混合料 100kg，计算其配合比例。

经计算得到组成混合料的原料为：蔗糖 15kg，明胶 0.5kg，奶油 $100 \times 0.08 \div 0.83 = 9.6$kg，脱脂乳粉 $100 \times 0.01 \div 0.95 = 11.6$kg，水 $100 - (15 + 0.5 + 9.6 + 11.6) = 63.3$kg。

（3）原料的混合　原辅料质量好坏直接影响冰淇淋质量，所以各种原辅料必须严格按照质量要求进行检验，不合格者不许使用。按照规定的产品配方，核对各种原材料的数量后，即可进行配料。

配制时要求：

① 原料混合的顺序宜从浓度低的液体原料如牛乳等开始，其次为炼乳、稀奶油等液体原料，再次为砂糖、乳粉、乳化剂、稳定剂等固体原料，最后以水作容量调整。

② 混合溶解时的温度通常为 40 ~50℃。

③ 鲜乳要经 100 目筛进行过滤、除去杂质后再泵入缸内。

④ 乳粉在配制前应先加温水溶解，并经过过滤和均质再与其他原料混合。

⑤ 砂糖应先加入适量的水，加热溶解成糖浆，经 160 目筛过滤后泵入缸内。

⑥ 人造黄油、硬化油等使用前应加热融化或切成小块后加入。

⑦ 冰淇淋复合乳化、稳定剂可与其 5 倍以上的砂糖拌匀后，在不断搅拌的情况下加入到混合缸中，使其充分溶解和分散。

⑧ 鸡蛋应与水或牛乳以 1∶4 的比例混合后加入，以免蛋白质变性凝成絮状。

⑨ 明胶、琼脂等先用水泡软，加热使其溶解后加入。

⑩ 淀粉原料使用前要加入其量的 8 ~10 倍的水并不断搅拌制成淀粉浆，通过 100 目筛过滤，在搅拌的前提下徐徐加入配料缸内，加热糊化后使用。

2. 混合料的杀菌

通过杀菌可以杀灭料液中的一切病原菌和绝大部分的非病原菌，以保证产品的安全性、卫生指标，延长冰淇淋的保质期。杀菌温度和时间的确定，主要看杀菌的效果，过高的温度与过长的时间不但浪费能源，而且还会使料液中的蛋白质凝固、产生蒸煮味和焦味、维生素受到破坏而影响产品的风味及营养价值。通常间歇式杀菌的杀菌温度和时间为 75～77℃、20～30min，连续式杀菌的杀菌温度和时间为 83～85℃、15s。

3. **混合料的均质**

（1）均质的目的

① 冰淇淋的混合料本质上是一种乳浊液，里面含有大量粒径为 4～8μm 的脂肪球，这些脂肪粒与其他成分的密度相差较大，易于上浮，对冰淇淋的质量十分不利，故必须加以均质使混合原料中的乳脂肪球变小。由于细小的脂肪球互相吸引使混合料的黏度增加，能防止凝冻时乳脂肪被搅成奶油粒，以保证冰淇淋产品组织细腻。

② 通过均质作用，强化酪蛋白胶粒与钙及磷的结合，使混合料的水合作用增强。

③ 适宜的均质条件是改善混合料起泡性，获得良好组织状态及理想膨胀率冰淇淋的重要因素。

④ 均质后制得的冰淇淋，组织细腻，形体润滑松软，具有良好的稳定性和持久性。

（2）均质的条件

① 均质压力的选择：压力的选择应适当。压力过低时，脂肪粒没有被充分粉碎，乳化不良，影响冰淇淋的形体；而压力过高时，脂肪粒过于微小，使混合料黏度过高，凝冻时空气难以混入，给膨胀率带来影响。合适的压力，可以使冰淇淋组织细腻、形体松软润滑，一般说来选择压力为 14.7～17.6MPa。

② 均质温度的选择：均质温度对冰淇淋的质量也有较大的影响。当均质温度低于 52℃时，均质后混合料黏度高，对凝冻不利，形体不良；而均质温度高于 70℃时，凝冻时膨胀率过大，亦有损于形体。一般较合适的均质温度是 65～70℃。

4. **混合料的冷却与老化**

（1）冷却（Cooling） 是使物料降低温度的过程。均质后的混合料温度在 60℃以上。在这么高的温度下，混合料中的脂肪粒容易分离，需要将其迅速冷却至 0～5℃后输入到老化缸（冷热缸）进行老化。

（2）老化（Aging） 是将经均质、冷却后的混合料置于老化缸中，在 2～4℃的低温下使混合料在物理上成熟的过程，亦称为“成熟”或“熟化”。其实质是在于脂肪、蛋白质和稳定剂的水合作用，稳定剂充分吸收水分使料液黏度增加。老化期间的物理变化导致在以后的凝冻操作使搅打出的液体脂肪增加，随着脂肪的附聚和凝聚促进了空气的混入，并使搅入的空气泡稳定，从而使冰淇淋具有细致、均匀的空气泡分散，赋予了冰淇淋细腻的质构，增加了冰淇淋的融化阻力，提高了冰淇淋的贮藏的稳定性。

老化操作的参数主要为温度和时间。随着温度的降低，老化的时间也将缩短。如在2~4℃时，老化时间需4h；而在0~1℃时，只需2h。若温度过高，如高于6℃，则时间再长也难有良好的效果。混合料的组成成分与老化时间有一定关系，干物质越多，黏度越高，老化时间越短。一般来说，老化温度控制在2~4℃，时间为6~12h为佳。

为提高老化效率，也可将老化分两步进行。首先，将混合料冷却至15~18℃，保温2~3h，此时混合料中的稳定剂得以充分与水化合，提高水化程度；然后，将其冷却到2~4℃，保温3~4h，这可大大提高老化速度，缩短老化时间。

5. 冰淇淋的凝冻

冰淇淋的组织状态是固相、气相、液相的复杂结构，在液相中有直径150μm左右的气泡和大约50μm大小的冰晶，此外还有分散有2μm以下的脂肪球、乳糖结晶、蛋白颗粒和不溶性的盐类等。由于稳定剂和乳化剂的存在，使分散状态均匀细腻，并具有一定形状。在冰淇淋生产中，凝冻过程是将混合料置于低温下，在强制搅拌下进行冰冻，使空气以极微小的气泡状态均匀分布于混合料中，使物料形成细微气泡密布、体积膨胀、凝结体组织疏松的过程。

（1）凝冻的目的

① 使混合料更加均匀：由于经均质后的混合料，还需添加香精、色素等，在凝冻时由于搅拌器的不断搅拌，使混合料中各组分进一步混合均匀。

② 使冰淇淋组织更加细腻：凝冻是在-6~-2℃的低温下进行的，此时料液中的水分会结冰，但由于搅拌作用，水分只能形成4~10μm的均匀小结晶，而使冰淇淋的组织细腻、形体优良、口感滑润。

③ 使冰淇淋得到合适的膨胀率：在凝冻时，由于不断搅拌及空气的逐渐混入，使冰淇淋体积膨胀而获得优良的组织和形体，使产品更加适口、柔润和松软。

④ 使冰淇淋稳定性提高：由于凝冻后，空气气泡均匀的分布于冰淇淋组织之中，能阻止热传导的作用，可使产品抗融化作用增强。

⑤ 可加速硬化成型进程：由于搅拌凝冻是在低温下操作，因而能使冰淇淋料液冻结成为具有一定硬度的凝结体，即凝冻状态，经包装后可较快硬化成型。

（2）凝冻的过程　冰淇淋的料液的凝冻过程大体分为以下三个阶段。

液态阶段：料液经过凝冻机凝冻搅拌一段时间（2~3min）后，料液的温度从进料温度（4℃）降低到2℃。由于此时料液温度尚高，未达到使空气混入的条件，故称这个阶段为液态阶段。

半固态阶段：继续将料液凝冻搅拌2~3min，此时料液的温度降至-2~

-1℃，料液的黏度也显著提高。由于料液的黏度提高了，空气得以大量混入，料液开始变得浓厚而体积膨胀，这个阶段为半固态阶段。

固态阶段：此阶段为料液即将形成软冰淇淋的最后阶段。经过半固态阶段以后，继续凝冻搅拌料液3~4min，此时料液的温度已降低到-6~-4℃，在温度降低的同时，空气继续混入，并不断的被料液层层包围，这是冰淇淋料液内的空气含量已接近饱和。整个料液体积的不断膨胀，料液最终成为浓厚、体积膨大的固态物质，此阶段即是固态阶段。

（3）冰淇淋的膨胀率　冰淇淋的膨胀率指冰淇淋混合原料在凝冻时，由于均匀混入许多细小的气泡，使制品体积增加的百分率。冰淇淋的膨胀率可用浮力法测定，即用冰淇淋膨胀率测定仪测量冰淇淋试样的体积，同时称取该冰淇淋试样的质量并用密度计测定冰淇淋混合原料（融化后冰淇淋）的密度，以体积分数计算膨胀率。

冰淇淋膨胀率并非是越大越好，膨胀率过高，组织松软，缺乏持久性；过低则组织坚实，口感不良。各种冰淇淋都有相应的膨胀率要求，控制不当会降低冰淇淋的品质。影响冰淇淋膨胀率的因素主要有两个方面。

一是原料方面：①乳脂肪含量越高，混合料的黏度越大，有利膨胀，但乳脂肪含量过高时，则效果反之。一般乳脂肪含量以6%~12%为好，此时膨胀率最好。②非脂肪乳固体：非脂肪乳固体含量高，能提高膨胀率，一般为10%。③含糖量高，冰点降低，会降低膨胀率，一般以13%~15%为宜。④适量的稳定剂，能提高膨胀率；但用量过多则黏度过高，空气不易进入而降低膨胀率，一般不宜超过0.5%。⑤无机盐对膨胀率有影响。如钠盐能增加膨胀率，而钙盐则会降低膨胀率。

二是操作方面：①均质适度，能提高混合料黏度，空气易于进入，使膨胀率提高；但均质过度则黏度高、空气难以进入，膨胀率反而下降。②在混合料不冻结的情况下，老化温度越低，膨胀率越高。③采用瞬间高温杀菌比低温巴氏杀菌法混合料变性少，膨胀率高。④空气吸入量合适能得到较佳的膨胀率，应注意控制。⑤若凝冻压力过高则空气难以混入，膨胀率则下降。

6. 成型灌装、硬化、贮藏

（1）成型灌装　凝冻后的冰淇淋必须立即成型灌装（和硬化），以满足贮藏和销售的需要。冰淇淋的成型有冰砖、纸杯、蛋筒、浇模成型、巧克力涂层冰淇淋、异形冰淇淋切割线等多种成型灌装机。

（2）硬化　将经成型灌装机灌装和包装后的冰淇淋迅速置于-25℃以下的温度，经过一定时间的速冻，品温保持在-18℃以下，使其组织状态固定、硬度增加的过程称为硬化。

硬化的目的是固定冰淇淋的组织状态、完成形成细微冰晶的过程，使其组织保持适当的硬度以保证冰淇淋的质量，便于销售与贮藏运输。速冻硬化可用速冻库（-25～-23℃）、速冻隧道（-40～-35℃）或盐水硬化设备（-27～-25℃）等。一般硬化时间为：速冻库10～12h、速冻隧道30～50min、盐水硬化设备20～30min。影响硬化的条件有包装容器的形状与大小、速冻室的温度与空气的循环状态、室内制品的位置以及冰淇淋的组成成分和膨胀率等因素。

（3）贮藏　硬化后的冰淇淋产品，在销售前应将制品保存在低温冷藏库中。冷藏库的温度为-20℃，相对湿度为85%～90%，贮藏库温度不可忽高忽低，贮存温度及贮存中温度变化往往导致冰淇淋中冰的再结晶。使冰淇淋质地粗糙，影响冰淇淋品质。

二、雪糕的生产

雪糕是以饮用水、乳品、食糖、食用油脂等为主要原料，添加适量增稠剂、香料、着色剂等食品添加剂，或再添加可可、果汁等其他辅料，经混合、灭菌、均质、冷却、老化、凝冻、注模、冻结等工艺制成的带棒或不带棒的冷冻产品。

（一）雪糕的种类

根据产品的组织状态分为清型雪糕、混合型雪糕和组合型雪糕。

1. 清型雪糕

不含颗粒或块状辅料的制品，如橘味雪糕。

2. 混合型雪糕

含有颗粒或块状辅料的制品，如葡萄干雪糕、菠萝雪糕等。

3. 组合型雪糕

与其他冷冻饮品或巧克力等组合而成的制品，如白巧克力雪糕、果汁冰雪糕等。

雪糕按照其中脂肪含量的不同，可分为高脂型雪糕、中脂型雪糕和低脂型雪糕。

（二）雪糕的生产工艺及配方

1. 工艺流程

雪糕的生产工艺流程图见图2-15。

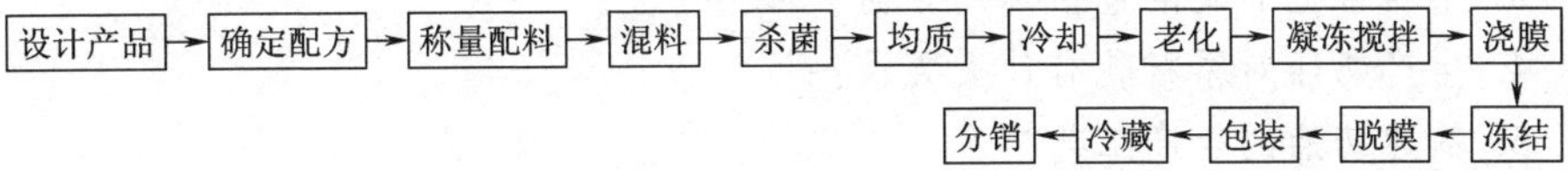

图2-15　雪糕生产工艺流程

2. 操作技术要点

雪糕生产时，原料配制、杀菌、冷却、均质、老化等操作技术与冰淇淋基本相同。普通雪糕不需经过凝冻工序直接经浇模、冻结、脱模、包装而成，膨化雪糕则需要凝冻工序。

（1）凝冻 雪糕凝冻操作生产时，凝动机的清洗与消毒及凝冻操作与冰淇淋大致相同，只是料液的加入量不同，一般占凝冻机容积的50% ~60%。膨化雪糕要进行轻度凝冻，膨胀率为30% ~50%，故要控制好凝冻时间以调节凝冻程度，料液不能过于浓厚，否则会影响浇模质量。出料温度控制在 -3℃左右。

（2）浇模 浇模之前必须对模盘、模盖和用于包装的扦子进行彻底清洗消毒，可用沸水煮沸或用蒸汽喷射消毒10 ~15min，确保卫生。浇模时应将模盘前后左右晃动，使模型内混合料分布均匀后，盖上带有扦子的模盖，将模盘轻轻放入冻结缸（槽）内进行冻结。

（3）冻结 雪糕的冻结有直接冻结法和间接冻结法。直接冻结法即直接将模盘浸入盐水槽内进行冻结，间接冻结法即速冻库与隧道式速冻。进行直接速冻时，先将冷冻盐水放入冻结槽至规定高度，开启冷却系统；开启搅拌器搅动盐水，待盐水温度降至 -28 ~ -26℃时，即可放入模盘，注意要轻轻推入，以免盐水污染产品；待模盘内混合料全部冻结（10 ~12min），即可将模盘取出。

（4）脱模 使冻结硬化的雪糕由模盘内脱下，较好的方法是将模盘进行瞬时间的加热，使紧贴模盘的物料融化而使雪糕易从模具中脱出。加热摸盘的设备可用烫盘槽，其由内通蒸汽的蛇形管加热。脱模时，在烫盘槽内注入加热用的盐水至规定高度后，开启蒸汽阀将蒸汽通入蛇形管控制烫盘槽温度在50 ~60℃；将模盘置于烫盘槽中，轻轻晃动使其受热均匀、浸数秒钟后（以雪糕表面稍融为度），立即脱模；产品脱离模盘后，置于传送带上，脱模即告完成。

复习思考题

1. 干酪的概念、种类和营养价值。
2. 加快干酪成熟的方法有哪些？
3. 干酪常见的缺陷包括哪几方面？如何防止？
4. 生产奶油对原料乳有什么要求？
5. 简述奶油的生产工艺？
6. 奶油产品常出现哪些质量缺陷？分析产生的原因？
7. 干酪的加工工艺？
8. 冰淇淋和雪糕的生产工艺？

模块三 蛋品加工技术

蛋品是各种蛋类和各种蛋类制品的总称，蛋品的种类很多，根据不同的分类方式，常用的蛋品有鲜蛋、冰蛋、蛋粉等，也如鸡蛋、鸭蛋、鹅蛋，同时还包括鸟类蛋等。禽蛋是最为普及和便捷的营养食品之一，富含蛋白质、类脂质、脂肪、矿物质和维生素。具有高营养、易消化吸收等特点，它同肉品、乳品、蔬菜、粮食一样，是人们日常生活中重要营养食品，常吃禽蛋不仅能强壮身体，增强抗病能力，还可增强记忆力；对青少年、病弱者、孕产妇和老年人都是较为理想的食品。每食一枚鸡蛋，可得干物质12.5g，蛋白质6.7g，脂肪5.2g，热量618kJ。禽蛋由于受外界环境，比如温度、湿度、空气、细菌等的影响，随着时间的推移，就会出现变质。为此，人们采取了多种多样的保鲜技术，比如低温储藏、气调库、生物技术等，同时蛋品加工工业也应运而生，经过初加工或深加工的半成品、再制品和精制品、以及用禽蛋为主要原料的新产品不断涌入市场，随着一些蛋制品加工设备的研制和投入生产，蛋制品的加工工艺和加工技术不断得到改善和提高。该模块的设置，目的是让学生深入了解蛋品的基本概念，品质鉴定与储藏，各类蛋制品的加工生产技术，并通过实践教学，培养学生一定的实际动手能力。

项目一 再制蛋的加工

知识目标

1. 了解再制蛋制品加工各种原辅料的选择和使用；
2. 熟悉再制蛋制品的加工原理和加工方法；
3. 运用所学知识分析、解决生产中出现的各种技术问题。

技能目标

1. 熟知皮蛋、咸蛋和糟蛋的加工工艺和关键控制点；
2. 会制作皮蛋、咸蛋和糟蛋。

再制蛋是指鲜蛋经盐、碱、糟、卤等辅料加工而成的不改变蛋的形状的制品，包括皮蛋、碱蛋、糟蛋、多味蛋等，使用原料以鸭蛋、鸡蛋为多。

任务一 皮蛋的加工

皮蛋是极富特色的中国传统食品，也是我国最著名的蛋制品。皮蛋又名松花蛋、彩蛋、变蛋。皮蛋的常见加工法有浸泡法、包泥法和浸泡包泥法。

一、 原料蛋和辅料的选择

1. 原料蛋的选择

鲜鸭蛋是主要的原料，加工前必须对其进行感官鉴别、照验、敲检和分级，以剔除不合格蛋。

2. 辅料的选择

（1）纯碱 学名无水碳酸钠（Na_2CO_3），又称食碱、大苏打等。其作用是和生石灰作用生成氢氧化钠和碳酸钙，其中氢氧化钠使蛋白质和蛋黄发生凝固形成皮蛋。在选择纯碱时，要求色白、粉细、质纯，含 Na_2CO_3 96% 以上。纯碱的用量影响皮蛋的质量和成熟，用量少使成熟期长或不能形成皮蛋；用量多成熟期短，但过多会使皮蛋出现碱伤、烂头等现象；一般情况下，夏季用量稍多，春秋季用量酌情减少，可适当延长成熟时间。

（2）生石灰　又名氧化钙（CaO）。加工皮蛋用生石灰要求色白、块大、体轻、无杂质，加水后能产生强烈气泡且迅速由大变小，直至呈白色粉末，有效氧化钙含量不低于75%为好。生石灰的主要目的是和水、纯碱反应生成氢氧化钠，用量过多会使成品出现苦涩味，用量少会影响皮蛋的形成。

（3）烧碱　学名氢氧化钠（NaOH），应选择块状或片状、白色纯净的含量在95%以上的NaOH制品。在生产中，用4.5%～5.5%的NaOH溶液可代替纯碱、生石灰生产皮蛋，可简化生产工序，缩短生产周期。用量过多会产生碱味重、烂头等现象。

（4）食盐　选择NaCl含量在96%以上的干燥食盐。食盐使用浓度一般为3%～4%，它具有加快化清、促进凝固、抑制蛋内微生物的作用。浓度过高会使蛋白凝固力差，蛋黄变硬。

（5）茶叶　茶叶不仅对蛋白起增色作用，还能使皮蛋口味清香。红茶中含的鞣质色素、单宁、芳香油、生物碱等物质比绿茶多，为降低成本，一般采用红茶末而不采用绿茶。

（6）黄丹粉　又名氧化铅（PbO），是有毒物质，长期食用会使人出现慢性中毒，损害神经系统、肾和造血器官，导致智力衰退、贫血、头痛和失眠等，严重时会死亡。最好不用或按规定使用。选择红黄色小晶体，使用前应捣碎、过筛（140～160目）。国家规定皮蛋中含铅不超过2mg/kg。

（7）草木灰　主要成分为K_2CO_3和Na_2CO_3，是以桑树、油桐树、柏树枝、豆秸、棉籽壳等烧成的灰，要求纯净、均匀、干燥、新鲜，不含或少含泥沙或杂物，其作用是调匀配料、加速皮蛋的成熟，增加皮蛋的风味。

（8）水　多用沸水，其作用是可杀死水中的致病菌，使物料更快分解和融合，形成料液，促进皮蛋的成熟。

（9）其他辅料　黄土质地干燥、无异味和杂质、黏性好；稻壳要求色泽金黄、无霉味和杂质；锯末要求质地干燥、无异味和杂质。

二、皮蛋的加工——浸泡法

浸泡法是指将鲜蛋浸泡于混合料液中，使其成熟的制作方法，一般制成溏心皮蛋。

1. 工艺流程

浸泡法皮蛋的加工工艺流程见图3－1。

2. 操作要点

（1）料液的配制　各地溏心皮蛋的加工配方都有所差异，即使在同一地区也会因温度或季节的不同而有所不同，各地配料标准见表3－1。

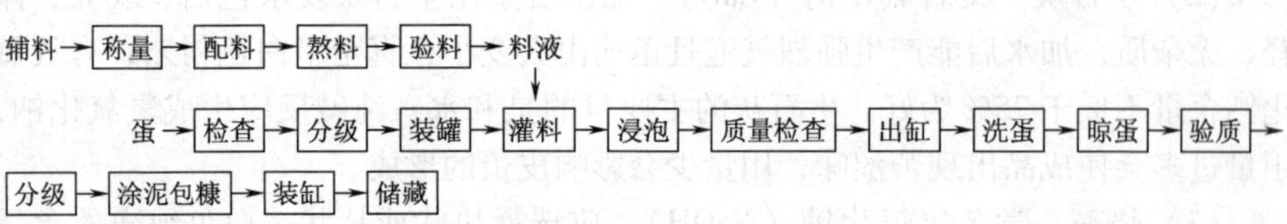

图 3-1 浸泡法皮蛋的加工工艺流程

表 3-1 各地加工溏心皮蛋的料液配方 单位：kg

地区	沸水	纯碱	生石灰	黄丹粉（氧化铅）	食盐	红茶末	松柏枝	柴灰	黄土
北京	100	7.2	28.0	0.75	4.0	3.0	0.5	2.0	1.0
上海	100	5.45	21.0	0.42	5.45	1.3		6.4	
广州	100	6.5	24.0	0.25	5.0	2.5		5	
江苏	100	5.3	21.1	0.35	5.5	1.27		7.63	
天津	100	7.5	28.0	0.3	3.0	3.0			
山东	100	7.8	29.0	0.5	2.8	1.13	0.25	1.0	0.25
四川	100	7.5	25.0	0.4	5.2	2.5		6.8	
湖南	100	6.5	30.0	0.25	5.0	2.5		5.0	
浙江	100	6.25	16.0	0.25	3.5	0.625		6.0	
湖北	100	6.1	27.0	0.3	4.7	3.5		6.0	

按上述配方进行配料，也可用氢氧化钠代替纯碱和生石灰。在夏季或气候炎热的时候或地区加工皮蛋时，为了防止蛋上浮或变质，应在配料中加大纯碱和生石灰的用量。料液配制有熬料和冲料两种方法。熬料是选择纯碱、食盐、茶叶、松柏枝、清水加热煮沸，再倒入盛有黄丹粉和生石灰的缸中，搅拌均匀，冷却备用；而冲料法是指先把纯碱、茶叶放入缸底，再将沸水倒入缸中，放入黄丹粉，搅拌溶解后再放入石灰，最后加入食盐搅拌均匀，冷却备用。

（2）验料　料液有效成分的含量直接决定着皮蛋质量的好坏，所以在使用前要对料液浓度进行检测，检测方法主要有简易测定法、波美密度计测定法和化学分析法。简易测定法是将鲜蛋蛋白滴入料液样液中，15min 后观察蛋白凝固情况。若蛋白凝固且在 1h 内溶化，表明料液浓度合适；若蛋白不凝固，证明料液中 NaOH 浓度不够，应适当补加纯碱和生石灰；若蛋白凝固后在 0.5h 内溶化，表明料液浓度偏高，应适当补加冷开水稀释。

波美密度计测定法是指用波美密度计测定料液浓度，注意要对温度进行校正。据试验可知，料液浓度在 13～15°Bé 左右可取得较好效果。

化学分析法是指将料液样液加入适量 $BaCl_2$，使其与料液中 CO_3^{2-} 反应以沉淀下来，以酚酞作指示剂用标准盐酸（0.1mol/L）滴定，计算出料液中 NaOH 的含量，一般以 4.5%～5.5% 浸泡效果好。

（3）装缸和浸泡　将经过挑选后的鲜蛋放在事先铺有一层干净稻草的缸中。放蛋时要轻拿轻放，逐层平放摆实。切忌立放，防止蛋黄偏向；也不要搭空，防止振碎蛋壳。最上层距缸口 15cm 左右，加上花眼竹篾盖，用碎石或木棍压实，以防加料液后蛋上浮。

装缸后，将配制好的料液缓慢倒入缸内，至料液完全淹没蛋为止。灌汤时的料液温度以 22～25℃ 为宜。在浸泡过程中若发现蛋壳外露，要及时补加料液。

（4）成熟期的管理　蛋装缸灌料后进入浸泡期也称为成熟期，在这个时期首要是要控制浸泡温度，室温为 20～24℃ 在灌汤后最初两周内，不得移动蛋缸，以免影响蛋的凝固。装缸后，夏季经 6～7d，冬季经 9～11d，应进行第一次质量检查。此时蛋白开始由稀逐渐凝固，检查时取三枚蛋用灯光透视，发现有一枚类似鲜蛋的黑贴壳蛋、两枚类似红贴壳或三枚蛋均类似黑贴壳蛋，说明料液浓度适宜；若全部发黑，说明料液太浓，须加冷茶水冲淡；若全部蛋还类似新鲜蛋，则表明浓度太低，需加料。第二次检查可在下缸后 20d 左右进行。检查时剥开几个蛋，若蛋白表面光洁、色泽褐黄带青，蛋黄部分呈褐绿色，说明情况正常。第三次检查在浸泡 30d 左右进行，剥去蛋壳，发现蛋白烂头和贴壳，说明料液浓度太高，碱性强需提前出缸；若蛋白柔软、不坚实，需延长浸泡时间。

（5）出缸、洗蛋　蛋成熟后要及时出缸。成熟的标志是：蛋向空中抛起落在手里有颤动感，有弹性；灯光透视内容物呈灰黑色，蛋小头呈茶红色或棕黄色；剥壳检查，蛋白呈墨绿色，不贴壳，凝固良好，蛋黄呈绿褐色，中心呈淡黄色，并有饴糖状核心。达到上述标准时，应立即出缸，以免老化。在一般情况下，料液浸泡 35～40d 可以出缸，夏季气温高，时间稍短（30～35d）；春秋季为 35～40d。

皮蛋出缸后，要及时进行清洗，并沥水晾干。洗蛋应用冷开水或残料的上清液，忌用生水。

（6）品质检验　出缸后的皮蛋要及时进行质量检验和分级。常用“一看、二掂、三摇、四照”的方法检验。

一看是看蛋壳是否完整、壳色是否正常。

二掂是放一枚蛋在手中向上抛起 15～20cm 高，连抛数次，若掂到手里有弹性并有沉甸甸的感觉为优质蛋；若无弹性则需进一步鉴别。

三摇是对前一法的补充，即用手捏住皮蛋的两端，在耳边上方左右摇动 2～3 次或数次，听其有无水响声，无水响声者为好蛋；有水响声者为水响皮蛋或烂头皮蛋。

四照是在上述方法均无法鉴别成品质量好坏时使用。透视时优质蛋表现为蛋内大部分呈黑色（深褐色），小部分为黄色或浅红色；未成熟蛋表现为大部分或全部呈黄褐色透明体；水响蛋表现为内部呈黑色暗影并有水泡阴影来回转动；贴壳蛋为一端呈深红色且蛋白部分粘贴在蛋壳上；溶头蛋表现为在呈深红色部分有云状黑色溶液晃动。

（7）包泥、滚糠、贮运　皮蛋经验质分级后，少部分可直接供应市场。出口或存放的皮蛋，要进行包泥和滚糠。泥料配制视皮蛋成熟情况而定。一般是用60%～70%的黄泥黏土加30%～40%的泡制过皮蛋的料汤，用温水调成泥糊状。包泥时要逐个用泥料包裹，随即放在稻糠或谷壳上来回滚动，使之均匀地粘在包泥上。包好的皮蛋装入箱或缸内，加盖封严，即可储运。储藏期一般为3～4个月。

3. 无铅皮蛋加工配方简介

（1）春、秋季（15～25℃）的配方　开水100kg、食盐5.5kg、红茶末1.2kg、氢氧化钠5kg、硫酸锌0.2kg、硫酸铜0.2kg。

（2）炎热夏季（30℃以上）的配方　开水100kg、食盐6.5kg、红茶末1.2kg、氢氧化钠6kg、硫酸锌0.25kg、硫酸铜0.25kg。

（3）冬季（气温20℃左右）的配方　开水100kg、食盐5.5kg、红茶末1.2kg、氢氧化钠4.6～4.8kg、硫酸锌0.15kg、硫酸铜0.15kg。

以上配方制作皮蛋一般30d出缸。

三、皮蛋的加工——包泥法

包泥法是硬心皮蛋的加工方法。它是用调制好的料泥直接包裹在鲜蛋上，经过滚糠壳后装缸、密封、贮藏。这种方法一般只适合于春秋季使用。温度太高，蛋易变质，温度太低，成熟时间太长。

1. 工艺流程

包泥法皮蛋加工工艺流程见图3－2。

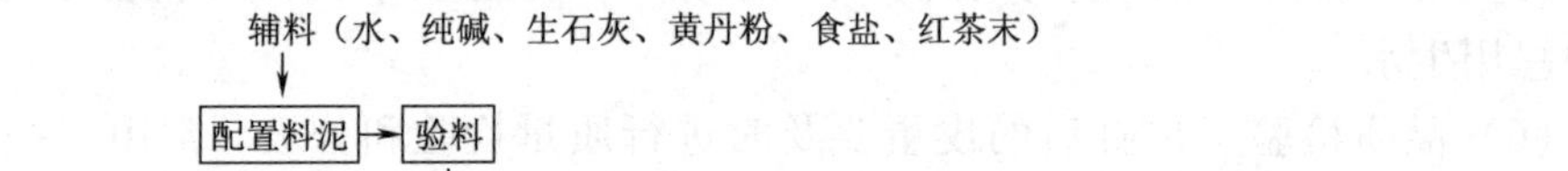

图3－2　包泥法皮蛋加工工艺流程

2. 操作要点

（1）配料　目前各地配料有所不同，一般每1000枚鲜蛋配料为：纯碱1.6kg、生石灰6.2kg、红茶末1.3kg、食盐1.8kg、草木灰15kg、沸水22kg。我国部分地区硬心皮蛋的加工配方见表3－2。

表 3-2 各地加工硬心皮蛋的配方 单位：kg

地区	沸水	纯碱	生石灰	食盐	红茶末	柴灰
安徽	35.0	1.43	8.75	3.0	2.25	72.0
浙江	40.0	1.75	7.5	1.88	0.56	22.5
上海	33.6	1.7	6.4	2.1	0.7	20.0
北京	43.0	2.3	9.0	3.2	2.0	26.0
江苏松江	41.25	1.78	6.875	2.125	0.625	22.5
江苏兴化	43.35	2.188	10.0	3.6	0.52	25.0
四川	41.5	2.9	10.5	2.8	2.0	28.0
湖南	43.0	2.6	12.0	3.0	2.5	30.0

（2）料泥配制　将辅料中的红茶末放入锅内加水煮沸成茶汁，然后放入生石灰作用到80%左右时，加入纯碱和食盐，充分溶解后，将杂质和石灰渣捞出并补足石灰，将植物灰倒入并充分搅拌均匀，直至搅拌到料泥细腻、均匀、光滑无孔、有黏性为止。将料泥倒在地上，以10cm左右厚度的方式平摊，使用时每隔1h左右翻动一次，使料泥均匀、碱性一致。

（3）验料　配制好的料泥经检验合格后才能用于包蛋。测定方法有简易测定法、杯样测定法和化学分析法。

简易测定法是取成熟的料泥置于平盘中，用手指压平、抹光，将鲜蛋蛋白滴到料泥上，10min后观察蛋白的变化情况。若蛋白凝固，手摸时有颗粒状或片状带黏性凝固物，说明料液酸碱适度；若蛋白轻微凝固，手摸有粉末状凝固物，表明料泥碱浓度偏低；若蛋白不凝固或手摸缺乏黏性，表明料液碱性偏高。杯样测定法是指将50g料液均匀涂抹于100mL烧杯的内壁和杯底，再取50g蛋白倒入杯中，将杯口封好，盖上平皿，观察蛋白的凝固情况。验料时不同温度下蛋白变化情况见表3-3。

表 3-3 验料时不同温度下蛋白的变化情况

室温/℃	凝固时间/h	凝固后液化时间/h	全部化清时间/h
10	15~16	18~20	72~73
15.5	13~14	15~17	48~49
21.5	10~11h，蛋白未完全凝固，杯边开始液化，至12h杯心凝固		40
26.5	8h未完全凝固，杯边开始液化，至8~11h杯心凝固		28~29
31.0	7h蛋白未完全凝固，杯边开始液化，至9~9.5h杯心凝固		21~22

注：引自张凤宽．畜产品加工学．长春：吉林科学技术出版社，2000.

化学分析法是将料液稀释后取滤液，用0.1mol/L HCl滴定后计算得到料泥中 NaOH 的含量。具体方法为：取料泥 10g，放于 250mL 容量瓶中定容，过滤，弃去初滤液 20mL 后静置澄清，取澄清滤液 25mL 放于锥形瓶中，加入指示剂酚酞 3 滴，用 0.1mol/L HCl 滴定至红色刚消失，记录 HCl 的用量 A；在同一锥形瓶中加入 0.1% 甲基橙指示剂 3 滴，继续用 0.1mol/L HCl 滴定至淡橘红色为止，记录用量 B。根据盐酸用量计算料液中 NaOH 的含量。

（4）包蛋　下缸包蛋一般每枚蛋用料泥 35g 左右，料泥约占蛋重的 65%。包蛋时，两手搓蛋要均匀，松紧适宜，然后将蛋滚上一层糠壳。包好后，整齐平放于缸中。装满且料泥抹平后，防止浮卤。装缸后，经过 15min 才送入仓库加盖密封贴标，要防止过早搬动使料泥下沉，影响皮蛋品质。

（5）成熟　成熟期内要求库房高大、凉爽，防止日光暴晒，适宜温度为15～25℃。成熟时间一般为 60～80d，检查方法同前浸泡法。

（6）包装贮藏　检验合格后的皮蛋最好先包装后再在 15～20℃ 环境下贮藏，要求贮藏室干燥、阴凉、无异味，防风吹、雨淋，不闷热、不潮湿、不受冷冻。

四、皮蛋的加工——浸泡包泥法

此法是先用浸泡法制成溏心皮蛋，再用含有料汤的黄泥包蛋，最后滚稻谷壳、装缸、密封贮存，这种方法多用于加工出口皮蛋。

将纯碱、生石灰、植物灰、黄泥、茶叶、食盐、氧化铅、水等几类物质按一定比例混合后，将鸭蛋放入其中，在一定的温度和时间内，使蛋内的蛋白和蛋黄发生一系列变化而形成。皮蛋的形成是纯碱与生石灰、水作用生成的氢氧化钠及其他辅料共同作用的结果。鲜蛋蛋白中的氢氧化钠含量达到 0.2%～0.3% 时，蛋白就会凝固。鲜蛋浸泡在 5.6% 左右的氢氧化钠溶液中，7～10d 就呈胶凝状态。胶凝适度的蛋白弹性强，滑嫩适口。皮蛋的加工期可分为化学作用阶段和发酵阶段。

1. 化学作用阶段

化学作用阶段也称凝固阶段。当碱液渗入蛋内后，使蛋内蛋白质开始变性，蛋白发生液化，俗称“化清”。然后变性的蛋白质分子互相穿插、聚积，并因水的存在而形成凝胶状，即为“凝固”，并且食盐中的钠离子、植物灰中的钾离子、茶叶中的单宁等都会促使蛋中的蛋白质凝固和沉淀、蛋黄凝固和收缩。蛋白内蛋白质水解的氨基酸和糖类在碱性环境中发生“美拉德反应”，使蛋白变成棕褐色。蛋黄中的蛋白质含硫量较高，在强碱的作用下水解，产生胱氨酸和半胱氨酸，随着酸碱度的变化，便产生了活性的硫化氢与二硫基。这些活性基与蛋黄中的色素及蛋内所含的金属离子铅、铁结合，使蛋黄变成青黑色，另外红茶末中的色素也有着色作用。再加上蛋黄本身就有深浅不一的颜色，使皮蛋蛋黄显示出墨绿、草绿、茶褐、暗绿、橙黄等多种颜色，呈现出绚丽、斑斓的色彩。品质良好的皮蛋，在蛋白上呈现晶莹剔透如松针状的花纹，甚至少数蛋黄上也能见到，称为松花，故皮蛋有松花蛋之称。松花是由纤维状氢氧化镁水合晶体在蛋白部分松针状排列所形成的。

2. **发酵阶段**

发酵阶段即在蛋内微生物、酶的作用下，使内容物发生变化的阶段。微生物、酶在变蛋的成熟过程中，会使蛋白质产生如下变化：① 一部分蛋白质变成简单的蛋白质；② 一部分蛋白质变成氨基酸和硫化氢。氨基酸经氧化后，形成氨和酮酸。少量的酮酸（有辣味）、氨气、硫化氢使皮蛋形成一种独特的风味。同时，氨基酸增多，蛋白质就会相应减少，使蛋的腥味减少，鲜味增加。

任务二　咸蛋的加工

咸蛋又叫盐蛋、腌蛋、味蛋，是我国的传统食品，早在1600多年前，就有盐水腌禽蛋的记载。在我国咸蛋的主要原料是鸭蛋，因鸭蛋蛋黄中的脂肪含量高，风味更好。江苏高邮咸蛋在我国最为著名，它具有“鲜、细、嫩、松、沙、油”六大特点，切面黄白分明，蛋白粉嫩洁白，蛋黄橘红油润无硬心，鲜美可口。

一、咸蛋的加工原理

腌制咸蛋时，主要是食盐通过蛋的气孔、蛋膜逐渐向蛋白及蛋黄渗透、扩散，并和蛋内成分发生一定的反应，使咸蛋具有一定的风味及防腐能力，其作用原理主要体现在以下几个方面。

1. **食盐在腌制中的作用**

（1）食盐的脱水防腐作用　食盐具有高渗透压，使蛋内部分水分被脱出，使微生物在蛋内无法正常生长繁殖；同时食盐溶液还会使微生物细胞脱水产生质壁分离，抑制微生物生长。

（2）食盐抑制酶的活力　食盐能降低蛋白酶的活性，同时也能降低微生物分泌蛋白酶的活力，延缓蛋的腐败变质速度。

（3）食盐使蛋黄中蛋白质凝固，使蛋黄脂肪集聚于蛋心。

（4）食盐使成熟蛋具有特殊的风味。

2. **蛋在腌制中的变化**

在腌制过程中，食盐会使鲜蛋的特性发生一系列变化。如使蛋白和蛋黄具有咸味、蛋白黏度下降及蛋黄黏度逐渐变稠变硬，同时蛋白和蛋黄中还会发生许多复杂的生化反应，使蛋形成特殊风味。蛋的腌制效果受许多因素的影响：

（1）食盐的纯度　食盐中含氯化钠越多，渗透的速度越快，咸蛋成熟期越短；

(2) 加工方法　用灰料或泥料腌蛋会使浸渍时间偏长，用循环盐水浸泡，时间比一般浸渍法短；

(3) 原料蛋　新鲜蛋，蛋白浓稠，成熟快；陈旧蛋，蛋白稀薄，成熟慢；

(4) 蛋的成分　脂肪对食盐的渗透有很大的阻力，含脂肪多的蛋成熟慢。

二、原料的选择

1. 原料蛋

原料蛋的挑选分级，同皮蛋加工，分级时一般按重量分级。多用鸭蛋或鸡蛋，档次高的产品一般用鲜鸭蛋。

2. 食盐

要求选择色白、味咸、氯化钠含量在96%以上、无苦涩味的干燥产品。

3. 草灰

咸蛋加工一般用稻草灰，使用时应选择干燥、无霉变、无杂质、无异味、质地均匀细腻的产品。它的作用是草灰和食盐调成料泥后，使食盐能长期、均匀地向蛋内渗透，阻止微生物向蛋内侵入，防止外界环境温度变化引起蛋内容物的不良变化，也可减少蛋的破损，使于储藏。

4. 黄泥

黄泥应为干燥、无杂质。

5. 水

一般用清洁的自来水即可。

三、咸蛋的加工——草木灰法

咸蛋的加工方法很多，常见的有草木灰法、盐水浸渍法和盐泥涂布法。

我国加工咸蛋一般采用稻草灰腌制加工法，又分为提浆裹灰法和灰料包蛋法。下面主要介绍提浆裹灰法加工咸蛋。

1. 工艺流程

草木灰法咸蛋加工工艺流程见图3-3。

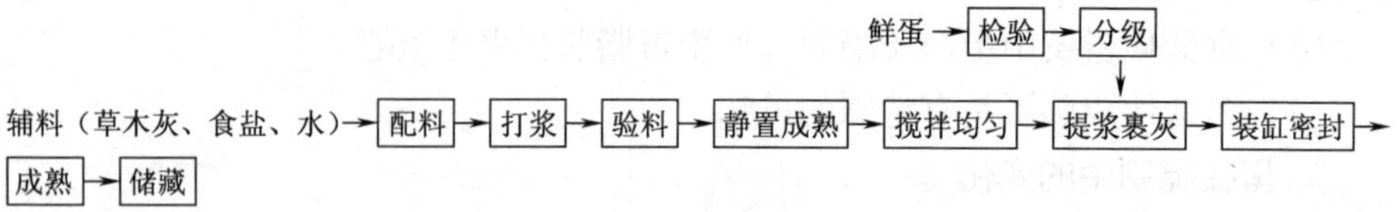

图3-3　草木灰法咸蛋加工工艺流程

2. 操作要点

(1) 配料　各地生产咸蛋配料因地域、季节不同而差异较大，现将我国部分地区咸蛋加工配料比例列表，如表3－4所示。

表3－4 各地咸蛋加工配料比例 单位：kg

地区	季节	辅料		
		食盐	草木灰	水
北京	11月～次年4月	4.3～5	15	2.5
	5月～10月	3.8～4.5	15	12.5
浙江	春、秋季	5～6	17～20	15～18
四川	11月～次年4月	8	25	12.5
	5月～10月	7.5	22.5	13
江苏	春、秋季	6	20	18
湖北	11月～次年4月	4.25	15	12.5
	5月～10月	3.75	19.5	12.5

（2）打浆　将称好的食盐和水倒入打浆机中，使食盐充分溶解，再加入2/3稻草灰搅拌10min左右，使其均匀，然后再加入剩下的稻草灰（分两次或三次加入），充分搅拌均匀后灰浆呈不稀不稠、粗细均匀的浓浆状。

（3）验料　打好的灰浆的检验方法为：将手插入灰浆中，取出后手指上灰浆黑色发亮，灰浆不流、不起水、不成块、不成团下坠；灰浆放入盆内不起泡。检验合格的灰浆放置至次日就可使用。

（4）提浆裹灰　将合格的蛋放在灰浆中翻滚，使蛋壳表面均匀地粘上灰浆且使浆的厚度约为10mm，再放入干灰盆内滚动裹灰，厚度约为2mm，裹灰厚度不能太厚，太厚会降低蛋壳外面灰浆中的水分，影响成熟时间；裹灰太薄，易使蛋与蛋粘连。裹灰后将灰料用手压实、捏紧，使其表面平整、均匀一致。

（5）点数装缸　裹灰的蛋经点数后装入准备好的缸内，要求装蛋时要轻拿轻放，放平放稳，叠放要牢固整齐，防止灰被碰掉影响蛋的成熟。如果量少，也可装到塑料袋里密封保存。

（6）成熟与贮存　咸蛋的成熟与食盐浓度及食盐渗透速度有密切关系，如果气温较高，食盐渗透速度快，腌制时间短，反之亦然。一般情况下，夏季需20～30天，春、秋季为40～50天，冬季为45～60天。咸蛋在成熟后，放在25℃以下、相对湿度85%～90%条件下贮藏，但不应超过2～3个月。

四、咸蛋的加工——盐泥涂布法

1. 料泥配方

食盐6～7.5kg、干黄土6.5～7kg、凉开水4～4.5kg、鸭蛋65kg或1000枚左右。

2. 加工要点

将食盐放入缸中或桶中，加水使其完全溶解，再将捣碎的干黄土过筛后倒入缸内搅拌成糨糊状。泥浆的浓稠度可用一枚蛋放入泥浆中，若蛋一半沉入泥浆，一半浮于上面为合适。调好泥浆后每次放 3～5 枚蛋到泥浆中，使蛋壳均匀地沾满盐泥，再将蛋滚上一层干草木灰入缸密封成熟。成熟时间夏季约为 20 天，春秋季为 30～40 天，冬季为 45～60 天。

五、咸蛋的加工——盐水浸泡法

用 80kg 冷开水加 20kg 食盐配制成浓度为 20% 左右的盐水，冷却至 20℃后放入适量花椒和白酒，将检查后的合格蛋放入干净的缸内压实，装至缸口 5～6cm 处，盖上竹篾再放上几根竹片卡住，防止竹篾移位；缓慢加入配制好的盐水至蛋完全淹没，加盖密封腌制 20～30 天即可成熟。用此法加工的蛋不宜久藏。

任务三 糟蛋的加工

糟蛋是新鲜鸭蛋用优质糯米酒糟慢泡、糟制而成的一种再制蛋，是我国别具一格的传统特产食品。根据加工方法不同分为生蛋糟蛋和熟蛋糟蛋；根据成品外形分为软壳糟蛋和硬壳糟蛋，其中生蛋糟制的软壳糟蛋质量好。优质糟蛋的蛋白呈乳白色胶冻状、蛋黄呈橘红色的半凝固状态，品质柔软细腻、气味芬芳、醇香浓郁、滋味鲜美、回味悠长，且营养丰富。以浙江平湖糟蛋和四川宜宾叙府糟蛋最为著名。

一、糟蛋的加工原理

糯米制成的酒糟是由糖化菌将淀粉分解成糖，糖再发酵产生醇和酸，相互之间作用并进入蛋中，使蛋白和蛋黄变性凝固并带有酒香味。同时制糟产生的乙酸可使蛋壳发生溶解变软或脱落。另外加入的食盐等加工材料具有脱水防腐、调味、帮助蛋白凝固和使蛋黄起油的作用。同时由于长期糟制，蛋中的微生物都能被杀死，所以成品糟蛋无致病性，可以生吃。

二、工艺流程

以平湖糟蛋为例，工艺流程如图 3－4 所示。

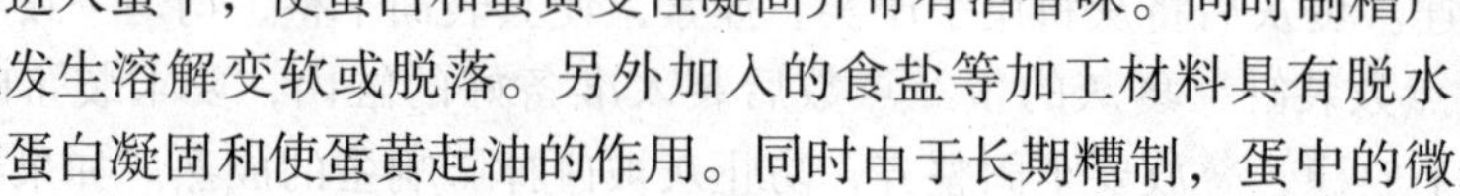

图 3－4 平湖糟蛋加工工艺流程

三、操作要点

1. 原料选择

（1）鸭蛋　挑选方法同皮蛋的加工。

（2）糯米　要求米粒大小均匀、洁白、含淀粉多，含脂肪及蛋白质少，无异味，一般加工 100 枚蛋需糯米 8 ~ 10kg。经发酵后的酒糟色白、味香而甜，酒精含量在 15% 左右，波美度为 10°Bé。

（3）酒药　也称酒曲，是由毛霉、根霉、酵母及其他菌类在特殊培养基上（辣蓼草粉、芦黍草粉、一丈红粉等制成）培养成的一种发酵剂和糖化剂。常用的有绍药、甜药和糠药三种，选择时要选用质地疏松、具有特殊菌香气的酒药，生产上将两种酒药混合使用效果更好。一般每 100kg 糯米用绍药 165 ~ 215g、甜药 60 ~ 100g 比较适宜，不过在使用前最好经过小试后再确定用量。发酵温度低，总用药量增大，反之亦然。

2. 配料标准

（1）酒糟配料　优质糯米 50kg，甜酒药 60 ~ 100g，绍药 150 ~ 200g。

（2）装坛配料　鸭蛋 100 枚，酒糟 12kg，食盐 1.8kg。

3. 关键控制点

（1）制糟　先将糯米进行淘洗，放在缸内用清水浸泡 20 ~ 24h。将浸好的糯米捞出后，用清水冲洗干净，倒入蒸桶内摊平。锅内加水烧开后，放入锅内蒸煮，等到蒸汽从米层上升时再加桶盖。蒸 10min，用小竹帚在饭面上撒一次热水，使米饭蒸胀均匀，再加盖蒸使饭熟透。

（2）淋饭　将蒸好的饭放到淋饭架上，用清水冲淋 2 ~ 3min，使米饭温度降至 28 ~ 30℃，以手插入饭中不烫手为宜。

（3）发酵　淋水后的米饭，沥去水分，倒入缸内，加上甜酒药和白酒药，充分搅拌均匀，拍平米面，并在中间挖一个上大下小的圆洞（上面直径约 30cm）。缸口用清洁干燥的草盖盖好，缸外包上保温用的草席。经过 22 ~ 30h，温度可达 35℃，洞内酒汁有 3 ~ 4cm 深时，可除去保温草席，每隔 6h 把酒汁用小勺舀泼在糟面上，使其充分酿制。经过 7d 后，将酒糟拌和均匀，静置 14 天即酿制成熟可供糟蛋使用。

（4）验蛋、洗蛋、晾蛋　一般在糟制 2 ~ 3d 后，选用质量合格的新鲜鸭蛋，洗净、晾干。

（5）击蛋　手持竹片（长 13cm、宽 3cm、厚 0.7cm），对准蛋的纵侧从大头部分轻击两下，在小头部分再击一次，要使蛋壳略有裂痕，而蛋壳膜不能破裂。

（6）装坛糟制　糟蛋用的坛子事先进行清洗消毒。装蛋时，先在坛底铺一层 4kg 酒糟，将击破的蛋大头向上排放，蛋与蛋之间不能太紧，加入第二层糟，摆上第二层蛋，逐层装完，最上面平铺一层酒糟，并撒上食盐。一般每坛装蛋

120 枚。然后，用牛皮纸将坛口密封，再盖上竹箬，用绳索扎紧，入库存放。一般每四坛一叠，坛口垫上三层纸，最上层坛口垫纸后压上方砖。一般经过 4 ~5 个月时间，当蛋白呈乳白胶冻状，蛋黄呈橘红色的半凝固状，即表示糟制成熟。

4. 产品特点

成熟好的糟蛋，蛋壳薄软、自然脱落。蛋白呈乳白色嫩软的胶冻状，蛋黄呈橘红色半凝固状。

叙府糟蛋的制作区别在于使用了再次糟制，糟制时加入了红糖及白酒（68°）各 1kg、盐 1. 5kg，搅拌均匀，层蛋层糟糟制 3 个月左右后再用白酒泡 2d 左右，使蛋白和蛋黄完全凝固，蛋鼓胀而饱满。此时于原糟中加入红糖 1kg、盐 0. 5kg、花椒 25g、陈皮 25g、熬糖 2kg，搅拌均匀，取出白酒坛中的蛋放入其中，层糟层蛋，再糟制 3 ~4 个月即成熟。叙府糟蛋成熟约需一年时间，并可继续存放 3 年左右。

任务四 熟制蛋的加工

熟制蛋品是鲜蛋经过不同高温处理，添加适量的调味料供人们直接食用的一种方便食品。熟制蛋品的种类很多，主要有虎皮蛋、醉蛋、“铁蛋”、蛋黄酱、卤蛋、五香熏蛋、五香茶蛋等。

一、 虎皮蛋

虎皮蛋就是将鲜蛋经过煮熟、剥壳、油炸后，装入瓶内密封、杀菌等工艺加工而成的一种罐头制品。由于该制品的蛋白起皱，色泽深黄，形似虎皮，故名虎皮蛋。

1. 加工用原料、 辅料的选择

原料蛋：用于加工虎皮蛋的原料蛋，虽不十分严格，但必须要求大小均匀和新鲜。

白糖：白糖是加工虎皮蛋的主要辅料，要求清洁、干燥，其纯度最好在 99% 以上。

2. 工艺流程

虎皮蛋的加工工艺流程见图 3 –5。

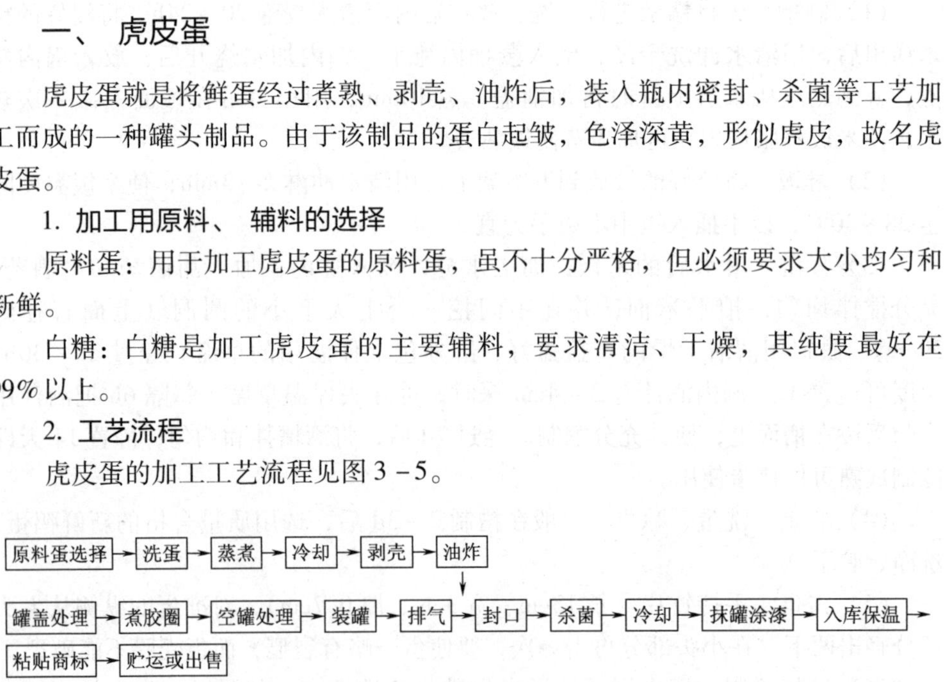

图 3 –5 虎皮蛋的加工工艺流程

3. 主要设备

包括手动封罐机、排气笼与杀菌筐（可以自制）、高压灭菌锅、化糖锅、手持糖量计、温度计和其他小用具。

4. 加工方法

（1）原料蛋选择　选用蛋体完整、新鲜、均匀一致的鸡蛋为原料蛋。

（2）清洗与蒸煮　用清水洗净蛋壳后，将蛋放入冷水锅或蒸笼上进行蒸煮；蒸煮时注意火力大小要均匀，及至蒸熟、煮透时，即可退火。

（3）冷却与剥壳　将蒸煮过的蛋立即捞出，置于清洁的冷水中；待蛋冷透后，随即捞出、敲碎，并剥去蛋壳及蛋壳膜；然后用清水将蛋洗净、晾干备用。

（4）油炸　将食用油倒入锅内，经加热至180℃左右时，把去壳后的原料蛋放入炸制5～6min，及至蛋白质起皱并呈赤黄色时，即可捞出。

（5）配制糖汁　于化糖锅内加水10kg，经烧开后，将18～20kg白糖缓缓加入，边加边搅；而后再加入0.1%的柠檬酸，经搅拌均匀烧开两次后，即可停火；当糖汁温度冷却至70℃左右时，用5层纱布过滤，滤除泡沫、杂质，并测定其浓度和pH。

（6）罐盖处理　一般按年、月、日及产品代号顺序排列，在罐盖上进行打字或印字。打字时不要压透罐盖；印字时字迹一定要清晰。

（7）胶圈处理　罐盖内所用胶圈经沸水中煮60min之后，按工艺要求稳妥地放于罐盖内；使用时，应重新煮沸消毒2min。

（8）空罐处理　将罐放入40～50℃温水中，使用尼龙刷、丝瓜瓤或泡沫塑料，将其内外洗刷干净；然后，再放入60～70℃热水中洗涤1次；最后，在每罐内倒入1/5的60℃热水进行冲洗后，将其倒放于清洁的盘内，即可随用随取。应当注意的是，使用时空罐不能放凉，以免排气时炸罐。

（9）装罐　将经过油炸后的完整虎皮蛋装入罐头瓶内（每瓶一般为6～7枚），但一定要注意，不能将油渣、碎屑带入瓶中，以免影响美观及产品质量。

（10）罐装糖汁　于罐头瓶内加入液温为70℃左右的糖汁，其容量为，以距瓶口1cm左右为度；之后，随即加盖橡皮圈盖。

（11）排气、封口　将装好的罐头瓶置于蒸笼或水锅中加热、排气，当罐头瓶中心温度达到80℃时，应快速，严密封盖。

（12）高压灭菌　将经过封口的罐头瓶盖装进杀菌筐中，然后置于高压杀菌锅内进行高压灭菌；当温度达到118℃时，恒温90min即可。

（13）冷却、装罐、涂漆　要求在40min之内，将罐头瓶冷却至40℃以下；而后将罐盖、罐体擦抹干净，并将罐盖涂以防锈漆即可。

（14）保温　将以上处理过的罐头，经在37℃±2℃条件下保温7天，逐瓶进行光照检查。凡密封完好、无漏气现象、无破皮、糖汁纯净透明、蛋体外表红亮且形似虎皮者，视为合格产品，而后贴上商标，即可入库保存或出售。

5. 质量要求

虎皮蛋外表为油亮的棕红色，色泽一致；糖汁较透明，允许含有不致引起糖汁混浊的少许碎屑；蛋形完整，无破裂现象；虎皮皱纹匀称；个体大小均匀一致；具有经过油炸处理和加入糖汁而制成的虎皮鸡蛋应有的风味。

二、醉蛋

醉蛋是以新鲜鸡蛋或鸭蛋为原料，经过煮蛋、破壳，然后再以白酒浸泡而成的一种熟蛋制品。成品优质醉蛋，经切开后蛋白红白相间，且醇香扑鼻，食之味道鲜、香并略带酒味。

1. 配方

优质酱油 5kg，大曲酒 5kg，原料蛋（鲜鸡蛋、鸭蛋均可）10kg。

2. 加工方法

（1）将选择好的原料蛋洗净、入锅煮熟和击破蛋壳，使之成为裂纹蛋（必须注意保持壳膜的完整）。

（2）按配方称取酱油和白酒，使之混合均匀。

（3）将破壳蛋及混合好的料液放入清洁的坛内，使蛋能够完全浸渍于混合料液中，然后密封坛口，经 3 天后就可取出食用。若暂不食用，亦可在原坛内继续浸渍，而且浸渍时间愈长，其味道也就越香。

（4）浸泡液可留下继续使用。

醉蛋的另一种加工方法是：将原料蛋置于冷水锅内煮沸 2 ~ 3min，使之成为半熟状态；向将装蛋用的容器内倒入开水（开水用量以能将蛋淹没为准），并加入少量的花椒、八角及适量的食盐，待其冷却后，加入适量的大曲酒，致使料液具有酒香味时即可；最后，将击碎蛋壳的原料蛋放入料液中密封、贮存，一般经 6 ~ 7 天即能成熟、食用。

三、蛋松

蛋松就是利用新鲜蛋液作原材料，并经油炸、脱水而制成的一种熟蛋制品。由于其含水量较少，不适宜微生物生长繁殖，故在常温条件下能够长期保存。

1. 配方

蛋松配方见表 3 – 5。

表 3 – 5　每加工 50kg 原料蛋的用料配方　单位：kg

配方	食油	精盐	白糖	黄酒	味精
1	15.0	2.5	7.5	5.0	0.1
2	8.0	2.0	10.0	2.0	0.2

续表

配方	食油	精盐	白糖	黄酒	味精
3	适量	2.0	5.0	3.5	0.1
4	适量	1.0	4.0	4.0	0.4

注：所用食油，植物油或动物油均可。

2. 工艺流程

鲜蛋→检查→去壳取液→搅拌→过滤→加调味品→搅拌→滤丝→油炸→出锅→沥油→炒制→包装→出售。

3. 加工方法

（1）用合格、清洁的新鲜鸡蛋或鸭蛋作原料蛋。

（2）将蛋液打入清洁容器内，经搅拌均匀后，以纱布或米筛过滤蛋液，以除去碎蛋壳与杂质。

（3）向经过过滤后的蛋液中加入食盐与黄酒，进行充分搅拌，使其混合均匀。

（4）将食油倒入锅内，加热烧开。

（5）将调匀后的蛋液倒入滤蛋器或细孔米筛中，使其成丝状缓缓流进油锅内；经炸成金黄色后，须立即出锅、沥油。

（6）将沥油后的蛋丝，倒入另一锅内翻炒 3 ~ 5min 后，加入白糖和味精拌匀，即为干而蓬松的成品蛋松。

（7）将成品蛋松装入塑料袋中，经用热合机封口后，即可装箱贮运或直接销售。

四、“铁蛋”

“铁蛋”是以新鲜鸡蛋为原料，经过煮制、烘烤等一系列工艺而制成的一种色泽棕黑，蛋白柔韧，蛋黄油、沙、香且较耐贮存的风味食品。

1. 配方

酱油 260g，白糖 360g，食盐 36g，黄酒 18g，桂皮 30g，小茴香 30g，生姜 4g，水 2kg，原料蛋 30 枚。

2. 工艺流程

原料蛋选择→洗蛋→煮蛋→冷却→剥壳→加料煮制→烘烤→包装→贮存销售。

3. 加工方法

（1）原料蛋选择、入锅煮蛋、冷却去壳等工艺，同于卤蛋的加工。

（2）将去壳后的原料蛋放入锅内，再加入按照配方称好的水、食盐、白糖、黄酒等各种调味品；而所用香料则以纱布包好后（注意不要外露），同时加入锅内，以免其在煮制过程中污染蛋体。

（3）用小火将锅煮开后，将火关闭，并在原锅内浸泡数小时；及至蛋体呈棕红色时，即将其取出、晾干。

(4) 将浸泡、晾干后的蛋，置于烘房或烤箱内进行烘烤，直至其成为蛋白柔韧、蛋黄油沙香状态时为止。

(5) 将烘烤过的蛋取出，并逐枚涂以少许芝麻香油，以便使成品蛋具有良好的光泽。最后，利用不同规格的塑料袋进行包装、密封、贮存或销售。

五、 蛋黄酱

蛋黄酱又名“沙拉”，系用精制植物油、食醋、鸡蛋或蛋黄为主要原料，经一系列工艺加工而成的一种半固体食品。

1. 加工原料的选择

(1) 植物油　它是加工蛋黄酱的主要原料，占所用辅料的75%～80%。因此，植物油的质量好坏，对成品蛋黄酱的品质具有很大影响。生产中为能确保成品的品质，应当选择颜色清淡，气味正常，稳定性好，且其“浊度”（即凝固点）低于-5℃的橄榄油、精制豆油及精制菜籽油等；而对于低温条件下容易凝固的花生油及棕榈油等，则不宜使用。

(2) 食醋　食醋在蛋黄酱中所占比例一般为9.4%～10.8%，其主要作用是对产品起防腐与调味作用。生产中用于加工蛋黄酱的食醋，以醋酸浓度在3.5%～4.5%的无色食醋为佳。

(3) 蛋黄　在蛋黄酱生产中，蛋黄或全蛋液一般占8%～15%，其主要作用是，除作乳化剂外，并对成品的稳定性、风味及颜色，均起着十分关键的作用。由于蛋黄酱是一种天然的乳状液，因此生产中所用蛋黄或全蛋液，必须选择新鲜而优质的鸡蛋为原料。

(4) 香辛料　在加工蛋黄酱中，常用的香辛料有芥末、胡椒及味精等，其所占比例仅为0.6%～1.2%。对于香辛料的选择，一定要清洁、干燥；发霉变质者禁止使用。

2. 配方

配方一：蛋黄500g，精制生菜油2500mL，食盐55g，芥末酱12g，白糖120g，白胡椒粉6g，味精6g，醋精（30%）30mL，维生素E 3～4g，凉开水300mL。

配方二：食用植物油80%，蛋黄8.0%，食醋（10%）3.0%，食盐1.0%，白砂糖1.5%，凉开水4.5%，芥末及白胡椒粉2.0%。

配方三：食用植物油72%，蛋黄10%，食醋12%，食盐1.5%，芥末1.5%，凉开水4.0%。

3. 工艺流程

新鲜原料蛋→洗蛋→蛋壳消毒→打取蛋黄→加调味品→搅拌→加植物油并搅拌→成品。

4. 加工方法

(1) 按配方称取新鲜原料蛋（每500g蛋黄用鲜蛋1.2kg左右）。

(2) 用清水将蛋洗净、晾干后，再以75%的医用酒精对蛋壳进行消毒。

(3) 将蛋打开，先分出蛋白；之后，将蛋黄倒入预先消过毒的搅拌锅内，并搅拌均匀。

(4) 除植物油外，将按配方称取好的原料混于一起，进行充分搅拌，使之混合均匀；然后，将其加入盛有蛋黄液的搅拌锅内，再予搅拌。

(5) 在不断搅拌的情况下，将已称好的植物油慢慢加入锅内；及至乳化物产生之后，再逐渐加大植物油的加入量，直至把油加完为止。值得注意的是，在蛋黄酱加工过程中，必须在搅拌中缓缓地将油加入蛋黄液中，否则，若加油速度过快，将直接影响蛋黄酱的形成；此外，蛋黄液必须向一个方向搅拌，以保证乳化液的顺利形成。

(6) 待成品形成后，即随机从中抽样，对其进行卫生检验；经检验合格后，方能装入经过消毒的容器内予以贮存或销售。

六、卤蛋

卤蛋系利用新鲜原料蛋，经煮熟、去壳后，在将其放入各种卤汁中进行卤制而成的一种色泽酱红、香味浓厚的熟蛋制品。在我国，卤蛋的品种比较繁多，其品名则因所用卤汁的不同而有所区别。例如，利用五香卤汁加工的卤蛋叫五香卤蛋，卤汁中加有桂花者叫桂花卤蛋，而利用鸡肉、猪肉卤汁加工的卤蛋叫高汁卤蛋等。

1. 配方

加工卤蛋所用配方，由于地区的不同而有所差异，现列举几例如表3-6所示。

表3-6　卤蛋的料液配方

配方	水用量/kg	酱油用量/kg	白糖用量/g	食盐用量/g	黄酒用量/g	甘草用量/g	茴香用量/g	桂皮用量/g	丁香用量/g	葱用量/g	姜用量/g
1	5	1.00	1.00	125	500	—	75	75	—	250	100
2	5	1.00	0.75	75	500	150	50	50	25	—	—
3	5	1.25	0.40	100	250	205	400	400	100	—	—

注：原料蛋100枚的用量。

2. 工艺流程

煮卤
↓
新鲜原料蛋煮开→剥壳→卤制→成品。

3. 加工方法

(1) 先将各种香料用纱布包好放入锅内（注意不要外露），再将水、酱油、黄酒、食盐、白糖等调味品放入锅内，经加热煮开后，即成卤汁，待用。

（2）将选好、洗净的原料蛋放入冷水锅内，经煮开后，再煮5min左右，然后取出置于冷水中使之冷却变凉，并剥去蛋壳。但在剥壳过程中，一定要注意保持蛋体完整，并将蛋壳膜清理干净，以免影响成品蛋色泽的均匀度。

（3）将剥壳后的原料蛋放入已经制好的卤汁内，利用小火煮开1h后，将火关闭，继续在原液中浸泡至卤料的香味进入蛋内，并使蛋白呈酱红色为止。由于卤制后的成品蛋易受微生物的污染，故应随时注意保持成品蛋的清洁与卫生。

（4）成品蛋应随即进行销售；若当天销售不完时，一定要经过重新加热处理后，方可出售。

（5）经过卤蛋用的老汁应长期保存，以备下次卤蛋时，再加入适量的辅料后重新利用，实践证明，卤汁保存时间愈长，其卤蛋的香味也就愈浓，而且还能大大降低生产成本。

七、熏蛋

熏蛋就是以新鲜蛋为原料（鸡蛋或鸭蛋均可），经煮熟、去壳后，再经烟熏而制成的一种蛋质柔嫩、烟香浓郁、色泽油亮的熟蛋制品。

1. 配方

湿红茶50g，红糖50g，大葱200g，芝麻油少量，鲜鸭蛋25枚（或鸡蛋30枚）。

2. 工艺流程

原料处理→浸泡→熏制→成品。

3. 加工方法

（1）将大小均匀、新鲜、完整的原料蛋洗净放入冷水锅中，并使水淹没蛋面5cm左右；然后加盖锅盖，用小火将水慢慢煮开；当水煮开后，立即去火，原料蛋仍留原锅内浸泡5min。

（2）将经过浸泡的蛋捞出，并立即放入冷水中再行浸泡，至蛋体冷却后，剥去蛋壳，再用清水将蛋冲洗干净，待用。

（3）取一铁锅，再于锅内四周放上湿茶叶与红糖，再于锅上放置1张铁丝网，其上铺以大葱，将蛋摆放于大葱上；而后盖上铁锅盖，利用小火把锅烧热，使锅内的茶叶与红糖产生的浓烟，对蛋进行熏制；经3~5min后，即可将盖打开，并把熏蛋逐个涂上少许芝麻油后，即可食用或销售。

为了增加熏蛋的风味，也可把剥壳后的茶蛋或卤蛋，利用以上方法进行重新熏制，这样，就可使其称为一种别具特色的熏蛋制品。

八、五香茶蛋

五香茶蛋又名茶蛋、盐茶蛋，系我国一种历史悠久的传统风味食品。由于其加工所用作料中使用了茶叶、桂皮、八角、小茴香、食盐五种调味品而得名。

该产品是以新鲜鸡蛋为原料，经高温煮熟后，又加入辅料再经煮制、浸泡，以充分利用各种辅料的增色、调味和防腐作用，使产品具有色泽棕黑、香味浓厚、食之可口和不易变质的特点。由于五香茶蛋同时具有咸、茶、香的特殊风味，因而颇受广大消费者欢迎。

1. **配方**

桂皮 20g，八角 20g，小茴香 20g，茶叶 100g，食盐 150g，水 5kg，原料蛋（鲜鸡蛋）100 枚。

2. **工艺流程**

选蛋处理→敲蛋→加料煮制→浸泡→成品。

3. **加工方法**

（1）选择大小均匀一致的新鲜鸡蛋为原料蛋，待将蛋洗净后，放入冷水锅内煮开 5min；而后将蛋捞出，置于冷水中浸泡数分钟，致使蛋体变凉为止。

（2）将冷凉的蛋取出，利用金属勺的内面将蛋壳敲碎，使裂纹均匀地布满整个蛋壳，以利作料的渗入。应当注意的是，在敲蛋过程中不要用力太大，以免把蛋壳膜敲破而影响茶蛋的品质。

（3）在原煮蛋锅内，加入按配方称好的各种作料，然后再将破壳后的原料蛋放入锅内，使之能完全浸没于水中。

（4）先用常火把煮蛋锅烧开，然后再换小火煮制 1h，并在原锅中浸泡 6 ~ 8h，以便使料液充分渗入蛋内。及至蛋的色泽呈棕黑色时，即可出售或食用。

复习思考题

1. 皮蛋加工常用的辅料有哪些？
2. 纯碱、生石灰、黄丹粉在皮蛋加工中分别起什么作用？
3. 简述浸泡出缸后皮蛋的品质检验的基本方法。
4. 试写出溏心皮蛋的加工工艺流程。
5. 简述醉蛋的加工工艺流程。
6. 简述蛋松的加工工艺技术流程。
7. 鲜蛋是怎样转变成皮蛋的？
8. 采用浸泡法进行皮蛋加工时，怎样进行料液的验料？如何进行皮蛋成熟期的管理？
9. 腌制咸蛋的基本原理是怎样的？咸蛋在腌制过程中蛋发生了怎样的变化？
10. 如何控制糟蛋的品质？
11. 铁蛋的加工工艺技术要点包括哪些？哪些方面需要注意？

项目二 蛋制品的加工

知识目标

1. 了解液蛋制品、干燥蛋制品加工各种原辅料的选择和使用；
2. 熟悉液蛋制品、干燥蛋制品的加工原理和加工方法；
3. 运用所学知识分析、解决生产中出现的各种技术问题。

技能目标

1. 熟知液蛋制品、干燥蛋制品的加工工艺和关键控制点；
2. 会制作液蛋、冰蛋、浓缩蛋、干蛋白、干全蛋、干蛋黄等制品。

任务一 液蛋制品的加工

鲜蛋由于其蛋壳质量等多方面原因，不利于大批量贮存、运输，影响了其工业化消费。将鲜蛋蛋壳去掉，进一步进行低温杀菌、加盐、加糖、蛋黄蛋白分离、冷冻、浓缩等处理，从而形成一系列加工蛋制品，称为湿蛋制品。湿蛋制品主要包括液蛋、冰蛋和浓缩蛋制品三大类。

一、冰蛋品的加工

冰蛋品是鲜鸡蛋去壳、预处理、冷冻后制成的蛋制品。冰蛋分为冰鸡全蛋、冰鸡蛋黄、冰鸡蛋白，以及巴氏消毒冰鸡全蛋。其加工原理方法基本相同。

1. 工艺流程

蛋液→搅拌→过滤→预冷（巴氏杀菌）→装听→急冻→包装→冷藏。

2. 工艺操作要点

（1）装听（桶） 杀菌后蛋液冷却至4℃以下即可装听。装听的目的是便于速冻与冷藏，一般优级品装入马口铁听内，一、二级冰蛋品装入纸盒内。

（2）急冻 蛋液装听后，送入急冻间，并顺次排列在氨气排管上进行急冻。放置时听与听之间要留有一定的间隙，以利于冷气流通。冷冻间温度应保持在-20℃以下。冷冻36h后，将听桶倒置，使听内蛋液冻结实，以防止听身膨胀，并缩短急冻时间。在急冻间温度为-23℃以下，速冻时间不超过72h。听内中心

温度应降到 -18 ~ -15℃，方可取出进行包装。在日本采用 -30℃以下的冻结温度进行急冻，以更好地抑制微生物的繁殖。

（3）包装　急冻好的冰蛋品，应迅速进行包装。一般马口铁听用纸箱包装，盘状冰蛋脱盘后用蜡纸包装。

（4）冷藏　冰蛋品包装后送至冷库冷藏。冷藏库内的库温应保持在 -18℃，同时要求冷藏库温不能上下波动过大。

（5）冰蛋品的解冻　冰蛋品的解冻是冻结的逆过程。解冻的目的在于将冰蛋品的温度回升到所需要的温度，使其恢复到冻结前的良好流体状态，获得最大限度的可逆性。冰蛋品的解冻方法有以下几种。

常温解冻：是将冰蛋放置在常温下进行解冻的方法。该法操作比较方便，但解冻较缓慢，解冻时间较长。

低温解冻：低温解冻是将冰蛋品从冷藏库移到低温库解冻的方法，国外常在5℃以下的低温库中 48h 或在 10℃以下 24h 内解冻。

水解冻：水解冻法分为水浸式解冻、流水解冻、喷淋解冻、加碎冰解冻等方法。对冰蛋白的解冻主要应用流水解冻法，即将盛冰蛋品的容器置入 15 ~ 20℃的流水中，可以在短时间内解冻，而且可以防止微生物的污染。

加温解冻：把冰蛋品移入室温保持在 30 ~ 50℃的保温库中，可用风机连续送风使空气循环，在短时间内可以达到解冻目的。在日本常对加入食盐或砂糖的冰蛋品采用加温解冻，但对于温度必须严格地进行控制并加强管理。

微波解冻：微波解冻能保持食品的色、香、味，而且微波解冻时间只是常规时间的十分之一到百分之几。冰蛋品采用微波解冻不会发生蛋白质变性，可以保证产品的质量。但是微波解冻法投资大，设备和技术水平要求较高。

上述几种解冻方法解冻所需要的时间，因冰蛋品的种类而有差异。加盐冰蛋和加糖冰蛋，由于其冰点下降，解冻较快。在一般冰蛋品中，冰蛋黄可在短时间内解冻，而冰蛋白则需要较长解冻时间。在解冻过程中细菌的繁殖状况也因冰蛋品的种类与解冻方法不同而异。例如，同一室温中解冻，细菌总数在蛋黄中比蛋白中增加的速度快。同一种冰蛋品，室温解冻比流水解冻的细菌数高。

二、 液蛋品的加工

1. 工艺流程

根据加工时是否分离蛋白、蛋黄，将液蛋分为液全蛋、液蛋白和液蛋黄三类，工艺流程如下：

原料蛋选择→蛋壳的清洗、消毒→打蛋、去壳→过滤→预冷→杀菌→冷却→包装。

2. 工艺操作要点

（1）原料蛋　原料蛋必须新鲜，内部品质高，须通过感官检查和照蛋器检查来挑选。

（2）蛋壳的清洗、消毒　蛋壳上含有大量微生物，是造成打蛋厂微生物污染的主要原因。为防止蛋壳上微生物进入蛋液内，需在打蛋前将蛋壳洗净并杀菌。洗蛋通常在洗蛋室中进行。槽内水温应较蛋温高7℃以上，以避免洗蛋水被吸入蛋内；蛋温升高，在打蛋时蛋白与蛋黄容易分离，可减少蛋壳内蛋白残留量，提高蛋液的出品率。洗蛋用水中多加入洗洁剂或含有效氯的杀菌剂。在洗蛋过程中水须不断溢流，且在洗蛋当日结束时须将水全部更新。洗涤过的蛋壳上还有很多细菌，因此须进行消毒。常见的蛋壳消毒方法有三种。

① 漂白粉液消毒：用于蛋壳消毒的漂白粉溶液有效氯含量为800～1000mg/L。使用时将该溶液加热至32℃左右，至少要高于蛋温，然后将洗涤后的蛋在该溶液中浸泡5min，或采用喷淋方式进行消毒。消毒可使蛋壳上的细菌减少99%以上，其中肠道致病菌可完全被杀灭。经漂白粉溶液消毒的蛋再用清水洗涤，除去蛋壳表面的余氯。

② 氢氧化钠消毒法：在pH为9的水溶液中，蛋壳上的沙门氏菌随着时间的延长而逐渐减少，pH大于11，则细菌数量减少更快。因此，通常用0.4%的NaOH溶液浸泡洗涤后的蛋5min来消毒。

③ 热水消毒法：热水消毒法是将清洗后的蛋在78～80℃热水中浸泡6～8min，杀菌效果良好。但此法水温和杀菌时间稍有不当，则易发生蛋白凝固。经消毒后的蛋用温水清洗，然后迅速晾干。常用电风扇吹干和烘干道烘干两种方法。

（3）打蛋　打蛋方法可分为机械打蛋和人工打蛋。打分蛋时，将蛋打破后，剥开蛋壳使蛋液流入分蛋器或分蛋杯内将蛋白和蛋黄分开。

（4）液蛋的混合与过滤　目前蛋液的过滤多使用压送式过滤机，但是在欧洲也有使用离心分离机以除去系带、碎蛋壳的方法。由于蛋液在混合、过滤前后均须冷却，而冷却会使蛋白与蛋黄因相对密度差而呈不均匀分布，故须通过均质机或胶体磨，或添加食用乳化剂使其能混合均匀。

（5）蛋液的预冷　经搅拌过滤的蛋液应及时进行预冷，以防止蛋液中微生物生长繁殖。预冷在预冷罐中进行。预冷罐内装有蛇形管，管内有冷媒（－8℃的氯化钙水溶液），蛋液在罐内冷却至4℃左右即可。如不进行巴氏杀菌时，可直接包装为成品。

（6）杀菌　原料蛋在洗蛋、打蛋去壳以及蛋液混合、过滤等处理过程中，均可能受微生物的污染，而且蛋经打蛋去壳后即失去了部分防御体系，因此生液蛋须经杀菌。

最初，蛋液巴氏杀菌法使用冷却缸，随后发现蛋液也可像牛乳那样用板式热交换器高温短时连续杀菌，因此各国纷纷采用高温短时间杀菌。但是，蛋液中蛋白极易受热变性，并发生凝固，因此各国学者一直在探讨比较适宜的蛋液巴氏杀菌条件。

蛋液巴氏杀菌时，美国农业部要求全蛋液至少应加热到60℃，保持3.5min；英国采用64.4℃，2.5min杀菌；我国对全蛋液巴氏杀菌要求64.5℃，3min。用于巴氏杀菌的蛋液分为全蛋液、蛋白和蛋黄及添加糖、盐的蛋液。它们的化学组成不同，干物质含量不一样，对热的抵抗力也有差异。因此，采用的巴氏杀菌条件各异。

① 全蛋的巴氏杀菌：巴氏杀菌的全蛋液有经搅拌均匀的和不经搅拌的普通全蛋液，也有加糖、盐等添加剂的特殊用途的全蛋液，其巴氏杀菌条件各不相同。我国一般采用的全蛋液杀菌温度为64.5℃，保持3min的低温巴氏杀菌法。

② 蛋黄的巴氏杀菌：蛋液中主要的病原菌是沙门氏菌，该菌在蛋黄中的热抗性比在蛋清、全蛋液中高。这是由于蛋黄pH较低，沙门氏菌在低pH环境中对热不敏感，并且蛋黄中干物质含量高，相比较热敏性较低。因此，蛋黄的巴氏杀菌温度要比蛋白液稍高。例如，美国蛋白液杀菌温度56.7℃，时间1.75min，而蛋黄杀菌温度60℃，时间3.1min，德国相应参数为56℃，8min和58℃，3.5min。添加糖或盐于蛋黄中能增加蛋黄中微生物的耐热性，而且盐的增加高于糖。

③ 蛋清的巴氏杀菌：蛋清的热处理：蛋清中的蛋白质更容易受热变性。因此，对蛋清的巴氏杀菌是很困难的。有报道指出蛋清在57.2℃瞬间加热，其发泡力也会下降。另外，蛋清pH越高，蛋白热变性越大。当蛋清pH为9时，加热到56.7~57.2℃则黏度增加；加热到60℃时迅速凝固变性。可见，对蛋清加热灭菌时要考虑流速、蛋清黏度、加热温度和时间及添加剂的影响。

添加乳酸和硫酸铝（pH=7）：可以大大提高蛋清的热稳定性，从而可以对蛋清采用与全蛋液一致的巴氏杀菌条件（60~61.7℃，3.5~4.0min），提高巴氏杀菌效果。蛋清中伴清蛋白在pH=7以下会发生变性，但如果金属铁或铝等与伴清蛋白结合形成复合物后，则会提高伴清蛋白的热稳定性。因此，可通过加乳酸降低pH，使铁或铝盐与伴清蛋白结合而提高蛋清的热稳定性。加工时首先制备乳酸—硫酸铝溶液。将14g硫酸铝溶解在16kg的25%的乳酸中，巴氏杀菌前，在1000kg蛋清液中加约6.54g该溶液。添加时要缓慢但需迅速搅拌，以避免局部高浓度酸或铝离子使蛋白质沉淀。添加后蛋清pH应在6.0~7.0，然后进入巴氏杀菌器杀菌。如果可能，可以在乳酸—硫酸铝的溶液中加适当的助发泡剂。这种助发泡剂先制成的浓度为7%，最终在蛋清中浓度为0.05%。

真空加热：在加热前对蛋清进行真空处理，一般真空度为5.1~6.0kPa，然后加热蛋清至56.7℃，保持3.5min。真空处理可以除去蛋清中的空气，增加蛋液内微生物对热处理的敏感性，使之在低温下加热可以得到同样的杀菌效果。

（7）液蛋的冷却　杀菌之后的蛋液必须迅速冷却。如果本厂使用，可冷却至15℃左右；若以冷却蛋或冷冻蛋出售，则须迅速冷却至2℃左右，然后再充填至适当容器中。根据 FAO/WHO 的建议，液蛋在杀菌后急速冷却至 50℃时，可以贮藏 24h；若迅速冷却至 7℃则仅能贮藏 8h。如生产加盐或加糖液蛋，则在充填前先将液蛋移入搅拌器中，再加入一定量食盐（一般 10% 左右）或砂糖（10% ~50%）。液蛋容易起泡，加入食盐或砂糖后搅拌，使用真空搅拌器为宜。欧美各国有在液蛋中加甘油或丙二醇以维持其乳化力，并加入安息香酸、苯甲酸等防腐剂。加盐或糖尽可能在杀菌前，以避免制品再次污染，但加盐、糖会使液蛋黏度升高，使杀菌操作困难。

（8）液蛋的充填、包装及输送　液蛋包装通常用 12.5 ~20.0kg 装的方形或圆形马口铁罐，其内壁镀锌或衬聚乙烯袋。空罐在充填前必须水洗、干燥。如衬聚乙烯袋则充入液蛋后应封口后再加罐盖。为了方便零用，目前出现了塑料袋包装或纸板包装，一般为 2 ~4kg。

欧美的液蛋工厂多使用液蛋车或大型货柜运送液蛋。液蛋车备有冷却或保温槽，其内可以隔成小槽，以便能同时运送液蛋白、液蛋黄及全液蛋。液蛋车槽可以保护液蛋最低温度为 0 ~2℃，一般运送液蛋温度应在 12.2℃以下，长途运送则应在 4℃以下。使用的液蛋冷却或保温槽每日均需清洗、杀菌一次，以防止微生物污染繁殖。

三、 湿蛋黄制品的加工

湿蛋黄制品是以蛋黄为原料加入防腐剂后制成的液蛋制品。根据所用防腐剂的不同，湿蛋黄制品分为新粉盐黄、老粉盐黄和蜜黄三种。新粉盐黄以苯甲酸钠为防腐剂，老粉盐黄以硼酸为防腐剂，蜜湿蛋黄制品的防腐剂为甘油。

1. 工艺流程

蛋黄液→搅拌过滤→加防腐剂→静置沉淀→装桶→成品。

2. 工艺操作

（1）蛋黄的搅拌过滤　搅拌过滤的目的是割破蛋黄膜，使蛋黄液均匀，色泽一致，并除去系带、蛋黄膜、碎蛋壳等杂质。搅拌可用搅拌器，过滤可用离心过滤器，也可用每 2.54cm^2 上有 18、24、32 孔的铜丝筛三次过滤，以达到搅拌过滤的目的。过滤后的纯净蛋黄液存于贮槽内。

（2）加防腐剂

① 湿蛋黄制品中常用的防腐剂：常用的有苯甲酸钠、硼酸、上等甘油、安息香酸钠、精盐等。湿蛋黄制品中常用混合防腐剂，其防腐效果比单一防腐剂好，持续时间长。加蛋黄液量 0.5% ~1.0% 的苯甲酸钠和 8% ~10% 的精盐，称为新粉盐黄；加蛋黄液量 1% ~2% 硼酸及 10% ~12% 的精盐，称为老粉盐黄；加 10% 的上等甘油，称为蜜黄；还有加 0.75% 安息香酸钠和 10% ~12% 精盐的湿蛋制品。生产老粉盐黄所用的硼酸防腐性较强，但多食或少量而常均可引起肾脏疾病。因此，老粉盐黄主要供工业用。目前主要生产新粉盐黄。最近国家标准

中规定只有苯甲酸、苯甲酸钠、山梨酸钾、二氧化硫可作防腐剂。

② 添加防腐剂的方法：根据蛋黄液量计算加防腐剂量，同时可根据蛋液质量加入1%～4%的水后进行搅拌，以使防腐剂充分混合溶化于蛋液内。搅拌速度120r/min为宜。过快会产生大量泡沫，延长沉淀时间。

（3）静置沉淀　加防腐剂后的蛋黄液应静置3～5d，使泡沫消失，精盐溶解，杂质沉淀。

（4）装桶　湿蛋黄制品用木桶包装。木桶应用榆木、柞木制作。桶外加有5～6道铁箍，桶侧面中部一个小孔为装蛋黄液孔。木桶使用前必须洗净、消毒。然后将65℃的石蜡涂于桶内壁。蛋液静置、沉淀后，将上面泡沫除去，经28孔筛过滤于木桶内，每桶装100kg，用木塞塞住桶口封闭，送于仓库贮藏，库温不高于25℃，每半月翻桶一次。

四、浓缩液蛋的加工

液蛋的水分含量高，容易腐败，因此仅能低温短时间贮藏。为使液蛋运输方便并增加其常温贮藏时间，近年来加工出浓缩液蛋。一般分为两种：一种以全蛋加糖或盐后浓缩，使其水分活性降低，可在室温或较低温下运输贮藏。另一种是浓缩蛋白液。

1. 工艺流程

原料蛋→检验→预冷＋洗净及干燥→照蛋检查→打蛋→全蛋或分离蛋液→过滤→加糖或盐→低温杀菌→浓缩→浓缩液蛋。

2. 工艺操作要点

（1）浓缩蛋白　蛋白含有88%的水分，12%的固形物。用浓缩方法将蛋白的部分水分除去，可节省其包装、贮藏及运输费用。目前，蛋白的浓缩利用反渗透法或超滤法，一般将蛋白浓缩至固形物含量为24%。经浓缩的蛋白，部分葡萄糖、灰分等低分子化合物与水一同被透过膜而除去。用反渗透法浓缩的蛋白由于失去了钠，因此，在加水还原时其起泡所需时间延长，泡沫容积小，所调制的蛋糕容积也小。

（2）浓缩全蛋、浓缩蛋黄　鸡蛋的热稳定性差，一般采用加糖浓缩方法。全蛋液在60～70℃范围内开始凝固，而加糖后的全蛋液，其凝固温度会有很大的提高。

加糖蛋液的凝固温度随蔗糖添加量的增加而升高。当添加蔗糖的量为50%时，凝固温度为85℃；添加蔗糖量为100%，凝固温度上升到95℃。

全蛋液中，水分约占75%，固形物占25%，全蛋液中加入50%的蔗糖，均质后在60～65℃的温度下减压浓缩至总固形物为72%左右，浓缩后在70～75℃温度下加热杀菌，然后热装罐、密封。浓缩全蛋的水分占25%，鸡蛋固形物占25%，蔗糖占50%。

在生产加糖浓缩蛋液时，加糖量必须适量。如加糖浓缩全蛋，蔗糖量为53.3%时，封罐后4周开罐检查，发现有微生物生长；而蔗糖量为72.7%时，则有蔗糖析出。因此可以认为，加糖浓缩全蛋，蔗糖率应高于53.3%而低于72.7%，最适量为66.7%。

生产加糖浓缩蛋时，不能使用葡萄糖、果糖或其他混合物，因这些糖可使制品在长期贮藏后颜色变黑，不受消费者欢迎。加盐浓缩全蛋与加糖浓缩全蛋加工工艺相同，一般加盐浓缩全蛋固形物50%，其中食盐含量为9%。

此外，还有一种浓缩蛋是将全蛋或蛋黄先以各种酶处理，然后添加蔗糖或食盐再浓缩。这种浓缩蛋制品的蛋黄香味浓，加热不易凝固，黏度低，且富含氨基酸，可作为蛋调味料，以供作各种食品加工的原料。

任务二　干燥蛋制品的加工

鸡蛋中含有大量的水分，全蛋约含75%，蛋黄中约含50%，蛋白中约含88%。将含水分如此高的全蛋、蛋黄或蛋白进行冷藏或运输，既不经济，而且易变质。干燥是贮藏蛋的很好方法，早在20世纪初我国即有了干燥蛋。当时由我国输往美国的干蛋白片，其起泡性很好并且耐贮藏，令各国为之惊奇。据说各国经过长期研究方知我国加工蛋白片的秘诀是干燥前先用细菌发酵除去其中的葡萄糖。近年干燥蛋制品工业有了很大发展，已成为蛋制品加工业中的重要组成部分。我国现代化蛋品加工业起步较晚，20世纪80年代引进了很多成套加工设备，但由于蛋源短缺及蛋成本过高，其作用没有完全得到发挥。

一、干燥蛋制品的种类和用途

目前，国内外生产的干燥蛋制品种类很多，但根据原料的不同，干燥蛋制品主要包括干蛋白、干全蛋、干蛋黄和特殊类型干蛋品。

1. 干燥蛋白喷雾

干燥蛋白粉是通过喷雾干燥而制成的粉状制品，主要用于制作天使蛋糕。蛋白片是通过浅盘干燥而制成的片状或粒状的制品，将蛋白片在水中浸泡一夜即可还原使用，非常方便，常用于：

（1）食品工业　干蛋白在食品工业上应用很广泛。如可用作冰糖及糖精加工时的澄清剂；加工点心时可作为起泡剂；加工冰淇淋、巧克力粉、清凉饮料、饼干等均有使用。

（2）纺织工业　在染料及颜料浆中加入35%～50%干蛋白片的水溶液，可以增加印染的黏着性。若加以蒸热，即可使染料或颜料绢、毛等纺织品时，常用干蛋白。

（3）皮革工业　干蛋白可用做皮革鞣制中的光泽剂。用干蛋白5g、苯胺染料 5g、牛乳 100mL、加水 1000mL 即可制成光泽剂，涂于皮革表面，使皮革表面光滑、防水耐用、质量优良。

(4) 造纸、印制工业　制造高级纸张可用干蛋白做施胶剂，提高纸张的硬度、强度，增强其韧性和耐湿性；印刷制版时，例如，制写真平板地图、机械图、活版印刷和复制平版印刷等均需用干蛋白作为感光剂和胶着剂；陶器、瓷器及玻璃器器皿上的彩画和图案是用印画纸印上的，而印画纸是用干蛋白和颜料配制成的 25% 浓度的涂料液和配合料，在纸上印刷而成。

(5) 医药工业　主要用干蛋白制造蛋白银治疗结膜性眼炎；用鞣酸蛋白治疗慢性肠炎；制造蛋白铁盐作为小儿营养剂；干蛋白也常用于制造细菌培养基。另外，干蛋白还可用于制造人造象牙、化妆品及发光漆等。

2. 普通干燥全蛋和蛋粉

包括普通干燥全蛋粉和干蛋黄粉，除葡萄糖干全蛋粉和干蛋黄粉。此类全蛋和蛋黄制品发泡力很差，但具有良好的黏着性、乳化性和凝固性，故常用于制造夹心蛋糕、油炸圈饼和酥饼等。

3. 加糖干燥全蛋和蛋黄

包括加糖干全蛋和干蛋黄。是在干燥前的杀菌阶段加一定量的糖，使制品具有良好的起泡性及其他机能特性，适用于制造任何糕饼、冰淇淋、鸡蛋面条等。蛋黄粉还可提炼出蛋黄素供医药用，提炼出蛋黄油用于油画、化妆用品等。

4. 其他干蛋品

包括炒蛋用混合蛋粉、煎鸡蛋粉和蛋汤用速食鸡蛋粉等。这些是将蛋与其他食物（如脱脂乳、酥烤油等）混合，或加入碳酸钠粉调 pH 后喷雾干燥而成制品。

用来生产干蛋品的原料主要是鸡蛋，很少用鸭蛋、鹅蛋。我国目前仅生产普通全蛋粉、普通蛋黄粉和蛋白片。

二、 干燥全蛋的加工

1. 工艺流程

原料蛋检验→预冷→清洗→杀菌→晾干→照蛋→去壳→低温杀菌→脱糖→过滤→干燥→装填→成品贮存。

2. 工艺操作要点

(1) 脱糖　全蛋、蛋白和蛋黄分别含有约 0.3%、0.4% 和 0.2% 的葡萄糖。如果直接把蛋液加以干燥，在干燥后贮藏期间，葡萄糖与蛋白质的氨基会发生美拉德反应，另外，还会和蛋黄内磷脂（主要是卵磷脂）反应，使产品褐变、溶解度下降、变味及质量降低。因此，蛋液（尤其是蛋白液）在干燥前必须除去葡萄糖，俗称脱糖。脱糖方法有以下几种。

① 自然发酵法：该法仅适用于蛋白的脱糖，是依靠蛋白液中所存有的发酵

细菌（主要是乳酸菌）在适宜的温度下发酵，生成乳酸等，从而达到脱糖的目的。在自然发酵过程中生成的乳酸，能降低蛋白的 pH，使卵黏蛋白凝固析出而上浮或下沉，同时还可以把系带及其他不纯物澄清；发酵生成的 CO_2，其小部分在蛋白中溶解，使 pH 下降，大部分则以气体形式逸出，促进蛋白析出及固形物上浮，使蛋白净化。自然发酵由于原料蛋白液中初菌数不同，发酵很难保持稳定状态，而且可能含有沙门氏菌等病原菌。另外，由于打蛋去壳过程高度卫生，原料蛋白中初菌数少，不易发酵，因此当今世界各国都改用其他方法。

② 细菌发酵法：一般只用于蛋白发酵。它是用发酵剂在蛋白中进行发酵而达到脱糖的目的。所使用的细菌有产气杆菌、乳酸链球菌、粪链球菌、弗氏埃希氏菌、阴沟气杆菌等。研究证明，如果蛋白液中卵黄脂末除净，用乳酸链球菌和粪链球菌发酵就不产生气体，风味不好。如果 pH 低，发酵时间长，起泡力也较差。用产气杆菌发酵则产生大量气体（CO_2），使 pH 降低，有特殊的甜酸味，起泡力好。现在欧美国家通常采用这种发酵方法。但若使用粪链球菌发酵，在低温杀菌或干热杀菌时，则难以使菌数减少。

我国研究发现，引起蛋白发酵的主要微生物是非正型大肠杆菌，并从发酵蛋白液中分离出两种优良的发酵菌种，即弗氏埃希氏菌和阴沟气杆菌。用这两种菌可使发酵时间缩短 12 ~ 24h，而且发酵终点容易判断，成品质量好。

随着发酵进行，蛋液 pH 下降。当 pH 达 5.6 ~ 6.0 时，则发酵完毕。过度发酵会导致细菌对蛋白质的进一步分解，影响质量。另外，若在发酵完成后继续发酵，则蛋白液 pH 会上升，导致上浮或下沉的粗蛋白再度溶解而影响透明度。细菌发酵法在 27℃时，大约 3.5d 即可完成除糖。

③ 酵母发酵法：酵母发酵既可用于蛋白发酵，也可用于全蛋液或蛋黄液发酵，常用的酵母有面包酵母、圆酵母。

酵母发酵只需数小时，这种发酵仅产生醇和 CO_2，不产酸。CO_2 部分溶于蛋白液中，使蛋白液 pH 有所下降。但在干燥过程中 CO_2 逸出，因此，单独使用酵母发酵蛋白制得的干燥蛋品 pH 非常高。同时，由于酵母不具备分解蛋白的能力，使中层的黏蛋白析出不太充分，下沉或上浮也不太完全，所以制品中常含有黏蛋白的白色沉淀物。为解决这一问题，使黏蛋白全部析出，依据酵母适于在弱酸性中生长的特点，在酵母发酵时，可用有机酸将蛋白液的 pH 调至 7.5 左右进行发酵，但此法所得最终产品 pH 达 9 或 10 以上，商品价值降低。为此，可添加柠檬酸铵等热分解性中性盐，通过干燥使其分解成柠檬酸和氨，氨被蒸发，仅残留柠檬酸维持 pH 呈中性。

另外，酵母发酵不具分解脂肪能力，所以制成的干燥蛋白通常起泡力较低。为改进酵母发酵不具有蛋白质及脂肪分解能力的缺点，可在酵母发酵前添加胰酶或胰蛋白酶等，以分解部分蛋白质及混入的蛋黄脂肪。酵母发酵的产率高，但产品有酵母味，应用方面受到一定限制。蛋黄液或全蛋液进行酵母发酵时，可直接使用酵母发酵，也可加水稀释蛋白液，降低黏度后再加入酵母发酵。蛋白酶发酵时，则先用10%的有机酸将pH调到7.5左右，再用少量水把占蛋白液量0.15%～0.20%的面包酵母制成悬浊液，加入到蛋白液中，在30℃左右，保持数小时即可完成发酵。

④ 酶法脱糖：酶法完全适用于蛋白液、全蛋液和蛋黄液的发酵，是一种利用葡萄糖氧化酶把蛋液中葡萄糖氧化成葡萄糖酸而脱糖的方法。

葡萄糖氧化酶的最适pH为3～8，一般以6.7～7.2最好。目前使用的酶制剂，除含有葡萄糖氧化酶外还含有过氧化氢酶，可分解蛋液中的过氧化氢而形成氧，但需不断向蛋液中加过氧化氢，另外，也可不加过氧化氢而直接吹入氧。酶法脱糖应先用10%的有机酸调蛋白液（蛋黄液或全蛋液不必加酸）pH至7.0左右，然后加0.01%～0.04%的葡萄糖氧化酶，缓慢搅拌，同时加入0.35%的7%过氧化氢，每隔1h需加入同等量的过氧化氢。发酵温度一般采用30℃或10～15℃两种。蛋白酶发酵除糖需5～6h；蛋黄用酶除糖时，其pH约为6.5，故不必调整pH即可在3.5h内完成除糖；全蛋液调整pH至7.0～7.3后，4h内即可除糖完毕。用葡萄糖氧化酶除糖时，添加过氧化氢溶液具有杀菌作用，因此蛋液中细菌数有减少的趋势。

⑤ 脱糖方法的比较：自然发酵或细菌发酵使葡萄糖变成非挥发性的乳酸，产酸量多，pH下降大，不必再调酸。酶法则使葡萄糖变成葡萄糖酸，要添加少量的有机酸以调整pH，但酵母发酵时产生CO_2与乙醇，当其干燥时CO_2逸散，最终制品pH较高，故除糖时应加较多的有机酸。使用自然发酵及细菌发酵时，即使不添加任何有机酸也可加工，而使用酶除糖，需添加有机酸调pH至7.0。自然发酵或细菌发酵可以改善制品的起泡力，而使用酵母发酵或酶法均无此作用。其原因虽未完全清楚，但有以下两个解释：有人认为混入蛋白中的微量蛋黄可与自然发酵或细菌发酵析出的黏蛋白及CO_2一起上浮，如未产气则会沉淀而除去；还有人认为自然发酵或细菌发酵能使蛋白部分分解生成低分子蛋白质，蛋黄脂肪因细菌产生的解脂酶作用而分解。由于细菌及自然发酵能分解脂肪，故不能用于全蛋液或蛋黄液发酵。

在欧美等国对需要起泡性的制品如干燥蛋白多用细菌发酵除糖，而不需起泡性的干燥蛋制品则用酶法除糖。

⑥ 超滤：蛋浆超滤是一种最有前景的节能方法之一。用醋酸纤维膜在0.15MPa气压，10r/s的搅拌器转速下进行超滤，蛋白浓度可由13%提高到26%。

在干燥前进行超滤，不仅耗能减少，技术经济指标改善，而且提高了产品质量。超滤时，蛋白被浓缩的同时脱糖。随滤液至少排除50%的游离碳水合物有利于在干燥和保存时保持原有特性。随滤液还排除一些其他低分子化合物，如15%～20%钙镁离子、30%～40%钠钾离子、10%以下非蛋白氮等。但这些低分子化合物的损失，对蛋白的食用价值和特性实际上无影响。将浓缩蛋白用水稀释，复原到起始浓度，其黏滞性和气泡性与原蛋白大致相同。

（2）蛋液的杀菌　除糖的蛋液须经过 40 目的过滤器过滤，再移入杀菌装置中低温杀菌，或经过滤后不杀菌而干燥后再予以干热杀菌。

① 低温杀菌：在自然发酵、细菌发酵或酵母发酵除糖后，由于蛋液中微生物很多，因此低温杀菌效果不理想。使用葡萄糖氧化酶除糖的全蛋或蛋黄液，其菌数少、可使用低温杀菌法杀菌，若干热杀菌，则易使其脂肪氧化。

低温杀菌时，液蛋中的革兰氏阴性杆菌或酵母等较易杀灭，而芽孢杆菌或球菌类等在一般条件下极难杀灭。发酵除糖后的蛋液杀菌条件同液蛋加工杀菌条件及要求，但发酵后细菌数增殖，杀菌更为困难。

② 干热杀菌：干热杀菌是将干燥后的制品放于密封室，保持 50 ~ 70℃；经过一定时间而杀菌的方法。由于干燥蛋在“较高温度”加热也不凝固，而且其中的细菌须在较高温度及长时间方可被杀灭，故干燥蛋的杀菌多采用余热处理。干热处理在欧美广泛使用，其方法是以 44℃保持 3 个月；55℃保持 14d；57℃保持 7d；63℃保持 5d 等。另外，也有将干燥蛋白在 54℃保持 60d 的试验，其结果表明，这种杀菌方法不影响干燥蛋白的特性。蛋白使用自然发酵、细菌发酵或酵母发酵除糖时，蛋液细菌较多，所以多采用干燥后的余热杀菌处理。干燥全蛋与蛋黄在余热处理时，其脂肪易氧化而形成不良风味，而干燥前的液体状态杀菌相当有效，故不采用干热杀菌。

以不同方法干燥的蛋白，其干热杀菌的条件也不同。例如，用浅盘式干燥的蛋白含水分较多，故较喷雾干燥蛋白容易引起蛋白质变性，因此干热杀菌时温度较低，时间稍长。干燥蛋白在余热处理时，杀菌效果因菌种而异，例如，革兰氏阴性菌的芽孢杆菌几乎不被杀死，肠道球菌的杀死速度很缓慢，而革兰氏阴性菌如大肠菌群、沙门氏菌等的杀灭速度较快。干燥蛋白经干热杀菌后其 pH 会稍微降低，而起泡性则会增大，因此干热杀菌较适合于干燥蛋白杀菌。

（3）干燥　蛋液在除糖、杀菌后即进行干燥。目前大部分的全蛋、蛋白及蛋黄均使用喷雾干燥，少部分蛋品使用真空干燥、浅盘干燥、滚筒干燥等。

① 喷雾干燥：喷雾干燥法是在压力或离心力的作用下，通过雾化器将蛋液喷成高度分散的雾状微粒，微粒直径为 10 ~ 50μm，从而大大增加了蛋液的表面积，提高了水分蒸发速度。水蒸气被热风带走，微细雾滴瞬间干燥变成球形粉末，落于干燥室底部，从而得到干燥蛋粉。全部干燥过程仅需 15 ~ 30s 即可完成。

喷雾干燥法生产蛋粉，其干燥速度快，蛋白质受热时间短，不易使蛋白质发生变性，其他成分亦影响极微，蛋粉复原性好，色正，味好；喷雾干燥在密闭条件下进行，粉粒小，不必粉碎，可保证产品的卫生质量；喷雾干燥法生产蛋粉，易机械化、自动化连续生产。

② 冷冻干燥：用冷冻干燥所得的干燥全蛋或蛋黄，其溶解度高且溶解迅速，干燥臭少，起泡性及香味俱佳，但干燥成本高。冷冻干燥全蛋加工工艺：

全蛋液（蛋固形物2.5%）→冷却（4℃，1h）→加稳定剂、乳化剂→浓缩（固形物45%）→降温（37℃）→注入浅盘→冻结（-25℃）→真空干燥。

冷冻干燥易使蛋黄因低温而变性，故在30～50℃使蛋黄呈薄膜状后，再真空干燥时，可得到质量高的制品。英国与澳大利亚有较大规模的冷冻干燥全蛋加工厂。

③ 浅盘式干燥：喷雾干燥制成的干燥蛋白因呈中空的球状粉末，复原时会生成大量的泡沫，长时间静置也不消失，因此喷雾干燥蛋白不适于供印染、印刷制版用，故通常使用薄片状或颗粒状干燥蛋白。

浅盘式干燥是将蛋白脱糖后，置于铝制或不锈钢制浅盘（长宽各为0.5～1.0m，深度为2～7cm）内，然后移入箱式干燥室内，用温度约为54℃的干燥热风长时间干燥即可。1.5mm厚的蛋白液约需36h，3mm厚的蛋白液需20h，可完全干燥。干燥时首先表面开始生成干燥蛋白皮膜，继而膜逐渐增厚，干燥至适当程度时须将其膜移入其他浅盘。当干燥至水分含量为15%时，即成黄色透明的薄片制品。薄片破碎成细颗粒后较易溶于水，使用较为方便；薄片也可以磨成微细的粉末，适于与其他粉末材料混合使用。

浅盘式干燥法的加热方式有炉式和水浴式两种。炉式是借炉热风的传导使蛋白的水分蒸发。水浴式则是借浅盘下流动的热水为介质使蛋白的水分蒸发，并在蛋白表面以风扇送风干燥，其优点是在浅盘下热水温度容易控制，热效率高，优于炉式热风干燥。

不论使用炉式或水浴式干燥，当蛋白液干燥成皮膜状的半干品时，均需移入棚布上，以热风进行二次干燥。

（4）带状干燥与滚筒干燥

① 带状干燥是将蛋白涂布于箱式干燥室内铝制平带上，使其在热风中移动干燥。当蛋白干燥至一定厚度时，用刮刀刮离而成。

另一种形式的带状干燥称为起毛干燥或称泡沫干燥，是将蛋液打成固定的泡沫，然后涂布在连续的平带上，进行热风干燥。改良法是将泡沫涂于有孔的带上，热空气由下方喷出进行干燥，再经粉碎制成。此法制成的成品黏度适中，易于加水复原成蛋白液，美国常用来加工干燥蛋白粉。泡沫喷雾干燥时须先将CO_2、N_2、空气等气体用泵注入蛋液。此法制成的干燥全蛋以及蛋黄溶解速度较快。若用喷雾干燥装置将泡沫喷雾干燥，则其干燥效果、效率将进一步改善。

② 滚筒干燥是将蛋液涂布在圆筒上而干燥的方法。

带状干燥或滚筒干燥均可制成薄片状或颗粒状干燥蛋白，但所制成的干燥全蛋或蛋黄颜色、香味均差，故这两种制品多用喷雾干燥法。除喷雾干燥具有一定杀菌作用外，其他干燥法会使细菌数增加。

三、 蛋白片的加工

蛋白片是指鲜鸡蛋的蛋白液经发酵、干燥等加工处理制成的薄片状制品。

1. 工艺流程

蛋白液搅拌过滤→发酵→中和→烘制→晾干→贮存→包装。

2. 工艺操作要点

(1) 蛋白液的搅拌过滤　蛋白液在发酵前必须进行搅拌过滤，使浓、稀蛋白均匀混合，有利于发酵，缩短发酵时间。搅拌过滤还可除去碎蛋壳、蛋壳膜等杂质，使成品更加纯洁。搅拌过滤的方法，根据设备不同有两种：

① 搅拌器：蛋白液在搅拌器内以30r/min 的速度进行搅拌。搅拌速度过快，产生泡沫，影响出品率。另外，要严格控制搅拌时间，春、冬季蛋质好，浓蛋白多，需搅 8 ~ 10min；夏、秋季节稀蛋白多，搅拌 3 ~ 5min 即可。搅拌后的蛋白液可用铜丝筛过滤，筛孔的选择依蛋质而定，春、冬季用 12 ~ 16 孔，夏、秋用 8 ~ 10 孔的筛过滤。

② 离心泵：鲜蛋液用离心泵抽至过滤器，施加压力，使蛋白液通过过滤器上的过滤孔（孔径为 2mm），从而使浓蛋白和稀蛋白均匀混合，还可除去杂质。压力的大小与蛋质有关，浓蛋白多的蛋白液所需用压力较大，夏、秋的蛋白液稀蛋白多，压力相对要小。

(2) 蛋白液的发酵　是通过细菌、酵母菌及酶制剂等的作用，使蛋白液中的糖分解。蛋白发酵的过程是复杂的生物化学变化过程，是干蛋白片加工的关键工序。

① 发酵用设备：用来发酵蛋白的传统设备是木桶或陶制缸，发酵室内设有蒸汽排放管，通过蒸汽开关调节发酵温度，桶的下端边缘处装一开关。

② 操作方法：发酵前将发酵桶彻底清洗，用蒸汽消毒 15min 或煮沸 10min。然后将桶排列在木架上沥干备用。然后，将搅拌过滤后的蛋白液移入桶内，其量为桶容量的 75%。过满会由于发酵产生泡沫而溢出桶外。

③ 发酵温度：发酵温度的高低与发酵时间、蛋白液的浓厚度和蛋白液的初菌数有关。发酵室温度一般应保持在 26 ~ 30℃。温度高，虽发酵期短，但过高会使蛋白液发生腐败变质。

④ 发酵成熟的鉴定：蛋白液发酵的好坏，直接影响成品的质量。因此，成熟度的鉴定极为重要。一般根据泡沫、澄清度、滋味、pH、打擦度进行综合鉴定。

泡沫：当蛋白液开始发酵时，会产生大量泡沫于蛋白液面，当蛋白液成熟时，泡沫不再上升，反而开始下塌，表面裂开，裂开处有一层白色小泡沫出现。

澄清度：用试管取约 30mL 蛋白液密封，将试管反复倒置，经 5 ~ 6s 后，观察有无气泡上升。若无气泡上升，且蛋白液呈澄清的半透明淡黄色，则已发酵成熟。

滋味：取少量蛋白液，以拇指和食指沾蛋白液对摸，如无黏滑性，有轻微的甘蔗汁气味和酸甜味，无生蛋白味即为成熟的标志。

pH：蛋白液在发酵过程中，其 pH 随蛋白液中糖的分解、乳酸的增加而变化。发酵 24h 蛋白液的 pH 变化不明显，称为发酵缓慢期；发酵 48h，细菌繁殖发育很快，蛋液 pH 变化较大，能达 5.6 左右，称为对数期；发酵到 49 ~ 96h，由于酸度过高，抑制了某些细菌的繁殖，所以 pH 变化不大，称为稳定期或衰亡期。一般蛋白液 pH 达 5.2 ~ 5.4 时即为发酵充分。

打擦度：用霍勃脱氏打擦度机测定。其方法是取蛋白液 284mL，加水 146mL，放入该机的紫铜锅内，以 2 号及 3 号转速各搅拌 1.5min，削平泡沫，用米尺从中心插入，测量泡沫高度。高度在 16cm 以上者为成熟的标志，但要参考其他指标确定。

⑤ 放浆：发酵成熟后打开发酵桶下部边缘的开关，放出发酵好的蛋白液称之为放浆。放浆分三次进行，第一次放出总量的 75%，再澄清 3 ~ 6h 后放第二次、第三次，每次放出 10%，最后剩下的，5% 为杂质及发酵产物不能使用。

第一次放出的浆为透明淡黄色，质量最好。为了避免余下的蛋白液过度发酵而使颜色变成暗赤色和出现臭味，可在第一次放浆后，将发酵室温度降低至 12℃以下，以抑制杂菌生长繁殖，达到保证蛋白液继续澄清而无臭味的目的，并可降低次品率。

（3）蛋白液的中和　发酵后的蛋白液在放浆的同时进行过滤，然后及时中和。因为发酵后蛋白液呈酸性，如果直接烘干则会产生大量气泡，有损成品的外观和透明度。同时，酸性成品在贮藏过程中颜色会逐渐变深，水溶物的含量逐渐减少，降低了成品的质量。因此，蛋白液在烘干前必须进行中和。常用比重为 0.98 的纯净氨水进行中和，使发酵后的蛋白液呈中性或微碱性。蛋白中和时，先除去蛋白液表面的泡沫，然后加氨水，并进行适度搅拌，但速度不宜过快，以防产生大量泡沫。氨水的添加量与蛋白液的酸度和所需要的 pH 有关。因此在批量生产时，中和前需进行测试。

（4）烘干　又称烘制，是在不使蛋白液凝固变性的前提下，利用适当的温度，使蛋白液在水浴上逐渐除去水分，烘制成透明的薄晶片。我国对蛋白片的烘干采用热流水浇盘烘干法。

① 浇浆前的准备工作：浇浆前提高流水温度至 70℃，以达烘烤灭菌的目的。然后降温，使水温控制在 50 ~ 56℃。再用消毒白布擦干烘盘，用白凡士林涂盘，称为擦盘上油。涂油须均匀、适量，过多则在烘制时油上浮，产生油麻片的次品；过少则揭片困难，破损多，片面无光，影响质量。

② 浇浆：将中和后的蛋白液浇于盘中。浇浆量依水流温度和层次不同而有差异。位于出水处、通风不良处的烘盘，应适当少浇浆；位于进水处的烘盘可多

浇浆。按上述烘盘大小，每盘浇浆 2kg，浆液深度为 2.5cm 左右。

③ 除水沫及油沫：蛋白液在烘制过程中会产生泡沫，使盘底的凡士林受热上浮于液面而形成油污，影响蛋白片的光泽和透明度，因此须用水沫板刮去泡沫。打水沫在浇浆 2h 后即可进行，打油沫在浇浆后 7 ~ 9h 进行。刮出的水沫或油沫分别存放，另行处理。

④ 揭蛋白片：揭蛋白片要求准确掌握好片的厚度和时间，而烘干的时间又取决于烘干水温，因此，准确控制水温极为重要。揭片一般分 3 ~ 4 次。在正常的情况下，浇浆后 11 ~ 13h（打油沫后 2 ~ 4h），蛋白液表面开始逐渐凝结成一层薄片，再经过 1 ~ 2h，薄片加厚约为 1mm 时，即可揭第一张蛋白片。第一次揭片后约经 45 ~ 60min，即可进行第二次揭片；再经 20 ~ 40min，进行第三次揭片。一般可揭 2 次大片，余下揭得的为不完整的碎片。当成片状的蛋白片揭完后，将盘内剩下的蛋白液继续干燥后，取出放于镀锌铁盘内，送往晾白车间进行晾干，再用竹刮板刮去盘内和烘架上的碎屑，送往成品车间。最后，用鬃刷刷下烘盘内及烘架上剩余碎屑粉末，集中存放，另行处理。

⑤ 烘干时的水温：烘干水温的高低直接影响成品的颜色、透明度，甚至会出现蛋白质凝固，降低水溶性物质的含量。烘制水温过低，不仅会延长烘干时间，而且会腐败变质。因此，烘干过程中要严格控制流水温度和蛋白液的温度。浇浆开始时，进水口温度应保持在 56℃ 左右，出水口温度由于受凉浆的影响而降低，但逐渐升高。2h 内，出水口水温保持在 5℃。当浆液温度升高到 51 ~ 52℃ 时，出水口处浆液温度为 50 ~ 51℃，浆液为浅豆绿色，澄清状。浇浆后 2 ~ 4h，出水口处浆液温度上升到 52℃，浆液色泽同上。浇浆后 4 ~ 6h 内应使出水口处的浆液温度提高到 53 ~ 54℃，这样的温度保持到第一次揭片为止，同时可达到杀菌的目的。

第一次揭片后，水温逐渐降低，应先将进水口水温降到约 55℃；第二次揭片时，再下降 10℃；第三次揭片时，水温可降到 53℃。烘制过程不应超过 22h，烘干全程应在 24h 内结束。

（5）晾白　烘干揭出的蛋白片仍含有 24% 的水分，因此须晾干，俗称晾白。晾白室温度调至 40 ~ 50℃，然后将大张蛋白片湿面向外搭成人字形，或湿面向上，平铺在布棚上进行晾干。4 ~ 5h 后含水量大约为 15% 左右，取下放于盘内送至拣选车间。

烘干时的碎屑用 10 × 10 孔的竹筛进行过筛，筛上面的碎片放于布棚上晾干，筛下粉末，可送包装车间。

（6）拣选　晾白后的蛋白，送入拣选室按不同规格、不同质量分开处理。

① 拣大片：将大片蛋白撕成 20mm 大小的小片，同时将厚片、潮块、含浆块、无光片等拣出，返回晾白车间，继续晾干，再次拣选。优质小片送入贮藏车间进行贮藏。

② 拣大屑：清盘所得的碎片用孔径 2mm 的竹筛，筛下碎屑与筛上晶粒分开存放。

③ 拣碎屑：烘干和清盘时的碎屑用孔径 1mm 的铜筛筛去粉末，拣出杂质，分别存放。

④ 次品处理将所拣出的杂质、粉末等用水溶解，过滤，再次烘干成片，作次品处理。

（7）焐藏　是将不同规格的产品分别放在铝箱内，上面盖上白布，再将箱置于木架上 48～72h，使成品水分蒸发或吸收，以达水分平衡、均匀一致的目的，称为焐藏。焐藏的时间与温度和湿度有关，因此要随时抽样检查含水量、打擦度和水溶物含量等，达标后进行包装。

（8）包装及贮藏　干蛋白的包装是将不同规格的产品按照蛋白片 85%、晶粒 1.0%～1.5%、碎屑 13.5%～14% 比例包装，外包装用马口铁箱。

贮藏蛋白片用的仓库应清洁干燥、无异味、通风良好、库温在 24℃以下。

四、 蛋粉的加工

蛋粉是以蛋液为原料，经干燥加工除去水分而制得的粉末状蛋制品。蛋粉种类很多，但加工方法基本相同。

1. 工艺流程

蛋液搅拌→过滤→巴氏杀菌→喷雾干燥→出粉→冷却→筛粉→包装。

2. 工艺操作要点

（1）蛋液的搅拌、过滤和巴氏杀菌　蛋液经搅拌、过滤以除去碎蛋壳、系带、蛋黄膜、蛋壳膜等物，使蛋液组织状态均匀一致。否则易堵塞喷雾器的喷孔和沟槽，而且会造成产品水分含量不匀。搅拌过滤设备和方法与冰蛋生产相同。为了更有效地滤除杂质，除用机械过滤外，喷雾前再用细筛过滤。巴氏杀菌方法同冰蛋加工。

（2）喷雾干燥　同乳粉的喷雾干燥相似。一般在未喷雾前，干燥塔的温度应在 120～140℃，喷雾后温度则下降到 60～70℃。在喷雾过程中，热风温度应控制在 150～200℃，蛋粉温度控制在 60～80℃范围之内。

（3）二次干燥　1940 年美国农业部曾规定干燥全蛋的水分须在 2% 以下，而当时一般的喷雾干燥装置不能达到该标准。因此，需进行二次干燥，使水分进一步降低。某些喷雾式干燥装置可进行二次干燥，其方法是将制品堆积在热空气中，使水分再次蒸发。

（4）蛋粉造粒化、筛粉和包装　为了使干燥后的蛋粉速溶，需要将干燥的蛋粉富集。通常采用的方法是先加水使蛋粉回潮，然后再予以干燥。为了使蛋白粉造粒化，可加入蔗糖或乳糖。蛋白粉造粒化后在水中即能迅速分散。干燥塔中卸出的蛋粉必须晾凉、过筛，使产品均匀，然后进行包装。蛋粉用马口铁箱包装为宜。在整个包装过程中，要从各方面注意防止细菌污染。

3. 喷雾干燥和贮藏对成品质量的影响

喷雾干燥及在随后的贮存期间，干燥全蛋、蛋黄和蛋清会发生下述化学和物理变化，包括溶解度或分散度下降、色泽变劣、起泡能力下降和产生异味等。未经贮存的喷雾干燥的全蛋粉溶解性很好（在 10% KCl 中分散程度可达 95% ~ 98%），但制作蛋糕时其起泡能力仅为新鲜全蛋的一半。起泡力的下降显然是因为释放出游离脂肪的缘故。显微镜研究发现，全蛋粉中有大的脂肪颗粒，但在天然全蛋中却没有。全蛋喷雾干燥后贮放仅 3h，其复水后的起泡能力几乎完全丧失。喷雾干燥的全蛋在 27℃贮放 3 ~4 个月，通常产生褐色和异味，且分散度降低，包括葡萄糖和磷脂酸乙醇胺的氨基在内的美拉德反应影响了色泽和风味。在干燥之前，用酵母发酵除去全蛋中天然存在的葡萄糖会延缓变色和分散度的损失。由于磷脂中脂肪酸的氧化，贮存后的全蛋粉仍会产生异味。在喷雾干燥之前加入蔗糖和固体玉米糖浆，可以延缓全蛋黄中制品贮存期间的美拉德反应，降低由于干燥引起的起泡能力的丧失。当蔗糖增加到 5% 或玉米糖浆固体增加到 10% 时，会渐渐改善风味的稳定性。在糖的含量更高时（10% ~15%），鸡蛋脂类自动氧化加快，异味也逐渐产生。喷雾干燥蛋黄复水物的起泡能力比天然蛋黄低。此外，蛋黄在 13℃贮藏 4 个月会产生异味。喷雾干燥的蛋黄会导致低密度脂蛋白结构发生不可逆变化，其结果是产生能抑制起泡的脂类。当加入蔗糖的浓度增加至 15% 时，复水的喷雾干燥的蛋黄的起泡能力有所增加，这是因为低密度脂蛋白在干燥时受到了蔗糖的保护。在喷雾干燥过程中，蛋清的功能性质无明显的改变。然而，在贮存期间，干燥蛋白发生褐变，溶解性也降低，在制作蛋糕时保持体积的能力下降。干蛋白在 40℃贮存两周以上，用它制作的蛋糕体积减少 26% 。如果干燥之前除去葡萄糖，那么，在正常贮藏中不再出现上述的变化。

复习思考题

1. 浓缩蛋制品加工常用的辅料有哪些?
2. 简述蛋粉加工操作要点。
3. 试写出液蛋的加工工艺流程。
4. 简述冰蛋的加工工艺流程。
5. 试述干燥蛋制品的种类和用途。
6. 喷雾干燥和贮藏对蛋粉成品质量的影响有哪些?
7. 干燥全蛋加工时为什么要脱糖?

模块四 实训指导

实训一 原料肉品质的评定

实训目的及要求

（1）熟悉原料肉品质评定的内容和意义。

（2）掌握原料肉的颜色、酸度、保水性、嫩度、大理石纹及熟肉率等品质测定方法。

实训材料

美制 NPPC 比色板、色度仪、色差计、大理石纹评分图、定性中速滤纸、酸碱度计、钢环允许膨胀压力计、肌肉嫩度仪、萃取试管、取样器、书写用硬质塑料板、分析天平、比色箱、组织捣碎机、聚乙烯薄膜食品袋、丙酮、蒸馏水、浓盐酸、甲基红或酚酞指示剂等。

实训内容与方法

一、肌肉的颜色（简称肉色）

肉色是商品肉色、香、味、质几大要素中最直觉最先导的感受印象。肌肉颜色深浅和色调（色度）取决于肌肉色素含量。肌肉色素主要由肌红蛋白和血红蛋白以及微量有色代谢物组成，起主要作用的是肌红蛋白，它的含量以及与氧的结合状态，在很大程度上影响着肉色。

肌红蛋白是色素的基本成分，约占总色素的67%。肌红蛋白主要有三种状态：紫色的还原型肌红蛋白（Mb）、红色的氧合肌红蛋白（MbO_2）、褐色的高铁肌红蛋白（Met－Mb）。当肉接触到空气后30min，切口表面，由于与空气接触，肌红蛋白与氧结合成氧合肌红蛋白，肉色鲜红。随着时间延长，肌红蛋白的氧化程度加深，形成高铁肌红蛋白，这个过程比较缓慢。随着高铁肌红蛋白的逐渐增多，肉的颜色开始褐变。可见肌红蛋白的状态对肉色有很大影响。而肌红蛋白的状态又受到温度、氧气分压、pH、肉面微生物活动、光照、腌制条件（渗透压）的影响。为了准确度量肉色必须对上述因子加以限定，并按标准工艺屠宰以避免肌肉中残血（血红蛋白）过多带来度量误差。

肉色的评定方法很多，目前使用的主要有主观评定和客观评定两大类。主观评定主要是依据标准的图板进行5分制的比色评定，而客观评定则是利用仪器设备进行测定。

1. 比色板法

比色板法属于主观评定法，即用标准肉色谱比色板与肉样对照，并且目测肉样评分。目前，国际上有美制、法制、日制等不同色谱或色块标准，其中美制最为通用。

（1）取样部位　通常为眼肌中段，即胸腰椎连接部背最长肌新鲜横切面。保存24h的肉样应切去表层（厚度约0.5cm）再评定。如果要测定全胴体肉色则需加测腰大肌、臀中肌、半膜肌和半腱肌四项。

（2）取样时间

① 宰后1～2h肌肉样本。

② 宰后24h眼肌中段（0～4℃保存）测冷却肉样本。

③ 宰后肉样充分熟化的特定时间。

上述三种处理时间中②为最基本的通用时间。

此外，对于食肉样本（即冷却肉），应在0～4℃冰箱中保存到宰后24h，将肉样切开，新鲜切面上覆盖透氧薄膜在0～4℃条件下静置1h使表面色素充分氧化，肉样厚度不得少于1.5cm。

（3）操作步骤

① 将实验室内光照强度调至750lx以上（用自然漫射光或荧光灯）。

② 用美制NPPC比色板（1991版）对照眼肌样本给出肉色分值。

比色板（1991版）上有5个眼肌横切面的肉色分值级别从浅到深排列，用于肉色定量评估。1分为灰白色（PSE肉色），2分为轻度灰白色（倾向PSE肉色），3分为亮红色（正常肉色），4分为稍深红色（正常肉色）和5分为暗紫色（DFD肉色）。3分和4分为理想肉色，1分和5分为异常肉色。2分为倾向异常肉色，两分之间允许设0.5分值。

③ 用美制NPPC比色板（1994版）对照腿肌肉样给出定性评估。

比色板（1994版），主要用于目测半膜肌、半腱肌肉色定性评估，适用于生产流水线使用。该板上有 PSE（苍白松软脱水肉）、RSE（红色松软脱水肉）、RFN（红色坚挺不脱水肉——理想肉）、DFD（暗紫坚硬干燥肉）四个标准腿肌肉色样板，供检验员将猪肉对号入座分档归类。

（4）注意事项

① 检测人员要回避了解被测样本的品种和生产厂家背景以免产生感情分值偏差。

② 比色板评分的结果如果用一般统计方法计算样本平均数和标准差很容易将劣质肉（5 分的 DFD 和 1 分的 PSE）平均成 3 分的优质肉。故肉色评分应表达成 5 个肉色级别的样本分布概率。

③ 评定时不允许阳光直射评定部位，也不允许在黑暗处评定。

2. 光学测定法

光学测定法属于主观评定法，即利用物理学手段对肉样进行客观的光学度量，对肉面反射的波长和色彩等参数进行定量。目前，最为流行的为色度仪，也可用色差计或波长测定仪等。

（1）取样部位　同比色板法。

（2）取样时间　同比色板法。

（3）操作步骤

① 色度仪：

a. 先将色度仪用校正板标准化。

b. 将镜头垂直置于肉面上，镜口紧扣肉面（不能漏光）。

c. 按下摄像按钮，色度参数即自动存入微机。

由于肉面颜色随位置而异，故每个肉面按每 $15cm^2$ 重复 4 次的频率不断改变位置重复度量，最后取平均数。

参数的表示方式为：亮度（l^*）、红度（a^* 值）、黄度（b^* 值）等，以上参数对评定肉质有重要参考意义。PSE 肉的 l^* 值高，而 a^* 值低；DFD 反之。我国地方猪种肉色的 l^* 值相当高，但一般不是 PSE 特征，其原因是大理石纹白色反光所致，所以在肉色评定时应区别对待，不能硬搬国际标准将其定为 PSE 肉。

② WSC - S 测色色差计：

a. 将电源线插入仪器背后的电源插座内。

b. 根据需要选择一种测试头，将电缆插入仪器背后的插座内、拧紧。

c. 按下电源开关和光源开关，使仪器预热 30min。

d. 根据需要设置各种流程。

e. 流程设置完毕后，仪器显示“0”，测试头放在黑色陷阱上，片刻后按“校零”键，此时仪器显示“0.0000”。

f. 用工作白板进行“校标”。

g. 将测试头放在被测物上测定颜色。

h. 测定结果以亮度（l^*）、红度（a^*值）、黄度（b^*值）表示。

此外，该仪器也可用来测定不同物质颜色之间的差异。

3. 化学测定法

比色板法和物理学方法只能度量肉样表面颜色，属二维平面度量。化学测定是对肉样进行三维立体度量，测肉样的总色素含量。肉样色素定量方法有 Hornsey 法、Krzywicki 法以及 Trout 法等，其原理都是先提取后比色，Hornsey 法是国际最流行的方法。

（1）取样部位　同比色板法。

（2）取样时间　同比色板法，将肉样约 50g 在 0℃条件下剁成细末。

（3）操作步骤　称取 10g 肉末置于萃取试管中加 40mL 丙酮和 2mL 蒸馏水，搅拌 30s 使其混匀，再加 1mL 浓盐酸（12mol），将萃取试管用石蜡纸封口后于黑暗处净置过夜后过滤，过滤后的滤液立即移入 1cm 比色杯上机比色，此时波长调至 640nm（80% 丙酮作空白对照），实验室温度控制在 20℃以下，迅速读取光密度 *OD* 值。

$$\text{肉样总色素浓度} = OD\text{ 值} \times 680\ (\mu g/g)$$

将肉样色素浓度乘以系数 0.67 即为肉样肌红蛋白的估计值。本方法创建于 1956 年，一直沿用至今，操作时要求随过滤随上机不能延误，否则在操作过程中丙酮的挥发极易造成测定浓度偏高。

4. 脂肪颜色测定法

胴体脂肪以洁白、坚挺、爽滑为佳，脂肪颜色的度量对品牌猪胴体分割肉切块质量评定具有一定意义。冷胴体背膘脂肪或其他皮下脂肪颜色测定主要用作黄膘肉和差异色皮下脂肪的判断依据。我国华北型地方猪种乳腺发达，乳腺中有树枝状黑色素分布形成腹膘黑纹，属于正常腹膘。在度量腹膘颜色时，发现参数异常时应将正常黑纹和异色腹膘注明加以区别对待。

（1）物理度量　测定时先从冷胴体中切出 15cm^2 皮下脂肪平面。用色度仪度量 4 次求均值，操作同肌肉样本。

（2）化学度量　将背膘切成碎末，称取（4 ±1）g 背膘碎末置于萃取试管中。加 20mL 提取液（2 份氯仿和 1 份甲醇的混合液），混合后净置 5min 再过滤，滤液置于 4cm 比色杯中上机调至 450nm 波长。在光电比色计上量取的光密度直接作为背膘黄色素含量的指数。

二、 肉的 pH

1. 测定原理

家畜生前肌肉的 pH 为 7.1 ~7.2。宰后由于缺氧，肌肉中代谢过程发生改变，肌糖原无氧酵解，产生乳酸，三磷酸腺苷（ATP）迅速分解，使肉 pH 下降，如宰后 1h 的热鲜肉，其 pH 可降落到 6.2 ~6.3，宰后 24h 的热鲜肉，其 pH 可降落到5.6～6.0，此pH在肉品工业中称作“排酸值”，它能一直持续到肉发生腐败分解之前，所以新鲜肉浸出液的pH通常在5.8～6.2范围之内。肉腐败时，由于肉内蛋白质在细菌酶的作用下，被分解为氨和胺类化合物等碱性物质，因而使肉趋于碱性，pH显著增高。该pH虽然可作为检验肉类质量的一个指标，但不能作为绝对指标和最终指标，因为还有其他因素能影响到肉类pH的变化。

（1）屠宰前牲畜的健康状况对肉的pH影响：家畜在宰前由于过劳、虚弱、患病等原因使能量消耗过大，肌肉中糖原减少，所以宰后肌肉中形成的乳酸和磷酸量也较少。在这种情况下，肉虽具有新鲜肉的感官特征，但却有较高的pH（6.5～6.8）。

（2）冷处理的程度和施行方法的影响：例如新鲜冷藏肉的“排酸值”为pH 5.8～6.4，冻肉则为pH 6.0～6.5，而且快速冷冻肉比缓慢冷冻肉的pH高0.2。

（3）不同腐败分解过程的影响：有时候细菌腐败分解过程中产生的氨与其他产物结合成盐类，失去中和酸的能力，或有时候变质肉在腐败过程中蓄积大量的有机酸类，结果都使得肉的pH仍与普通新鲜肉相似。这些情况都说明了pH不能作为评定肉类新鲜度的唯一标准。

因此，在测定肉pH时，要考虑这些因素。

2. 肉浸液的制备

（1）采肉　用剪子自肉检样的不同部位采取无筋腱、无脂肪的肉样10g，再剪成豆粒大小的碎块（50～60块），置于300mL三角烧瓶中。

（2）浸泡　取经过再次煮沸后的冷却蒸馏水100mL，注入盛有碎肉的三角烧瓶中，浸泡15min，其间振摇3～4次。

（3）过滤　先将放在玻璃漏斗中的滤纸用蒸馏水浸湿，然后再将上述的肉浸液导入玻璃漏斗中，把滤液倒入200 mL的量筒中，同时观察并记录前5 min内获得的滤液量。

一般来说，肉越新鲜过滤速度越快，肉浸液越透明，色泽也正常。新鲜的猪肉肉浸液几乎无色透明或具有淡的乳白色，牛、羊肉的浸液呈透明的麦秆黄色，马肉的浸液呈透明的粉红色。次鲜肉的浸液则呈微混浊，变质肉的浸液呈灰粉红色，且混浊。

3. 测定方法

目前，测定肉pH的方法通常有比色法和电化学法。

（1）比色法　即利用不同的酸碱指示剂来指示出被测液的pH。由于酸碱指示剂在溶液中随着溶液pH的改变而显示不同的颜色，而且溶液中氢离子浓度在一定范围内，某种指示剂的色度与离子浓度成比例。因此，可以利用不同指示剂的混合物显示的各种颜色来指示溶液的pH。根据这一原理，制成一种由浅至深的标准试纸或标准比色管，测定时以指示剂呈现的颜色与标准比较。

比色法简便易行，但只能测得粗略的近似值。目前常用的比色法有pH试纸法和溶液比色法。

① pH试纸法：将pH精密试纸条的一端浸入被检肉浸出液中或直接贴在肉的新鲜切面上，数秒钟后取出与标准色板比较，直接读取pH的近似数值。

② 肉浸液比色法：借助于比色箱进行测定，首先利用万能指示剂，预测被测液的pH范围，以便选择适宜的指示剂（通常选用溴麝香草酚蓝），然后取3支专用的比色管分别加入5mL肉浸液，其中1支加入0.25mL，插于比色箱有玻璃侧之左右孔。由标准比色管排上取出蒸馏水管插于比色箱有玻璃测之中间孔，再由与该指示剂相应的比色管排上，选取2支与加入指示剂之被测液管色调近似的比色管，插于比色箱无玻璃侧之左右孔。

此时，将比色箱举至距眼睛25cm之水平处，使有下班侧向着光源进行比色，当某标准比色管颜色与加入指标剂之被测液管的颜色完全相同时，则该标准比色管上的pH数值就相当于被测液之pH。如被测液的色度处于两标准比色管色度之间时，则采取其pH的平均值。

③ 硝嗪黄试剂反应法：取0.01%硝嗪黄溶液5~10mL，注入类似蒸发皿样的白瓷皿中，再取检样肉片1~2g，放入皿中，然后用小刀在皿内挤压肉片，挤出肉汁，观察溶液变化。

溶液呈深紫色者，pH在6.5以上；溶液无变化者，pH在6.5以下；溶液呈绿色者，pH在6.5。

此法不适用于宰后pH异常的病畜肉及PSE肉的检验。

（2）电化学法

① 酸度计法：酸度计是用一支能指示溶液pH的玻璃电极作指示电极，用甘汞电极作参比电极组成一个电池，浸入被测溶液中，此时所组成的电池产生一个电动势。电动势的大小与溶液中的氢离子活度，即pH有直接关系，结合能斯特方程式：

$$E = E^0 + 0.0591\lg [a_H] \quad (25℃)$$

即

$$E = E^0 - 0.0591HP$$

在25℃时，每相差一个pH单位，就产生59.1mV的电极电位，pH可在仪器的刻度上直接读出。

该法比较快速准确，对于有色、浑浊及胶状溶液的pH都能够测量。

测试前先将玻璃电极用蒸馏水浸泡24h以上，然后按说明书将玻璃电极、甘汞电极装好，接通电源，启动开关，预热30min。用选定的pH缓冲液校正酸度计后，用蒸馏水冲洗电极，用脱脂棉吸干，然后将电极放入肉浸液，1min后读取pH。

② 电表pH计测定法：用电表pH计测定肉pH时，可不必制备肉浸液，只需将电表pH计的电极直接插入被检肉的组织中或新鲜切面上，便可从电表pH计上读取肉（或馅）的pH。

其判定标准为：新鲜肉（pH 5.8～6.2）、次鲜肉（pH 6.3～6.6）、变质肉（pH 6.7 以上）。

三、 肉的保水性

肉的保水性是指当肌肉受到外力作用时，例如：加压、切碎、加热、冷冻、融冻、贮存、加工等，保持其原有水分与添加的水分的能力。测定肉的保水性的方法有压力法、滴水损失法和离心法等，而压力法是目前使用最普遍的一种方法。

1. 压力法

压力法属于物理学方法，既施加一定的重量或压力，测定被压出的水量与肉重之比或按压出水所湿面积之比。我国现行的测定方法是用 35kg 重量压力法度量肉样的失水率，失水率愈高，系水力愈低，保水性愈差，反之则相反。

（1）测定方法

① 取样：在第 1～2 腰椎处背最长肌处切取 1.0cm 厚的薄片，平置于干净橡皮片上，再用直径 2.523cm 的圆形取样器（圆面积为 5.0cm^2）切取中心部肉样。

② 测定：将切取的肉样用感量为 0.001g 的天平称重后，将肉样置于两层纱布间，上下各垫 18 层定性中速滤纸，滤纸外各垫一块书写用硬质塑料板，然后放置于改装钢环允许膨胀压缩仪上，用匀速摇动把加压至 35kg，并在 35kg 下保持 5min，解除压力后立即称量肉样重。

（2）计算

失水率（%）＝（加压前肉样重－加压后肉样重）/加压前肉样重×100%

2. 滴水损失法

滴水损失法，即在不施加任何外力的标准条件下，保存肉样一定时间（24h 或 48h），以测定肉样的滴水损失，这是一种操作简便，测值可靠和适于在现场应用的方法。

（1）试样部位　取第 3～6 腰椎处背最长肌，将试样修整为长×宽×高为 5cm×3cm×2.5cm 的肉片。

（2）测定时间　猪被屠宰后 2h 剥离背最长肌，切取试样并称重，在冰箱 4℃条件下，保存 24h。

（3）测定方法　将修整好的试样称重（m_1），放置于充气的塑料袋中。用细铁丝钩住肉样一端，保持肉样垂直向下，不接触食品袋，扎紧袋口，悬吊于冰箱冷藏层，保存 24h，取出肉样，用洁净滤纸轻轻拭去肉样表层汁液后称重（m_2），按下式计算滴水损失：

$$滴水损失 = (m_1 - m_2) / m_1 \times 100 \ (\%)$$

（4）判定　滴水损失与肌肉保水力呈负相关，即滴水损失越大，则肌肉保水力越差；滴水损失越少，则肌肉保水力愈好。测定结果可按同期对比排序法评定优劣。一般情况下，滴水损失不超过3%，可作为参考值。

四、 肉的嫩度

肉的嫩度评定分为主观评定和客观评定两种方法。

1. 主观评定

主观评定是依靠咀嚼和舌与颊对肌肉的软、硬与咀嚼的难易程度等方面进行综合评定。但评定人员须经专门训练。主观评定可从以下三个方面进行：

（1）咬断肌纤维的难易程度，即牙齿切断肌纤维的能力。

（2）咬碎肌纤维的难易程度或达到正常吞咽程度时的咀嚼次数。

（3）剩余残渣量。

2. 客观评定

客观评定，即用肌肉嫩度计测定剪切肉样时的剪切力的大小来客观表示肌肉的嫩度。实验表明，剪切力与主观评定法之间的相关系数达0.60～0.85，平均为0.75。

（1）肉样的采取　猪按常规方法屠宰后，1h内按肌肉解剖学部位剥离取出供试的肌肉，除去肌肉表层附着的脂肪，切取ST（半腱肌）和PM腰大肌的中段（占各总肉样重50%～60%）和LD（背长肌第一至第四腰椎间）的中段，然后将肉样用聚氯乙烯塑料食品袋盛装包扎好待用。

（2）测前样品处理　将刚采取包装好的肉样，置于15～16℃室温下保存24h，测定肉样的最终pH，选取pH<5.7的肌肉转入0～4℃下熟化45h。测定时从冰箱中取出熟化后的肉样，在室温下放置1h后将温度计插入肌肉中心部位（或用特制的热电耦仪），再置于80℃恒温水浴中加热至肌肉中心温度达70℃时立即终止加温，待肉样冷到20℃左右时取出肉样。

（3）取测试样　用直径1.27cm的圆形取样器按肌纤维平行的方向取被测试肉样，肉样长度为2.5cm，即可上机操作。

（4）测试操作　测定仪器用国产的C－LM2型肌肉嫩度仪进行。测者须按使用说明书要求正确操作。先将红白指针调至到零位，切剪刀调升到上线位，再将取好的肉样放入刀孔处放平，按动开关使切剪下行切断肉样，运行至下线停机，观看记录嫩度仪上白指针所指数据，按仪器规定再乘0.2常数，其乘积就是剪切力（F_s）。值大肉老，值小肉嫩。

$$F_s\text{（相对剪切力）}=\frac{\text{所测样品剪切力（kg）}}{\text{所测样品的横截面积（cm}^2\text{）}}$$

五、 肉的大理石纹

肉的大理石纹是小肌束间脂肪结缔组织分布形成的纹理。大理石纹的多少与肉的多汁性和风味嫩度有密切关系，是猪肉质地的重要指标。

（1）取样部位　眼肌胸段最后肋。

（2）前处理　将眼肌胸段从热闹体中剥离后置于 0～4℃冰箱中保存到宰后 24h 取出，切出新鲜肉样切面（肉样厚度不得少于 1.5cm），在切面上覆盖透氧薄膜静置 1h，然后将肉样置于室内漫射光下，光照强度 750lx 以上。

（3）操作　与肉色评分同步进行，对照美制 NPPC 比色板（1991 版或 1994 版皆可）给肉样评分。1 分为脂肪痕量，2 分为脂肪微量，3 分为脂肪中量，4 分为脂肪多量，5 分为脂肪过量。两分之间允许设 0.5 分值。

六、肉的熟肉率

将完整腰大肌用感量为 0.1g 的天平称重后，置于蒸锅屉上用沸水在蒸煮 45min，取出后冷却 30～40min 或吊挂于室内无风阴凉处 30min 后，称重，用下列公式计算：

熟肉率 = 蒸煮后肉样重/蒸煮前肉样重 × 100（%）

实训作业

根据实训结果，对原料肉品质做出综合评定，并写出实训报告。

考核内容

1. 简答（30 分）

（1）简述影响肉 pH 变化的因素。

（2）形成肉色的物质是什么？影响肉色变化的因素有哪些？

（3）何谓肉的保水性？影响因素主要有哪些？

2. 技能操作（70 分）

采用比色板法对猪肉进行肉色评定。

在规定的时间内，回答问题、操作符合要求且独立完成者得 100 分；所用时间较长，回答问题、操作符合要求且独立完成者得 80 分；在教师指导下完成，回答问题基本正确者得 60 分；否则不得分。

实训二　香肠的加工

实训目的及要求

（1）了解香肠制品的加工原理和加工过程。

（2）掌握香肠制品的加工方法及操作要点。

实训材料

新鲜猪肉（包括瘦肉和肉膘）、肠衣（猪、羊干肠衣或盐渍肠衣）、食盐、硝石、酱油、白砂糖、白酒、混合香料、结扎线绳、天平、台秤、盆和盘等盛器、切板、刀具、灌肠工具、烘烤设备等。

实训内容与方法

1. 原材料选择和处理

（1）猪肉　以新鲜猪后腿瘦肉为主，夹心肉次之（冷冻肉不用），肉膘以背膘为主，腿膘次之。瘦肉绞成 0.5～1.0cm^3 的肉丁，肥肉用切丁机或手工切成 1cm^3 丁后用 35～40℃热水漂洗去浮油，沥干水备用。

（2）配料

广式香肠配料：瘦猪肉 70kg、白膘 30kg、60°大曲酒 2.5～3kg、硝酸钠 50g、白酱油 5kg、精盐 2kg、白砂糖 6～7kg。

哈尔滨香肠：瘦肉 75kg、肥肉 25kg、食盐 2.5kg、酱油 1.5kg、白糖 1.5kg、白酒 0.5kg、硝石 0.1kg、苏砂 0.02kg、大茴香、豆蔻 0.02kg、小茴香 0.01kg、桂皮粉 0.02kg、白芷 0.02kg、丁香 0.01kg。

川味香肠配料：瘦肉 80kg、肥肉 20kg、食盐 3.0kg、白糖 1.0kg、酱油 3.0kg、曲酒 1.0g、硝酸钠 0.005kg、花椒 0.1kg、胡椒 0.1kg、混合香料 0.15kg（大茴香、山柰、桂皮、甘草、荜）。

（3）其他材料的准备　肠衣用新鲜猪或羊的小肠衣，干肠衣在用前要用温水泡软洗净，沥干后在肠衣一端打一死结待用，麻绳用于结扎香肠，一般加工 100kg 原料用麻绳 1.5kg。

2. 拌料

按瘦肉、肥膘 7∶3 比例的肉丁放容器中，另将其余配料用少量 50℃左右温开水溶化，加入肉馅中充分搅拌均匀，使肥、瘦肉丁均匀分开，不出现黏结现象，静置片刻即可用以灌肠。

3. 腌制

－5～0℃室内或冷库中腌制 1～2h，当瘦肉变为内外一致的鲜红色，用手触摸有坚实感、不绵软，肉馅中有汁液渗出，手摸有滑腻感时，即完成腌制。此时加入白酒拌匀，即可灌制。

4. 灌制

将上述配置好的肉馅用灌肠机灌入肠内（用手工灌肠时可用搅肉机取下筛板和搅刀，安上漏斗代替灌肠机）。灌制要均匀，应做到肉馅紧密而无间隙，防止装的过紧或过松。过松会造成肠馅脱节或不饱满，在成品中有空隙或空洞。过紧则会在蒸熟时使肠衣涨破。使用真空定量灌肠机可提高品质和工作效率。

5. 结扎

按品种、规格要求每隔 12～15cm 时，即可用麻绳结扎。

6. 排气

每一节上用细针刺若干小孔，以便于烘肠时水分和空气外泄。

7. 漂洗

灌好结扎后的湿肠，放入 35℃温水中漂洗几次，洗去肠衣表面附着的浮油盐汁等污着物。

8. 日晒、 烘烤

水洗后的香肠分别挂在竹竿上，放到日光下晒 2～3d。一天翻转两次，使晾晒均匀。胀气处应针刺排气。如遇阴雨天可用烘房，果木烘制，温度应掌握在 50℃左右，烘烤时间一般为 1 昼夜。

工厂生产的香肠应进入烘房烘烤，温度在 50～60℃（用炭火为佳），每烘烤 6h 左右，应上下进行调头换尾，以使烘烤均匀，烘烤 48h 后，香肠色泽红白分明，鲜明光亮，没有发白现象，烘制完成。

9. 成熟

日晒或烘烤后的香肠，放到通风良好的场所晾挂成熟，一般一根麻绳 2 节香肠（一对）进行剪肠，穿挂好后晾挂 30d 左右，此时为最佳食用时期。成品率约为 60%。成熟后的肠体在 10℃下可保藏 4 个月。

10. 质量标准

香肠质量标准系引用中华人民共和国商业行业标准中式香肠 SB/T10278－1997（如表 4－1、表 4－2 所示）。

表 4－1 中式香肠感官指标

项目	感官指标
色泽	瘦肉呈红色，枣红色，脂肪呈乳白色，色泽分明，外表有光泽
香气	腊香味纯正浓郁，具有中式香肠（腊肠）固有的风味
滋味	滋味鲜美，咸甜适中
形态	外形完整、长短、粗细均匀，表面干爽呈现收缩后的自然皱纹

表 4－2 中式香肠理化指标

项目	指标	项目	指标
水分/%	≤25	总糖（以葡萄糖计）含量/%	≤22
氯化物（以 NaCl 计）含量/%	≤8	酸价（以脂肪计）	≤4
蛋白质含量/%	≤16	亚硝酸钠含量/（mg/kg）	≤20
脂肪含量/%	≤45		

实训作业

总结香肠加工操作要点，并写出实训报告。

考核内容

1. 简答（30 分）

简述香肠加工的基本原理和加工操作要点。

2. 技能操作（70 分）

利用提供的材料及设备现场灌制。

在规定的时间内，回答问题、操作符合要求且独立完成者得 100 分；所用时间较长，回答问题、操作符合要求且独立完成者得 80 分；在教师指导下完成，回答问题基本正确者得 60 分；否则不得分。

实训三 肉松的加工

实训目的及要求

（1）熟悉和了解肉松加工的原料、辅料要求加工设备的使用方法。

（2）了解干肉松的加工原理，掌握其工艺流程及操作要点。

实训材料

新鲜猪肉、食盐、酱油、白糖、酒、生姜、八角茴香、味精、葱、电磁炉、炒锅、电子秤、锅铲、菜刀、砧板，不锈钢盆、汤勺、漏勺（大）、一次性手套等。

实训内容与方法

1. 太仓肉松

（1）原料肉的选择和处理　选用瘦肉多的后腿肌肉为原料，先剔除骨、皮、脂肪、筋腱，再将瘦肉切成 3 ~ 4cm^3 的方块。

（2）配方　猪瘦肉 100kg、高度白酒 1.0kg、精盐 1.67kg、八角茴香 0.38kg、酱油 7.0kg、生姜 0.28kg、白糖 11.11kg、味精 0.17kg。

（3）加工工艺　将切好的瘦肉块和生姜、香料（用纱布包起）放入锅中，加入与肉等量的水，按以下三个阶段进行。

① 肉烂期（大火期）：用大火煮，直到煮烂为止，煮肉期间要不断加水，以

防煮干，并撇去上浮的油沫。检查肉是否煮烂，其方法是用筷子夹住肉块，稍加压力，如果肉纤维自行分离，可认为肉已煮烂。这时可将其他调味料全部加入，继续煮肉，直到汤煮干为止。

② 炒压期（中火期）：取出生姜和香料，采用中等压力，用锅铲一边压散肉块，一边翻炒。注意炒压要适时，因为过早炒压功效很低，而炒压过迟，肉太烂，容易粘锅炒煳，造成损失。

③ 成熟期（小火期）：用小火勤炒勤翻，操作轻而均匀。当肉块全部炒松散和炒干时，颜色即由灰棕色变为金黄色，成为具有特殊香味的肉松。

（4）产品质量标准

① 感官指标：呈金黄色或淡黄色，带有光泽，絮状，纤维疏松，无异味、臭味。

② 理化指标：水分≤20%。

③ 细菌指标：细菌总数≤3000 个/g，大肠杆菌≤40 个/100g，致病菌（指肠道致病菌及致病性球菌）不得检出。

（5）包装和贮藏　肉松的吸水性很强，长期贮藏最好装入玻璃瓶或马口铁盒中，短期贮藏可装入单层塑料袋内，刚加工成的肉松趁热装入预先消毒和干燥的复合阻气包装袋中，贮藏于干燥处，可以半年不会变质。

2. 福建肉松

与太仓肉松的加工方法基本相同，只是在配料上有区别，在加工方法上增加油炒工序，制成颗粒壮，因成品含油量高而不耐贮藏。

（1）原料选择与整理　选用新鲜猪后腿精瘦肉，剔除肉中的筋腱、脂肪及骨等，顺肌纤维切成 0.1kg 左右的肉块，用清水洗净并沥干水。

（2）配方　猪瘦肉 50kg、白糖 5kg、白酱油 3kg、黄酒 1kg、味精 75g、猪油 7.5kg，面粉 4kg、桂皮 100g、鲜姜 500g、大葱 500g、红曲适量。

（3）煮肉炒松　将洗净的肉块投入锅内，并放入桂皮、鲜姜、大葱等香料，加入清水进行煮制，不断翻动，舀出浮油。当煮至用铁铲稍压即可使肉块纤维散开时，再加入红曲、白糖、白酱油等。根据肉质情况决定煮制时间，一般需煮 4～6h，待锅内肉汤收干后出锅，放入容器晾透。然后把肉块放在另一锅内进行炒制，用小火慢炒，让水分慢慢地蒸发，炒到肉纤维不成团时，再改用小火烘烤，即成肉松坯。

（4）油酥　在炒好的肉松坯中加入黄酒、味精、面粉等，等搅拌均匀后，再放到小锅中用小火烘焙，随时翻动，待大部分松坯都成为酥脆的粒状时，用筛子把小颗粒筛出，剩下的大颗粒松坯倒入加热到 200℃ 左右的猪油中，不断搅拌，使松坯与猪油均匀结成球形圆粒，即为成品。熟猪油加入量一般为肉坯重的 40%～60%，夏季少些，冬季可多些。

（5）成品质量指标　成品呈红褐色，颗粒状，大小均匀，油润酥软，味美香甜，香气浓郁，不含硬粒，无异味。水分含量≤8%。

实训作业

总结肉松加工操作要点，并写出实训报告。

考核内容

1. 简答（30分）

简述肉松加工的基本工艺和质量控制。

2. 技能操作（70分）

太仓肉松的加工。

在规定的时间内，能进行肉松加工各主要环节的正确操作，回答问题正确者得100分；肉松加工各主要环节的操作基本正确，回答问题正确者得80分；肉松加工各主要环节的操作及回答问题都基本正确者得60分；否则不得分。

实训四　红烧鸡的加工

实训目的及要求

通过本次实训，基本掌握酱卤制品的调味与煮制方法，初步掌握烧鸡的加工技术。

实训材料

健康活鸡一只，体重1.5～2kg，煤气炉灶、煮锅、盆、刀、盘、秤、天平等。

实训内容与方法

1. 屠宰褪毛

采用颈下“切断三管”宰杀，充分放血后，用70～75℃热水浸烫2～3min后即行褪毛，褪毛顺序是：头颈→两翅→背部→腹部→两腿。

2. 去内脏

在离肛门前开3～4cm长的横切口，用两手指伸入剥离鸡油，取出鸡的全部内脏，用冷水清洗鸡体内部及全身。

3. 造型

将鸡两脚爪交叉插入腹腔内，把头别在左翅下。

4. 烫皮、上色

将整形后的鸡放入90℃左右的热水中浸烫1~2min捞出，待鸡身水分晾干后上糖色。糖液的配制是1份麦芽糖或蜜糖加60℃的热水3份调配成上色液。用刷子将糖液均匀擦于造型后的鸡体外表，晾干表面水分。

5. 油炸

将上好糖液的鸡放入加热至170~180℃的植物油中翻炸5~8min，待鸡体表面呈柿黄色时即可捞出，炸鸡时动作要轻，不要把鸡皮弄破。

6. 煮制

烧鸡（1只鸡用量）、食盐7g、白酒3g、酱油40g、味精3g、砂仁0.5g、豆蔻0.5g、丁香0.5g、草果1.5g、桂皮2g、陈皮1g、白芷1g、植物油适量。

将香辛料加适量的水煮沸5~10min，然后放入炸好的鸡体，并同时加入食盐、白酒、酱油等辅料，用大火烧开，后改用小火焖煮2~4h，待熟烂后，捞鸡出锅。

7. 成品

外形完整、造型美观、色泽酱黄带红，味香肉烂，出品率64%左右。

考核内容

按实际操作过程写出实训报告（实训内容、加工方法及步骤等）。现场考核和实训报告相结合评分。

能进行红烧鸡加工各主要环节的正确操作，回答问题正确者得100分；红烧鸡加工各主要环节的操作基本正确，回答问题正确者得80分；红烧鸡加工各主要环节的操作及回答问题都基本正确者得60分；否则不得分。

实训五 牛乳新鲜度的测定

实训目的及要求

通过本次实训，要求掌握对原料乳进行新鲜度检验的方法。

实训内容与方法

牛乳新鲜度的检验方法很多，目前在生产上应用较多的方法是在感官检验的基础上，再配合采用酒精试验、煮沸试验、刃天青试验和测定酸度等方法。

1. 感官鉴定

(1) 原理　牛乳的感官鉴定是以牛乳的理化特性为基础的。正常牛乳具有特定的感官特性，如正常鲜乳的色泽由乳白色到淡黄色不等，其黄色的深浅取决于牛乳的脂肪含量和色素含量；正常鲜乳的组织状态是液体，均匀一致，不黏滑，不胶黏，无絮状物；正常牛乳含有一种天然的乳香味，来源于乳脂肪中的挥发性脂肪酸，并具有纯净的甜味，来源于乳糖，和微弱的咸味。牛乳的气味和滋味会由于各种原因而发生改变，如贮存时间与贮存条件、容器材料、牛舍与挤乳厅的环境状况、饲料种类与质量等。如果被检验乳样的感官特性偏离了正常牛乳的感官特性，说明牛乳存在问题，根据偏离的具体情况，可初步判断存在问题的种类、性质、程度及原因。

(2) 仪器与器材小烧杯、乳样托皿、乳样、煮沸装置等。

(3) 鉴定方法

① 色泽鉴定：将混合均匀的乳样倒入白瓷皿内，观察颜色。正常牛奶为白色，略带黄色，脱脂乳是白带蓝色。初乳的黄色较深。

② 气味鉴定：用鼻子嗅闻烧杯内的奶样，检查是否有乳的正常香味，或有无其他气味如饲料味、酸味、腥味、烟味、腐败味等。然后将奶样煮沸，再嗅闻乳样的气味，并与煮沸前的气味进行对比。一般加热后的气味会变强。

③ 滋味鉴定：待煮沸的乳样微微冷却后，用口品尝乳样，体会正常乳样的香味，并检查是否有其他异常味道。

④ 组织状态鉴定：将混合均匀的乳样倒入烧杯中，静置15min后将其倒入另一烧杯中，观察牛奶有无过黏、絮状物或其他杂质。

2. 滴定酸度的测定

(1) 原理　正常牛乳的pH一般在6.3~6.9，呈弱酸性，由鲜乳中固有的酸性蛋白质、柠檬酸盐、磷酸盐及二氧化碳等弱酸性物质构成。牛乳在存放过程中由于微生物的活动，分解乳糖为乳酸，使牛乳的酸度增高。牛乳的酸度越高，说明受微生物污染的程度越严重。因此可通过测定牛乳的酸度评价牛乳的新鲜度。

乳的滴定酸度常用吉尔涅尔度（°T）和乳酸度（乳酸%）表示。

吉尔涅尔度（°T）是以酚酞做指示剂，中和100mL乳中的酸所消耗的0.1mol/L氢氧化钠的体积（mL）来表示，也称滴定酸度。消耗0.1mol/L氢氧化钠1mL为1°T。

乳酸度（乳酸%）是指乳中酸的百分含量。

(2) 仪器及试剂　0.1mol/L草酸溶液、0.1mol/L（近似值）氢氧化钠溶液、10mL吸管、150mL三角瓶、25mL酸式滴定管、0.5%酚酞酒精溶液、0.5mL吸管、25mL碱式滴定管、滴定架等。

(3) 操作方法

① 标定氢氧化钠溶液，求出氢氧化钠的校正系数（F）：取0.1mol/L草酸

($H_2C_2O_4 \cdot 2H_2O$) 溶液 20mL 于 150mL 三角瓶中，加 2 滴酚酞酒精溶液，以 0.1mol/L（近似值）氢氧化钠溶液滴定至为红色（1min 不褪色），并记录其用量(V)。

$$F=\frac{0.1\text{mol/L 草酸的体积（mL）}}{0.1\text{（近似值）氢氧化钠的体积（mL）}}$$

在本操作中 $F=20/V$。

② 滴定乳的酸度：用试管量取 10mL 经混匀的乳样，放入 150mL 三角瓶中，再加入 20mL 蒸馏水和 0.5mL（或 10 滴）0.5% 酚酞溶液，摇匀后，用 0.1mol/L（近似值）氢氧化钠溶液滴定，边滴边摇，直至出现微红色，并在 1min 内不消失为止，记录 0.1mol/L（近似值）氢氧化钠所消耗的体积（V）。

③ 计算滴定酸度。

$$\text{吉尔涅尔度（°T）}=V\times F\times 10$$

式中 V——滴定时消耗的 0.1mol/L（近似值）氢氧化钠的体积，mL；

F——0.1mol/L（近似值）氢氧化钠的校正系数；

10——乳样的倍数。

$$\text{乳酸度}=\frac{V\times F\times 0.009}{\text{乳样的毫升数}\times\text{乳的相对密度}}$$

式中 V——中和乳样的酸所消耗的 0.1mol/L（近似值）氢氧化钠的体积，mL；

F——0.1mol/L（近似值）氢氧化钠的校正系数；

0.009——0.1mol/L、1mL 氢氧化钠能结合 0.009g 乳酸。

④ 根据测定的结果判定乳的品质，见表 4-3。

表 4-3　　滴定酸度与牛乳品质关系表

滴定酸度/°T	牛乳品质	滴定酸度/°T	牛乳品质
低于 16	加碱或加水等异常的乳	高于 25	酸性乳
16~20	正常新鲜乳	高于 27	加热凝固
高于 21	微酸的乳	60 以上	酸化乳，能自身凝固

（4）注意事项

① 使用的 0.1mol/L（近似值）NaOH 溶液，应经精密标定后使用，其中不应含有 Na_2CO_3，故所用蒸馏水应先经煮沸冷却，以驱除 CO_2。

② 温度对乳的 pH 有影响，因乳中具有微酸性物质，离解程度与温度有关，温度低时滴定酸度偏低。最好在（20±5）℃时滴定为宜。

③ 滴定速度越慢，则消耗碱液越多，误差大，最好在 20~30s 完成滴定。

3. 酒精试验法

（1）原理　乳中的酪蛋白等电点为 pH 4.6 鲜乳的 pH 为 6.8，鲜乳中的酪蛋白处于等电点的碱性方面，故酪蛋白胶粒带负电荷；另外，酪蛋白胶粒具有强亲水性，由于水化作用周围形成一水化层，故酪蛋白以稳定的胶体状态存在于乳中。

酒精有脱水作用，当加入酒精后，酪蛋白胶料周围水化层被脱掉，胶粒变成只带负电荷的不稳定状态。当乳的酸度增高或因某种原因盐类平衡发生变化时，H^+或Ca^{2+}与负电荷作用，胶粒变为电中性而发生沉淀。

经试验证明，乳的酸度与引起酪蛋白沉淀的酒精浓度存在着一定的关系，故可利用不同浓度的酒精测定被检乳样，以是否结絮来判定乳的酸度。

（2）仪器及试剂　中性酒精68°、70°和72°（酒精计上的读数），1～2mL吸管、试管、烧杯等。

（3）操作方法

① 取试管3支，编号（1、2、3号），分别加入同一乳样1～2mL，1号管加入等量的68°中性酒精；2号管加入等量的70°中性酒精；3号管加入等量的72°中性酒精。摇匀，然后观察有无出现白色絮片。如无絮片出现，则表明是新鲜乳，其酸度不高于20°T，称为酒精隐性乳。出现絮片的乳，为酸度较高的不新鲜乳，称为酒精阳性乳。根据产生絮片的特征，可大致判断乳的酸度。

② 判定标准　在68°酒精中不出现絮片者，酸度低于20°T；在70°酒精中不出现絮片者，酸度低于19°T；在72°酒精中不出现絮片者，酸度低于18°T，详见表4－4。

表4－4　酒精浓度与酸度关系判定标准表

酒精浓度	不出现絮片酸度
68°	20°T以下
70°	19°T以下
72°	18°T以下

注：试验温度以20℃为标准。

（4）注意事项

① 非脂乳固体较高的牛乳，酒精试验呈阳性反应，但热稳定性不一定差，乳不一定不新鲜。因此，对这些乳进行酒精试验，应选用低于68°的酒精溶液。由于地区不同，尚无统一标准。

② 牛乳冰冻也会形成酒精阳性乳，但这种乳热稳定性较高，可作为乳制品原料。

③ 酒精要纯，pH必须调到中性，使用时间超过5～10d必须重新调节。

4. 煮沸试验

（1）原理　乳的酸度愈高，乳中蛋白质对热的稳定性愈低，愈易凝固。根据乳中蛋白质在不同温度时凝固的特征，可判断乳的新鲜度。

(2) 仪器 20mL 吸管、水浴箱。

(3) 操作方法

① 取 10mL 乳，放入试管中，用酒精灯加热至沸腾，观察管壁有无絮片出现或发生凝固现象。

② 判定标准：如果产生絮片或发生凝固，则表示不新鲜，酸度大于 26°T（如表 4－5 所示）。

表 4－5　　煮沸试验判定标准表

乳的酸度/°T	凝固条件	乳的酸度/°T	凝固条件
18	煮沸时不凝固	40	加热 63℃以上凝固
20	煮沸时不凝固	50	加热 40℃以上凝固
26	煮沸时不凝固	60	22℃时自行凝固
28	煮沸时不凝固	65	16℃时自行凝固
30	加热 77℃以上凝固		

5. 乳的新鲜度测定参考法——定量碱液法

(1) 原理　定量碱液法的原理与吉尔涅尔度（°T）法相同。即以中和乳中的酸所消耗的氢氧化钠 0.1mmol 为 1°T。并用已知浓度、已知体积的碱（酚酞作指示剂）处理一定体积的乳样。根据其颜色有无变化确定乳是否超过其相应的临界酸度。

(2) 仪器及试剂　1% 酚酞酒精溶液、0.1mol/L NaOH 溶液、10mL 吸管、5mL 吸管、试管。

(3) 操作方法

① 配制 NaOH 使用液：见表 4－6。

表 4－6　　定量碱液法中 NaOH 使用液配制表

试剂种类	临界酸度/°T	溶液各成分的体积/mL		
		0.1mol/L 氢氧化钠	1% 酚酞	蒸馏水
A 液	20	100	10	加水至 1000
B 液	22	110	10	加水至 1000

② 取 10mL NaOH 使用液（A 液或 B 液）于试管中，再加入乳样 5mL，摇匀，观察试管内容物有无颜色变化。

③ 判定标准：试管内容物仍为红色，乳的酸度不高于相应的临界酸度；试管内容物变为无色，乳的酸度高于相应的临界酸度。

6. 刃天青（利色唑林）试验

(1) 原理　刃天青为氧还原反应指示剂，加入正常鲜乳中，乳呈青蓝色，如果乳被细菌污染，能使刃天青还原，发生如下色变：青蓝色→紫色→红色→白色（无色）。因此，根据变色情况和变到一定颜色所需的时间，可以推断乳中的细菌概数，进而判定乳被细菌污染的等级。

（2）仪器及试剂 20mL 灭菌有塞刻度试管 2 支；1mL 及 10mL 灭菌吸管各 1 支；100℃温度计 1 支；恒温水浴锅 1 台（调到 37℃）。

刃天青基础液：取 100g 刃天青（分析纯）于烧杯中，加少量煮沸过的水溶解，入 200mL 容量瓶中，最后加水至刻度，贮藏在冰箱中。此液含刃天青 0.05%。

刃天青工作液：用煮沸过的、经玻璃器皿蒸馏的水以 1:10 的比例将基础液稀释即可，工作液贮于棕色瓶中，避光保存。

（3）操作方法

① 吸取 10mL 乳于试管中，再加入刃天青使用液 1mL，混匀，用胶塞塞好，但不要盖严。

② 将该试管置于（37 ±0.5）℃的水浴锅中进行水浴加热，当试管内容物加热到 37℃时（用对照组试管测温），将管口塞紧，慢慢转动试管（不振荡），使受热均匀。

③ 于水浴开始后的 20min，第一次观察试管内容物的颜色变化，记录结果。

④ 去掉白色乳试管，将其他试管进行转动，继续水浴保温 60min。然后进行第二次观察，记录结果。

⑤ 根据两次观察结果，按表 4 –7 项目判定乳的等级质量。

表 4 –7 刃天青试验判定标准表

级别	乳的质量	乳的颜色	
		经过 20min	经过 60min
1	良好	青蓝色	青蓝色
2	合格	青蓝色	蓝紫色
	不好	青蓝或蓝紫色	粉红色
3	很坏	白色	

实训作业

总结牛乳新鲜度检验的方法及操作要点，并写出实训报告。

考核内容

1. 简答（30 分）

简述牛乳新鲜度检验的方法和操作要点。

2. 技能操作（70 分）

牛乳新鲜度的评定（注：从感官鉴定、酒精试验、煮沸试验、刃天青试验和测定酸度等方法中任选一种）。

在规定的时间内，能进行牛乳新鲜度评定的各主要环节的正确操作，回答问题正确者得 100 分；牛乳新鲜度评定的各主要环节的操作基本正确，回答问题正确者得 80 分；牛乳新鲜度评定的各主要环节的操作及回答问题都基本正确者得 60 分；否则不得分。

实训六 凝固型酸乳的制作

实训目的及要求

（1）学会制作生产凝固型酸乳所用的脱脂乳培养基、制备母发酵剂和工作发酵剂。

（2）初步掌握凝固型酸乳的加工方法和操作技能。

实训材料

原料乳 10kg（全班）、蔗糖 0.5kg、保加利亚乳杆菌、嗜热链球菌、脱脂乳培养基、高压均质机、高压灭菌锅、酸度计、酸性 pH 试纸、超净工作台、恒温培养箱等。

实训内容与方法

1. 脱脂乳培养基制备

脱脂乳用三角瓶和试管分装，置于高压灭菌器中，121℃灭菌 15min。

2. 菌种活化与培养

用灭菌后的脱脂乳将粉状菌种溶解，用接种环接种于装有灭菌乳的三角瓶和试管中，42 恒温培养直到凝固。取出后置于 5℃下 24h（有助于风味物质的提高），再进行第二次、第三次接代培养，使保加利亚杆菌和嗜热链球菌的滴定酸度分别达 110°T 和 90°T 以上。

3. 发酵剂混合扩大培养

将已活化培养好的液体菌种以球菌：杆菌为 1∶1 的比例混合，接种于灭菌脱脂乳中恒温培养。接种量为 4%，培养温度 42℃，时间 3.5～4.0h。制备成母发酵剂，备用。

4. 工艺流程

原料乳→加糖预热→均质→杀菌→冷却→接种→装瓶→培养→冷却→成品。

5. 操作要点

（1）加糖　原料中加入5%～7%的砂糖。

（2）均质　均质前将原料乳预热至53℃，20～25MPa下均质处理。

（3）杀菌　均质料乳杀菌温度为90℃，时间15min。

（4）冷却　杀菌后迅速冷却至42℃左右。

（5）接种　接种量为4%。杆菌：球菌为1:1。

（6）培养　接种后装瓶，置于42℃恒温箱中培养至凝固，3～4h。

6. 质量评定

（1）感官指标

① 组织状态：凝块均匀细腻，无气泡，允许有少量乳清析出。

② 滋味和气味：具有纯乳酸发酵剂制成的酸牛乳特有的滋味和气味，无酒精发酵味、霉味和其他外来的不良气味。

③ 色泽：色泽均匀一致，呈乳白色或稍带微黄色。

（2）微生物指标　大肠菌群数≤90个/100mL，不得有致病菌。

（3）理化指标　脂肪≥3.0%（扣除砂糖计算），全乳固体≥11.5%，酸度70～110°T，砂糖≥5.0%，汞（以Hg计）≤0.01×10^{-6}mg/kg。

考核内容

按实际操作过程写出实训报告。现场考核和实训报告相结合评分。

能进行凝固型酸乳制作各主要环节的正确操作，回答问题正确者得100分；凝固型酸乳制作各主要环节的操作基本正确，回答问题正确者得80分；凝固型酸乳制作各主要环节的操作及回答问题都基本正确者得60分；否则不得分。

实训七　乳粉的质量感官评定

实训目的及要求

通过本实验了解和掌握乳粉质量之感官评定方法及评分标准。

实训材料

200～250mL烧杯2个、牛角勺或匙1把、500mL烧杯1个、玻棒1支、250mL量筒1个、温度计1支、扩大镜1个、上皿天平1台、盛样盘（平皿或磁盘）每个样品1个。

感官评分标准

1. 乳粉的评分标准

乳粉感官指标按百分制评定，其中各项分数见表4－8。

表4－8 乳粉的评分标准

项　目	全脂乳粉	全脂加糖乳粉	脱脂乳粉
滋味及气味	65	65	65
组织状态	25	20	30
色泽	5	10	5
冲调性	5	5	－

2. 各级产品应得的感官分数

各级产品应得的感官分数见表4－9。

表4－9 各级产品应得的感官分数

等　级	总评分	滋味和气味最低得分
特级	≥90	60
一级	≥85	55
二级	≥80	50

3. 感官指标评分

（1）全脂乳粉的感官评分见表4－10。

（2）全脂加糖乳粉的评分见表4－11。

（3）脱脂乳粉感官评分见表4－12。

表4－10 全脂乳粉的感官评分

项目	特征	扣分	得分
滋味和气味 65分	具有消毒牛乳的纯香味，无其他异味者	0	65
	激气味稍淡，但无异味者	2~5	63~60
	有过度消毒的滋味和气味者	3~7	62~58
	有焦粉味者	5~8	60~57
	有饲料味者	6~10	59~55
	滋气味平淡，无乳香味者	7~12	58~53
	有不清洁或不新滋味味和气味者	8~13	57~52
	有脂肪氧化味者	14~17	51~48
	有其他异味者	12~20	53~45

续表

项目	特征	扣分	得分
组织状态 25 分	干燥粉末无凝块者	0	25
	凝块易松散或有少量硬粒者	2~4	23~21
	凝块较结实者（贮藏时间较长）	8~12	17~13
	有肉跟可见的杂质或异物者	1~15	20~10
色泽 5 分	全部一色，呈浅黄色者	0	5
	黄色特殊或带浅白色者	1~2	4~3
	有焦粉粒者	2~3	3~2
冲调性 5 分	润湿下沉快，冲调后完全无团块，杯底无沉淀物者	0	5
	冲调后有少量团块者	1~2	3~4
	冲调后团块较多者	2~3	3~2

表 4-11　　全脂加糖乳粉的评分

项目	特征	扣分	得分
滋味和气味 65 分	具有消毒牛乳的纯香味，甜味纯正，无其他异味者	0	65
	滋气味稍淡，无异味者	2~5	63~60
	有过度消毒的滋味和气味者	3~7	62~58
	有焦粉味者	5~8	60~57
	有饲料味者	6~10	59~55
	滋气味平淡无奶香味者	7~12	58~53
	有不清洁或不新鲜滋味和气味者	8~13	57~52
	有脂肪氧化味	14~17	51~48
	有其他异味者	12~20	53~45
组织状态 20 分	干燥粉末无凝块者	2~4	20
	凝块易松散或有少量硬粒者	8~12	18~16
	凝块较结实者（贮存时间较长）	5~15	12~8
	有肉眼可见杂质者		155
冲调性 10 分	润湿下沉快，冲调后完全无团块，杯底无沉淀者	0	10
	冲调后有少量团块者	2~4	8~6
	冲调后团块较多者	4~6	6~4
色泽 5 分	全部一色，呈浅黄色者	0	5
	黄色特殊或带浅白色者	1~2	4~3
	有焦粉粒者	2~5	3~0

表 4－12 脱脂乳粉感官评分

项目	特征	扣分	得分
滋味和气味 65 分	具有脱脂消毒牛乳的纯香味，无其他异味者	0	6
	滋气味稍谈，无异味者	2～5	63～60
	有过度消毒味者	3～7	62～58
	有焦粉味者	5～8	60～57
	有饲料味者	6～10	59～55
	有不清洁和不新鲜的滋味和气味者	8～13	57～52
	有其他异味者	12～20	53～45
组织状态 30 分	干燥粉末，无凝块者	0	30
	凝块易松散或有少量硬粒者	2～4	28～26
	凝块较结实者（贮藏时间较长）	8～12	22～18
	有肉眼可见杂质或异物者	5～15	25～15
色泽 5 分	呈浅白色，色泽均匀，有光泽者	0	5
	色泽有轻度变化者	1～2	4～3
	色泽有明显变化者	3～5	2～0

评定方法

将乳粉倒于盛样盘中，然后按“组织状态”、“色泽”、“滋气味”、“冲调性”之先后顺序依据标准逐项进行评定，记扣分或得分于评分表中，最后将各项得分累加得总分，再根据产品等级评分标准评定出产品之等级。具体评定方法如下。

1. 组织状态评定

用牛角勺或匙反复拨弄盛样盘中之乳粉，观察粉粒状态及有无杂质和异物，遇有肉眼难以观察之异物时可借助扩大镜辨认。

2. 色泽评定

将盛样盘置于非直射光下观察其色泽，判定时应考虑乳粉颗粒大小对色泽的影响，因同一种乳粉颗粒小者色白，颗粒大者色深。

3. 滋气味评定

用勺或纸片取少量乳粉放于口中仔细品尝其滋味，也可用温水调成复原乳后品尝。乳粉之气味可直接嗅干粉或复原乳评定。

4. 润湿下沉性与冲调性评定

（1）润湿下沉性　于200～250mL 烧杯中倒入150～200mL 25℃水，称取10g 乳粉撒放在水面上。观察并记录乳粉全部润湿下沉的时间（速溶乳粉＜5min，普通乳粉 5min 以上)。一次评定数个样品时，可依据全部粉粒下沉时间排出优劣之顺序后加以评分。

(2) 冲调性 于 500mL 烧杯中倒入 250mL 40℃的温开水，称取 34g 乳粉倒入水中，立即用玻棒以每秒 1 圈之速度反正方向各搅动 10 次或 15 次，然后观察有无团块及杯底沉淀物之数量进行评分。

5. 等级评定

每人按感官评定表统计出总得分，并评定出等级。再将每人评定结果综合平衡后，得出最终评定结果。

注意事项

1. 对感官评定员应严格要求，其应具备的基本条件

① 健全的感觉器官和良好的心理素质；②良好的注意力和记忆力；③良好的观察力、判断力和鉴别力；④较好的语言交流能力和概括能力。

2. 评定顺序

得到样品以后应立刻闻味，否则样品接触空气后会变淡。一般来说评定员总是先闻味后尝味，因为嗅觉要比味觉敏感得多。

3. 评定环境

感官评定往往是由数名成员组成的小组来完成的。因此最后结果是以小组形式汇报的，也就是说将每个成员的评定结果综合以后取平均值作为结论。这就要求每个成员都必须认真地独立完成自己的品评工作。品评中间避免互相讨论交流，更不能在听了或看了别人的结论后再作自己的判断。

考核内容

按实际评定过程写出实训报告。现场考核和实训报告相结合评分。

能进行乳粉感官评定各主要环节的正确操作，回答问题正确者得 100 分；乳粉感官评定各主要环节的操作基本正确，回答问题正确者得 80 分；乳粉感官评定各主要环节的操作及回答问题都基本正确者得 60 分；否则不得分。

实训八 乳粉的溶解度和杂质度的测定

实训目的及要求

(1) 掌握乳粉溶解度的测定方法。

(2) 掌握乳粉杂质度的测定方法。

实训内容与方法

1. 乳粉溶解度的测定

(1) 溶解度指数法

① 试剂与仪器：消泡剂、月桂酸二甘醇、溶解度指数样品混合瓶、样品混合机、溶解度指数离心管、离心机、玻璃虹吸管等。

② 操作方法：

a. 准确量取100mL（24±0.5℃）的水于样品混合瓶中，加3滴消泡剂（亦可不加）和13g全脂乳粉（称量要准确至0.01g）或15g全脂加糖乳粉，或9g脱脂乳粉。

b. 将混合瓶置于混合机上，用搅拌机以3600r/min的转速搅拌内容物90s，立即将内容物均匀地分倒在2只离心管内至50mL刻度。将2只离心管对称地放入离心机中，按规定转速离心5min。

c. 离心后立即用虹吸管吸出离沉淀物表面5mL以上的澄清液。注意操作勿使沉淀混浊。加约25mL（24±0.5℃）的水，用一金属丝慢慢搅动沉淀物，并轻轻振荡使其分析，再加同样温度的水至50mL，再转动几次使内容物混匀。

d. 放入离心机中，再离心5min，小心取出，保持垂直，使沉淀物界面与眼平齐，读取沉淀物的体积，即刻度数。如果界面倾斜面，则按上下界面的平均数读取，所读取的毫升数即为溶解度指数。

两次平行试验结果差值不大于0.1mL。

(2) 溶解度重量法

① 原理：样品溶于水后，经离心沉淀，称取不溶物重量，从而计算溶解度。

② 仪器：50mL离心管、离心机、分析天平、电热恒温干燥箱、干燥器等。

③ 操作方法：

a. 精密称取样品约5g于50mL烧杯中，用38mL（25~30℃）水分数次将样品溶解于离心管中，加塞，将离心管放于30℃水浴中保温5min后取出，上下振荡3min，使样品充分溶解。

b. 于离心机以1000r/min的转速离心10min，倾去上清液并用棉栓试净管壁。

c. 再加入30℃水38mL，加塞，上下充分振荡3min，使沉淀悬浮，再于离心机中以1000r/min的转速离心10min，倾去上清液，用棉栓擦净管壁。

d. 用少量水将沉淀物洗入已称量的称量皿中，先在水浴上蒸干，再于100℃干燥1h，置干燥器中30min后，称量。

e. 再于100℃干燥30min后取出，冷却，称量，至前后两次质量相关不超过1mg。

④ 计算：

$$溶解度 = 100 - \frac{(m_2 - m_1) \times 100}{m_3 \times (100 - w)} \times 100\ (\%)$$

式中 m_3——样品质量，g；

m_1——称量皿质量，g；

m_2——称量皿加不溶物质量，g；

w——水分含量,%。

测定全脂加糖乳粉时，按下式计算

$$溶解度 = 100 - \frac{(m_2 - m_1) \times 100}{m_3 \times (100 - w_1 - w_2)} \times 100\ (\%)$$

式中 m_3——样品质量，g；

m_1——称量皿质量，g；

m_2——称量皿加不溶物质量，g；

w_1——水分含量,%；

w_2——样品中蔗糖含量,%。

2. 乳粉杂质度的测定

（1）原理 乳和乳制品因挤乳及生产、运输过程而夹杂杂质利用焦粉、牛粪、木炭混合胶状液为标准进行测定。

（2）试剂 胃酶－盐酸液：称取 5.0g 胃酶粉，溶于 250mL 水中，加 15mL 盐酸，加水稀释至 500mL 即成。

（3）仪器 2000～2500mL 抽滤瓶、瓷质过滤漏斗或特制漏斗、棉质过滤板等。

（4）操作方法

① 标准杂质板的制备

准备焦粉、灰土、牛粪、木炭，使之通过一定筛子，然后在 100℃ 烘箱烘干，并按下列比例配合混匀。

焦粉占 40%，其中通过 20 目筛不通过 40 目筛的占 10%，通过 40 目筛不通过 60 目筛的占 30%，通过 40 目筛的灰土占 30%。

牛粪占 20%，其中通过 20 目筛不通过 40 目筛的占 2%，通过 40 目筛不通过 60 目筛的占 8%，通过 60 目筛不通过 80 目筛的占 10%。

木炭占 10%，其中通过 20 目筛不通过 40 目筛的占 4%，通过 40 目筛不通过 60 目筛的占 6%。

将已准备好的各种杂质混匀（总量以 50g 为宜,）从中准确称取 1.0000g，直接放入 500mL 容量瓶中，加 2mL 蒸馏水和 23mL 0.75% 经过滤的阿拉伯胶液，再以 50% 经过滤的蔗糖液加至刻度并混匀。则该液杂质含量为 2mg/mL。

取含量为 2mg/mL 的杂质液 10mL，以 50% 经过滤的蔗糖液稀释至 100mL，则此液杂质含量为 0.2mg/mL。

取含量为2mg/mL的杂质液10mL，以50%经过滤的蔗糖液稀释至1000mL，则此液杂质含量为0.02mg/mL。

现以500mL牛乳或62.5mL牛乳或62.5g乳粉为取样量，按表4-13制备各标准杂质板。

表4-13 标准杂质板

标准板号	杂质相对含量/（mg/kg）		杂质绝对含量/mg	量取混合杂质液体积/mL
	500mL牛乳	62.5g乳粉		
1	0.25	2	0.125	6.25（0.02mg/mL）
2	0.75	6	0.375	18.75（0.02mg/mL）
3	1.50	12	0.750	3.75（0.2mg/mL）
4	2.0	16	1.00	5.00（0.2mg/mL）

② 称取62.5g乳粉，用已过滤的水充分调和，加热至60℃，于棉质过滤板上过滤，为加快过滤速度，可用真空泵抽滤，用水冲洗粘附在过滤板上的牛乳，将过滤板置烘箱中烘干，其上杂质与标准杂质板比较，即可得乳粉杂质度。

③ 对溶解度较差的乳粉可用按下法测定。

取62.5g样品与250mL胃酶盐酸溶液混合，置45℃水浴中保持20min，加入约0.5mL辛醇，加热使在5~8min内沸腾，立刻在棉质板上过滤，并用沸水冲洗容器及滤板。将滤板烘干后与标准板比较，照上法计算杂质度。

（5）注意事项

① 称量要准确。

② 水温必须在60℃。

③ 当过滤板上杂质的含量介于两个级别之间时，判定为杂质含量较多的级别。

④ 同方法同一样品所作的两次重复测定，其结果应一致，否则应重复再测定两次。

⑤ 抽滤过程中，用搅拌棒引流，避免待测样从过滤板边缝隙中流失。

实训九 皮蛋的加工

实训目的及要求

（1）通过实训，进一步了解皮蛋的加工工艺，巩固课堂所学的知识。

（2）掌握皮蛋加工的基本特点、方法和要求。

实训原理

禽蛋中的蛋白质遇碱发生变性而凝固，同时由于蛋白质中的氨基与糖中的羰基在碱性的环境中发生美拉德反应而形成褐棕色，蛋白质所产生的硫化氢与其金属离子结合使蛋黄产生各种颜色。

实训内容与方法

1. 浸泡皮蛋加工

（1）原料蛋的选择　加工变蛋的原料蛋须经照蛋和敲蛋逐个严格的挑选。

① 照蛋：加工皮蛋的原料蛋用灯光透视时，气室高度不得高于9mm，整个蛋内容物呈均匀一致的微红色，蛋黄不见或略见暗影，胚珠无发育现象。转动蛋时，可略见蛋黄也随之转动。次蛋，如破损黄，热伤蛋等均不宜加工变蛋。

② 敲蛋：经过照蛋挑选出来的合格鲜蛋，还需检查蛋壳完整与否，厚薄程度以及结构有无异常。裂纹蛋、沙壳蛋、油壳蛋都不能作变蛋加工的原料。此外，敲蛋时，还根据蛋的大小进行分级。

（2）辅料的选择

① 生石灰：要求色白、重量轻、块大、质纯，有效氧化钙的含量不低于75%。

② 纯碱（Na_2CO_3）：纯碱要求色白、粉细，含碳酸钠在96%以上，不宜用普通黄色的“老碱”若用存放过久的“老碱”，应先在锅中灼热处理，以除去水分和二氧化碳。

③ 茶叶：选用新鲜红茶或茶末为佳。

④ 硫酸铜或硫酸锌：选用食品级或纯的硫酸铜或硫酸锌。

⑤ 其他：黄土取深层、无异味的。取后晒干、敲碎过筛备用。稻壳要求金黄干净，无霉变。

（3）配料　鸡蛋10kg、碱面0.8kg、生石灰3kg、食盐0.6kg、茶叶0.4kg、黄丹粉20g、水11kg。

先将碱、盐放入缸中，将熬好的茶汁倒入缸内，搅拌均匀，再分批投入生石灰，及时搅拌，使其反应完全，待料液温度降至50℃左右将硫酸铜（锌）化水倒入缸内（不用黄丹粉时选用），捞出不溶石灰块并补加等量石灰，冷却后备用。

（4）料液碱度的检验　用刻度吸管吸取澄清料液4mL，注入300mL的三角瓶中，加水100mL氯化钡溶液的粉红色恰好消褪为止，消耗1mol/L盐酸标准溶液的毫升数即相当于氢氧化钠含量的百分数。料液中的氢氧化钠含量要求达到4%左右。若浓度过高应加水稀释，若浓度过低应加烧碱提高料液的NaOH浓度。

（5）装缸、灌料泡制　将检验合格的蛋装入缸内，用竹篦盖撑封，将检验合格冷却的料液在不停的搅拌下徐徐倒入缸内，使蛋全部浸泡在料液中。

（6）成熟　灌料后要保持室温在16～28℃，最适温度为20～25℃，浸泡时间为25～40d。在此期间要进行3～4次检查。

出缸前取数枚变蛋，用手颠抛，变蛋回到手心时有震动感。用灯光透视蛋内呈灰黑色。剥壳检查蛋白凝固光滑，不粘壳，呈黑绿色，蛋黄中央呈糖心即可出缸。

（7）包装　皮蛋的包装有传统的涂泥糠法和现在的涂膜包装法。

① 涂泥包糠：用残料液加黄土调成浆糊状，包泥时用刮泥刀取40～50g的黄泥及稻壳，使变蛋全部被泥糠包埋，放在缸里或塑料袋内密封贮存。

② 涂膜包装：用液体石蜡或固体石蜡等作涂膜剂，喷涂在皮蛋上（固体石蜡需先加热熔化后喷涂或涂刷），待晾干后，再封装在塑料袋内贮存。

2. 包泥皮蛋加工

（1）料泥的配制　鸡蛋10kg、碱面0.6kg、生石灰1.5kg、草木灰1.5kg、食盐0.2kg、茶叶0.2kg、黄丹粉12g、干黄土3kg、水4kg。

配制时先将茶叶泡开，再将生石灰投入茶汁内化工，捞除石灰渣，并补足生石灰，然后加入纯碱、食盐搅拌均匀，最后加入草木灰和黄土，充分搅拌。待料泥起黏无块后，冷却。将冷却成硬块的料泥全部放入石臼或木桶内用木棒反复锤打，边打边翻，直到捣成黏糊状为止。

（2）料泥的简易测定　取料泥一小块放于平皿上，表面抹平，再取蛋白少许滴在料泥上，10min若蛋白凝固并有粒状或片状带黏性的感觉，说明料泥正常，可以使用。若不凝固，则料泥碱性不足。如不粉末感觉，说明料泥碱性过大。

（3）包泥滚糠　一般料泥用量为蛋重的65%～67%。包料要均匀，包好后滚上糠，放入缸中。

（4）封缸　用两层塑料薄膜盖住缸口，不能漏气，缸上贴上标签，注明时间、批次、数量、级别、加工代号等。

（5）成熟　春秋季一般30～40d可成熟，夏季一般20～30d可成熟。

考核内容

按实际操作过程写出实训报告。现场考核和实训报告相结合评分。

能进行皮蛋加工各主要环节的正确操作，回答问题正确者得100分；皮蛋加工各主要环节的操作基本正确，回答问题正确者得80分；皮蛋加工各主要环节的操作及回答问题都基本正确者得60分；否则不得分。

实训十 掺假乳的检验

实训目的及要求

通过本次实验，要求掌握掺假乳的检验方法。

实训内容与方法

1. 掺水乳的检测

（1）联苯胺法

① 原理：正常乳完全不含硝酸盐，而一般水（包括河水及井水）中所含的硝酸盐与硫酸作用后生成的硝酸，可使联苯胺氧化而呈蓝色物。

② 仪器及试剂：锥形瓶，量筒，酒精灯，20%氯化钙溶液以及联苯胺硫酸溶液［取20mg联苯胺溶解于20mL稀硫酸（1:3）中，再用硫酸加至100mL］。

③ 操作方法：取20mL乳样于100mL锥形瓶中，加入0.5mL 20%氯化钙溶液，在酒精灯上加热至凝固，冷却，过滤；而后，在白瓷皿内加入2mL联苯硫酸溶液，再取过滤液沿瓷皿边缘滴入不敷出2~3滴，观察反应。

④ 结果判定：若在液体接触处呈蓝色，说明也中有硝酸盐存在，可判为掺水乳。

（2）硝酸银法

① 原理：正常乳中氯化物含量很低，一般不超过0.14%，但各种天然水中都含有很多的氯化物，故掺水乳中氯化物含量随掺水量增多而增高，利用硝酸银与氯化物反应可检测之，其反应式如下：

$$AgNO_3 + Cl^- \rightarrow AgCl\downarrow + NO_3^-$$

检验时，先在被检乳中加2滴10%重铬酸钾溶液，硝酸银与乳中氯化物反应完后，剩余的硝酸银便与重铬酸钾反应生成黄色的重铬酸银：

$$2AgNO_3 + K_2Cr_2O_7 \rightarrow Ag_2Cr_2O_7 + 2KNO_3$$

由于氯化物的含量不同，则反应后的颜色也有差异，据此鉴别乳中是否掺水。

② 仪器及试剂：吸管、试管、10%重铬酸钾溶液、0.5%硝酸银溶液等。

③ 操作方法：取2mL乳样放入试管中，加入2滴10%重铬酸钾溶液，摇匀，再加入4mL 0.5%硝酸银溶液，摇匀，观察颜色，同时用正常乳作对照。

④ 结果判定：正常乳呈柠檬黄色；掺水乳呈不同程度的砖红色，此法反应比较灵敏，在乳中掺水5%即可检出。

(3) 计算法

① 原理：利用测得乳样的相对密度和含脂率，计算出总固体和非脂固体，再采牛舍乳样测得其比重和含脂率，计算出总固体和非脂固体，两者相比较，即可确定市售乳掺水情况。

② 计算：

$$掺水量 = (w_E - w_{E_1}) / w_E \times 100\%$$

式中 w_E——牛舍乳样或标准规定的非脂固体含量；

w_{E_1}——被测乳样中的非脂固体含量。

(4) 乳清相对密度的测定

① 原理：牛乳中的乳糖和矿物质的含量比较稳定，变化较小，一般牛乳的乳清相对密度为1.027～0.030，若降至1.027以下，便可估计为掺水。

② 仪器及试剂：牛乳密度计、温度计、100～200mL量筒、200～300mL烧杯及20%醋酸等。

③ 操作方法：

a. 样品处理：取200mL乳样于烧杯中，加入4mL 20%的醋酸，在40℃下放置使乳中酪蛋白凝固，用2层纱布和一层滤纸抽滤，其乳清待测。

b. 测定：首先取已混合的乳样小心地沿量筒壁注入量筒中，防止发生泡沫影响读数，加至量筒容积的3/4处；而后将乳脂计小心地沉入乳样中，使其沉到1.030刻度处，然后使其在乳中自由浮动（注意防止乳脂计与量筒壁接触），静置2～3min后进行读数（读取凹液面的上缘）；最后用温度计测定乳温并用计算法或查表法对测定值进行校正。

④ 结果判定：乳清相对密度低于1.027者为掺水乳。

(5) 冰点测定法

① 原理：牛乳冰点一般为－0.565～－0.525℃，平均为－0.540℃。乳中的乳糖和盐类是导致冰点下降的主要因素，正常的牛乳中乳糖和盐类含量变化很少，所以冰点很稳定，如果用水稀释后，其冰点会升高，加入不同的水量的牛乳其冰点不同。

② 仪器和试剂：Hortvet冰点测定器、乙醚及无水乙醇等。

③ 操作方法：

a. 把煮沸而放冷到10℃以下的水足量（30～35mL）注入内管中备用。

b. 把冷却到10℃以下的牛乳样品（30～35mL）注入另一内管中备用。

c. 从乙醚加入口加入乙醚400mL，经缓慢速度通入干燥空气，由于乙醚的不断蒸发，真空瓶内的温度将在5～10min内从室温降到0℃，并继续下降。当降至－2℃时，在外管中加入少量乙醇（只需充满外管与内客下部的空间，使传热更为均匀迅速），即将已盛有蒸馏水的内管纳入外管中，加塞（塞上已附有标准温度计的搅拌器），继续缓慢地吹入空气，保持搅拌器上下有规律地运动，并注视标准温度一般情况下，内管温度应逐渐下降，直到 -1.5 ~ -1.2℃时，会突然上升，至一点停止不动，这一点就是冰点。

如果温度已下降至 -1.5℃以下，而温度仍继续下降时，即可用诱冰棒加入一小粒冰块，催促结冰，使温度上升至恒点。

d. 按照上述操作过程，测定被测牛乳的冰点。

e. 在测定冰点时，由于乙醚不断蒸发，所以应不断补充，以保持乙醚温度在 -3℃左右，加入乙醚时停止吹气。

f. 被测样品测出的冰点加上水测出的冰点，就是被测样品的真正冰点。

g. 根据正常乳和被测样品的冰点，即为计算出被测样品的掺水量。

④ 计算：

$$掺水量 = (t - t_1) / t \times 100\ (\%)$$

式中 t——正常牛乳的冰点,℃；

t_1——被测牛乳的冰点,℃。

2. 掺淀粉（米汁）、豆浆乳的检验

掺水后牛乳变稀薄，为了增加乳的稠度，作伪者常向乳中加入淀粉、米汁或豆浆等胶体物质，从而达到掩盖掺水的目的。

(1) 掺淀粉和米汁乳的检测

① 原理：一般淀粉中都存在着直链淀粉与支链淀粉 2 种结构，其中直链淀粉可与碘生成稳定的络合物，呈现深蓝色，藉此对乳中加入的淀粉或米汁进行检测。

② 仪器及试剂：试管、1mL、5mL 吸管、碘溶液（将 2g 碘和 4g 碘化钾溶解并定容至 100mL 即可）、20% 醋酸等。

③ 操作方法：

a、甲法：适用于加入淀粉或米汁较多的情况。取 5mL 乳样入试管中，稍煮沸，待冷却后，加入 3 ~ 5 滴碘溶液，观察试管内颜色变化。

b、乙法：适用于加入淀粉、米汁较少的情况。取 5mL 乳样注入试管中，再加入 0.5mL 20% 醋酸，充分混合后过滤于另一试管中，适当加热煮沸，以后操作同甲法。

④ 结果判定：如果牛奶中掺有淀粉、米汁，则出现蓝色或蓝青色；如掺入糊精类，则为紫红色。

(2) 掺豆浆乳的检测

① 原理：豆浆中含有皂角素，可溶于热水或酒精中，然后可与氢氧化钠（或氢氧化钾）生成黄色化合物，据此进行检测。

② 仪器及试剂：试管、2mL、5mL 吸管、醇醚混合液（乙醇和乙醚等量混合）、25% 氢氧化钠（钾）溶液等。

③ 操作方法：取 2mL 乳样于试管中，加入 3mL 醇醚混合液，充分混匀，加

入 5mL 25% 氢氧化钾（钠）液，混匀，在 5～10min 内观察颜色变化。同时用纯牛乳做对照实验。

④ 结果判定：如掺入 10% 以上豆浆，则试管中液体呈微黄色；纯牛乳呈乳白色。

3. 牛乳中掺碱的检测

为了掩盖牛乳的酸败、降低牛乳的酸度，作伪者向生鲜牛乳中加入少量的碱，但加碱后的牛乳滋味不正，也宜于腐败菌生长，同时还将乳中某些维生素破坏，因此，对生鲜牛乳中掺碱的检测具有一定的卫生学意义。

（1）玫瑰红酸定性法

① 原理：鲜牛乳中加碱后，氢离子浓度发生变化，可使酸碱指示剂变色，由颜色的不同，判断加碱量的多少。

② 试剂：0.05% 玫瑰红酸乙醇溶液。

③ 操作方法：取 5mL 乳样于试管中，加入 5 滴玫瑰红乙醇溶液，用手指堵住管口，摇匀，观察结果，同时用已知未掺碱乳做空白对照试验。

④ 结果判定：掺入碱时呈玫瑰红色，且掺入越多，玫瑰色越深；未掺碱者呈黄色。

（2）牛乳灰分碱度测定法

① 原理：牛乳中加入的碳酸钠和有机酸钠盐经高温灼烧后，均能转化为氧化钠，溶于水后形成氢氧化钠，其含量可用标准酸滴定求出。

② 仪器及试剂：高温电炉（1000℃）、电热恒温水浴锅、瓷坩埚、锥形瓶、玻璃漏斗 0.1mol/L 盐酸标准溶液、1% 酚酞指示液等。

③ 操作方法：取 20mL 乳样于瓷坩名优中，置水浴上蒸干，然后在电炉上灼烧成灰；灰分用 50mL 热水分数次浸渍，并用玻璃棒捣碎灰块，过滤，滤纸及灰分残块用热水冲洗；滤液中加入 3～5 滴酚酞指示剂，用 0.1mol/L 盐酸标准溶液滴定至粉红色，在 30s 内不褪色为止。

④ 计算

$$X=(V\times 0.0106)/(25\times 1.030)\times(100-0.025)$$

式中 X——被检测牛乳中碳酸钠含量，%；

V——滴定所消耗 0.1mol/L 盐酸标准溶液的体积，mL；

0.0106——1mL 0.1mol/L 盐酸标准溶液相当于碳酸氢钠的质量，g；

1.030——正常牛乳的平均相对密度；

0.025——正常牛乳中碳酸氢钠含量，%。

4. 牛乳中掺中性盐及弱碱性盐的检测

牛乳中掺入中性盐或弱碱性盐，是为了增加乳的相对密度或中和牛乳的酸度，以掩盖乳中掺水或酸败牛乳。常见的有食盐、芒硝、碳酸铵等。

（1）掺食盐的检测

① 原理：乳样中的Cl^-含量较多时，可与硝酸银作用，生成氯化银沉淀，并与铬酸钾作用呈色。

② 试剂：10%铬酸钾溶液、0.01mol/L 硝酸银溶液等。

③ 操作方法：取5mL 0.01mol/L 硝酸银溶液于试管中，加2滴10%铬酸钾溶液，混匀，加被检乳1mL，充分混匀，观察试管中颜色变化，同时做空白对照试验。

④ 结果判定：如试管中溶液呈黄色，说明牛乳中Cl^-的含量大于0.14%正常乳中Cl^-含量为0.09%~0.12%。

（2）掺芒硝的检测

① 原理：掺入芒硝的牛奶中含有较多的SO_4^{2-}离子，可与氯化钡作用，生成硫酸钡沉淀，并与玫瑰红酸钠作用呈色，本法的检出灵敏度为100ppm。

② 试剂：20%醋酸溶液、1%氯化钡溶液、1%玫瑰红酸钠乙醇溶液等。

③ 操作方法：吸取被检乳5mL于试管中，加1~2滴20%醋酸，4~5滴1%氯化钡溶液，2滴1%玫瑰红酸钠乙醇溶液，混匀，静置，观察试管中颜色变化，同时做空白对照试验。

④ 结果判定：掺芒硝的牛乳呈玫瑰红色，而不含芒硝的牛乳为淡褐黄色。

（3）掺碳酸铵的检测

① 原理：牛乳中的NH_4^+或NH_3与碘化汞的复盐试液。本法检测灵敏度为600mg/kg。

② 试剂：纳氏试剂，即称取45.5g碘化汞，34.9g碘化钾溶于约100mL水中，在另一大烧瓶内加约500mL水，加112g氢氧化钾，混匀，使溶解，此液会发热，待冷至室温时将上述两液混合，并用水补足至1000mL，静置2~3d后，取上清液贮于聚乙烯塑料瓶中，备用。

③ 操作方法：取5mL被检测牛乳于试管中，加6~7滴纳氏试剂，摇匀，观察颜色及混浊情况。同时做空白对照试验。

④ 结果判定：如牛乳中掺有碳酸铵，则试管中溶液呈黄色或淡橙色，正常乳颜色无变化。

5. 牛乳中掺牛尿、尿素、蔗糖等非电解质的检测

尿素、蔗糖不非电解质晶体物质，在水中不发生电离。当这些物质掺入牛乳后使牛乳相对密度调至正常，但冰点、酸度、脂肪含量均低于正常值。

（1）掺牛尿的检测

① 原理：牛尿中含有肌酐，乳样经去蛋白质后，在碱性条件下，肌酐与苦味酸盐作用，生成橙红色的苦味酸肌酐，本法灵敏度为2%。

② 仪器及试剂：离心机、吸管、试管、钨酸蛋白沉淀剂、10%氢氧化钠溶液、碱性苦味酸盐试剂等。

钨酸蛋白沉淀剂：水800mL、0.34mol/L 硫酸100mL、85%磷酸、0.1mL

10%钨酸盐 10mL，将上述试剂依次加入水中，混合均匀。

碱性苦味酸盐试剂：取 5mL 饱和苦味酸，加 1mL 10%氢氧化钠溶液，临用前混合。

③ 操作方法：取 5mL 乳样于试管中，加 5mL 钨酸蛋白沉淀剂，摇匀，离心，取上清液 5mL 于另一试管中，加 4～5 滴 10%氢氧化钠溶液；再加 0.5mL 碱性苦味酸盐试剂，充分混匀，放置 15min，观察试管中液体颜色变化。同时做空白对照试验。

④ 结果判定：如牛乳中掺入牛尿，则呈红褐色，正常乳仍为苦味酸试剂固有的黄色。

（2）掺尿素的检测

① 原理：在酸性条件下，乳样中的尿素与亚硝酸钠作用，生成黄色物质。而当乳样中无尿素时，亚硝酸钠与对氨基苯磺酸发生重氮反应，其产物与萘胺起偶氮作用，生成紫红色。

② 试剂：1%亚硝酸钠溶液、浓硫酸、格里斯试剂（称取 89g 酒石酸、10g 对氨基苯磺酸，1g 萘胺，混合研磨成粉末，贮存于棕色试剂瓶中，暗处保存）。

③ 操作方法：取 3mL 待检乳于试管中，加 1mL 1%亚硝酸钠溶液，1mL 浓硫酸，摇匀放置 5min；待泡沫消失后，加 0.5g 格里斯试剂，摇匀，观察试管中液体颜色的变化，同时作空白对照试验；

④ 结果判定：如牛乳中掺有尿素，则试管中颜色呈黄色，正常牛乳试管中颜色为紫红色。

（3）掺蔗糖的检测

① 甲法——联苯胺法。

a. 试剂：

醋酸铅-氨水溶液　将 250g 醋酸铅溶解于 600mL 水中，再加入 250mL 15%的氢氧化铵。

联苯胺试剂　10mL 10%的联苯胺酒精溶液、25mL 醋酸及 65mL 浓盐酸混合即成。

费林氏液

甲液：取 34.64g 硫酸铜溶于水中，加入 0.5mL 浓硫酸，加水至 500mL。

乙液：取 173g 酒石酸钾钠及 50g 氢氧化钠溶解于水中，稀释至 500mL，静置 2d 后过滤，备用。

b. 操作方法及判定：

取 30mL 牛乳，在水浴上加热到 80～90℃，加入 30mL 醋酸铅-氨水溶液，用力摇动 30s，过滤。取无色透明滤液 3mL，加入等体积的联苯胺试剂，摇匀，并在沸水浴上保持 10min 后观察结果，若乳中掺有蔗糖，则变为深蓝色，当在水浴中保持时间超过 10min 以上时，痕量的乳糖存在也可能出现淡蓝色。

为了排除乳糖等还原糖的干扰，可设对照，即取4mL滤液，加入等体积的费林氏液置沸水浴内加热，如果联苯胺的反映明显（呈蓝色），而没有还原费林氏液的颜色时，则证明有蔗糖存在，此法可检测出0.1%～1.0%的蔗糖。

② 乙法——间苯二酚法

a. 原理：在酸性条件下，乳样中的蔗糖与间苯二酚作用，呈红色。

b. 试剂：浓盐酸；间苯二酚；

c. 操作方法

取30mL乳样于50mL锥形瓶中，加入2mL浓盐酸混合，过滤。

取滤液15mL，加入1g间苯二酚，置于沸水浴中5min，观察颜色变化，同时做空白对照试验。

d. 结果判定：如牛乳中掺蔗糖，则试管中液体呈红色。

③ 丙法——蒽酮法。

a. 试剂：称取0.1g蒽酮，溶于100mL H_2SO_4（3∶1）中，临用时配制。

b. 操作方法及判定：取1mL乳样，加2mL蒽酮试剂，若乳中有蔗糖存在，5min内显透明绿色。

6. 牛乳中掺防腐剂的检测

我国规定，鲜牛乳中不得加入任何防腐剂。但有的人为了防止生鲜牛乳酸败，乱用化学防腐剂，尤其是食品卫生标准中没有列入的，对人体健康有危害的化学防腐剂。因此，检测牛乳中是否掺有防腐剂具有重要的卫生学意义。

（1）硼酸、硼砂的检测

① 原理：姜黄试纸被硼酸或其盐类的酸性溶液润湿后烘干时，有棕红色的斑点出现。加酸时，斑点的颜色不改变，加碱时由变为蓝绿色或墨绿色。

② 试剂：6mol/L盐酸；4%碳酸钠溶液；0.1mol/L氢氧化钠溶液；姜黄试纸：称取20g姜黄粉末，用冷水浸渍4次，每次各100mL，除去水溶性物质后，残渣在职100℃干燥，加100mL乙醇，浸渍数日，过滤，取1×8cm滤纸条，浸入溶液中，取出，于空气干燥，贮于有色玻璃瓶中。

③ 仪器：瓷坩埚、电炉、水浴锅、表面皿；

④ 操作方法：

a. 取20mL乳样于瓷坩埚中，加工厂4%碳酸钠溶液至呈碱性，置水浴上蒸干。

b. 移至电炉上小火炭化，再移至高温炉（500℃）中灰化，取出冷却，加10mL水后加热煮沸，使残渣溶解，放冷，过滤，滤液滴加6mol/L盐酸使酸性。

c. 把姜黄试纸浸入酸性的滤液中，片刻后取出，将试纸置于表面皿上，置60℃干燥，观察颜色变化，在其变色部分熏以氨水，再观察颜色变化。

⑤ 结果判定：如牛乳中有硼酸、硼砂存在时，第一次试纸显红色或橙红色，第二次试纸显墨绿色。

⑥ 说明：结果判定也采取焰色反应。在瓷坩埚中，加硫酸及乙醇各数滴，

直接点火，如有硼酸或硼砂存在时，火焰呈绿色。

（2）水杨酸、苯甲酸的检测

① 试剂：10% 氢氧化钠溶液；盐酸；无水乙醚；无水硫酸钠；1∶1 氨水；1% 氯化铁溶液；10% 亚硝酸钾溶液；50% 醋酸；10% 硫酸铜溶液。

② 仪器：水浴锅；200mL 锥形瓶；分液漏斗；吸管试管等；

③ 操作方法

a. 取 100mL 乳样于锥形瓶中，加 5mL 10% 氢氧化钠溶液，搅匀，再加 10mL 硫酸铜溶液，搅匀。

b. 过滤，收集于分液漏斗中，加 5mL 盐酸，75mL 乙醚，用力振摇 2min，收集乙醚层于另一分液漏斗中，加 5mL 水洗涤乙醚层，反复几次，经无水硫酸钠脱水，微温除去乙醚。

c. 残渣加 1mL 1∶1 氨水溶解，置水浴锅上蒸干，加 2mL 水溶解。

d. 取残留物溶解水溶液 1mL 于试管中，加数滴 1% 三氯化铁溶液，观察试管中液体颜色的变化。

④ 结果判定

a. 初步判定：如试管中液体呈肉色沉淀，疑有苯甲酸，如产生深紫色，则疑有水杨酸。

b. 确证试验：取残渣溶于少量热水中，冷后加 4 ~ 5 滴 10% 亚硝酸钾溶液，4 ~ 5 滴 50% 醋酸，1 滴 10% 硫酸铜溶液，混匀，煮沸 30min，放置片刻，如有水杨酸时呈血红色，苯甲酸不显色。

（3）甲醛的检测

① 甲法——变色酸法

a. 原理：在硫酸溶液中，乳中的甲醛与变色酸作用生成紫红色化合物，本法灵敏度为 0.1mg/kg。

b. 试剂：浓硫酸；

c. 操作方法

称取 2.5g 1，8 - 二羟基萘 - 3，6 二磺酸溶于水中，稀释至 25mL，如有沉淀，过滤除去。

取 1mL 乳样于试管中，加 0.5mL 变色酸液和 6mL 浓硫酸，充分混匀，于沸水浴上放置 30min，冷却，观察颜色变化，同时做空白对照实验。

d. 结果判定：如牛乳中有甲醛，则显紫红色。

② 乙法——溴化钾法

a. 试剂：稀硫酸（水∶浓硫酸 = 1∶5）；溴化钾结晶。

b. 操作方法：取 3mL 稀硫酸于试管中，加溴化钾结晶一小粒，摇匀，立即沿管壁加牛乳 1mL，观察颜色变化，同时做空白对照试验。

c. 结果判定：牛乳中有甲醛存在，则显紫色环带，本法灵敏度为 20mg/kg。

(4) 过氧化氢的检测

① 甲法——碘化钾-淀粉法

a. 试剂：碘化钾淀粉溶液：将3g淀粉用5~10mL凉水混匀，然后边搅拌边加沸水至100mL，在此溶液内溶入不敷出3g纯碘化钾，此试剂极不稳定，不宜贮存。

b. 操作方法：取5mL检样乳于试管中，加0.5mL碘化钾淀粉溶液，充分混匀后，观察乳的颜色变化。

c. 结果判定：如10min后乳仍为白色，则表示乳中无过氧化氢，如乳略变蓝色，则表示乳中有过氧化氢。

d. 说明：假如乳中有微量的过氧化氢存在，则应将乳放在80~85℃的温度下加温数分钟，然后重新用上述方法检查。

② 乙法——五氧化二钡法

a. 试剂：五氧化二钒试剂：溶解1g五氧化二钒于100mL稀硫酸中。

b. 操作方法：取10mL乳样，加入10~20滴五氧化二钒试剂，混合后观察颜色变化。

c. 结果判定：若液体呈粉红色或红色，说明有过氧化氢存在。

(5) 次氯酸盐及氯胺的检测

① 试剂：

a. 碘化钾溶液：溶解7g碘化钾于100mL水中，临用前配制。

b. 稀盐酸：100mL浓盐酸与200mL水混合均匀。

c. 淀粉液：取1g淀粉置于烧杯中，用少量水搅匀后，缓慢倾入100mL沸水中，随加随搅拌，煮沸2min，冷却。

② 操作方法：

a. 取5mL乳样，置于试管中，加入1.5mL碘化钾溶液，充分摇匀，注意观察牛乳的颜色。

b. 如无颜色变化，加入4mL稀盐酸，用玻璃棒充分搅匀，注意观察凝乳的颜色。

c. 然后将试管置入85℃的水浴中，保温10min，取出迅速置于冷水中冷却，注意观察凝乳与液体的颜色变化。

d. 最后将0.5~1mL淀粉液加到凝乳下面液体中，再应注意观察颜色变化。

③ 结果判定：根据表4-14，即可得出检测结果。

表4-14 次氯酸盐及氯胺检测的反应结果

有效氯浓度	1/1000	1/2000	1/5000	1/10000	1/25000	1/50000
操作1	淡黄褐	深黄	微黄褐色	—	—	—
操作2	淡黄褐	深黄	浅黄	—	—	—
操作3	淡黄褐	深黄	黄色	黄色	微黄	淡黄
操作4	蓝紫	蓝紫	蓝紫	暗红紫	红紫	微红紫

（6）重铬酸钾的检测

① 试剂：2% 硝酸银溶液

② 操作方法：取 2mL 乳样注入试管中，加等量 2% 硝酸银溶液，混匀后观察其颜色变化，同时做空白对照试验。

③ 结果判定：若溶液呈淡红色或红黄色，则表示乳中含有重铬酸钾。

7. 牛乳中掺石灰水、洗衣粉的检测

（1）掺石灰水的检测

① 原理：正常牛乳含钙量小于 1%，加入硫酸钠溶液、玫瑰红酸钠溶液及氯化钡溶液后呈现红色，如牛乳中掺有石灰水，则生成硫酸钙沉淀，呈白土色。

② 试剂：1% 硫酸钠溶液、1% 氯化钡溶液和 1% 玫瑰红酸钠溶液等。

③ 操作方法：取 5mL 乳样于试管中，加入 1% 硫酸钠溶液、1% 氯化钡溶液、1% 玫瑰红酸钠溶液各 1 滴，观察颜色变化，同时做空白对照试验。

④ 结果判定：正常牛乳呈红色，掺石灰水的牛乳呈白土色沉淀，本法的灵敏度为 100mg/kg。

（2）掺洗衣粉的检测

① 原理：牛乳中掺洗衣粉后，十二烷基苯磺酸钠在紫外线下发荧光。

② 仪器：紫外线分析仪（365nm）。

③ 操作方法：取 10mL 乳样于蒸发皿上，在暗室中置于波长为 365nm 的紫外线分析仪下观察荧光，同时做空白对照试验。

④ 结果判定：如牛乳中掺洗衣粉，则发出银白色荧光，正常牛乳无荧光，呈乳黄色，此法检测的灵敏度为 0.1%。

实训作业

总结掺假掺杂乳的检验方法及操作要点，并写出实训报告。

考核内容

1. 简答（30 分）

简述掺假掺杂乳的检验方法及操作要点。

2. 技能操作（70 分）

掺水乳的检验。

在规定的时间内，能进行掺水乳检验的各主要环节的正确操作，回答问题正确者得 100 分；掺水乳检验的各主要环节的操作基本正确，回答问题正确者得 80 分；掺水乳检验的各主要环节的操作及回答问题都基本正确者得 60 分；否则不得分。

参考文献

[1] 浮吟梅，吴晓彤．肉制品加工技术．北京：化学工业出版社，2008.
[2] 严佩峰，邢淑婕．畜产品加工．重庆：重庆大学出版社，2007.
[3] 杜克生．肉制品加工技术．北京：中国轻工业出版社，2006.
[4] 高翔，王蕊．肉制品生产技术．北京：中国轻工业出版社，2010.
[5] 展跃平，杨士章．肉制品加工技术．北京：化学工业出版社，2010.
[6] 周光宏．肉品加工学．北京：中国农业出版社，2009.
[7] 王玉田，马兆瑞．肉品加工技术．北京：中国农业出版社，2008.
[8] 葛长荣，马美湖．肉与肉制品工艺学．北京：中国轻工业出版社，2005.
[9] 朱维军．肉品加工技术．北京：高等教育出版社，2007.
[10] 李雷斌．畜产品加工技术．北京：化学工业出版社，2010.
[11] 郑坚强，司俊玲．庄园火腿的加工工艺．肉类工业，2005（9）：9 – 10.
[12] 张坤生．肉制品加工原理与技术．北京：中国轻工业出版社，2005.
[13] 杜克生．肉制品加工技术．北京：中国轻工业出版社，2006.
[14] 马美湖．熏烤肉制品加工．北京：金盾出版社，2005.
[15] 岳晓禹，马丽卿．熏腊肉制品配方与工艺．北京：化学工业出版社，2009.
[16] 杨宝进，张一鸣．现代食品加工学．北京：中国农业大学出版社，2006.
[17] 蒋爱民，南庆贤．畜产品工艺学．北京：中国农业出版社，2008.
[18] 赵改名主编．酱卤肉制品加工．北京：化学工业出版社，2008.
[19] 车云波，林春艳．肉制品加工技术．北京：中国质检出版社，2011.
[20] 斩跃平．肉制品加工技术．北京：化学工业出版社，2007.
[21] 黄锦殷．肉制品安全的影响因素及相关法规标准［J］，动物医学进展，2012，33（2）：108 – 109.
[22] 姜海英．解析 ISO22000 标准构建中国食品安全［J］，粮油加工与食品机械，2005，（8）：58 – 60.
[23] 刘贯勇．乳酸菌制作发酵西式火腿［J］，肉类工业，2005，（10）：61 – 63.
[24] 李雷斌．畜产品加工技术．北京：化学工业出版社，2010.
[25] 迟玉杰．蛋制品加工技术．北京：中国轻工业出版社，2009.